高参数调节阀

马玉山 刘银水 明 友 等著

机械工业出版社

高参数调节阀是流程工业自动控制系统核心关键装备，其性能直接影响流程工业企业"安、稳、长、满、优"的正常生产，一旦失效将造成质量失控、环境污染甚至装置停车，严重的将引发火灾、爆炸等安全事故，造成重大经济、生命、财产损失。

本书共六章，内容包括调节阀工作原理及性能要求、高参数调节阀的重要作用、复合高参数调节阀理论研究、复合高参数调节阀失效机理及对策、复合高参数调节阀关键部件整机系列化设计和关键核心零部件制造技术。

本书是一本控制阀行业非常专业的书籍，适合控制阀产品设计人员、泵阀类生产制造技术人员及流程工业自动控制等相关技术人员研究和学习使用。

图书在版编目（CIP）数据

高参数调节阀/马玉山等著. —北京：机械工业出版社，2023.1
ISBN 978-7-111-72296-0

Ⅰ.①高… Ⅱ.①马… Ⅲ.①控制阀-研究 Ⅳ.①TH134

中国国家版本馆 CIP 数据核字（2023）第 010261 号

机械工业出版社（北京市百万庄大街22号　邮政编码100037）
策划编辑：王玉鑫　　　　　　　责任编辑：王玉鑫　戴　琳
责任校对：陈　越　李　杉　　　封面设计：鞠　杨
责任印制：张　博
保定市中画美凯印刷有限公司印刷
2023 年 4 月第 1 版第 1 次印刷
170mm×230mm · 28.5 印张 · 461 千字
标准书号：ISBN 978-7-111-72296-0
定价：148.00 元

电话服务　　　　　　　　　　网络服务
客服电话：010-88361066　　机　工　官　网：www.cmpbook.com
　　　　　010-88379833　　机　工　官　博：weibo.com/cmp1952
　　　　　010-68326294　　金　书　网：www.golden-book.com
封底无防伪标均为盗版　　　　机工教育服务网：www.cmpedu.com

高参数调节阀编委会

主　任　马玉山

副主任　刘银水　明　友

委　员（排名不分先后）

葛　涛　李虎生　贾　华　罗先念

白　宇　韩明兴　金浩哲　王　冠

方毅芳　张耀华　王　超　宋林红

王　玉　钱　江　张　含　武志红

张金龙　何　涛　梁有伟　霍文磊

师墨栋　张　平

前　言

控制阀是流程工业自动控制系统的现场仪表，可精确控制流量、压力、温度、液位四大热工参数，起着"四两拨千斤"的重要作用，是流程工业生产的核心基础零部件，制造强国建设的重要基础和支撑条件。调节精度、动态密封和使用寿命是考量控制阀性能的重要指标，控制阀中的调节阀主要用来满足系统调节精度，其调节性能直接影响系统的控制精度。

高参数调节阀是在高温、高压、高压差、强腐蚀、强冲刷等高参数工况条件下应用的高端控制阀，具有高调节精度、高可调比、低泄漏率、抗冲刷、抗汽蚀等特点，其性能直接影响生产过程长周期运行的稳定性、可靠性和安全性，一旦失效将造成质量失控、环境污染甚至装置停车，严重的将引发火灾、爆炸等安全事故，造成重大经济和生命财产损失。

近年来，我国的调节阀技术虽已有了长足发展，但在高温、高压、高压差、强腐蚀、强冲刷等场合应用的高参数调节阀仍大量依赖进口，一些关键产品、关键技术基本都掌握在欧美国家手中，这些进口高参数调节阀价格昂贵、交货周期长、服务不及时，成为"卡脖子"产品。国内企业和科研院所虽有研究和产品应用，但是缺乏系统性的基础理论研究和专门的核心技术攻关，在性能指标、使用寿命、可靠性上与进口产品有一定差距。吴忠仪表有限责任公司是我国控制阀行业的龙头企业，有60多年的控制阀设计和制造经验，累计已有近100万台各类控制阀应用于流程工业装置上，尤其是近年来有1000多台高参数阀门替代进口产品，在实际应用中获得了大量宝贵经验。

本书依托吴忠仪表有限责任公司牵头承担的国家重点研发计划"高性能特种控制阀关键技术研究与应用示范"项目，联合华中科技大学、合肥通用机械研究院有限公司、国家能源集团宁夏煤业有限责任公司等多家单位，形成政、产、学、研、用联合攻关团队，系统研究了高参数调节阀的控压原理、失效机理和关键控压部件的设计技术，探讨了先进制造技术在高参数调节阀生产上的具体应用，是一本控制阀行业非常专业的书籍。

马玉山院士从事控制阀开发设计、制造、管理工作已有30余年，具有丰富的控制阀设计制造的理论知识和实践经验，并且在长期从事控制阀学习研究中不断思考、不断总结、不断提升，与项目团队合作完成本著作，旨在与大家分享高参数调节阀的基础理论研究、设计技术和制造经验，从而更好地为实现我国流程工业自动控制装备自主可控做出贡献。

感谢"高性能特种控制阀关键技术研究与应用示范"项目组团队成员的贡献和努力！

作　者

目　　录

第1章 调节阀工作原理及性能要求

1.1 概述

调节阀是流程工业自动控制系统中的重要组成部分,是过程控制中的终端元件,随着自动化程度的不断提高,被广泛应用于冶金、电力、化工、石油、轻纺、建筑等工业部门中。调节阀作为流体机械(包括电力机械、化工机械、流体动力机械等)中控制流通能力的关键部件,其工作性能、安全性与整个装置的工作性能、效率、可靠性密切相关。在过程控制中,调节阀直接控制流体,其质量的稳定性与可靠性将直接影响整个系统,一旦发生故障,后果不堪设想。在石油天然气工业中,从油田到炼油厂,各种生产装置都采用大规模集中监测和控制,大部分操作都是在高温或高压下进行的,介质大多是易燃、易爆的油、气,因此,保证调节阀的质量与可靠性至关重要。在化学工业中,由于过程的多样性及工艺条件的变化,在温度、压力、流量、液位等变量的控制中,都有很多特殊情况要求调节阀能够适应。在电力工业中,要对发电厂锅炉进行有效控制,保持锅炉调节系统中的水位正常是关键,避免控制的误开、误关、失灵等故障发生非常重要。现阶段,企业竞争很激烈,节能、环保、成本控制等是企业经营中迫切需要解决的问题,要求调节阀在保证质量和可靠性的基础上,必须有很低的泄漏率和尽量小的驱动力。

因为现代工业生产过程需要控制的温度、压力、流量等参数成百上千,人工控制已难以满足现代工业生产过程的要求,存在劳动强度大、控制精度低、响应时间长等缺点。各种自动控制系统模拟人工控制的方法,用仪表、计算机等装置代替操作人员的眼睛、大脑、手等的功能,实现对生产过程的自动控制。简单控制系统包含检测元件和变送器、控制器、执行器和被控对象等。

检测元件和变送器用于检测被控变量，将检测信号转换为标准信号。例如，热电阻将温度变化转换为电阻变化，温度变送器将电阻或热电势信号转换为标准的气压或电流、电压信号等。

控制器将检测变送环节输出的标准信号与设定值信号进行比较，获得偏差信号，并按一定控制规律对偏差信号进行运算，将运算结果输出给执行器。控制器可用模拟仪表实现，也可用由微处理器组成的数字控制器实现，如 DCS（分布控制系统）和 FCS（现场总线控制系统）中采用的 PID 控制功能模块等。

执行器用于接收控制器的输出信号，并控制操作变量变化。在大多数工业生产过程控制应用中，执行器采用调节阀，其他执行器有计量泵、调节挡板等。近年来，随着变频调速技术的应用，一些控制系统已采用变频器和相应的电动机（泵）等设备组成执行器。

过程控制系统原理如图 1-1 所示。

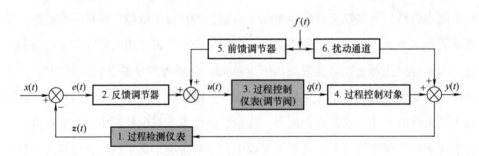

图 1-1　过程控制系统原理

$x(t)$—测量变量　$e(t)$—偏差值　$u(t)$—控制变量　$q(t)$—操作变量

$f(t)$—扰动量　$y(t)$—被控量　$z(t)$—测量值

其中，测量变量 $x(t)$、控制变量 $u(t)$ 和操作变量 $q(t)$ 是与过程控制仪表直接相关的重要变量，它们的变化决定了过程控制仪表控制的目标。

调节阀通过接收调节控制单元输出的控制信号，借助动力操作去改变介质流量、压力、温度、液位等工艺参数，一般由执行机构和阀门组成。按行程特点，调节阀可分为直行程调节阀和角行程调节阀；按其所配执行机构使用的动力，可以分为气动调节阀、电动调节阀、液动调节阀三种。调节阀流量特性有线性特性、等百分比特性及抛物线特性三种。

1. 调节阀术语

阀盖：包含填料函和阀杆密封件，以及能对阀杆进行导向的部分，为阀腔提供主要的开孔以安装内部零件，可把执行机构连接到阀体上。典型的阀盖与阀体的连接方式有螺栓连接、螺钉连接、焊接、压力密封或者集成为一个整体。更加准确地说，这一组零部件应该称为阀盖组件。

填料函（组件）：阀盖组件的一部分，用来防止截流元件连接杆周围的泄漏。完整的填料函组件包含下列零部件的部分或全部的组合：填料、填料压盖、填料螺母、套环、填料弹簧、填料法兰、填料法兰双头螺栓或单头螺栓、填料法兰螺母、填料环、填料隔离圈环、毛毡隔离圈、Belleville 弹簧和抗挤压环。

填料：阀盖组件的一个部件，用来防止阀板或阀杆周围的泄漏，如图 1-2 所示。

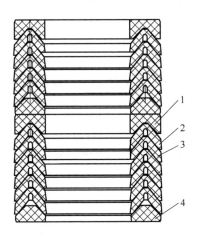

图 1-2　PTFE 双重填料

1—上填料（PTFE＋20％GRAFAT）　2—V 型填料（PTFE＋20％GRAFAT）

3—V 型填料（PTFE）　4—下填料（PTFE＋20％GRAFAT）

阀笼：阀内件中的一个零件，它包容截流元件并能规定流量特性及（或）提供密封面。它也提供了稳定性、导向、平衡和对中性，而且有助于其他阀内件零件的组装。阀笼壁通常决定调节阀流量特性的开孔大小，如图 1-3 所示。

a) 等百分比阀笼　　　　　b) 线性阀笼　　　　　c) 快开阀笼

图 1-3　三种不同阀笼

阀体：阀门的主要压力承受腔。它也提供管道连接端和流体流通通道，并支撑阀座表面和阀门截流元件。最常用的阀体结构有：

1）带一个阀口和阀芯的单阀口阀体。

2）带两个阀口和一个阀芯的双阀口阀体。

3）带两个流体连接端（一个入口和一个出口）的二通阀体。

4）带三个流体连接端的阀体，其中两个连接端可以是入口，而另外一个是出口（用于混合流体），或者一个连接端是入口，而另外两个是出口（用于分散流体）。

阀体通常指的是带有阀盖组件和包含阀内件零部件的阀体。更加准确地说，这一组部件应该称为阀体组件。

阀口：调节阀的流量控制口。

阀芯：在直行程阀门中，用来执行截流的元件。

阀杆：直行程阀门里连接执行机构推杆和截流元件的零件，如图 1-4 所示。

轴套：支持及（或）导向移动零件如阀杆和阀芯的装置。

执行机构：使用液体、气体、电力或其他能源并通过电动机、气缸或其他装置将其转化成驱动作用。基本的执行机构用于驱动阀门至全开或全关的位置，能够精确地使阀门打开至任何位置。

执行机构推杆：把执行机构连接到阀杆上并将运动（力）从执行机构传递给阀门的零件。

执行机构推力：执行机构提供的净力，用来对阀芯进行实际定位，也称阀门行程。

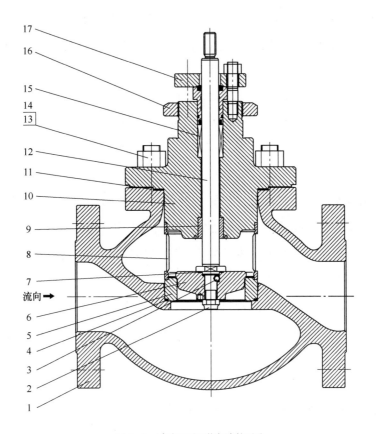

图1-4　直行程调节阀剖视图

1—阀体　2—锁紧螺母　3—钢球　4—密封垫　5—阀座　6—阀芯　7—密封垫　8—套筒　9—导向套
10—上阀盖　11—大密封垫　12—阀杆　13—双头螺柱　14—六角螺母　15—填料组件
16—圆螺母　17—填料压盖组件

　　静态不平衡力：在规定的压力条件下，且流体处于静止状态时，由于流体压力作用在截流元件和阀杆上而产生的净力。

　　传感器：一种用于检测过程变量值并向变送器提供相应输出信号的装置。传感器可以是变送器的集成部分，也可以是单独的元件。

　　变送器：测量过程变量值并提供一个相应的输出信号给控制器以与设定点进行比较的装置。

　　执行机构杠杆：连接到旋转阀阀轴上的臂。它把执行机构推杆的线性运动转换成旋转力（转矩），以定位旋转式阀门的阀板或球。该杠杆通常是通过间隙很小的花键或其他减小空隙和运动损失的方法连接到旋转式阀轴上的。

反向流：流体从阀板、球或球塞背面的阀轴一侧流出。有些旋转式调节阀能够在任意一个方向上均衡地处理流体。有的旋转阀可能需要修改执行机构的连接件以处理反向流。

万向轴承：通常用于执行机构推杆与执行机构杠杆之间的连接。其目的是促进执行机构线性推力向旋转力（转矩）转换，并尽可能减少运动损失。在旋转式阀体上配备一个标准的可互换作用方向的执行机构，通常需要使用两个万向轴承的连接件。然而，选择为旋转式阀门工况而特别设计的执行机构时只需要一个这样的轴承，因而减少了运动损失。

滑动密封：气动活塞式执行机构气缸下面的密封，为旋转式阀门工况而设计。这个密封允许执行机构推杆垂直移动和周向旋转，而不会使得下气缸负载压力泄放。

2. 调节阀功能特性与控制过程术语

流通能力：在规定条件下通过阀门的流量（C_v）。

动态不平衡力：由于过程流体压力的作用，在任何规定的开度下，在阀芯上产生的净力。

流量特性：当百分比额定行程从 0 变化到 100% 时，流经阀门的流量与百分比额定行程之间的关系。

额定行程：阀门截流元件从关闭位置运动至额定全开位置的距离。额定全开位置是由制造商推荐的最大开度。

额定流量系数（K_v）：额定行程下阀门的流量系数。

阀座泄漏量：当阀门在规定的压差和温度下处于全闭位置并被施加了最大可用阀座负载时，流经阀门的流体量。

缩流断面：流速最大、流体静压和截面面积最小处的那部分流束。在一个调节阀里，缩流断面通常位于实际的物理限制的下游。

可调比：与指定的流量特性的偏差不超过规定值时，最大的流量系数与最小的流量系数之间的比例。当流量最大能增加到 100 倍最小可控制流量时，这个仍然能够很好地控制的阀门的可调比即为 100∶1。可调比也可表示为最大与最小可控制流量之间的比例。

空程：一种死区形式，是由装置输入改变方向时，装置输入和输出之间的暂时中断引起的（如机械连接的松弛或脱落）。

时间常数：通常应用于一阶元件，它是从系统产生第一个相对于小阶跃输入（通常为 0.25% ~5%）的能检测到的响应时起一直到系统输出达到其最终稳态值的 63% 时的时间间隔（见 T63）。当应用于开路过程时，时间常数通常表示为 T。当应用于闭路系统时，时间常数通常表示为 λ。

时滞时间：在较小（通常为 0.25% ~5%）阶跃输入后，未检测到系统响应的时间间隔（T_d），即从阶跃输入启动到检测出系统的第一个响应的时间。时滞时间可适用于阀门组件或整个工艺过程。

T63：一个测量装置响应的指标。通过向系统应用小的（通常为 1% ~5%）阶跃输入即可测量 T63。从启动阶跃输入的时间到系统输出达到最终稳态值的 63% 的时间即是 T63。它是系统时滞时间（T_d）和系统时间常数（T）的总和。（见时滞时间和时间常数。）

死区：一种可在任何装置上发生的普遍现象，在此范围内，当输入信号在方向反转时发生变化，不会引起输出信号产生可观察到的变化。对于调节阀，控制器输出（C_0）是阀组件的输入，过程变量（P_v）是输出，如图 1-5 所示。使用术语"死区"时，必须确定输入和输出变量，并且确保测量死区的任何测试在全部负载条件下进行。死区通常表示为百分比的输入量程。死区有很多原因，但是调节阀的摩擦力和空程、旋转阀阀轴的扭转以及放大器的死区是几种常见的形式。

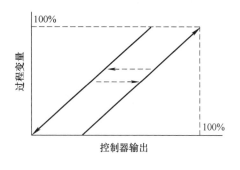

图 1-5　死区

焓：一个热动态量，它是阀体的内部能量和其体积与压力之积的和（$H = U + PV$），也称热容量。

熵：在一个热动态系统里，不能转化为机械功的能量的理论量度。

过程偏差度：原材料和生产过程里固有的不一致性是产生偏差的常见起因。它们会使过程变量产生一个高于或低于设定点的偏差。一个处于控制状态且只有常见的偏差起因存在时的过程通常会遵循钟形正态分布。在这个分布上，由统计学得到的一个数值区域称为 $\pm 2\sigma$ 区。它描述了过程变量偏离设定点的程度。这个区域就是过程偏差度。过程偏差度是过程控制紧密程度的一种精确测量，它表示为设定点的一个百分比，如图1-6所示。

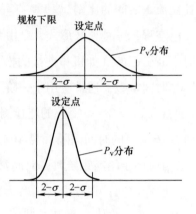

图1-6　过程偏差度

1.2　工作原理

在现代化工厂的自动控制中，调节阀起着十分重要的作用，工厂的生产取决于流动着的介质的正确分配和控制。这些控制无论是能量的交换、压力的降低或者是简单的容器加料，都需要某些最终控制元件去完成。

阀门的种类繁多，随着各类成套设备、工艺流程的不断改进，阀门的种类还在不断地增加，本书按照其用途分为如下几类：

1）切断用：用来切断或接通管路中的介质，如截止阀、闸阀、球阀、蝶阀等。

2）止回用：用来防止介质倒流，如止回阀。

3）调节用：用来调节介质的压力、流量和温度，如调节阀、蝶阀、球阀、减压阀、节流阀等。

4）分配用：用来改变介质的流动方向，起分配介质的作用，如分配阀、三通旋塞、三通球阀、四通球阀等。

5）安全用：用来排放多余介质、防止压力超过规定数值，如安全阀、溢流阀、事故阀等。

6）其他特殊用途：用来汽（气）水分离、紧急切断介质，如蒸汽疏水阀、空气疏水阀、自动排气阀、放空阀、排污阀、紧急切断阀等。

调节阀适用于空气、水、蒸汽、各种腐蚀性介质、泥浆、油品等。调节阀按结构特征，根据阀门启闭件相对于阀座的移动方向可分为直动阀、蝶阀、球阀、轴流阀。

直动阀：启闭件沿着阀座的轴线方向运动（图1-4）。

蝶阀：启闭件为一圆盘形式，围绕阀座内或外的轴线旋转，如图1-7所示。

球阀：启闭件为球体，围绕自身轴线旋转，如图1-8所示。

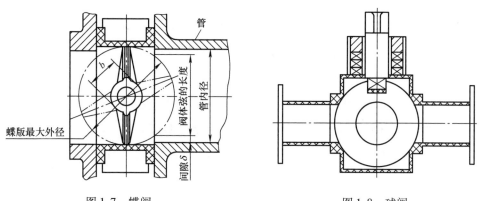

图1-7 蝶阀　　　　　　　　　　　　图1-8 球阀

轴流阀：启闭件沿着垂直于阀座的方向移动，如图1-9所示。

a) 轴流阀三维图　　　　　　　b) 轴流阀产品图

图1-9 轴流阀

调节阀根据所配执行机构分为：电动调节阀、气动调节阀、液动调节阀、自力式调节阀。几种常用调节阀的工作原理如下：

（1）电动调节阀工作原理

电动调节阀的工作原理是以电力为驱动源，通过接收工业自动化控制系统的信号（如4~20mA）来驱动阀门改变阀芯和阀座之间的截面面积大小控制管道介质的流量、温度、压力等工艺参数，实现自动化调节功能。电动调节阀的优点是使用方便、节省能源、控制精度高，在需要防爆的场合，只需选用防爆执行器即可。

（2）气动调节阀工作原理

气动调节阀的工作原理即以压缩空气为动力源，以气缸为执行器，并借助于电气阀门定位器、转换器、电磁阀、保位阀等附件去驱动阀门，实现开关量或比例式调节，接收工业自动化控制系统的控制信号，来完成调节管道介质的流量、压力、温度等各种工艺参数。气动调节阀的特点是控制简单、反应快速，且本质安全，不需要另外再采取防爆措施。

定位器是调节阀的主要附件，它与气动调节阀配套使用，接收调节器的输出信号，然后成比例地输出信号至执行机构来控制气动调节阀，当调节阀动作后，阀杆的位移又通过机械装置反馈到阀门定位器，因此定位器和调节阀组成一个闭环回路，如图1-10所示。

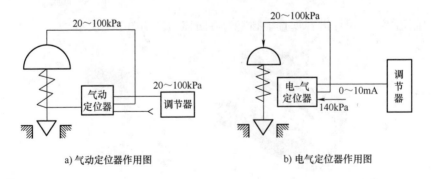

a) 气动定位器作用图　　　　　　　　b) 电气定位器作用图

图1-10　定位器作用图

（3）自力式调节阀工作原理

自力式调节阀是一种无须外加能源，利用被调节介质自身能量为动力源，引入执行机构调节阀芯位置，改变两端的压差和流量，使阀前（或阀后）压力稳定，具有测量、执行、控制的综合功能，可用于非腐蚀性的液体、气体和蒸汽等介质的压力控制装置。自力式调节阀广泛适用于石油、化工、冶金、轻工等工业部门及城市供热、供暖系统。

在控制工艺参数方面，调节阀在管道中起可变阻力的作用。它改变工艺流体的紊流度或者在层流情况下提供一个压力降，压力降是由改变阀门阻力或"摩擦"所引起的。这一压力降低过程通常称为"节流"。对于气体，它接近于等温绝热状态，偏差取决于气体的非理想程度（焦耳-汤姆孙效应）。在液体的情况下，压力则为紊流或黏滞摩擦所消耗。这两种情况都把压力转化为热能，导致温度略为升高。常见的控制回路包括三个主要部分。第一部分是敏感元件，通常是一个变送器。它是一个能够用来测量被调工艺参数的装置，这类参数如压力、液位或温度。第二部分是调节器，变送器的输出被送到调节仪表——调节器，它确定并测量给定值或期望值与工艺参数的实际值之间的偏差。第三部分是调节阀，调节器一个接一个地把校正信号送给最终控制元件——调节阀。调节阀改变了流体的流量，使工艺参数达到期望值，主要作用是调节介质的压力、流量、温度、液位等参数，是工艺环路中最终的控制元件。

现代工厂由成百上千个控制回路组成，每一个回路都会接收扰动，而且会在内部产生扰动。这些扰动对过程变量产生决定性的影响。网络里其他回路之间的相互作用也会产生影响过程变量的扰动。为了减少这些负载扰动的影响，传感器和变送器会收集关于过程变量及其与要求的设定点之间的关系的信息。然后控制器处理这些信息并决定怎样做才能使得过程变量在负载扰动发生后恢复到它的正常范围。所有的测量、比较和计算工作完成后，某种类型的终端控制元件必须执行由控制器选择的控制策略。反馈控制回路如图1-11所示。过程控制工业里最常用的终端控制元件就是调节阀。

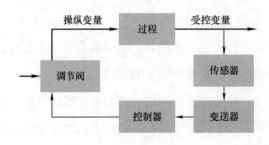

图 1-11　反馈控制回路

1.3　调节阀特性分析

调节阀流量特性与可调比决定其流通与节流能力。流量特性又分为静态特性和动态特性。可调比是反映调节阀特性的一个重要参数，是衡量调节阀选择是否合适的指标之一。分析调节阀特性，就显得尤为重要。

1.3.1　调节阀特性概念

调节阀特性包含静态特性和动态特性。

调节阀的静态特性也称稳态特性，是指调节阀在激励（偏差、给定、指令等变化）后达到稳态后的系统状态，可以通过流量与开度之间的函数关系来认识。常见的反映调节阀静态特性的指标有流量特性和可调比。

调节阀的动态特性，是指在激励（偏差、给定、指令等变化）后达到稳态前的系统状态，可以通过建立流量与控制信号之间的函数关系，通过拉普拉斯变换，建立调节阀系统传递函数，来进行定量分析研究。典型的调节阀传递函数是一个二阶系统，可以很好地描述在工作点附近调节阀的动态特性。问题的难点在于对时间常数和传递常数的数值表达，一般通过对在实际工作条件下的不同尺寸和类型的调节阀进行试验来进行研究。

1. 调节阀流量特性

调节阀的流量特性是指介质流过阀门的相对流量与相对位移（阀门的相对开度）间的关系，数学表达式为

$$\frac{Q}{Q_{\max}} = f\left(\frac{l}{L}\right)$$

式中　$\dfrac{Q}{Q_{\max}}$——相对流量，调节阀某一开度时流量 Q 与最大流量 $Q_{\max}$ 之比；

　　　$\dfrac{l}{L}$——相对位移，调节阀某一开度时阀芯位移 l 与全开位移 L 之比。

　　一般来说，改变调节阀的阀芯与阀座之间的流通面积，便可以控制流量。但实际上，由于多种因素的影响，如在流通面积变化的同时，还发生阀前、阀后压差的变化，而压差的变化又将引起流量的变化，为了便于分析，先假定阀前、阀后的压差不变，然后再引申到真实情况进行研究。前者称为固有流量特性或者理想流量特性，后者称为工作流量特性。

　　固有流量特性主要有直线、等百分比、抛物线和快开四种。对应固有流量特性曲线和典型阀芯形状如图 1-12 和图 1-13 所示。

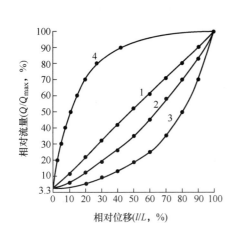

图 1-12　调节阀固有流量特性曲线

1—直线　2—等百分比　3—抛物线　4—快开

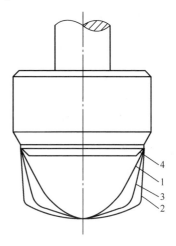

图 1-13　不同流量特性典型阀芯形状

1—直线　2—等百分比　3—抛物线　4—快开

　　1）直线流量特性：调节阀的相对流量与相对位移呈直线关系，即单位位移变化所引起的流量变化是常数。

　　2）等百分比流量特性：单位相对位移变化所引起的相对流量变化与此点的相对流量呈正比关系，即调节阀的放大系数是变化的，它随相对流量的增大而增大。

3）抛物线流量特性：单位相对位移变化所引起的相对流量变化与此点的相对流量值的平方根呈正比关系。

4）快开流量特性：在开度较小时就有较大的流量，随着开度的增大，流量很快就达到最大；此后再增加开度，流量变化很小。

2. 调节阀流量特性选择

（1）固有直线流量特性

曲线斜率是一个定值。在恒定的压差下，阀门增益在所有流量处都相同，主要用于液位调节。下列情况，一般选用该特性：

1）压差 ΔP 变化小，几乎恒定。

2）整个系统的压力损失大部分分配在阀上。

3）外部干扰小，给定值变化小，可调范围小的场合。

4）工艺流程的主要参数变化呈线性。

（2）固有等百分比流量特性

曲线斜率随行程正向递增。小开度时，斜率小，调节平稳缓和；大开度时，斜率大，调节灵敏有效。该特性应用范围广，如电厂中大部分调节阀。下列情况，一般选该特性：

1）要求大的可调比。

2）管道压力损失大。

3）开度变化大，阀进、出口压差变化相对较大。

（3）固有抛物线流量特性

介于直线和等百分比流量特性之间，该特性调节阀用得比较少。

（4）固有快开流量特性

调节阀在小开度时就有较大流量，再增大开度，流量变化已经很小，主要用于迅速启闭的二位式调节系统。

调节阀在工作状态下，压降比变化会使调节阀实际可调最大流量降低，造成实际流量特性曲线偏离固有流量特性曲线的流量特性畸变现象。因此，应根据系统特点选择工作流量特性后，再结合系统工艺情况选择调节阀相应的固有流量特性，见表1-1。

表1-1 调节阀固有流量特性选择

压降比	$S > 0.6$			$S \leq 0.6$		
实际工作流量特性	直线	等百分比	快开	直线	等百分比	快开
所选固有流量特性	直线	等百分比	快开	等百分比	等百分比	快开

3. 调节阀可调比

按 IEC 60534 – 2 – 4《工业过程调节阀 第 2 – 4 部分：流通能力 固有流量特性和可调比》的定义，调节阀的固有可调比是在阀门进出口压降恒定条件下，可调节最大流量与最小流量的比值。

对于直行程调节阀，其固有可调比一般不超过 50，若要进一步增大可调比，设计制造难度会加大。可调比过大，对于单座调节阀，阀芯型线在 90% ~ 100% 开度范围内会产生根切现象，对于滑动套筒阀，在 90% ~ 100% 开度范围内，节流窗口尺寸过宽而无法设计制造。对于角行程调节阀，如偏心旋转调节阀、V 型调节球阀、三角口旋塞调节阀等，其固有可调比一般不超过 300。

而在流程控制工业中，大可调比是高性能调节阀的一项关键性能指标参数。目前，合肥通用机械研究院有限公司开发了一种新型高可调比的旋塞调节阀，得益于其独特的旋塞节流窗口设计，可以实现很高的可调比，固有可调比可达 350 ~ 1000，非常适合于精细化工中高可调比应用工况，以实现优化工艺流程、精确控制工艺指标的目标。

调节阀在生产过程中，阀门两端的压降并不是恒定不变的，因此，运行时调节阀的可调比会降低。安装可调比是指调节阀在实际工作状态下，可调节的最大流量与最小流量的比值。阀阻比小是调节阀安装可调比降低的主要原因，对此，可以采取以下措施，如降低调节阀所在串联管路阻力，工艺配管尽可能减少不必要的弯头、截止阀、缩径管和扩径管等附加管件。

1.3.2 特性分析

1. 调节阀的节流原理和流通能力

当流体经过调节阀时，由于阀芯、阀座间流通面积的局部缩小，形成局部阻力，使流体在此处产生能量损失，这个损失的大小通常用阀前后的压差来表示。

调节阀前后管道直径相同，流速相同，根据流体能量守恒原理，可得到流体经过调节阀后的能量损失与调节阀前后的压差关系为

$$H = \frac{P_1 - P_2}{\gamma}$$

式中　H——单位重量流体经过调节阀的能量损失；

　　　P_1——调节阀前压力；

　　　P_2——调节阀后压力；

　　　γ——流体重度。

设调节阀开度不变，流体重度不变（不可压缩流体），则单位重量流体的能量损失与流体的动能成正比，即

$$\pi = \zeta \frac{\omega^2}{g}$$

式中　ω——流体平均流速；

　　　g——重力加速度；

　　　ζ——调节阀的阻力系数，与阀的结构型式、流体的性质和开度有关。

因为，流体的平均速度为

$$\omega = \frac{Q}{A}$$

式中　Q——流体的体积流量；

　　　A——管道截面积。

综合所得

$$Q = \frac{A}{\sqrt{\zeta}}\sqrt{\frac{2g}{\gamma}(P_1 - P_2)}$$

上式为调节阀的流量方程。方程中各参数采用的单位为：$A(\mathrm{cm}^2)$，$\gamma(\mathrm{gf/cm}^3)$，$g(981\mathrm{cm/s}^2)$，P_1、$P_2(\mathrm{gf/cm}^2)$，$Q(\mathrm{cm}^3/\mathrm{s})$。

当 Q、P_1、P_2 均采用工程单位，即 $Q(\mathrm{m}^3/\mathrm{h})$，$P_1$、$P_2(\mathrm{kgf/cm}^2)$ 可得到实际应用的流量方程为

$$Q = 5.04 \frac{A}{\sqrt{\zeta}} \sqrt{\frac{P_1 - P_2}{\gamma}}$$

当调节阀口径一定，即调节阀接管截面积 A 一定，且 $P_1 - P_2$ 不变时，阻力系数 ζ 减小，流量 Q 则增大，反之，ζ 增大则 Q 减小。所以，调节阀的工作原理就是由输入信号的大小、改变阀芯的行程，从而改变流通面积达到调节流量的目的。

令 $C = 5.04 \dfrac{A}{\sqrt{\zeta}}$，上式可写为

$$Q = C \sqrt{\frac{\Delta P}{\gamma}}$$

C 称为流通能力，与阀芯和阀座的结构、阀前后的压差、流体性质等因素有关。必须在规定了一定的条件后，再描述调节阀的流通能力。

我国所用流通能力 C 的定义为：在调节阀全开，阀前后压差为 1kgf/cm^2，介质重度为 1gf/cm^3 时，流经调节阀的流量数。

例如：一个调节阀的 C 值为 32 就是表示当阀全开，阀前后压差为 1kgf/cm^2 时，每小时能通过的水量为 32 m^3。

2. 固有直线流量特性

直线流量特性是指调节阀的相对流量与相对位移（相对开度）呈直线关系，即单位位移变化所引起的流量变化是一个常数，可表达为

$$\frac{\mathrm{d}\dfrac{Q}{Q_{\max}}}{\mathrm{d}\dfrac{l}{L}} = K\frac{l}{L} = C \tag{1-1}$$

式中　K——调节阀的放大系数。

将式（1-1）积分得

$$\frac{Q}{Q_{\max}} = k\frac{l}{L} + C \tag{1-2}$$

式中　C——积分常数。

已知边界条件：$l = 0$ 时，$Q = Q_{\min}$；$l = L$ 时，$Q = Q_{\max}$，将边界条件代入式

17

（1-2）求得各项常数为

$$C = \frac{Q_{\min}}{Q_{\max}} \quad\quad\quad (1\text{-}3)$$

$$K = 1 - \frac{Q_{\max}}{Q_{\min}} \quad\quad\quad (1\text{-}4)$$

令

$$R = \frac{Q_{\max}}{Q_{\min}} \quad\quad\quad (1\text{-}5)$$

式中　R——调节阀的可调比，即调节阀所能控制的最大流量和最小流量的比值。

将式（1-3）~式（1-5）代入式（1-2）得

$$\frac{Q}{Q_{\max}} = \frac{1}{R}\Big[1 + (R-1)\frac{l}{L} \Big] \quad\quad\quad (1\text{-}6)$$

式（1-6）表明，$\frac{Q}{Q_{\max}}$ 与 $\frac{l}{L}$ 之间呈直线关系。但要注意，当可调比 R 不同时，特性曲线的起点不同。当 $R = 30$，$\frac{l}{L} = 0$ 时，$\frac{Q}{Q_{\max}} = 0.33$。为便于分析，设 $R = \infty$，即特性曲线以原点为起点，当位移变化10%时，引起的流量变化也是10%。但相对流量变化量却不同。下面对行程的10%、50%、80%三点进行分析。

1）在10%时，流量相对变化值：$\frac{20-10}{10} \times 100\% = 100\%$。

2）在50%时，流量相对变化值：$\frac{60-50}{50} \times 100\% = 20\%$。

3）在80%时，流量相对变化值：$\frac{90-80}{80} \times 100\% = 12.5\%$。

由以上分析可看出，阀门开度小时，流量相对变化值大，而阀门开度大时，流量相对变化小。也就是说，阀门开度小时控制作用强，这时容易产生振荡，阀门开度大时调节作用太弱，调节缓慢，不灵敏。

3. 固有等百分比流量特性（对数流量特性）

等百分比流量特性是指单位相对位移的变化所引起的相对流量变化与该点的

相对流量成正比关系，用数学式表达为

$$\frac{\mathrm{d}\dfrac{Q}{Q_{max}}}{\mathrm{d}\dfrac{l}{L}} = K\frac{Q}{Q_{max}} \qquad (1\text{-}7)$$

将式(1-6) 积分得

$$\ln\frac{Q}{Q_{max}} = k\frac{l}{L} + C \qquad (1\text{-}8)$$

已知边界条件为：$l=0$ 时，$Q=Q_{min}$；$l=L$ 时，$Q=Q_{max}$，将边界条件代入式(1-8) 得各项常数为

$$C = \frac{Q}{Q_{max}} \qquad (1\text{-}9)$$

$$k = -\ln\frac{Q_{min}}{Q_{max}} \qquad (1\text{-}10)$$

将式(1-5)、式(1-9) 和式(1-10) 代入式(1-8) 得

$$\ln\frac{Q}{Q_{max}} = \left(\frac{l}{L} - 1\right)\ln R \qquad (1\text{-}11)$$

所以有

$$\frac{Q}{Q_{max}} = R^{\left(\frac{l}{L} - 1\right)} \qquad (1\text{-}12)$$

式(1-3)、式(1-11) 表明$\dfrac{Q}{Q_{max}}$与$\dfrac{l}{L}$呈对数关系。

与直线流量特性一样，以行程的 10%、50% 和 80% 三点分析。行程变化 10% 所引起的流量变化分别是 1.91%、7.3% 和 20.4%。可见，阀开度小时，调节平稳缓和，开度大时，调节灵敏有效，因此有利于自动调节。在前述三点开度上，流量变化的百分比是相同的，均为 40%，说明这种阀的调节精度在全行程范围内是不变的。

4. 固有快开流量特性

这种阀的流量特性在开度小时，流量就已较大，随着开度的增大，流量很快达到最大，再增加开度，流量变化极小，所以称为快开特性。用数学式表达为

$$\frac{d\frac{Q}{Q_{max}}}{d\frac{l}{L}} = K\left(\frac{Q}{Q_{max}}\right)^{-1} \tag{1-13}$$

将式(1-13) 积分并代入边界条件可得

$$\frac{Q}{Q_{max}} = \frac{1}{R}\sqrt{1 + (R^2 - 1)\frac{l}{L}} \tag{1-14}$$

它的有效位移一般在阀座直径的1/4 以内，位移再增大，阀的流通面积不再增大，失去调节作用。这种特性适用于快速启闭的切断阀和双位调节系统。

5. 固有抛物线流量特性

抛物线流量特性是指单位相对位移的变化所引起的相对流量变化与该点相对流量值的平方根成正比。用数学式表达为

$$\frac{d\frac{Q}{Q_{max}}}{d\frac{l}{L}} = K\left(\frac{Q}{Q_{max}}\right)^{\frac{1}{2}} \tag{1-15}$$

将式(1-15) 积分并代入边界条件得

$$\frac{Q}{Q_{max}} = \frac{l}{R}\left[1 + (\sqrt{R} - 1)\frac{l}{L}\right]^2 \tag{1-16}$$

式(1-16) 表明，$\frac{Q}{Q_{max}}$ 和 $\frac{l}{L}$ 之间呈抛物线关系。它介于直线曲线与对数曲线之间，在相对位移30% 及相对流量20% 段区域内为抛物线规律，在此以上的范围为线性关系，用来弥补直线流量特性开度小时调节能力差的缺点。

1.4 调节阀相关理论知识

调节阀作为现代流程工业的重要组成部分，所涉及的专业理论知识非常广泛。结构设计需要机械制图、机械原理、机械设计等理论知识的支撑，设计计算以及试验验证需要理论力学、材料力学、工程热力学、流体力学、动力学等理论知识的支撑。本书主要从工程热力学、流体力学、计算流体力学、动力学这四个方面，阐述其在调节阀上的运用。

1.4.1 工程热力学在调节阀中的运用

1. 热力学第一定律的基本能量式方程

（1）闭口系统的能量式方程

若进入系统的能量为 Q，离开系统的能量为 W，系统中储存能量的变化是 ΔU，于是

$$Q - W = \Delta U$$

即

$$Q = \Delta U + W$$

式中　Q——在热力过程中闭口系统与外界交换的净热量，传热量 Q 是过程量；

W——闭口系统通过边界与外界交换的净功。

对于没有表面效应、重力效应和电磁效应等的简单可压缩闭口系统，W 为该系统与外界交换的容积变化功。在准静态过程中容积变化所做的功为

$$W = \int_1^2 p\,\mathrm{d}V$$

式中　p——一定量气体受到的外部力；

V——体积。

（2）开口系统能量式方程

如图 1-14 所示，设图中虚线所围成的空间是某种热力设备，假定此热力设备内的工质在 τ 时刻的质量为 m_τ，它具有的能量为 E_τ，在 $\tau + \delta\tau$ 时刻具有的质量为 $m_{\tau+\delta\tau}$，能量为 $E_{\tau+\delta\tau}$。在时间间隔 $\delta\tau$ 内，有质量为 δm_{in} 的工质流进此热力设备，而有质量为 δm_{out} 的工质流出。进、出热力设备的工质状态参数分别为 p_{in}、v_{in}、e_{in} 和 p_{out}、v_{out}、e_{out}。同时，还假定在时间间隔 $\delta\tau$ 内热力设备与外界交换的净热量为 δQ，与外界交换的净功为 δW_{net}。净功应包含沿开口系统边界与外界交换的除推动功以外的所有功的总和。

根据闭口系统能量方程式，得

$$\delta Q = \mathrm{d}E_{c,v} + (e_{\mathrm{out}}\delta m_{\mathrm{out}} - e_{\mathrm{in}}\delta m_{\mathrm{in}}) + (p_{\mathrm{out}}v_{\mathrm{out}}\delta m_{\mathrm{out}} - p_{\mathrm{in}}v_{\mathrm{in}}\delta m_{\mathrm{in}}) + \delta W_{\mathrm{net}}$$

考虑到在单位质量储存能 e 中包含状态参数 u，而且 pv 也是状态参数的一种

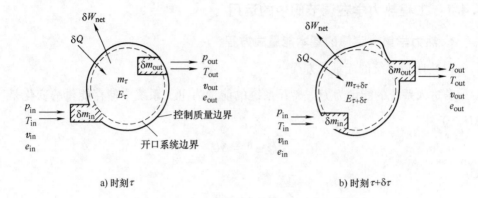

a) 时刻 τ b) 时刻 $\tau+\delta\tau$

图 1-14 开口系统能量方程推导示意图

乘积，为了方便起见，通常将两者合在一起，用符号 h 代表，即定义

$$h = u + pv$$

或

$$H = U + PV$$

式中，H 称为焓，而 h 称为比焓（有时也简称为焓）。显然，这样定义的焓与是否流动毫无关系，即对于流动或不流动时都适用。

利用比焓定义，推导可得

$$\delta Q = \mathrm{d}E_{c,v} + \left(h + \frac{c^2}{2} + gz \right)_{\mathrm{out}} \delta m_{\mathrm{out}} - \left(h + \frac{c^2}{2} + gz \right)_{\mathrm{in}} \delta m_{\mathrm{in}} + \delta W_{\mathrm{net}}$$

2. 热力学第二定律的数学表达式克劳修斯积分式

设任一工质在具有多热源情况下完成一个可逆循环 $ABCDA$，如图 1-15 所示。现用一组相互无限接近的可逆绝热线 DG、FE、$\cdots$，将循环分割成无穷多个微元循环，如 $DGEFD$、$FEMNF$、$NMBHN$、$\cdots$。因为 G 与 E，E 与 M，$\cdots$ 以及 H 与 N，N 与 F，$\cdots$ 相邻的两点是无限接近的，可以把这两点之间的换热过程看成是定温换热过程。这样每个微元循环都可看作卡诺循环。全部微元循环加起来的总结果就

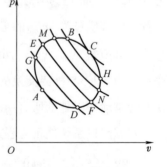

图 1-15 可逆微元循环

等于原来的循环，因为其中相邻两个循环的可逆绝热线是彼此反向的，所引起的效果相互抵消为零。

在分割成的无穷多个微元循环中，取微元卡诺循环 *FEMNF* 来进行分析，由卡诺循环定熵过程公式

$$\frac{Q_1}{Q_2} = \frac{T_1}{T_2}$$

可得到关系式

$$\frac{\mathrm{d}Q_1}{\mathrm{d}Q_2} = \frac{T_1}{T_2}$$

式中　$\mathrm{d}Q_1$——微元卡诺循环的吸热量的绝对值；

　　　$\mathrm{d}Q_2$——微元卡诺循环的放热量的绝对值；

　　　T_1——热源的温度；

　　　T_2——冷源的温度。

而在可逆过程中，热源温度与工质温度相等，所以 T_1 和 T_2 也分别是吸热时和放热时工质的温度。对热量 Q 和功 W 要考虑它们的正负号，上式中 $\mathrm{d}Q_2$ 是放热量，为负值，应在 $\mathrm{d}Q_2$ 前面加一个负号，即

$$\frac{-\mathrm{d}Q_2}{\mathrm{d}Q_1} = \frac{T_2}{T_1}$$

或

$$\frac{\mathrm{d}Q_1}{T_1} + \frac{\mathrm{d}Q_2}{T_2} = 0$$

式中　$\dfrac{\mathrm{d}Q_1}{T_1}$——吸热量与加热时的温度之比；

　　　$\dfrac{\mathrm{d}Q_2}{T_2}$——放热量与放热时的温度之比，放热量 $\mathrm{d}Q_2$ 本身为负值。

于是，对于任一微元卡诺循环 i 有

$$\left[\frac{\mathrm{d}Q_1}{T_1} + \frac{\mathrm{d}Q_2}{T_2}\right]_i = 0$$

现将全部微元卡诺循环的这种关系式加在一起，则可写成

23

$$\sum \left[\frac{\mathrm{d}Q_1}{T_1} + \frac{\mathrm{d}Q_2}{T_2} \right]_i = 0$$

或

$$\sum \frac{\mathrm{d}Q_1}{T_1} + \sum \frac{\mathrm{d}Q_2}{T_2} = 0$$

由于相邻两条绝热过程线相距为无穷小，故上式可写成

$$\int_{A-B-C} \frac{\mathrm{d}Q_1}{T_1} + \int_{C-D-A} \frac{\mathrm{d}Q_2}{T_2} = 0$$

或

$$\oint \left(\frac{\mathrm{d}Q}{T} \right)_{\mathrm{re}} = 0 \qquad (1\text{-}17)$$

式（1-17）中，注脚 re 表示可逆，该式称为克劳修斯积分式，它表明任意工质在可逆循环中微元换热量与换热时温度之比的循环积分等于零。这表明 $\left(\frac{\mathrm{d}Q}{T} \right)_{\mathrm{re}}$ 具有状态参数全微分的特性。

3. 理想气体及其状态方程

凡遵循克拉贝龙（Clapeyron）状态方程的气体，称为理想气体。对于不同物量的气体，克拉贝龙状态方程有下列几种形式：

$$pV = RT \qquad （对 1\mathrm{kg} 气体）$$

$$pV_{\mathrm{m}} = R_{\mathrm{m}}T \qquad （对 1\mathrm{kmol} 气体）$$

$$pV = mRT = nR_{\mathrm{m}}T \qquad （对 m\mathrm{kg} 或 n\mathrm{kmol} 气体） \qquad (1\text{-}18)$$

式中　V_{m}——摩尔容积；

R_{m}——摩尔气体常数。

按照阿伏伽德罗假说，在相同压力和温度下，各种气体的摩尔容积相同。在标准状态（$T_0 = 273.15\mathrm{K}$，$P_0 = 1.01325 \times 10^5 \mathrm{Pa}$）下，各种理想气体的 V_{m} 均相同，都是 $22.414\mathrm{m}^3/\mathrm{kmol}$。

按照阿伏伽德罗假说，由式（1-18）可以得出，R_{m} 不仅与气体所处的状态无关，而且与气体种类无关，因此又称为通用气体常数。R_{m} 值的大小可根据标准

状态参数由上式确定，即

$$R_m = \frac{1.01325 \times 10^5 \times 22.414}{273.15} J/(kmol \cdot K) = 8314 J/(kmol \cdot K)$$

选用不同的 p、V_m、T 单位，R_m 单位和数值也不相同，见表1-2。R 是气体常数，它与所处状态无关，但随气体种类而异。气体常数 R 与通用气体常数 R_m 的关系为

$$R_m = MR$$

式中 M——摩尔质量。

表1-2 不同单位时通用气体常数 R_m 值

R_m	单位
8.314	kJ/(kmol · K)
8314	J/(kmol · K)
1.986	kcal/(kmol · K)

不同气体的 M 值不同，R 也不同。例如，氧、氮和空气的 M 值分别为 32.00kg/kmol、28.02kg/kmol 和 28.97kg/kmol，则氧、氮和空气的 R 值分别为 259.8J/(kg · K)、296.8J/(kg · K) 和 287.1J/(kg · K)。

（1）理想气体的比定容热容和比定压热容

热量是过程量，因此在不同的加热过程中，比热容的值是不同的，即与比热容过程的特征有关。在热工计算中常用的是定容过程和定压过程中的比热容，它们相应地称为比定容热容和比定压热容，其定义式分别为

$$C_V = \frac{\delta q_V}{dT}$$

$$C_p = \frac{\delta q_p}{dT} \tag{1-19}$$

根据热力学第一定律，能量方程为

$$\delta q = du + pdv = dh - vdp$$

由于内能是状态参数，$u = f(T, v)$，则 du 为全微分，可表示为

$$\delta q = \left(\frac{\partial u}{\partial T}\right)_v dT + \left[\left(\frac{\partial u}{\partial T}\right)_T + p\right]dv$$

代入上述能量方程，得

$$\delta q_V = \left(\frac{\partial u}{\partial T}\right)_v dT$$

对于定容过程 $dv=0$，则

$$\frac{\delta q_V}{dT} = \left(\frac{\partial u}{\partial T}\right)_v$$

即

$$C_V = \left(\frac{\partial u}{\partial T}\right)_v$$

代入上式可得

$$C_V = \left(\frac{\partial u}{\partial T}\right)_v \qquad (1\text{-}20)$$

因此，比定容热容 C_V 是在定容条件下，内能对温度的偏导数，也可理解为单位质量的物质，在定容过程中，温度变化 1K 时内能变化的数值。

同理，焓是状态参数，$h=f(T,p)$，dh 为全微分，可表示为

$$dh = \left(\frac{\partial h}{\partial T}\right)_p dT + \left(\frac{\partial h}{\partial p}\right)_T dp$$

代入能量方程，得

$$\delta q = \left(\frac{\partial h}{\partial T}\right)_p dT + \left[\left(\frac{\partial h}{\partial p}\right)_T - v\right]dp$$

对于定压过程 $dp=0$，则

$$\delta q_p = \left(\frac{\partial h}{\partial T}\right)_p dT$$

或

$$\frac{\delta q_p}{dT} = \left(\frac{\partial h}{\partial T}\right)_p$$

代入得

$$C_p = \left(\frac{\partial h}{\partial T}\right)_p \qquad (1\text{-}21)$$

因此，比定压热容C_p是在压力不变的条件下，焓对温度的偏导数，也可理解为单位质量的物质，在定压过程中，温度变化1K时焓变化的数值。

由式(1-20)与式(1-21)可见，C_V与C_p这两个量都是状态参数的偏导数，因而它们本身也是状态参数。

由以上推导不难得到

$$\mathrm{d}h_p = \mathrm{d}q_p = C_p \mathrm{d}T$$

该式表明定压过程的焓的变化量是由于定压加热量所引起的，它只取决于起始温度和终了温度。与内能的性质相似，理想气体的焓变化也只是取决于起始温度和终了温度，而与变化途径无关。因此，理想气体经历任意过程的焓变化就可以用在该温度范围内的定压加热量进行计算，即

$$\Delta h = h_2 - h_1 = \int_{T_1}^{T_2} C_p \mathrm{d}T$$

若C_p为定值，则理想气体的焓变化为

$$\Delta h = h_2 - h_1 = C_p(T_2 - T_1)$$

当p为常数时，将闭口系统能量方程代入式(1-19)，可得

$$C_p = \left(\frac{\partial q}{\partial T}\right)_p = \left(\frac{\partial u}{\partial T}\right)_p + p\left(\frac{\partial v}{\partial T}\right)_p$$

对于理想气体，由于内能仅是温度的函数，因此，不论是什么过程，内能对温度的变化率都相等，其大小即为定容比热，即

$$\left(\frac{\partial u}{\partial T}\right)_p = \left(\frac{\partial u}{\partial T}\right)_v = \frac{\mathrm{d}u}{\mathrm{d}T} = C_V$$

此外，由$pv = RT$可得

$$\left(\frac{\partial v}{\partial T}\right)_p = \frac{R}{p}$$

则可得到理想气体的定压比热容与定容比热容的关系式，即梅耶公式

$$C_p = C_V + R$$

定压比热容与定容比热容的比值，称为比热[容]比或绝热指数或等熵指数，用符号γ或k表示，即

$$\gamma = \frac{C_p}{C_V}$$

（2）熵

如图 1-16 所示，体系从状态 1 沿过程 A 变化到状态 2，再沿过程 C 回到初始状态，若全部过程为可逆的，则根据克劳修斯积分式 $\oint \left(\dfrac{\mathrm{d}Q}{T}\right)_{\mathrm{re}} = 0$，得

$$\int_{1-A}^{2} \left(\frac{\mathrm{d}Q}{T}\right)_{\mathrm{re}} + \int_{2-C}^{1} \left(\frac{\mathrm{d}Q}{T}\right)_{\mathrm{re}} = 0 \quad (1\text{-}22)$$

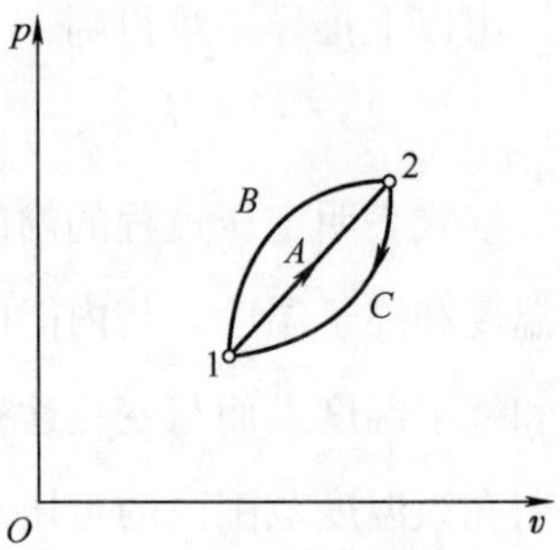

假设体系从状态 1 沿可逆过程 B 变化到状态 2 以后，再沿可逆过程 C 回到起始状态 1，同样有

$$\int_{1-B}^{2} \left(\frac{\mathrm{d}Q}{T}\right)_{\mathrm{re}} + \int_{2-C}^{1} \left(\frac{\mathrm{d}Q}{T}\right)_{\mathrm{re}} = 0 \quad (1\text{-}23)$$

图 1-16 相同起始、终了状态下的不同过程

比较式（1-22）和式（1-23），得

$$\int_{1-A}^{2} \left(\frac{\mathrm{d}Q}{T}\right)_{\mathrm{re}} = \int_{1-B}^{2} \left(\frac{\mathrm{d}Q}{T}\right)_{\mathrm{re}}$$

上式表明，$\left(\dfrac{\mathrm{d}Q}{T}\right)_{\mathrm{re}}$ 的积分是一个与积分路径无关的量，显然对于任意工质，$\left(\dfrac{\mathrm{d}Q}{T}\right)_{\mathrm{re}}$ 具有某一状态参数全微分特征，这个状态参数称为熵，用符号 S 表示。

（3）气体的流动与压缩

1）一元稳定流动的基本方程式。这个方程式实质是气体在喷管中稳定流动应当满足质量守恒定律。即在喷管的任何空间中气体的质量应该保持恒定不变，也就是说，对于该空间任何时候流入、流出的气体质量必须相等，或者说沿着喷管各个横截面的质量流量应当相等。假设喷管的截面积分别为 A_1、A_2 和 A，气流的速度分别为 c_1、c_2 和 c，比容分别为 v_1、v_2 和 v，质量流量分别为 q_{m1}、q_{m2} 和

q_m，那么有

$$q_{m1} = \frac{c_1 A_1}{v_1} = q_{m2} = \frac{c_2 A_2}{v_2} = q_m = \frac{cA}{v}$$

一般形式为

$$q_m = \frac{cA}{v} = 定值$$

微分形式为

$$\mathrm{d}\left(\frac{cA}{v}\right) = 0$$

或

$$\frac{\mathrm{d}A}{A} + \frac{\mathrm{d}c}{c} - \frac{\mathrm{d}v}{v} = 0$$

2）能量方程式。工质在喷管中要进行热能和动能之间的转换，因此必须满足热力学第一定律，即稳定流动能量方程式

$$q = \Delta h + \frac{1}{2}\Delta c^2 + g\Delta z + w_s$$

喷管只是变化截面的通道，不能对外做功，故 $w_s = 0$；喷管长度一般都是很短的，即使垂直放置，进出口的位能变化也完全可以忽略不计，即 $g\Delta z = 0$；工质用很高的速度流经很短的喷管，所需时间极短，故通过喷管向外界的散热极少，可以认为是绝热的稳定流动过程，即 $q = 0$。因此，气体在喷管中流动的能量方程式是

$$\Delta h + \frac{1}{2}\Delta c^2 = 0$$

或

$$h_1 + \frac{1}{2}c_1^2 = h_2 + \frac{1}{2}c_2^2 = h + \frac{1}{2}c^2 = h^* = 定值$$

3）过程方程。前面已经提到，气体在喷管中的稳定流动可以视为绝热的过程。当理想气体（其绝热指数可取作常量）流经喷管做可逆绝热流动时，其过程方程式是

$$p_1 v_1^k = p_2 v_2^k = pv^k = 定值$$

如果需要考虑比热容随温度的变化，则把 $k\left(=\dfrac{C_p}{C_v}\right)$ 取为过程范围内的平均值，仍按常量处理。如果工质为实际气体的水蒸气，此时 $k \neq \dfrac{C_p}{C_v}$，但可把 k 当作纯粹的经验数据，那么仍可使用这个过程方程式。然而，这个过程方程式不能应用于不可逆的绝热过程。过程方程式的微分形式是

$$\frac{\mathrm{d}p}{p} + k\frac{\mathrm{d}v}{v} = 0$$

4. 热分析动力学方程

（1）第 I 类动力学方程

在描述式（1-24）反应的动力学问题时，可用式（1-25）和式（1-26）两种不同形式的方程。

$$A'(s) \rightarrow B'(s) + C'(g) \tag{1-24}$$

$$\frac{\mathrm{d}\alpha}{\mathrm{d}t} = kf(\alpha) \tag{1-25}$$

和

$$G(\alpha) = kt \tag{1-26}$$

式中 α——t 时物质 A' 已反应的分数。

对图 1-17 所示的 DSC（差示扫描量热法）曲线，其值等于 H_t/H_0，这里 H_t 为物质 A' 在某时刻的反应热，相当于 DSC 曲线下的部分面积，H_0 为反应完成后物质 A' 的总放热量，相当于 DSC 曲线下的总面积；t 为时间；k 为反应速率常数；$f(\alpha)$ 和 $G(\alpha)$ 分别为微分形式和积分形式的动力学机理函数，两者之间的关系为

$$f(\alpha) = \frac{1}{G'(\alpha)} = \frac{1}{\mathrm{d}[G(\alpha)]/\mathrm{d}\alpha}$$

k 与反应温度 T（热力学温度）之间的关系可用著名的 Arrhenius 方程表示：

$$k = A\exp\left(-\frac{E}{RT}\right)$$

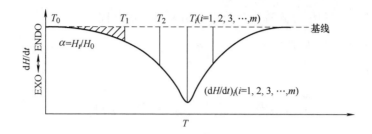

图 1-17 典型的 DSC 曲线示意图

式中 A——表观指前因子；

E——表观活化能；

R——摩尔气体常量。

假定方程式对于非等温情形都适用，则

$$T = T_0 + \beta t$$

式中 T_0——DSC 曲线偏离基线的始点温度（K）；

β——恒定加热速率（K · min^{-1}）。

由上述方程式可得微分式：

$$\frac{\mathrm{d}\alpha}{\mathrm{d}T} = \frac{A}{\beta} f(\alpha) \exp\left(-\frac{E}{RT}\right)$$

积分式：

$$G(\alpha) = \int_0^\alpha \frac{\mathrm{d}\alpha}{f(\alpha)} = \frac{A}{\beta}\int_{T_0}^{T} \exp\left(-\frac{E}{RT}\right)\mathrm{d}T = \frac{A}{\beta}\int_0^{T} \exp\left(-\frac{E}{RT}\right)\mathrm{d}T$$

$$= \frac{A}{\beta}I(E,T) = \frac{AE}{\beta R}\int_\infty^u \frac{-\mathrm{e}^{-u}}{u^2}\mathrm{d}u = \frac{AE}{\beta R}P(u) = \frac{AE}{\beta R}\frac{-\mathrm{e}^{-u}}{u^2}\pi(u)$$

$$= \frac{AE}{\beta R}\frac{-\mathrm{e}^{-u}}{u^2}Q(u) = \frac{AE}{\beta R}\frac{\mathrm{e}^{-u}}{u^2}h(u) = \frac{AE}{\beta R}T^2\mathrm{e}^{-u}h(u)$$

其中

$$P(u) = \frac{\mathrm{e}^{-u}}{u^2}\pi(u) = \frac{\mathrm{e}^{-u}}{u^2}Q(u) = \frac{\mathrm{e}^{-u}}{u^2}h(u)$$

$$Q(u) = h(u) = P(u)u^2\mathrm{e}^u$$

$$u = \frac{E}{RT}$$

上述微分式和积分式称为热分析的第 I 类力学方程。

（2）第 II 类动力学方程

微分式：

$$\frac{\mathrm{d}\alpha}{\mathrm{d}T} = \left[\frac{A}{\beta}\exp\left(-\frac{E}{RT}\right) + \frac{\beta t A E}{\beta R\, T^2}\exp\left(-\frac{E}{RT}\right)\right]f(\alpha)$$

$$= \left\{\frac{A}{\beta}\left[1 + \frac{E}{RT}\frac{(T-T_0)}{T}\right]\exp\left(-\frac{E}{RT}\right)\right\}f(\alpha)$$

$$= \left\{\frac{A}{\beta}\left[1 + \frac{E}{RT}\left(1-\frac{T_0}{T}\right)\right]\exp\left(-\frac{E}{RT}\right)\right\}f(\alpha)$$

积分式：

$$G(\alpha) = \int_0^\alpha \frac{\mathrm{d}\alpha}{f(\alpha)} = \frac{A}{\beta}\int_{T_0}^T \left[1 + \frac{E}{RT}\left(1-\frac{T_0}{T}\right)\right]\exp\left(-\frac{E}{RT}\right)\mathrm{d}T$$

$$= \frac{A}{\beta}(T-T_0)\exp\left(-\frac{E}{RT}\right)$$

1.4.2　流体力学在调节阀中的运用

（1）密度和相对密度

流体单位体积内所具有的质量称为密度，以 ρ 表示。对于均质流体其体积为 V，质量为 m，则

$$\rho = \frac{m}{V}$$

对于非均质流体，根据连续介质的假设，则

$$\rho = \lim_{\Delta V \to 0}\frac{\Delta m}{\Delta V} = \frac{\mathrm{d}m}{\mathrm{d}V}$$

其国际单位为 kg/m^3，工程单位为 $kgf \cdot s^2/m^4$。表 1-3 中列出了水、空气和水银这三种最常用流体在 1at 下不同温度时的密度。

液体的相对密度是指液体的密度与同体积的温度为 4℃ 蒸馏水的密度之比。相对密度一般用 d 表示。就液体来说，它与密度有以下的关系：

表1-3　不同温度下的水、空气和水银的密度　（单位：kg/m³）

流体	0℃	4℃	10℃	20℃	40℃	60℃	80℃	100℃
水	999.87	1000	999.73	998.23	982.24	983.24	971.83	958.38
空气	1.29	1.27	1.24	1.20	1.12	1.06	0.99	0.94
水银	13600	13570	13570	13550	13000	13450	13400	13350

$$d = \frac{\rho}{\rho_水}$$

　　而气体的相对密度是指在同样的压强和温度条件下，气体密度与空气的密度之比。表1-4中列出了某些常见流体的相对密度。

表1-4　某些常见流体的相对密度

流体	相对密度 d	温度/℃	流体	相对密度 d	温度/℃
蒸馏水	1.00	4	航空汽油	0.65	15
海水	1.02 ~ 1.03	4	轻柴油	0.83	15
重原油	0.92 ~ 0.93	15	润滑油	0.89 ~ 0.92	15
中原油	1.88 ~ 0.90	15	重油	0.89 ~ 0.94	15
轻原油	0.86 ~ 0.88	15	沥青	0.93 ~ 0.95	15
煤油	0.79 ~ 0.82	15	甘油	1.23	0
航空煤油	0.78	15	水银	13.6	15
普通汽油	0.70 ~ 0.75	15	酒精	0.79 ~ 0.80	15

　　（2）压缩性

　　在温度不变的条件下，流体在压强作用下体积缩小的性质称为压缩性。压缩性的大小用体积压缩系数 β_ρ 表示，它代表压强改变时所发生的体积相对变化量，即

$$\beta_\rho = -\frac{\mathrm{d}V}{V}\frac{1}{\mathrm{d}p}$$

式中　V——原有体积（m³）；

dV——体积改变量（m^3）；

dp——压强改变量（at）$^\ominus$；

β_ρ——体积压缩系数（at^{-1}）；

因为 dV 与 dp 的变化方向相反，即压强增加体积减小，故式中加负号，以便系数 β_ρ 永为正值。

从表 1-5 可以看出水的压缩性是很小的，其他液体压缩性也是很小的。在一般情况下，可以略去这种微小的体积变化，当作不可压缩流体来处理。对于不可压缩流体，体积保持不变，得 ρ = 常数。

表 1-5 水的 β_ρ 值

压强/at	5	10	20	40	80
$\beta_\rho \times 10^4 / \text{at}^{-1}$	0.529	0.527	0.521	0.513	0.505

气体易于压缩，它的体积变化由状态方程来决定，所以气体密度的变化可以表示为

$$\rho = pgRT$$

式中　p——压强；

T——绝对温度；

R——气体常数，对于空气 $R = 8.314 \text{J}/(\text{mol} \cdot \text{K})$。

气体在高速流动时，它的体积变化不能忽略不计，应作为可压缩流体来处理。对于可压缩流体，体积的变化由温度和压强来决定，因而它的密度表示为

$$\rho = f(p, \ T)$$

即密度可表示为压强和温度的函数。当密度仅是压强的函数，而与温度无关时，密度表示为

$$\rho = f(p)$$

最后要指出的是：是否考虑压缩性的影响不取决于是气体还是液体，而是取

$\ominus$　$1\text{at} = 9.81 \times 10^4 \text{Pa}$。

决于具体条件。例如在标准大气压条件下，当空气的流速等于68m/s时，不考虑压缩性所引起的相对误差，约等于1%，这在工程计算中一般可以忽略不计，所以低速流动的气体可以认为是不可压缩流体。而在研究管中的水击现象时，需把水作为可压缩流体来处理。因为水的压缩性虽然小，但在这类问题中却不能忽视。

（3）膨胀性

在压强不变的条件下，流体温度升高时，其体积增大的性质称为膨胀性。膨胀性大小用体积膨胀系数β_t表示，它代表温度每增加1℃时，所发生的体积相对变化量，即

$$\beta_t = \frac{dV}{V}\frac{1}{dt}$$

式中　　dt——温度改变量（℃）；

　　　　β_t——体积膨胀系数（℃$^{-1}$）。

在1at下，在温度较低时（10～20℃），温度每增加1℃，水的体积相对变化量仅为1.5×10^{-4}，温度较高时（90～100℃），也只为7×10^{-4}，所以在实际计算中，一般不考虑液体的膨胀性。在不同温度下水的体积膨胀系数见表1-6。

表1-6　不同温度下水的体积膨胀系数　　　　（单位:℃$^{-1}$）

压强 p/at	0～10℃	10～20℃	40～50℃	60～70℃	90～100℃
1	0.000014	0.000150	0.000422	0.000556	0.000719
100	0.000043	0.000165	0.000422	0.000548	0.000704
500	0.000149	0.000236	0.000429	0.000523	0.000661

（4）黏性

黏性是流体具有的一个重要性质。黏性指的是当流体微团发生相对运动时产生切向阻力的性质。流体是由分子组成的物质，当它以某一速度流动时，其内部分子间存在着吸引力。此外，流体分子和固体壁之间有附着力作用。分子间的吸引力和流体分子与壁面附着力都属于抵抗流体运动的阻力，而且是以摩擦形式表现出来，其作用是抵抗液体内部的相对运动，从而影响流体的运动状况。由于黏

性存在，流体在运动中因克服摩擦力必然要做功，所以黏性也是流体流动中产生机械能量损失的根源。

1）牛顿内摩擦定律。为了理解流体的黏性，可以取两块相互平行的平板，其间充满流体。下板固定不动，上板以速度 u_0 平行下板运动时，两板间流体便呈现不同速度的运动状态，黏附在动板下面的流体层将以 u_0 的速度运动，越往下速度越小，附在固定板的流体层速度为零，速度分布规律如图 1-18 所示。

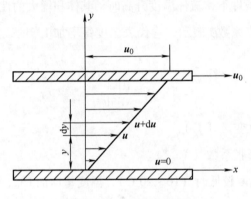

图 1-18　速度分布规律

以上事实说明：运动较慢的流体层，都是在较快的流体层带动下才运动。同时快层也受到慢层的阻碍，而不能运动得更快。这样，相邻流体层发生相对运动时，快层对慢层产生一个拉力，使慢层加速。根据作用与反作用原理，慢层对快层有一个反作用力，使快层减速，它是阻止运动的力，称为阻力。拉力和阻力是大小相等方向相反的一对力，分别作用在两个流体层的接触面上。这一对力是在流体内部产生的，所以称为内摩擦力。

取无限薄的流体层进行研究，坐标为 y 处流速为 u，坐标为 $y+dy$ 处流速为 $u+du$，显然在厚度为 dy 的薄层中速度梯度为 $\dfrac{du}{dy}$。液层间内摩擦力 T 的大小与液体性质有关，并与流速梯度 $\dfrac{du}{dy}$ 和接触面积 A 成正比，而与接触面上压力无关，即

$$T = \pm\mu A \frac{\mathrm{d}u}{\mathrm{d}y}$$

式中　μ——动力黏度。

设 τ 代表单位面积上的内摩擦力，即黏性切应力，则

$$\tau = \frac{T}{A} = \pm\mu \frac{\mathrm{d}u}{\mathrm{d}y}$$

式中的 ± 号为使 T、τ 永为正值而设的，即当 $\frac{\mathrm{d}u}{\mathrm{d}y} > 0$ 时取正号，当 $\frac{\mathrm{d}u}{\mathrm{d}y} < 0$ 时取负号。由方程式可知，当 $\frac{\mathrm{d}u}{\mathrm{d}y} = 0$ 时，$T = \tau = 0$，就是指流体质点间没有相对运动，即流体处于静止或相对静止。

2）黏度。黏度的物理意义：在 $\frac{\mathrm{d}u}{\mathrm{d}y}$ 相同的情况下，μ 值表征流体黏性大小，另外，当 $\frac{\mathrm{d}u}{\mathrm{d}y} = 1$ 时，在数值上 μ 等于 τ。因此，也可以说，当速度梯度等于 1 时，在数值上 μ 就等于接触面上的切应力。

在法定单位制中，τ 的单位是 N/m^2，而 $\frac{\mathrm{d}u}{\mathrm{d}y}$ 的单位是 s^{-1}，故 μ 的单位是 $N \cdot s/m^2$。

在流体力学的分析计算中，常出现动力黏度与流体密度的比值，称为运动黏度，以 υ 表示，即

$$\upsilon = \frac{\mu}{\rho}$$

其单位为 m^2/s。因为 υ 具有运动学量纲，故称为运动黏度。

3）温度对黏度的影响。温度对黏度的影响比较显著。温度升高时液体 μ 降低，而气体的 μ 值反而增大。这是由于液体的分子间距较小，相互吸引力起主要作用，当温度升高时，间距增大，吸引力减小。而气体分子间距较大，吸引力影响很小，根据分子运动理论，分子的动量交换率因温度升高而加剧，因而使切应力也随之增加。水的黏度与温度的关系见表1-7。

表1-7　水的黏度与温度的关系

温度 t/℃	μ/(10^{-3}N·s/m²)	v/(10^{-6}m²/s)	温度 t/℃	μ/(10^{-3}N·s/m²)	v/(10^{-6}m²/s)
0	1.792	1.792	40	0.656	0.661
5	1.519	1.519	45	0.599	0.605
10	1.308	1.308	50	0.549	0.556
15	1.140	1.141	60	0.469	0.477
20	1.005	1.007	70	0.406	0.415
25	0.894	0.897	80	0.357	0.367
30	0.801	0.804	90	0.317	0.328
35	0.723	0.727	100	0.284	0.296

（5）表面张力

由于液体的分子引力极小，一般来说，它只能承受压力，不能承受张力，但是在液体与大气相接触的自由面上，由于气体分子的内聚力和液体分子的内聚力有显著差别，使自由表面上液体分子有向液体内部收缩的倾向，这时沿自由表面上必定有起拉紧作用的力使自由表面处于拉伸状态。单位长度上这种拉力，便定义为表面张力，以表面张力系数 σ 来表示。在液体与固体相接触的表面上则会产生附着力。

（6）层流、湍流与紊流

自然界中的流体流动状态主要有两种形式，即层流和湍流。层流是指流体在流动过程中两层之间没有相互混掺，而湍流是指流体不是处于分层流动状态。一般湍流是普遍的，而层流则是特殊情况。对于圆管内流动，雷诺数（Reynolds number）的定义为

$$Re = \frac{ud}{v}$$

式中　u——液体流速；

　　　v——运动黏度；

　　　d——管径。

当 $Re \leqslant 2300$ 时，管流一定为层流；当 $2300 < Re < 8000$ 时，流动处于层流与

湍流间的过渡区；当 $Re \geqslant 8000$ 时，管流一定为湍流。

也可以把黏性流动分为层流和紊流。对于圆管内的流动，当 $Re \leqslant 2300$ 时为层流，而当 $Re > 4000$ 时则为紊流。二者根本区别是紊流的流动参数，如速度的三个分量、压强和温度等都随时间而发生随机的不规则的脉动。

1）黏性流体一元流动伯努利方程（见图1-19）。对于单位重量流体来说，根据伯努利方程得

$$z_1 + \frac{p_1}{\rho g} + \frac{u_1^2}{2g} = z_2 + \frac{p_2}{\rho g} + \frac{u_2^2}{2g} + h'_{w1-2}$$

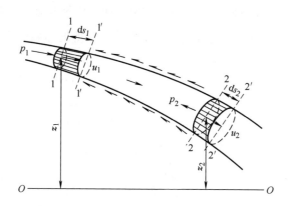

图1-19　流体流动能量守恒

2）黏性流体总流伯努利方程。单位时间通过微小流束过流断面的流体重量为 $\rho g \mathrm{d}Q$，且

$$\mathrm{d}Q = u_1 \mathrm{d}A_1 = u_2 \mathrm{d}A_2$$

所以实际流体流束的总能量方程为

$$\left(z_1 + \frac{p_1}{\rho g} + \frac{u_1^2}{2g}\right)\rho g \mathrm{d}u_1 \mathrm{d}A_1 = \left(z_2 + \frac{p_2}{\rho g} + \frac{u_2^2}{2g}\right)\rho g \mathrm{d}u_2 \mathrm{d}A_2 + h'_{w1-2}\rho g \mathrm{d}Q$$

设总流过流断面 $1-1$、$2-2$ 的面积分别为 A_1、A_2，将上式对总流过流断面面积积分，得总流的总能量方程为

$$\int_{A_1}\left(z_1 + \frac{p_1}{\rho g} + \frac{u_1^2}{2g}\right)\rho g \mathrm{d}u_1 \mathrm{d}A_1 = \int_{A_2}\left(z_2 + \frac{p_2}{\rho g} + \frac{u_2^2}{2g}\right)\rho g \mathrm{d}u_2 \mathrm{d}A_2 + \int_Q h'_{w1-2}\rho g \mathrm{d}Q$$

或

$$\int_{A_1} \left(z_1 + \frac{p_1}{\rho g} \right) \rho g \mathrm{d}u_1 \mathrm{d}A_1 + \int_{A_1} \frac{u_1^2}{2g} \rho g \mathrm{d}u_1 \mathrm{d}A_1$$

$$= \int_{A_2} \left(z_2 + \frac{p_2}{\rho g} \right) \rho g \mathrm{d}u_2 \mathrm{d}A_2 + \int_{A_2} \frac{u_2^2}{2g} \rho g \mathrm{d}u_2 \mathrm{d}A_2 + \int_Q h'_{w1-2} \rho g \mathrm{d}Q$$

在积分上式时，须知总流过流断面上压强和速度的分布规律。

（7）局部能量损失的计算

现讨论圆管突然扩大的局部损失的计算，设取一段有压恒定管流，如图 1-20 所示，取过流断面 1－1 在两管的接合面上，过流断面 2－2 在流体全部扩大后的断面 $L = (5 \sim 8) d_2$ 上，对上述两断面写伯努利方程。因靠近管壁处流速梯度较小，且管段较短，沿程损失可略去不计，得局部能量损失为

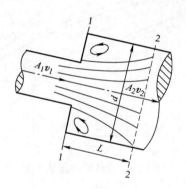

图 1-20　突然扩大局部阻力

$$h_{\mathrm{j}} = \left(z_1 + \frac{p_1}{\rho g} + \frac{\alpha_1 u_1^2}{2g} \right) - \left(z_2 + \frac{p_2}{\rho g} + \frac{\alpha_2 u_2^2}{2g} \right)$$

对由断面 1－1、2－2 及管壁所组成的控制面内的流体写沿管轴的动量方程。设作用在断面 1－1、2－2 及管道环形端面（$A_2 - A_1$）上的动压强均按静压强规律分布；作用在流体与管壁四周的阻力甚小，可略去不计，则可得

$$\frac{\rho g}{g} Q (\alpha_{02} u_2 - \alpha_{01} u_1) = p_1 A_1 + p_2 A_2 + p_1 (A_2 - A_1) + \rho g A_2 l \cos\beta$$

上式各项都除以 $\rho g A_2$，且因 $\cos\beta = \dfrac{z_1 - z_2}{l}$，$\dfrac{Q}{A_2} = u_2$，则上式可写为

$$\frac{u_2}{g}\left(\alpha_{02}u_2 - \alpha_{01}u_1\right) = \left(z_1 + \frac{p_1}{\rho g}\right) - \left(z_2 + \frac{p_2}{\rho g}\right)$$

设 $\alpha_1 = \alpha_2 = 1.0$，$\alpha_{01} = \alpha_{02} = 1.0$，则可得

$$h_{\mathrm{j}} = \frac{(u_1 - u_2)^2}{2g} \tag{1-27}$$

式(1-27)即为圆管突然扩大局部能量损失的计算公式。

（8）管路计算基本原理

由能量守恒，一条流线上各点的压力能、动能和位能三者之和为一常数，即

$$z_1 + \frac{p_1}{\rho g} + \frac{u_1^2}{2g} = z_2 + \frac{p_2}{\rho g} + \frac{u_2^2}{2g}$$

式中下标1及2表示同一条流线上的任意两点。然而对于黏性流体，上式就不再成立，其原因就是在黏性流体流动中，由于流体的变形，将有一部分动能转换变成摩擦热而损耗，因此，对于黏性流体，沿流线的能量守恒方程就应写成

$$z_1 + \frac{p_1}{\rho g} + \frac{u_1^2}{2g} = z_2 + \frac{p_2}{\rho g} + \frac{u_2^2}{2g} + h_{\mathrm{f}} \tag{1-28}$$

式(1-28)中 h_{f} 即表示流动过程中的能量损失（通常称为水头损失）。将式(1-28)推广至管路，则可得

$$z_1 + \frac{p_1}{\rho g} + a_1\frac{u_1^2}{2g} = z_2 + \frac{p_2}{\rho g} + a_2\frac{u_2^2}{2g} + h_{\mathrm{f}}$$

式中　u_1，u_2——位置1和2处的平均速度；

　　　a_1，a_2——动能修正系数。

在一般情况下 $a > 1$，但在工程计算中，可近似地取 $a = 1$，这时上式就成为

$$z_1 + \frac{p_1}{\rho g} + \frac{u_1^2}{2g} = z_2 + \frac{p_2}{\rho g} + \frac{u_2^2}{2g} + h_{\mathrm{f}} \tag{1-29}$$

式(1-29)即为管路计算的基本方程式。当管路为等截面圆管时，根据连续方程有 $u_1 = u_2$。式(1-29)还可简化为

$$\left(z_1 + \frac{p_1}{\rho g}\right) - \left(z_2 + \frac{p_2}{\rho g}\right) = h_{\mathrm{f}} \tag{1-30}$$

从式(1-29)和式(1-30)可以看出，管路计算的主要问题就是要确定其中

的水头损失。在实际管路中，水头损失可分为两种：一种就是上面所说的由黏性引起的损失，由于在管路的各个部分都将有这样损耗，故称为沿程损失；另一种是由管路中的阀门等配件以及管子截面突然扩大或缩小等原因引起的损失，称为局部损失（由局部产生的旋涡所引起）。沿程水头损失 h_f 可以表示成下面两种形式：

$$h_f = \lambda \frac{u^2}{2g}$$

或

$$h_f = \frac{\Delta p}{\rho g} \tag{1-31}$$

式中　λ——沿程损失系数；

　　　　Δp——由能量损失引起的压力降。

根据所定义的摩擦阻力系数，式(1-31)成为

$$\Delta p = \lambda \frac{L}{d} \rho \frac{u^2}{2}$$

由于阻力系数 λ 随流动的状态不同而有不同的规律，所以在进行计算时必须根据流量等计算出雷诺数以确定管内流动的状态，对于层流，λ 可按式 $\lambda = \dfrac{64}{\dfrac{ud}{v}} = \dfrac{64}{Re}$

计算；对于湍流则还得根据雷诺数及相对粗糙度来判别管路属何类型（水力光滑管还是完全粗糙管），然后才可取 λ 的计算公式，也可根据莫迪图（见图 1-21）来查出 λ 的数值。

局部水头损失通常可表示成

$$h_j = \left(\sum_{i=1}^{n} \xi_i \right) \frac{u^2}{2g}$$

式中　ξ_i——局部阻力系数，其值由实验确定，在计算时可从有关手册中查得；

　　　　n——具有损失的阀门等配件的数目。

总的水头损失可由上面两种水头损失叠加而成

$$h_w = h_j + h_f$$

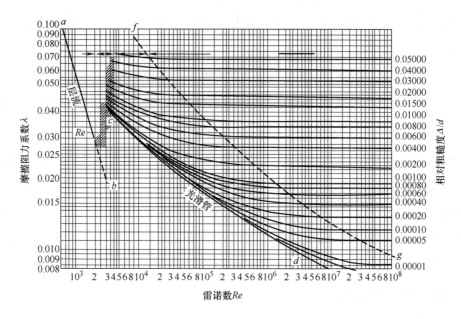

图 1-21　计算水力摩擦阻力系数的莫迪图

1.4.3　计算流体动力学分析方法

1. 计算流体力学研究方法

计算流体力学（Computational Fluid Dynamic，CFD）是 20 世纪 60 年代伴随计算机科学迅速崛起而形成的，它是通过计算机数值模拟和可视化处理，对流体流动和热传导等相关物理现象进行数值分析和研究的一门力学分支学科。传统的流体力学主要研究流体流动（流体动力学）或静止问题（流体静力学），CFD 主要研究前一部分，即流体动力学部分，对于流体静力学问题，虽然可以采用CFD 解决，但这并非 CFD 的初衷所在。

流体流动的物理特性通常以偏微分方程的方式进行描述，这些方程控制着流体的流动过程，常将其称为"CFD 控制方程"。宏观尺度的流动控制方程通常为Navier‐Stokes 方程（不可压缩黏性流体的运动微分方程），也简称为 NS 方程，对于该方程的解析求解至今仍是世界难题，因此在工程上常采用数值求解的方式。为了求解这些数学方程，计算机科学家应用高级计算机语言，将其转换为计算机程序或软件包。"计算"部分代表通过数值模拟的方式对流体流动问题的研究，包括应用计算机程序或软件包在高速计算机上获得的数值计算结果。

对于流体流动问题的研究，传统方法有两种：一种是纯理论的分析流体力学方法，另一种是实验流体力学方法。CFD 方法与这两种传统方法可两两结合或三者结合。这三种方法并非完全独立，它们之间存在着密切的内在联系。在 CFD 技术发展以前，实验手段和理论分析的方式被用于研究流体流动问题的各个方面，并帮助工程师进行设备设计及含有流体流动问题的工业流程设计。随着计算机技术的发展，数值计算已成为另一种有用的方法。在工程应用中，尽管理论分析方法仍然被大量使用，实验方法也发挥着重要的作用，但发展趋势明显趋于应用数值方法，尤其是在解决复杂流动问题时。

2. CFD 工作原理

（1）计算流程

无论是流动问题、传热问题、运移问题，还是稳态问题、瞬态问题，其求解过程如图 1-22 所示。

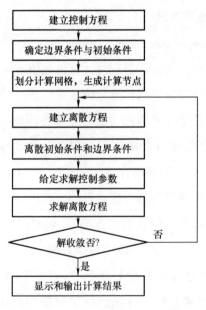

图 1-22　CFD 工作流程图

如果所求解的问题是瞬态问题，则可将图1-22所示的过程理解为一个时间步的计算过程，循环这一过程求解下个时间步的解。

（2）建立控制方程

建立控制方程是求解任何问题前都必须进行的。一般来讲，这一步是比较简单的。因为对于一般的流体流动而言，可根据计算流体力学控制方程的分析直接写出其控制方程。例如，对于水流在水轮机内的流动分析问题，若假设没有热交换发生，则可直接将连续方程与动量方程作为控制方程使用。

（3）确定边界条件与初始条件

初始条件与边界条件是控制方程有确定解的前提，控制方程与相应的初始条件、边界条件的组合构成对一个物理过程完整的数学描述。

初始条件是所研究对象在过程开始时刻各个求解变量的空间分布情况。对于瞬态问题，必须给定初始条件；对于稳态问题，则不需要初始条件。

边界条件是在求解区域的边界上所求解的变量或其导数随地点和时间的变化规律。对于任何问题，都需要给定边界条件。例如：在锥管内的流动，在锥管进口断面上，可给定速度、压力沿半径方向的分布；而在管壁上，对速度取无滑移边界条件。对初始条件和边界条件的处理会直接影响计算结果的精度。

（4）划分计算网格

采用数值方法求解控制方程时，都是将控制方程在空间域上进行离散，然后求解得到离散方程组。要想在空间域上离散控制方程，必须使用网格。现已发展出多种对各种区域进行离散以生成网格的方法，统称为网格生成技术。

不同的问题采用不同数值解法时，所需要的网格形式是有一定区别的，但生成网格的方法基本是一致的。目前，网格分结构网格和非结构网格两大类。结构网格在空间上比较规范，如对一个四边形区域，网格往往是成行成列分布的，行线和列线比较明显。而非结构网格在空间分布上没有明显的行线和列线。

对于二维（2D）问题，常用的网格单元有三角形和四边形等形式；对于三维（3D）问题，常用的网格单元有四面体、六面体、三棱体等形式。在整个计算域上，网格通过节点联系在一起。目前，各种CFD软件都配有专用的网格生成工具，如 FLUENT 使用 GAMBIT 作为前处理软件。多数 CFD 软件可接收采用其他 CAD 或 CFD/FEM 软件产生的网格模型，如 FLUENT 可以接收 ANSYS 所生成的网格。

当然，若问题不是特别复杂，用户也可自行编程生成网格。

（5）建立离散方程

对于在求解域内所建立的偏微分方程，理论上是有真解（或称精确解或解析解）的。但由于所处理的问题自身的复杂性，一般很难获得方程的真解。因此，就需要通过数值方法把计算域内有限数量位置（网格节点或网格中心点）上的因变量值当作基本未知量来处理，从而建立一组关于这些未知量的代数方程组，然后通过求解代数方程组来得到这些节点上未知量的值，而计算域内其他位置上的值则根据节点位置上的值来确定。

根据所引入的因变量在节点之间的分布假设及推导离散化方程的方法不同，就形成了有限差分法、有限元法、有限体积法等不同类型的离散化方法。

在同一种离散化方法中，如在有限体积法中，控制方程式为

$$\frac{\partial(\rho\phi)}{\partial t} + \mathrm{div}(\rho u\phi) = \mathrm{div}(\Gamma\mathrm{grad}\phi) + S$$

公式中的对流项所采用的离散格式不同，也将导致最终有不同形式的离散方程。

对于瞬态问题，除了在空间域上的离散外，还涉及在时间域上的离散；离散后，将涉及使用何种时间积分方案的问题。

（6）离散初始条件和边界条件

前面所给定的初始条件和边界条件是连续性的，如在静止壁面上速度为 0，现在需要针对所生成的网格，将连续型的初始条件和边界条件转化为特定节点上的值，如静止壁面上共有 90 个节点，则这些节点上的速度值应均设为 0。这样，连同在各节点处所建立的离散的控制方程，才能对方程组进行求解。

在商用 CFD 软件中，往往在前处理阶段完成了网格划分后，直接在边界上指定初始条件和边界条件，然后由前处理软件自动将这些初始条件和边界条件按

离散的方式分配到相应的节点上去。

（7）给定求解控制参数

在离散空间上建立了离散化的代数方程组，并施加离散化的初始条件和边界条件后，还需要给定流体的物理参数和湍流模型的经验系数等。此外，还要给定迭代计算的控制精度、瞬态问题的时间步长和输出频率等。

在 CFD 的理论中，这些参数并不值得去探讨和研究，但在实际计算时它们对计算的精度和效率有着重要的影响。

（8）求解离散方程

在进行了上述设置后生成了具有定解条件的代数方程组。对于这些方程组，数学上已有相应的解法，如线性方程组可采用高斯消去法（Gauss）或 Gauss - Seidel 迭代法求解，而对非线性方程组可采用 Newton - Raphson 方法。

在商用 CFD 软件中，往往提供多种不同的解法以适应不同类型的问题。

（9）判断解的收敛性

对于稳态问题的解，或是瞬态问题在某个特定时间步上的解，往往要通过多次迭代才能得到。有时，因网格形式或网格大小、对流项的离散插值格式等原因，可能导致解的发散。对于瞬态问题，若采用显式格式进行时间域上的积分，当时间步长过大时也可能造成解的振荡或发散。因此，在迭代过程中，要对解的收敛性随时进行监视，并在系统达到指定精度后结束迭代过程。

（10）显示和输出计算结果

通过上述求解过程得出了各计算节点上的解后，需要通过适当的方式将整个计算域上的结果表示出来。简单来说，可采用线值图、矢量图、等值线图、流线图、云图等方式对计算结果进行表示。

所谓线值图，是指在二维或三维空间上，将横坐标取为空间长度或时间历程，将纵坐标取为某一物理量，然后用光滑曲线或曲面在坐标系内绘制出某一物理量沿空间或时间的变化情况。矢量图是直接给出二维或三维空间里矢量（如速度）的方向及大小，一般用不同颜色和长度的箭头表示速度矢量。矢量图可以比较容易地让用户发现其中存在的旋涡区。等值线图是用不同颜色的线条表示相等物理量（如温度）的一条线。流线图是用不同颜色的线条表示质点运动轨迹。云图是使用渲染的方式，将流场某个截面上的物理量（如压力或温度）用连续变化的颜色块表示其分布。

商用 CFD 软件均提供了上述各表示方式。用户也可以自己编写后处理程序进行结果显示。

3. 湍流模型基本方程

一般认为，无论湍流运动多么复杂，非稳态的连续方程和 N-S 方程对于湍流的瞬时运动仍然是适用的。在此，考虑不可压缩流动，使用笛卡儿坐标系，速度矢量 u 在 x、y 和 z 方向的分量为 u、v 和 w，可以写出湍流瞬时控制方程：

$$\mathrm{div}\,u = 0$$

$$\begin{cases} \dfrac{\partial u}{\partial t} + \mathrm{div}(uu) = -\dfrac{1}{\rho}\dfrac{\partial p}{\partial x} + u\,\mathrm{div}(\mathrm{grad}u) \\[2mm] \dfrac{\partial v}{\partial t} + \mathrm{div}(vu) = -\dfrac{1}{\rho}\dfrac{\partial p}{\partial y} + u\,\mathrm{div}(\mathrm{grad}v) \\[2mm] \dfrac{\partial w}{\partial t} + \mathrm{div}(wu) = -\dfrac{1}{\rho}\dfrac{\partial p}{\partial z} + u\,\mathrm{div}(\mathrm{grad}w) \end{cases}$$

为了考察脉动的影响，目前广泛采用的方法是时间平均法，即把湍流运动看作由两种流动叠加而成：一是时间平均流动，二是瞬时脉动流动。这样，将脉动分离出来，便于处理和进一步的探讨。现引入 Reynolds 平均法，任意变量 $\overline{\phi}$ 的时间平均值（时均值）定义为

$$\overline{\phi} = \frac{1}{\Delta t}\int_{t}^{t+\Delta t} \phi(t)\,\mathrm{d}t$$

式中 $\overline{\phi}$ 的上画线代表对时间的平均值。

如果用上标"'"代表脉动值，物理量的瞬时值 ϕ、时均值 $\overline{\phi}$ 及脉动值 ϕ' 之间有如下关系：

$$\phi = \overline{\phi} + \phi'$$

采用时均值与脉动值之和代替流动变量的瞬时值，即

$$u = \overline{u} + u';\, v = \overline{v} + v';\, w = \overline{w} + w';\, p = \overline{p} + p' \tag{1-32}$$

将式(1-32)代入瞬时状态下的连续方程式和动量方程式，并对时间取平均值，得到湍流时均流动的控制方程：

$$\operatorname{div}\overline{\boldsymbol{u}}=0$$

$$\frac{\partial\overline{u}}{\partial t}+\operatorname{div}(\overline{u\boldsymbol{u}})=-\frac{1}{\rho}\frac{\partial\overline{p}}{\partial x}+\boldsymbol{u}\operatorname{div}(\operatorname{grad}\overline{u})+\left[-\frac{\partial\overline{u'^2}}{\partial x}-\frac{\partial\overline{u'v'}}{\partial y}-\frac{\partial\overline{u'w'}}{\partial z}\right]$$

$$\frac{\partial\overline{v}}{\partial t}+\operatorname{div}(\overline{v\boldsymbol{u}})=-\frac{1}{\rho}\frac{\partial\overline{p}}{\partial y}+\boldsymbol{u}\operatorname{div}(\operatorname{grad}\overline{v})+\left[-\frac{\partial\overline{u'v'}}{\partial x}-\frac{\partial\overline{v'^2}}{\partial y}-\frac{\partial\overline{v'w'}}{\partial z}\right]$$

对于其他变量 ϕ 的输运方程做类似处理，可得

$$\frac{\partial\overline{\phi}}{\partial t}+\operatorname{div}(\overline{\phi}\,\overline{\boldsymbol{u}})=\operatorname{div}(\Gamma\operatorname{grad}\overline{\phi})+\left[-\frac{\partial\overline{u'\phi'}}{\partial x}-\frac{\partial\overline{v'\phi'}}{\partial y}-\frac{\partial\overline{w'\phi'}}{\partial z}\right]+S$$

1.4.4　流体动力学控制方程

流体流动要受物理守恒定律的支配，基本的守恒定律包括：质量守恒定律、动量守恒定律、能量守恒定律。如果流动包含不同成分（组元）的混合或相互作用，系统还要遵守组分质量守恒定律。如果流动处于湍流状态，系统还要遵守附加的湍流输运方程。

1. 质量守恒方程

任何流动问题都必须满足质量守恒定律。该定律可表述为：单位时间内流体微元中质量的增加，等于这一时间间隔内流入该微元的净质量。按照这一定律，可以得出质量守恒方程：

$$\frac{\partial\rho}{\partial t}+\frac{\partial(pu)}{\partial x}+\frac{\partial(pv)}{\partial y}+\frac{\partial(pw)}{\partial z}=0$$

引入矢量符号：

$$\frac{\partial\rho}{\partial t}+\operatorname{div}(\rho\boldsymbol{u})=0$$

有的文献使用符号 ∇ 表示散度，即

$$\frac{\partial\rho}{\partial t}+\nabla\cdot(\rho\boldsymbol{u})=0 \tag{1-33}$$

在式(1-33)中，ρ 是密度，t 是时间，$\boldsymbol{u}$ 是速度矢量，u、v、w 是速度 $\boldsymbol{u}$ 在

49

x、y、z 方向的分量。上面给出的是瞬态三维可压缩流体的质量方程。若不可压缩流体，密度 ρ 为常数。

$$\frac{\partial u}{\partial x} + \frac{\partial v}{\partial y} + \frac{\partial w}{\partial z} = 0$$

若流动处于稳态，则密度不随时间变化：

$$\frac{\partial(pu)}{\partial x} + \frac{\partial(pv)}{\partial y} + \frac{\partial(pw)}{\partial z} = 0$$

质量守恒方程常称作连续方程。

2. 动量守恒方程

动量守恒定律也是任何流动系统必须满足的基本定律。该定律可表述为：微元体中流体的动量对时间的变化率等于外界作用在该微元体上的各种力之和。该定律实际上是牛顿第二定律，按照这一定律，可导出 x、y、z 三个方向上的动量守恒方程：

$$\frac{\partial \rho u}{\partial t} + \mathrm{div}(\rho u \boldsymbol{u}) = -\frac{\partial p}{\partial x} + \frac{\partial \tau_{xx}}{\partial x} + \frac{\partial \tau_{yx}}{\partial y} + \frac{\partial \tau_{zx}}{\partial z} + F_x$$

$$\frac{\partial \rho v}{\partial t} + \mathrm{div}(\rho v \boldsymbol{u}) = -\frac{\partial p}{\partial y} + \frac{\partial \tau_{xy}}{\partial x} + \frac{\partial \tau_{yy}}{\partial y} + \frac{\partial \tau_{zy}}{\partial z} + F_y$$

$$\frac{\partial \rho w}{\partial t} + \mathrm{div}(\rho w \boldsymbol{u}) = -\frac{\partial p}{\partial z} + \frac{\partial \tau_{xz}}{\partial x} + \frac{\partial \tau_{yz}}{\partial y} + \frac{\partial \tau_{zz}}{\partial z} + F_z$$

式中　　　p——流体微元体上的压力；

τ_{xx}、τ_{xy}、τ_{xz}——因分子黏性作用而产生的作用在微元体表面上的黏性应力 τ 的分量；

F_x、F_y、F_z——微元体上的体力。若体力只有重力，且 z 轴竖直向上，则 $F_x = 0$、$F_y = 0$、$F_z = -\rho g$。

上式是对任何类型的流体（包括非牛顿流体）均成立的动量守恒方程。对于牛顿流体的黏性应力 τ 与流体的变形成比例，有

$$\tau_{xx} = 2\mu \frac{\partial u}{\partial x} + \lambda \mathrm{div}(\boldsymbol{u})$$

$$\tau_{yy} = 2\mu \frac{\partial v}{\partial y} + \lambda \mathrm{div}(\boldsymbol{u})$$

$$\tau_{zz} = 2\mu \frac{\partial w}{\partial z} + \lambda \operatorname{div}(\boldsymbol{u})$$

$$\tau_{xy} = \tau_{yx} = \mu \left(\frac{\partial u}{\partial y} + \frac{\partial v}{\partial x} \right)$$

$$\tau_{xz} = \tau_{zx} = \mu \left(\frac{\partial u}{\partial z} + \frac{\partial w}{\partial x} \right)$$

$$\tau_{yz} = \tau_{zy} = \mu \left(\frac{\partial v}{\partial z} + \frac{\partial w}{\partial y} \right)$$

式中　μ——动力黏度；

　　　λ——第二黏度，一般可取 $\lambda = -\dfrac{2}{3}$。

整合之后可以得到：

$$\frac{\partial(\rho u)}{\partial t} + \operatorname{div}(\rho u \boldsymbol{u}) = \operatorname{div}(\mu \operatorname{grad} u) - \frac{\partial p}{\partial x} + S_u$$

$$\frac{\partial(\rho v)}{\partial t} + \operatorname{div}(\rho v \boldsymbol{u}) = \operatorname{div}(\mu \operatorname{grad} v) - \frac{\partial p}{\partial y} + S_v$$

$$\frac{\partial(\rho w)}{\partial t} + \operatorname{div}(\rho w \boldsymbol{u}) = \operatorname{div}(\mu \operatorname{grad} w) - \frac{\partial p}{\partial z} + S_w$$

式中的 $\operatorname{grad}(\ ) = \dfrac{\partial(\ )}{\partial x} + \dfrac{\partial(\ )}{\partial y} + \dfrac{\partial(\ )}{\partial z}$，符号 S_u、S_v、S_w 是动量守恒方程的广义源项；

$S_u = F_x + s_x$、$S_v = F_y + s_y$、$S_w = F_z + s_z$，其中 s_x、s_y、s_z 的表达式如下：

$$s_x = \frac{\partial}{\partial x}\left(\mu \frac{\partial u}{\partial x}\right) + \frac{\partial}{\partial y}\left(\mu \frac{\partial v}{\partial x}\right) + \frac{\partial}{\partial z}\left(\mu \frac{\partial w}{\partial x}\right) + \frac{\partial}{\partial x}(\lambda \operatorname{div}\boldsymbol{u})$$

$$s_y = \frac{\partial}{\partial x}\left(\mu \frac{\partial u}{\partial y}\right) + \frac{\partial}{\partial y}\left(\mu \frac{\partial v}{\partial y}\right) + \frac{\partial}{\partial z}\left(\mu \frac{\partial w}{\partial y}\right) + \frac{\partial}{\partial y}(\lambda \operatorname{div}\boldsymbol{u})$$

$$s_z = \frac{\partial}{\partial x}\left(\mu \frac{\partial u}{\partial z}\right) + \frac{\partial}{\partial y}\left(\mu \frac{\partial v}{\partial z}\right) + \frac{\partial}{\partial z}\left(\mu \frac{\partial w}{\partial z}\right) + \frac{\partial}{\partial z}(\lambda \operatorname{div}\boldsymbol{u})$$

一般来讲，s_x、s_y、s_z 是小量，对于黏度为常数的不可压缩流体，$s_x = s_y = s_z = 0$。动量守恒方程简称动量方程，还称为 Navier – Stokes 方程。

3. 能量守恒方程

能量守恒定律是包含热交换的流动系统必须满足的基本定律。该定律可表述为：微元体中能量的增加率等于进入微元体的净热量加上体力与面力对微元体所做的功。该定律实际上是热力学第一定律。

流体的能量 E 通常是内能 i、动能 $K = \frac{1}{2}(u^2 + v^2 + w^2)$ 和势能 P 三项之和，可以针对总能量 E 建立能量守恒方程。但是这样得到的能量守恒方程并不是很好用，一般是从中扣除动能变化，从而得到关于内能 i 的守恒方程。而我们知道，内能 i 与温度 T 之间存在一定关系，即 $i = c_p T$，其中 c_p 是比热容。这样可以得到以温度 T 为变量的能量守恒方程：

$$\frac{\partial(\rho T)}{\partial T} + \mathrm{div}(\rho u T) = \mathrm{div}\left(\frac{k}{c_p}\mathrm{gard}T\right) + S_T$$

式中　k——流体的传热系数；

S_T——流体的内热源及由于黏性作用流体机械能转换为热能的部分，有时称为黏性耗散项，S_T 的表达式可查询相关文献。

综合各基本方程，发现有 u、v、w、p、T、ρ 六个未知量，还需补充一个联系 p、ρ 的状态方程，方程组才能封闭。

$$p = p(\rho, T)$$

该状态方程对理想气体有

$$p = \rho R T$$

式中　R——摩尔气体常数。

4. 组分质量守恒方程

在一个特定的系统中，可能存在质的交换，或者存在多种化学组分，每一种组分都需要遵守组分质量守恒定律。对于一个确定的系统而言，组分质量守恒定律可以表述为：系统内某种化学组分质量对时间的变化率，等于通过系统界面净扩散流量与通过化学反应产生的该组分的生产率之和。

根据组分质量守恒定律，可以写出组分 s 的组分质量守恒方程：

$$\frac{\partial(\rho c_s)}{\partial t} + \mathrm{div}(\rho u c_s) = \mathrm{div}(D_s + \mathrm{grad}(\rho c_s)) + S_s$$

组分质量守恒方程常简称为组分方程。一种组分的质量守恒方程实际就是一个浓度传输方程。当水流或空气在流动过程中夹带有某种污染物质时，污染物质在流动情况下除有分子扩散外还会随流传输，即传输过程包括对流和扩散两部分，污染物质的浓度随时间和空间变化。因此组分方程在有些情况下称为浓度传输方程或浓度方程。

1.5　调节阀控制系统

1.5.1　调节阀控制系统要求

按照调节阀最主要的标准——能源，可以把调节阀分为四类：手动调节阀、气动调节阀、液动调节阀和电动调节阀。四类调节阀的阀体都是一样的。

气动调节阀就是以压缩空气为动力源，以气缸为执行器，并借助电气阀门定位器、转换器、电磁阀等驱动附件来驱动阀门，实现开关量或比例式调节，不需要采取防爆措施。该调节阀特别适用于石油、化工等行业中有爆炸危险的场合。

液动调节阀是以有压液体作为动力源，以液压缸作为执行部件，来驱动阀芯运动。因为液体的不可压缩性，所以液动调节阀的优点就是具有较优的抗偏离能力，运行起来非常平稳，且其响应快、推力大，能实现高精度的控制。

电动调节阀以电力为动力源，通过机械传动将电动机的动能转化为输出轴的推力或者力矩。电动调节阀与气动调节阀相比较，能够输出更大的推力或力矩，具有较好的抗偏离能力，由于整个传动过程是机械传动，它能够达到更高的控制精度；与液动调节阀相比较，电动调节阀体积小，更加环保，安装快捷方便。

调节阀的控制系统主要用于调节阀门的开度，根据工作现场的要求实时调节被控参数，其位置伺服系统的目标要求是能连续地、精确地复现输入位置信号的变化规律。由于调节阀越来越多地应用于工业控制场合，人们对它的控制系统性能要求也越来越高。电动执行器的定位控制系统性能优劣一般从以下几个方面来进行评价：定位精度、动态响应及稳定性。

1）定位精度。定位精度是指当系统进入稳定状态以后，系统输出与实际输入之间的误差（稳态误差）大小。它是衡量位置控制系统控制准确性重要的性能指标，稳态误差越小，定位精度越高。不同的工业控制场合对执行机构有不同的定位精度要求。

2）动态响应。动态响应是指控制系统的输出跟随输入信号变化的响应速度，控制系统的动态响应特性越好，则它的反应速度越快，达到稳定状态的时间越短。特别对于应用于石油、化工等行业关键部位的执行器来说，具有好的动态响应特性是十分重要的，不仅能够节约能源，防止原材料的浪费，而且能够提高安全系数。

3）稳定性。稳定性是指控制系统的输出随时间的变化能保持恒定的能力。在工业生产的实际过程中，控制系统不可避免地会遇到一些来自外界的干扰，在遭遇干扰以后，系统能否重新回到原来的稳定状态，这在实际工程中具有重要的意义。执行机构通过调节阀门的开度来调节介质的流量、压力等参数，提高阀门开度的稳定性，就能提高被控参数的稳定性，因此，对于执行机构的控制系统来说，稳定性是一个十分重要的性能指标。

综上所述，调节阀控制系统应能够保证定位精度高、响应速度快的同时具有良好的稳定性，只有这样才能够满足现代工业自动化生产的需要。

1.5.2 调节阀的流场有限元建模与求解

1. 有限元法

有限元法（Finite Element Method，FEM）与有限差分法都是广泛应用的流体力学数值计算方法。有限元法是将一个连续的求解区域分成适当形状的许多微小单元，并与各小单元分片构造插值函数，然后根据极值原理（变分或加权余量法），将问题的控制方程转化为所有单元上的有限元方程，把总体的极值作为各单元极值之和，即将局部单元总体合成，形成嵌入了指定边界条件的代数方程组，求解该方程组就得到各节点上待求的函数值。

有限元法的基础是极值原理和划分插值，它吸收了有限差分法中离散处理的内核，又采用了变分计算中选择逼近函数并对区域进行积分的合理方法，是这两类方法相互结合、取长补短发展的结果。它具有很广泛的适应性，特别适用于几何及物理条件比较复杂的问题，而且便于程序的标准化。对椭圆形方程问题有更好的适用性。

2. 有限体积法

有限体积法（Finite Volume Method）又称控制体积法（Control Volume Method，CVM）。其基本思路是：将计算区域划分为网格，并使每个网格节点周围有一个互不重复的控制体积；将待解微分方程（控制方程）对每一个控制体积积分，从而得出一组离散方程。其中的未知数是网格节点上的因变量 ϕ。为了求出控制体的体积积分，必须假定 ϕ 值在网格节点之间的变化规律。从积分区域的选取方法来看，有限体积法属于加权余量法中的子域法；从未知解的近似方法来看，有限体积法属于采用局部近似的离散方法。简言之，子域法加离散，就是有限体积法的基本方法。

有限体积法的基本思想易于理解，并能得出直接的物理解释。离散方程的物理意义就是因变量 ϕ 在有限大小的控制体积中的守恒原理，如同微分方程表示因变量在无限小的控制体积中的守恒原理一样。

有限体积法得出的离散方程，要求因变量的积分对任意一组控制体积都得到满足，对整个计算区域，自然也得到满足。这是有限体积法的优点。有一些离散方法，例如有限差分法，仅当网格极其细密时，离散方程才满足积分守恒，而有限体积法即使在粗网格条件下，也显示出准确的积分守恒。

就离散方法而言，有限体积法可视作有限元法和有限差分法的中间物。有限元法必须假定 ϕ 值在网格节点之间的变化规律（即插值函数），并将其作为近似解。有限差分法只考虑网格节点上 ϕ 的数值而不考虑 ϕ 值在网格节点之间如何变化，有限体积法只寻求 ϕ 的节点值，这与有限差分法相类似；但有限体积法在寻求控制体积的积分时，必须假定 ϕ 值在网格节点之间的分布，这与有限单元法类似。在有限体积法中，插值函数只用于计算控制体积的积分；如果需要，可以对微分方程中不同的项采取不同的插值函数。

3. 有限元建模

建模首先要画出网格，网格是 CFD 模型的几何表达形式，也是模拟与分析的载体。网格质量对 CFD 计算精度和计算效率有重要的影响。对于复杂的 CFD 问题，网格生成极为耗时，且容易出错，生成网格所需时间常常大于 CFD 实际计算的时间。因此，有必要对网格生成方式给以足够的关注。

4. 网格类型

网格分为结构网格和非结构网格两大类。结构网格是一种传统的网格形式，网格自身利用了几何体的规则形状。FLUENT4.5 及以前的版本使用的就是结构网格。结构网格中节点排列有序、节点间的关系明确。对于复杂的几何区域，结构网格是分块构造的，这就形成了块结构网格（block - structure grids）。在非结构网格中，与结构网格不同，节点的位置无法用一个固定的法则予以有序地命名，这种网格的生成过程比较复杂，但却有极好的适应性，尤其对复杂边界的流场计算问题特别有效。非结构网格一般通过专门的程序或软件来生成。

5. 网格单元的分类

单元（cell）是构成网格的基本元素。在结构网格中，常用的 2D 网格单元是四边形单元，常用的 3D 网格单元是六面体单元。而在非结构网格中常用的 2D 网格单元还有三角形单元，3D 网格单元还有四面体单元和五面体单元，其中五面体单元还可以分为棱柱形和金字塔形单元等。

6. 单连域与多连域网格

网格区域分为单连域和多连域两类。所谓单连域是指求解区域边界线内部不包含非求解区域的情形。单连域内的任何封闭曲线都能连续地收缩至一点而不越过其边界。如果在求解区域内包含有非求解区域，则称该求解区域为多连域。所有的绕流流动，都属于典型的多连域问题。

7. 生成网格的过程

无论是结构网格还是非结构网格，都需要按照下列过程生成网格：

1）建立几何模型。几何模型是网格和边界的载体，对于二维问题，几何模型是二维面，对于三维问题，几何模型是三维实体。

2）划分网格。在所生成的几何模型上应用特定的网格类型、网格单元和网格密度对面或体进行划分，获得网格。

3）指定边界区域。为模型的每个区域指定名称和类型，为后续给定的模型物理属性、边界条件和初始条件做好准备。

生成网格的关键技术是上述过程中的步骤2）。由于传统的 CFD 基于结构网格，因此，目前有多种针对结构网格生成的成熟技术。而针对非结构网格的生成技术要更复杂一些。

8. 网格检查

在将网格导入 FLUENT 后，必须对网格进行检查，以便确定是否可以直接用于 CFD 求解。选择 Grid/Check 命令，FLUENT 会自动完成网格检查，同时报告计算域、体、面、节点的统计信息。若发现错误存在，FLUENT 会给出相关的提示，用户需要按提示进行相应的修改。如果 FLUENT 报告"WARNING：node on face thread 2 has multiple shadows"，说明有重复的影子节点存在。在设置周期性壁面边界时可能出现此问题，可选择 Grid/Memory‐zones/Repair‐periodic 命令修改。除了检查网格命令之外，FLUENT 还提供了以下命令：Grid/Info/Size，Grid/Info/MemoryUsage/，Grid/Info/Zones 和 Grid/Info/Partitions。可借助这些命令查看网格大小、内存占用情况、网格区域分布情况和分块情况。

1.5.3 调节阀阀芯运动的流固耦合分析计算方法

1. 制定求解方案

在使用 FLUENT 前，首先应针对所要求解的物理问题，制定比较详细的解决方案。制定求解方案需要考虑的因素包括以下内容。

1）确定 CFD 模型目标。确定要从 CFD 模型中获得什么样的结果，怎样使用这些结果，需要怎样的模型精度。

2）选择计算模型。确定怎样对物理系统进行概括，计算域包括哪些区域，在模型计算域的边界上使用什么样的边界条件，模型按二维还是三维构造，什么样的网格拓扑结构最适合该问题。

3）选择物理模型。考虑该流动是无黏、层流，还是湍流，流动是稳态还是非稳态，热交换重要与否，流体使用可压还是不可压方式来处理，是否多相流动，是否需要应用其他物理模型。

4）决定求解过程。在这个环节要确定该问题是否可以利用求解器现有的公式和算法直接求解，是否需要增加其他参数（如构造新的源项），是否有更好的求解方式可使求解过程更快收敛，使用多重网格计算机内存是否够用，得到收敛解需要多长时间。

一旦考虑好上述各问题后（个别问题只能等计算结束后才有明确答案），就可以开始进行 CFD 建模和求解。

2. 求解步骤

1）创建几何模型和网格模型（可在 GAMBIT 或其他前处理软件中完成）。

2）启动 FLUENT 求解器。

3）导入网格模型。

4）检查网格模型是否存在。

5）选择求解器及运行环境。

6）确定计算模型，是否考虑热交换，是否考虑黏性，是否存在多相等。

7）设置材料特性。

8）设置边界条件。

9）调整用于控制求解的有关参数。

10）初始化流场。

11）开始求解。

12）显示求解结果。

13）保存求解结果。

14）如果必要，修改网格或计算模型，然后重复上述过程重新计算。

3. 求解器

在有限元建模的部分已介绍过网格的相关知识，准备好网格后，就需要确定采用什么样的求解器及采用什么样的工作模式。在这里，FLUENT 提供了分离式求解器和耦合式求解器，而耦合式求解器又分为隐式和显式两种。在计算模式方面，FLUENT 允许用户指定计算是稳态还是非稳态的，计算模型在空间是普遍的 2D 或 3D 问题，还是轴对称问题等。在运行方面，FLUENT 允许设置参考工作压力，还可让用户决定是否考虑重力。

（1）分离式求解器

分离式求解器是顺序地、逐一地求解各方程（关于 u、v、w、p 和 T 的方程），也就是先在全部网格上解出一个方程（如 u 动量方程），再解另一个方程（如 v 动量方程）。控制方程是非线性的，且相互之间是耦合的，因此，在得到收敛解之前，要经过多次迭代。每一轮迭代由如下步骤组成：

1）根据当前的解得结果，更新所有流动变量。如果计算刚刚开始，则使用初始值来更新。

2）按照顺序分别求解 u、v 和 w 的动量方程，得到速度场。注意在计算时，压力和单元界面的质量流量使用当前的已知值。

3）因第2）步得到的速度很可能不满足连续性方程，因此，用连续方程和线性化的动量方程构造一个泊松型的压力修正方程，然后求解该压力修正方程，得到压力场与速度场的修正值。

4）利用新的压力场和速度场，求解其他量的控制方程。

5）对于包含离散相的模拟，当内部存在相间耦合时，根据离散相的轨迹计算结果更新连续相的源项。

6）检查方程是否收敛。若不收敛，返回第1）步，重复进行。

（2）耦合式求解器

耦合式求解器是同时求解连续方程、动量方程、能量方程及组分输运方程的耦合方程组，再逐一地求解湍流等标量方程。控制方程是非线性的，且相互之间是耦合的，因此在得到收敛解之前，要经过多次迭代。每次迭代由下面的步骤组成：

1）根据当前的解得结果，更新所有流动变量。如果计算刚刚开始，则使用初始值来更新。

2）同时求解连续方程、动量方程、能量方程及组分输运方程的耦合方程组（后两个方程视需要进行求解）。

3）根据需要逐一求解湍流、辐射等方程。注意在求解之前，方程用到的有关变量要用前面得到的结果更新。

4）对于包含离散相的模拟，当内部存在相间耦合时，根据离散相的轨迹计算结果更新连续相的源项。

5）检查方程是否收敛。若不收敛，返回第1）步，重复进行。

（3）求解器中的显式与隐式方案

在分离式和耦合式两种求解器之中，都要想办法将离散的非线性控制方程线性化为在每一个计算单元中相关变量的方程组。为此，可采用显式和隐式两种方案实现这一线性化过程，这两种方式的物理意义如下：

隐式：对于给定变量，在单元内的未知量用临近单元的已知和未知值来计算。因此，每一个未知量会在不止一个方程中出现，这些方程必须同时求解才能解出未知量的值。

显式：对于给定的变量，每一个单元内的未知量用只包含已知值的关系式来计算。因此，未知量只在一个方程中出现，而且每一个单元内的未知量的方程只需解一次就可以得到未知量的值。

在分离式求解器中，只采用隐式方案进行控制方程的线性化。分离式求解器是在全计算域上解出一个控制方程的解之后才去解另一个方程，因此，区域内每一个单元只有一个方程，这些方程组成一个方程组。假定系统有 M 个单元，则针对一个变量（如速度 u）生成一个由 M 个方程组成的线性代数方程组。FLUENT 使用隐式方法来求解这个方程组。总体来说，分离式方法同时考虑所有单元来解出一个变量的场分布，然后在同时考虑所有单元解出下一个变量的场分布，直至所要求的几个变量的场全部解出。

在耦合式求解器中，可采用显式或隐式两种方案进行控制方程的线性化。当然，这里所谓的显式和隐式，只是针对耦合式求解器中的耦合控制方程组而言的，对于其他的独立方程，仍采用与分离式求解器相同的解法（即隐式方案）来求解。

耦合隐式：耦合控制方程组中的每个方程在线性化时要生成一个涉及所有相关未知量的方程。如果系统中耦合的控制方程有 N 个（一般为 3~6 个），总共有 M 个单元，则针对计算域中每个单元生成 N 个线性方程。系统总共有 $M \times N$

个方程。因为每一个单元有 N 个方程，所以称这种方程组为分块方程组。FLU-ENT 将隐式方法与代数多重网格方法结合在一起求解分块方程组。总的来讲，耦合隐式方案最后同时解出所有单元内的变量（u、v、w、p 和 T）。

耦合显式：耦合的一组控制方程都用显式的方式线性化。和隐式方案一样，通过这种方案也会得到区域内每一个单元具有 N 个方程的方程组。然而，方程中的 N 个未知量都是用已知值显式地表示出来，但这 N 个未知量是耦合的，正因为如此，不需要线性方程求解器。取而代之的是使用多步方法来更新各未知量。总体来讲，耦合显式方案同时求解一个单元内的所有变量。

（4）求解器的比较与选择

分离式求解器以前主要用于不可压缩流动和微可压缩流动，而耦合式求解器用于高速可压缩流动。现在，两种求解器都适用于从不可压缩到高速可压很大范围的流动，但总的来讲，当计算高速可压流动时，耦合式求解器比分离式求解器更有优势。

FLUENT 默认使用分离式求解器，但是，对于高速可压缩流动、由强体积力导致的强耦合流动，或者在非常精细的网格上求解的流动，需要考虑耦合式求解器。耦合式求解器耦合了流动和能量方程，常常可以很快收敛。耦合隐式求解器所需内存是分离式求解器的 1.5～2 倍，选择时可以根据这一情况来权衡利弊。如果计算机内存不够，就可以采用分离式或耦合显式。耦合显式虽然也耦合了流动和能量方程，但它还是比耦合隐式需要的内存少，当然它的收敛性也相应差一些。

需要注意的是，分离式求解器提供的几个物理模型，在耦合式求解器中是没有的。这些物理模型包括：流体体积模型（VOF）、多相混合模型、欧拉混合模型、PDF 燃烧模型、预混合燃烧模型、部分预混合燃烧模型、烟灰和 NO_x 模型、Rosseland 辐射模型、熔化和凝固等相变模型、指定质量流量的周期性流动模型、周期性热传导模型和壳传导模型、用户定义的理想气体模型、NIST 理想气体模型、非反射边界条件和用于层流火焰的化学模型。

4. 确定计算模型

准备好网格，并选择好求解器格式后，就需要决定采用什么样的计算模型，以及通知 FLUENT 是否考虑传热、流动是否无黏、层流还是湍流、是否多相流、是否包含相变、计算过程中是否存在化学组分变化和化学反应等。如果用户对这些不做设置，默认情况下，将只进行流场求解，不解能量方程，认为没有化学组分变化，没有相变发生，不存在多相流，不考虑氮氧化合物污染。

FLUENT 提供了三种多相流模型。

（1）VOF 模型

该模型通过求解器单独的动量方程和处理穿过区域的每一个流体的容积比来模拟两种或三种不能混合的流体。典型的应用包括流体喷射、流体中大泡运动、流体在大坝坝口的流动、气液界面的稳态和瞬态处理等。

（2）Mixture 模型

这是一种简化的多相流模型，用于模拟各相有不同速度的多相流，但是假定了在短空间尺度上局部的平衡。相之间的耦合应当是很强的。它也用于模拟有强烈耦合的各向同性多相流和各相以相同速度运动的多相流。典型的应用包括沉降、气旋分离器、低载荷作用下的多粒子流动、气相容积率很低的泡状流。

（3）Eulerian 模型

该模型可以模拟多相分离流及相互作用的相，相可以是液体、气体、固体。与在离散相模型中 Eulerian – Lagrangian 方案只用于离散相不同，多相流模型中 Eulerian 方案用于模型中的每一相。

1.5.4 调节阀选型计算

1. 调节阀选型基本原理

（1）调节阀的节流理论与流量方程

调节阀可看成一个可变孔的节流孔板，介质流入端即阀前流速、压力分别为 v_1、P_1，阀后介质流速、压力分别为 v_2、P_2，将数据代入不可压缩流体伯努利方程

$$\frac{P_1}{\gamma_1} + \frac{v_1^2}{2g} = \frac{P_2}{\gamma_2} + \frac{v_2^2}{2g} + h_\xi \tag{1-34}$$

式中　$h_\xi = \xi \dfrac{V^2}{2g}$，由于 $v_1 = v_2 = V$，$\gamma_1 = \gamma_2 = \gamma$，则

$$\frac{P_1 - P_2}{\gamma} = h_\xi = \xi \frac{V^2}{2g}$$

$$V = \sqrt{\frac{2g}{\xi}} \sqrt{\frac{P_1 - P_2}{\gamma}}$$

$$Q = AV = A\sqrt{\frac{2g}{\xi}} \sqrt{\frac{P_1 - P_2}{\gamma}}$$

式中　h_ξ——阻力损失（m）；

　　　A——缩口面积（m^2）；

　　　ξ——阻力系数；

　　　γ——重度（N/m^3）；

　　　g——重力加速度，$g = 9.81 m/s^2$；

　　　Q——流量（m^3/s）。

将上述采用工程单位，代入式（1-34）中可得

$$Q = \frac{A}{\sqrt{\xi}} \sqrt{2 \times 9.81 \times \frac{10^5 \Delta P}{10^4 \gamma}} \times 3600 \tag{1-35}$$

$$= 50426 \times \frac{A}{\sqrt{\xi}} \sqrt{\frac{\Delta P}{\gamma}}$$

（2）流量系数

在式（1-35）中，令 $50426 \times \dfrac{A}{\sqrt{\xi}}$ 为流量系数 K_v，则有

$$K_v = 50426 \times \frac{A}{\sqrt{\xi}}$$

$$Q = K_v \sqrt{\frac{\Delta P}{\gamma}}$$

$$K_v = Q \sqrt{\frac{\gamma}{\Delta P}}$$

　　为使 K_v 值在所有调节阀之间具有可比性，国标 GB 4213 定义 K_v 值为"在规定条件下，即阀的两端压差为 100kPa，介质密度为 $1t/m^3$，某给定行程时流经

63

调节阀以 m^3/h 或 t/h 计的流量数"。在国外，流量系数常以 C_v 表示，其定义的条件与 K_v 不同。C_v 的定义为：在调节阀某给定行程，阀两端压差为 $\Delta P = 1\text{lb}/\text{in}^2$，介质为 $60\,^\circ\text{F}$ 清水时每分钟流经调节阀的流量数，以加仑/min 计，

$$C_v = 1.167\,K_v$$

2. 调节阀基本流量公式的修正——阻塞流修正

对不同结构的阀门压力恢复的程度是不同的。阻力越小的阀门（俗称高压力恢复阀），压力恢复得越多，从而越偏离原推导公式的压力曲线，原公式可能产生的误差也就越大。为此，引入一个表征阀压力恢复程度的系数 F_L 来修正。F_L 称为液体压力恢复系数，定义为：在阻塞流条件下实际最大流量与理论的非阻塞流的流量之比。可用下列公式表示：

$$F_L = \frac{K_v\sqrt{\dfrac{\Delta P_m}{P_1 - P_v}}}{K_v\sqrt{\dfrac{P_1 - P_v}{\gamma}}} = \sqrt{\frac{\Delta P_m}{P_1 - P_v}}$$

$$\Delta P_m = F_L^2(P_1 - P_v)$$

式中 ΔP_m 称为阻塞流压差，其意义是当阀门两端的压差达到 ΔP_m 时，阀门流量不再随压差增加而增加，即形成通称的阻塞流状态。F_L 值一般应由阀门厂通过试验获得。表 1-8 列出了常用阀门 F_L 的参考值。

表 1-8　调节阀特征数据（全开状态）

系数	单座阀	双座阀	套筒阀	偏心旋转阀	蝶阀	V 型球阀
F_L	0.9	0.85	0.90	0.85	0.58	0.60
K_C	0.65	0.70	0.65	0.60	0.32	0.24
X_T	0.72	0.70	0.75	0.61	0.28	0.30

液体在流经调节阀时会有汽化的情况发生，主要发生在高压差或近饱和液体工况下工作的阀门上，如在火力发电厂中的给水泵再循环、锅炉连续排污、凝结水再循环和加热器疏水等系统的调节阀上。液体用调节阀常用计算公式见表 1-9。

表1-9　液体用调节阀常用计算公式

项目	压力恢复系数修正法		内蒸修正法	
状态	亚临界流	临界流	亚临界流	临界流
判别式	$\Delta P < F_L^2\ (\Delta P_s)$	$\Delta P \geqslant F_L^2\ (\Delta P_s)$	$\Delta P < F_L$	$\Delta P \geqslant F_L$
计算式	$K_v = \dfrac{W}{\sqrt{G_f \cdot \Delta P}}$	$K_v = \dfrac{W}{F_L\sqrt{G_f \cdot \Delta P_s}}$	$K_v = \dfrac{W}{\sqrt{G_f \cdot \Delta P}}$	$K_v = \dfrac{W}{\sqrt{G_f \cdot \Delta P_L}}$
说明	$\Delta P_s = P_1 - \left(0.96 - 0.28\sqrt{\dfrac{P_v}{P_c}}\right)P_v$ W—液体重量流量(t/h) G_f—流体温度下的相对密度($15℃$水的 　　$G_f = 1$) （由伯努利方程推导出的调节阀计算公式 中相应的应为重度γ，其数值与G_f大致相等， 考虑到工程习惯，在公式中采用G_f） P_v—流体温度下的饱和蒸汽压力 （$100kPa$，绝对压力） P_c—热力学临界压力（$100kPa$，绝对压力） 亚临界流—液体在阀内未形成阻塞流 临界流—液体在阀内已形成阻塞流		$\Delta T < 2.8℃$时 　　　$\Delta P_L = 0.06 P_1$ $\Delta T > 2.8℃$时 　　　$\Delta P_L = 0.9(P_1 - P_v)$ ΔT—在进口绝对压力下液体的饱和温度与进 口温度之差（℃） （以上公式用于水介质） 亚临界流—液体在阀内未发生闪蒸 临界流—液体在阀内已发生闪蒸	

3. 低雷诺指数修正

阀门厂提供的K_v值是在经典的紊流状态下测出的，大部分阀门也是在此种工况下工作的，但在高黏度、小尺寸、低压差情况下，流体处于层流状态，其流量与压差不再呈平方关系，而渐趋直线关系，故在此范围内工作的调节阀，计算式需要修正。

1）在原基本公式中增加一个低雷诺指数修正系数F_R，则

$$K_v = F_R Q \sqrt{\frac{\gamma}{\Delta P}}$$

式中　F_R——雷诺指数的函数并与阀门结构有关。

通常这种方法是以计算和图表相结合进行计算的。

2）直接给出层流状态的 K_v 值计算公式，即

$$K_v = 00274 \sqrt[3]{\left(\frac{\mu Q}{\Delta P}\right)^2}$$

式中　μ——流体动力黏度（cP，$1\mathrm{cP} = 10^{-3}\mathrm{Pa \cdot s}$）。

4. 可压缩性流体修正

式（1-35）是利用不可压缩性流体伯努利方程导出的，用于可压缩性的液（气）体必然产生误差，且此误差随压差 ΔP 的增加而增加。一般认为只有在 $\Delta P/P_1 \leqslant 0.02$ 时误差在工程上才是可以接受的，当 $\Delta P/P_1 > 0.02$ 时，就需要进行修正。常用的修正方法有以下几种。

（1）平均重度法

此法过去在国内使用较多，并曾以此制成调节阀计算尺，广泛应用于工业部门。它是先将调节阀用长度为 L、断面面积为 A 的管道来等价代替，再用可压缩性流体伯努利方程，加上一系列假定推导出的。目前吴忠仪表厂推荐的调节阀气（汽）体计算公式属于这种方法。

（2）平均重度修正法

原平均重度法未考虑阀结构因素的影响，仅以阀进出口参数来判别临界流的发生，忽略了阀门内部存在的压力恢复因素。实际上所有的阀门都在不同程度上存在着压力恢复，因此，必然产生误差，且对于高压力恢复阀这种误差可能相当大。由于对阀内压力恢复的忽略，使预计的临界发生点比实际发生点晚，故造成计算得出的 K_v 值偏小。为此，美国 Masoneilan 公司在原平均重度法的基础上，利用液体压力恢复系数 F_L，考虑压力恢复的问题，使得计算结果更接近真实情况。

（3）膨胀系数修正法

这种方法引入了一些新系数，考虑的修正因素更多。平均重度修正法利用 F_L 来修正在阻塞流工况时，阀体内几何形状对阀容量的影响。但 F_L 原称液体压力恢复系数，是用水试验得出的。试验条件与使用条件相差较远，而膨胀系数修

正法中相应的系数，压差比最大值 X_T（阻塞流状态下的压差比，$X_T = \Delta P_m / P_1$）是用空气试验得出的，与实际使用条件较接近，且后者还考虑了实际使用流体与试验流体（空气）之间的修正，即比热比系数（$F_L = K/1.4$）修正，因此这种方法计算结果精度较前者高。但从另一方面看，此方法需用的物理参数多，计算复杂，实用性不如前者。特别是当阀门厂不能提供 X_T 的试验数据，而仅以近似公式

$$X_T = 0.84\ F_L^2$$

算得 X_T 值时，此方法的优越性就变小了。有关膨胀系数修正法的详细计算公式见附录 A。

5. 选型计算例题

例1-1 某单座调节阀，介质为过热蒸汽，进口温度 $t_1 = 300℃$，进口压力 $P_1 = 2 \times 10^5 Pa$，出口压力 $P_2 = 1.1 \times 10^5 Pa$，进口密度 $\rho_1 = 0.746 kg/m^3$，蒸汽绝热指数 $K = 1.29$，最大流量 $W = 10000 kg/h$，过热度 $\Delta t = 180.38℃$，计算 K_v 的值。

解：

1）平均重度法。

$$0.5\ P_1 = 1 \times 10^5 Pa = 1 \times 100 kPa, P_2 > 0.5 P_1$$

$$\Delta P = 0.9 \times 10^5 Pa = 0.9 \times 100 kPa$$

因此属于亚临界流，则

$$K_v = \frac{W\ (1 + 0.0013 \Delta t)}{16\ \sqrt{\Delta P\ (P_1 + P_2)}}$$

将 $P_1 = 2 \times 10^5 Pa = 2 \times 100 kPa$，$P_2 = 1.1 \times 10^5 Pa = 1.1 \times 100 kPa$ 代入上式，得

$$K_v = 462$$

2）查表法。

查表1-8，得 $F_L = 0.9$。

$$0.5\ F_L^2 P_1 = 0.81 \times 10^5 Pa = 0.81 \times 100 kPa$$

$$\Delta P = 0.9 \times 100 kPa$$

$\Delta P > 0.5\ F_L^2 P_1$ 属于临界流动，则

$$K_v = \frac{W(1 + 0.0013 \Delta t)}{14\ F_L P_1} = \frac{10000 \times (1 + 0.0013 \times 180.38)}{14 \times 0.9 \times 2} = 490$$

3）膨胀系数法。

查表 1-8，得 $X_T = 0.28$。

$$F_K = \frac{K}{1.4} = \frac{1.29}{1.4} = 0.921$$

$$F_K X_T = 0.258, \quad X = \frac{\Delta P}{P_1} = 0.45$$

$X > F_K X_T$ 属于临界流动，则

$$Y = 1 - \frac{X}{3 F_K X_T} = 1 - \frac{0.45}{3 \times 0.258} = 0.419$$

$$P_1 = 2 \times 10^5 \text{Pa} = 2 \times 100 \text{kPa}$$

$$K_v = \frac{W}{21.1 \sqrt{F_K X_T P_1 \rho_1}} = \frac{10000}{21.1 \times \sqrt{0.921 \times 0.28 \times 2 \times 0.746}} = 764$$

例 1-2 已知某单座调节阀，最大流量时阀前压力 $P_1 = 52.24 \times 10^5 \text{Pa}$（绝对），最大流量时阀两端压差 $\Delta P = 2.13 \times 10^5 \text{Pa}$，入口水饱和蒸汽压力 $P_v = 1.2 \times 10^5 \text{Pa}$（绝对），水的热力学临界压力 $P_c = 225 \times 10^5 \text{Pa}$（绝对），最大流量 $W_{max} = 38.5 \text{m}^3/\text{h}$，入口水相对密度 $G_f = 0.961$，计算 K_{vmax} 值。

解： 根据表 1-8 和表 1-9 得

$$F_L = 0.9$$

$$P_1 = 52.24 \times 10^5 \text{Pa} = 52.24 \times 100 \text{kPa}$$

$$P_v = 1.2 \times 10^5 \text{Pa} = 1.2 \times 100 \text{kPa}$$

$$P_c = 225 \times 10^5 \text{Pa} = 225 \times 100 \text{kPa}$$

$$\Delta P_m = F_L^2 (\Delta P_s) = F_L^2 \left[P_1 - \left(0.96 - 0.28 \sqrt{\frac{P_v}{P_c}} \right) P_v \right]$$

$$= 0.9^2 \left[52.24 - \left(0.96 - 0.28 \sqrt{\frac{1.2}{225}} \right) \times 1.2 \right] \times 100 \text{kPa}$$

$$= 41.4 \times 100 \text{kPa}$$

因为

$$\Delta P = 2.13 \times 10^5 \text{Pa} = 2.13 \times 100 \text{kPa}$$

$$\Delta P < F_L^2 (\Delta P_s)$$

可见流体未产生阻塞流，属于亚临界流，则

$$K_{vmax} = \frac{W_{max}}{\sqrt{G_f \cdot \Delta P}} = \frac{38.5}{\sqrt{0.961 \times 2.13}} = 26.91$$

例1-3 已知某汽轮发电机组主凝结水单座调节阀，$F_L = 0.9$，入口水温度$t_1 = 32℃$，在进口压力为$P_1 = 18 \times 10^5 Pa$时凝结水的饱和温度$t_s = 206.14℃$，最大流量时阀前压力$P_1 = 17.2 \times 10^5 Pa$（绝对），最大流量时阀两端压差$\Delta P = 2.3 \times 10^5 Pa$，入口水饱和蒸汽压力$P_v = 0.05 \times 10^5 Pa$（绝对），水的热力学临界压力$P_c = 225 \times 10^5 Pa$（绝对），最大流量$W_{max} = 547.25 m^3/h$，入口介质相对密度$G_f = 0.995$，计算$K_{vmax}$值。

解： $\Delta t = t_s - t_1 = (206.14 - 32)℃ = 174.4℃ > 2.8℃$

$$P_1 = 18 \times 10^5 Pa = 18 \times 100kPa$$

$$P_v = 0.05 \times 10^5 Pa = 0.05 \times 100kPa$$

$$\Delta P = 2.3 \times 10^5 Pa = 2.3 \times 100kPa$$

$$\Delta P_L = 0.9(P_1 - P_v) = 0.9 \times (18 - 0.05) \times 100kPa = 16.2 \times 100kPa$$

$$\Delta P_L > \Delta P$$

因此属于亚临界状态，则

$$K_{vmax} = \frac{W_{max}}{\sqrt{G_f \cdot \Delta P}} = \frac{547.25}{\sqrt{0.995 \times 2.3}} = 361.75$$

例1-4 已知火力发电机组给水再循环调节阀，$F_L = 0.99$，最大流量时阀前压力$P_1 = 180 \times 10^5 Pa$（绝对），最大流量时阀两端压差$\Delta P = 176 \times 10^5 Pa$，入口水饱和蒸汽压力$P_v = 3 \times 10^5 Pa$（绝对），水的热力学临界压力$P_c = 225 \times 10^5 Pa$（绝对），最大流量$W_{max} = 120 m^3/h$，入口介质相对密度$G_f = 1$，计算$K_{vmax}$值。

解： $P_1 = 180 \times 10^5 Pa = 180 \times 100kPa$

$$\Delta P = 176 \times 10^5 Pa = 176 \times 100kPa$$

$$P_v = 3 \times 10^5 Pa = 3 \times 100kPa$$

$$P_c = 225 \times 10^5 Pa = 225 \times 100kPa$$

$$\Delta P_m = F_L^2 (\Delta P_s) = F_L^2 \left[P_1 - \left(0.96 - 0.28 \sqrt{\frac{P_v}{P_c}} \right) P_v \right]$$

$$= 0.99^2 \left[180 - \left(0.96 - 0.28 \times \sqrt{\frac{3}{225}} \right) \times 3 \right] \times 100\text{kPa}$$

$$= 173.7 \times 100\text{kPa}$$

因为 $\Delta P = 176 \times 100\text{kPa} > \Delta P_m$，所以属于临界流动。

$$K_{vmax} = \frac{W_{max}}{F_L \sqrt{G_f \cdot \Delta P_s}} = \frac{120}{0.99 \times \sqrt{1 \times 177.2}} = 9.11$$

例 1-5 已知背压式汽轮发电机组除氧器加热蒸汽调节阀，介质入口温度 $t_1 = 300℃$，压差比最大值 $X_T = 0.75$，最大流量时阀前压力 $P_1 = 5.7 \times 10^5 \text{Pa}$（绝对），最大流量时阀两端压差 $\Delta P = 2.6 \times 10^5 \text{Pa}$，最大流量 $W_{max} = 4000\text{kg/h}$，入口介质密度 $\rho_1 = 2.49\text{kg} / \text{m}^3$，阀前最大压力 $p_1 = 6 \times 10^5 \text{Pa}$，计算 K_{vmax} 值。

解：

$$P_1 = 5.7 \times 10^5 \text{Pa} = 5.7 \times 100\text{kPa}$$

$$\Delta P = 2.6 \times 10^5 \text{Pa} = 2.6 \times 100\text{kPa}$$

$$p_1 = 6 \times 10^5 \text{Pa} = 6 \times 100\text{kPa}$$

$$X = \frac{\Delta P}{P_1} = \frac{2.6}{5.7} = 0.456$$

查附录 B，介质比热比 $K = 1.29$。

$$F_K = \frac{K}{1.4} = \frac{1.29}{1.4} = 0.921$$

$$F_K X_T = 0.921 \times 0.75 = 0.691$$

$$X < F_K X_T$$

所以蒸汽为亚临界状态。

$$Y = 1 - \frac{X}{3 F_K X_T} = 1 - \frac{0.456}{3 \times 0.691} = 0.78$$

$$K_{vmax} = \frac{W_{max}}{31.6Y \sqrt{X p_1 \rho_1}} = \frac{4000}{31.6 \times 0.78 \times \sqrt{0.456 \times 6 \times 2.49}} = 62.176$$

例 1-6 已知某热风输送系统调节阀，介质为热空气，最大流量时阀前压力

$P_1 = 1.12 \times 10^5 \mathrm{Pa}$（绝对），最大流量时阀两端压差 $\Delta P = 0.14 \times 10^5 \mathrm{Pa}$，最大流量为 $Q_{\mathrm{Nmax}} = 17268 \mathrm{Nm^3/h}$，入口介质温度 $t_1 = 400{}^\circ\mathrm{C}$，压差比最大值 $X_T = 0.28$，流体分子量 $M = 28.96$，计算 K_{vmax} 值。

解：
$$P_1 = 1.12 \times 10^5 \mathrm{Pa} = 1.12 \times 100 \mathrm{kPa}$$

$$\Delta P = 0.14 \times 10^5 \mathrm{Pa} = 0.14 \times 100 \mathrm{kPa}$$

$$X = \frac{\Delta P}{P_1} = \frac{0.14}{1.12} = 0.125$$

查附录 B，介质比热比 $K = 1.366$。

$$F_K = \frac{K}{1.4} = \frac{1.366}{1.4} = 0.976$$

$$X_T = 0.28$$

$$F_K X_T = 0.976 \times 0.28 = 0.273$$

$$X < F_K X_T$$

因此属于亚临界状态。

$$Y = 1 - \frac{X}{3 F_K X_T} = 1 - \frac{0.125}{3 \times 0.273} = 0.847$$

查附录 C，得 $Z = 1$。

$$K_{\mathrm{vmax}} = \frac{Q_N \sqrt{Z}}{2600 \, P_1 Y} \sqrt{\frac{M(273 + t_1)}{X}} = \frac{17268}{2600 \times 1.12 \times 0.847} \sqrt{\frac{28.96 \times (273 + 400)}{0.125}}$$

$$= 2764.52$$

1.5.5　调节阀阀芯不平衡力分析计算

在调节阀阀内流体压力高、压差大、流速快的情况下，由于不平衡力的作用，调节阀普遍存在控制不稳定、受压力波动影响大、喘振严重、寿命短等重大问题，使用情况不理想，对于一些高压调节阀，此类问题尤为突出。本节将根据调节阀阀芯的结构建模，利用 CFD 模块和流场有限元方法对阀芯在定流和定压条件下的不平衡力进行分析，为减小不平衡力、提高调节阀的可靠性、延长调节阀的使用寿命提供数据依据。

71

1. 调节阀阀芯不平衡力

当流体通过调节阀时，阀芯在静压和动压的作用下产生两种力：切向力和轴向力。所谓调节阀的不平衡力，是指直行程的阀芯所受到的轴向合力。本节以单向阀为例进行说明，其阀芯受力简图如图 1-23 所示。

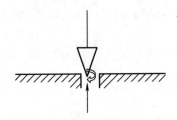

图 1-23　单向阀阀芯受力简图

2. 流场有限元计算

（1）几何模型创建

利用建模功能比较强大的 SolidWorks 软件创建调节阀的模型，再将其导入 ANSYS 中进行分析。

（2）有限元网格划分

ANSYS 软件提供了各种网格划分工具，图 1-24a 所示模型采用的是自由网格划分，共有 120336 个单元、24016 个节点，图 1-24b 所示为流场从对称中心面剖开后的造型。

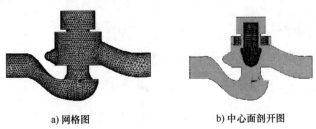

a) 网格图　　　　　　　　　　b) 中心面剖开图

图 1-24　有限元建模阀芯周围的网格

（3）载荷施加及边界条件处理

可在划分网格之前或之后对模型施加边界条件，此时要将模型所有的边界条件都考虑进去，具体的载荷及边界条件如下：

1）进口。定义流速条件或者压力条件，其值在后面具体计算时给出。进口边界不能移动，即位移为0。

2）出口。只定义压力条件，一个大气压，本节计算时采用0.1MPa。出口边界不能移动，即位移为0。

3）固定壁面边界条件。除了进口端面和阀芯周围的面以外，其余所有边界的流体速度为0、位移为0。

4）阀芯和流场接触面（移动壁面）的边界条件。流场在阀芯周围固体接触面上的流体速度应该和阀芯的运动速度一致。

5）重力加速度载荷。所有流场里面的节点加上重力加速度$9.8m/s^2$。

6）温度约束。本节分析的调节阀都是在常温下工作，基本不涉及传热分析。

3. 计算结果及其分析

（1）做定流速分析

在阀门进口以1m/s和2m/s定流速冲水、阀芯分别以0.05m/s和0.10m/s定速度运动的条件下，动态过程瞬态不平衡力如图1-25所示。

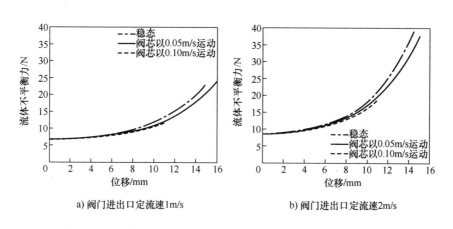

a) 阀门进出口定流速1m/s   b) 阀门进出口定流速2m/s

图1-25　定流速条件下的流体不平衡力

图1-25a、b所示分别为阀门进口以1m/s、2m/s定流速冲水的情况。横坐标

是位移，因为阀门的全行程是 25mm，计算时阀芯零位移的模型对应阀门 88% 开度的模型，所以 15mm 位移对应阀门的 28% 开度，依此类推。

图 1-26 所示为利用云图方式直观显示的典型开度的 ANSYS 稳态计算结果。从图 1-25 中可以看出，在阀门进口流速恒定的条件下，无论是稳态还是动态，随着阀芯位移增大，即开度减小，阀芯的不平衡力均增大，而且变化曲线的斜率也在增加。三种情况相比较，稳态阀芯所受的不平衡力最大，随着阀芯运动速度的提高，在同一位置，即同一开度的不平衡力在减小。在阀芯位移小于 10mm，即开度大于 40% 的过程中，流体不平衡力的相对误差都小于 5%。

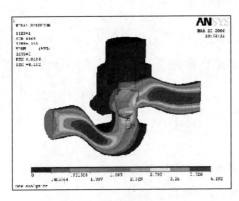

a) 78%开度稳态流场

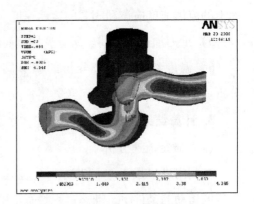

b) 48%开度稳态流场

图 1-26 不同开度的流场计算结果

因此，由图 1-25 中以 0.05m/s 的速度运动的阀芯可以推断出，当开度大于 40% 且是定流量的调节过程时，阀芯不平衡力都可以使用稳态不平衡力。

（2）做定压差分析

在阀门进出口压差恒为 2MPa 和 4MPa（出口压力恒定为大气压）、阀芯以 0.05m/s 和 0.10m/s 定速度运动的条件下，动态过程瞬态不平衡力如图 1-27 所示。

从图 1-28、图 1-29 和表 1-10、表 1-11 中可以看出，在阀门进出口压差恒定的条件下，无论是稳态还是动态，随着阀芯位移增大，即开度减小，阀芯的不平衡力均增大，而且变化曲线的斜率也在增加。三种情况相比较，曲线基本重合，

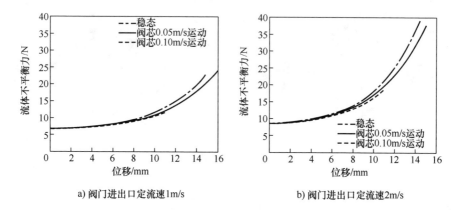

a) 阀门进出口定流速1m/s　　　　　　　b) 阀门进出口定流速2m/s

图 1-27　定压差条件下的流体不平衡力

几乎没有区别，即阀芯在不同运动速度下的不平衡力与其在稳态时的不平衡力基本没有差异。实际上，这可以说明在定压差下，无论阀芯运动快慢，都不会出现附加阀芯不平衡力，此时的阀芯不平衡力仅与开度有关。

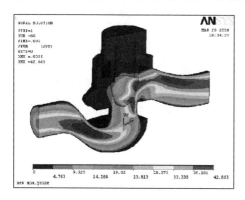

a) 78%开度稳态流场　　　　　　　　　　b) 78%开度稳态压力场

图 1-28　2MPa 压差条件下的计算结果

表 1-10　阀门定压差 2MPa 的不平衡力结果

开度或位移/mm	88%（0.0）	78%（2.5）	68%（5.0）	58%（7.5）	48%（10.0）
稳态时的不平衡力/N	8.86	9.67	11.97	33.04	120.35
0.05m/s 时的不平衡力/N	9.46	11.15	16.71	39.94	116.09
0.10m/s 时的不平衡力/N	10.47	12.54	18.26	41.38	116.88

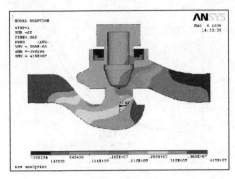

a) 压力场分布　　　　　　　　　　b) 流场分布

图 1-29　流场计算结果

表 1-11　阀门定压差 4MPa 的不平衡力结果

开度或位移/mm	88%（0.0）	78%（2.5）	68%（5.0）	58%（7.5）	48%（10.0）
稳态时的不平衡力/N	-25.12	-32.40	-18.65	14.15	143.75
0.05m/s 时的不平衡力/N	-26.71	-28.25	-22.63	14.14	147.23
0.10m/s 时的不平衡力/N	-25.02	-24.50	-18.38	18.05	152.31

利用动边界模型（ANSYS）计算正常工作时阀芯的运动速度对不平衡力的影响。根据以上方法，分别进行了各种定压差和定流速条件下的数值模拟，发现开度是影响不平衡力的主要因素，而阀芯运动速度的影响最小，在粗略计算和设计中可以忽略。

1.5.6　仿真分析

为了研究不同条件下调节阀的内部流场（压力、流速）分布、阀芯所受的流体不平衡力以及阀芯-阀杆系统的运动规律，在一般 CFD 分析的基础上，建立了调节阀阀芯-阀杆系统的动力学方程和预测-校正流固耦合算法，对单座式调节阀和预启式调节阀进行了大量的数值仿真分析。

首先，为了给动态仿真分析提供静态比较基准，采用 FLOTRAN CFD 计算定开度、无扰动条件下调节阀的内部流场分布和阀芯上的稳态流体不平衡力。其次，为了给动态仿真分析提供给定阀芯运动时的比较基准，采用 ALE 有限元法计算变开度、无扰动条件下调节阀的内部动态流场分布和阀芯上的动态流体不平衡力。最后，采用预测-校正流固耦合算法，计算未给定运动规律时（包括定开度且有流体压力强迫扰动、变开度且有流体压力强迫扰动、变开度且无流体压力强迫扰动但伴随阀芯振动三种情况）调节阀的内部动态流场分布、阀芯上的动态流体不平衡力以及阀芯-阀杆系统的动力学响应。上述动态仿真计算都是在调节阀进出口压差恒定的条件下进行的。通过分析不同条件下调节阀的内部动态流场分布、阀芯所受的动态流体不平衡力以及阀芯-阀杆振动系统的动力学响应，研究并揭示了调节阀振动问题的机理和规律。

1. 单座式调节阀动态仿真分析

调节阀开度大小和进出口压差（进口压力）是影响调节阀内部流场（压力、速度）分布、阀芯所受不平衡力以及阀芯-阀杆系统动力学响应的两个基本因素，它们决定了流场的边界条件。假设单座式调节阀阀芯位移变化范围为 0 ~ 25mm（对应开度为 100% ~ 0%），压差变化范围为 0.5 ~ 4MPa。本节将在重点分析这两个因素影响规律的基础上，考察其他因素的作用。

（1）定开度时的稳态流场和流体不平衡力

调节阀的阀芯-阀杆系统在气动执行机构输出力（气动控制力与平衡弹簧力之差）和流体力的作用下，从某个初始开度向指定目标开度运动，当两个作用力达到平衡时，阀芯-阀杆系统达到并保持在目标开度下工作。如果不考虑阀芯-阀杆系统的运动过程（从初始开度向目标开度运动以及在目标开度平衡位置附近的振动）和其他扰动，则阀芯-阀杆系统在目标开度下保持静止，此时的调节阀内部流场和阀芯流体不平衡力也相应处于稳态而不随时间变化。以往的研究基本上都是针对这种稳态流场和稳态不平衡力。研究在定开度下的稳态流场和稳态不平衡力不但对调节阀的设计有理论指导意义，而且可以为研究动态流场、动态不平衡力和动态运动规律提供稳态参照基准。

（2）不同目标开度和不同进出口压差下的稳态流场和稳态不平衡力

表 1-12 列出了在不同位移（开度）和压差下稳态流体不平衡力的计算结果，根据这些结果绘出的稳态流体不平衡力与位移（开度）和压差的关系如图 1-30 所示。

表1-12 不同位移（开度）和压差下稳态流体不平衡力的计算结果 （单位：N）

位移/mm		0.0	2.5	5.0	7.5	10.0	12.5	15.0	17.5	20.0	22.5
压差/MPa	0.5	35.73	43.52	47.46	34.63	53.45	83.45	128.81	159.11	188.52	196.54
	1.0	67.70	81.74	91.64	63.90	100.90	158.72	248.41	309.60	369.14	385.80
	2.0	136.50	165.50	179.90	126.50	188.79	316.76	378.90	608.88	729.17	763.03
	2.5	165.16	191.79	223.61	160.18	243.40	381.76	602.61	757.07	908.86	951.48
	3.0	197.08	229.35	251.75	192.56	294.16	455.92	718.78	905.48	1088.29	1139.60
	3.5	228.99	265.03	313.10	223.45	344.32	529.33	837.30	1052.53	1267.76	1327.80
	4.0	268.98	312.30	355.82	254.43	381.48	536.76	864.51	1120.86	1447.31	1516.00

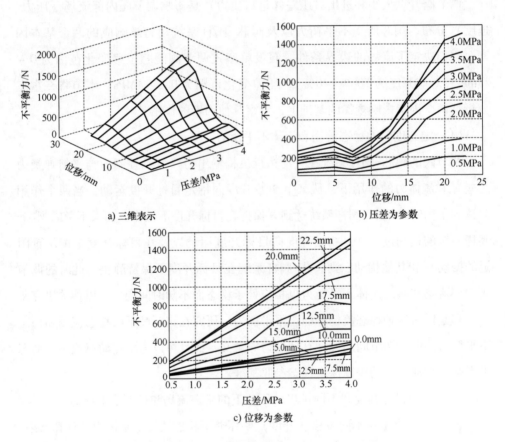

a) 三维表示

b) 压差为参数

c) 位移为参数

图1-30 稳态流体不平衡力与位移（开度）和压差的关系

由图 1-30 可以看出：

1）无论进出口压差大小，阀芯上的流体不平衡力除在阀芯位移 7.5mm 处有局部减小外，总体趋势是随着阀芯位移增加（开度减小）而非线性地增大。

2）无论进出口压差大小，在位移大于 7.5mm 之后，不平衡力增加的幅度较明显地增大，而压差越大，这种幅度增大的现象越明显。

3）无论位移大小，除了位移 12.5mm、15.0mm 和 17.5mm 外，流体不平衡力的总体趋势是随着压差的增加而几乎线性地增大，而且除了位移 7.5mm 以外，位移越大（开度越小），不平衡力线性增大的斜率也越大。

（3）阀芯位移（开度）对稳态流场的影响

开度和压差作为流场的边界条件，直接作用于调节阀内部流场（压力场和速度场），并通过流场间接影响稳态不平衡力。图 1-31 给出了压差为 1MPa 时，表 1-12 中不同阀芯位移（开度）下的稳态流场云图，其中左图为各个位移下的压力场，右图为对应的速度场。

由图 1-31 可以看出：

1）随着阀芯位移增加（开度减小），作用在阀芯上方有效面积上的流场压力值逐渐减小（即向下的流体力逐渐减小），而作用在阀芯下方有效面积上的流场压力值逐渐增大（即向上的流体力逐渐增大），从而导致作用在阀芯上总的流体不平衡力（向上的流体力减去向下的流体力）逐渐增大，这与图 1-30b 所示的规律一致。

2）随着阀芯位移增加（开度减小），调节阀从左端进口到右端出口的整个流道上的流速逐渐减小，以致到阀芯接近关闭时，进出口流道上的流体速度几乎为零。

3）对比阀芯位移为 5.0mm、7.5mm 和 10.0mm 时的流场（见图 1-31c、d、e）发现：阀芯位移为 7.5mm 时，作用在阀芯上方和下方有效面积上的流场压力值之差比位移为 5.0mm 和 10.0mm 时的要小，即阀芯上的流体不平衡力相对较小，这与图 1-30b 所示的现象一致。

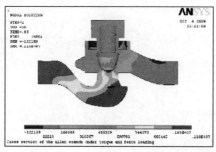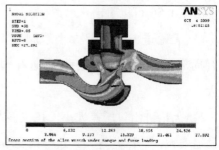

a) 位移为0.0mm时的稳态压力场和稳态速度场

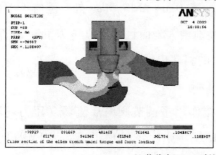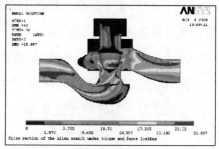

b) 位移为2.5mm时的稳态压力场和稳态速度场

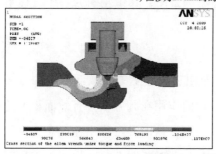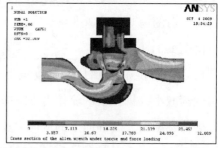

c) 位移为5.0mm时的稳态压力场和稳态速度场

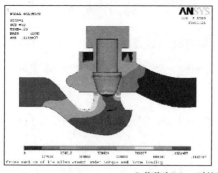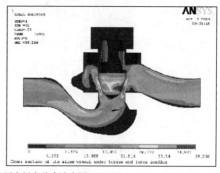

d) 位移为7.5mm时的稳态压力场和稳态速度场

图 1-31　压差为 1MPa 时不同阀芯位移（开度）下的稳态流场云图

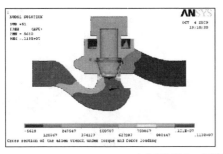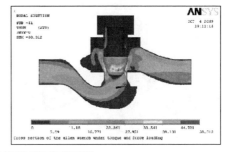

e) 位移为10.0mm时的稳态压力场和稳态速度场

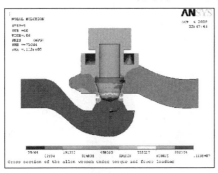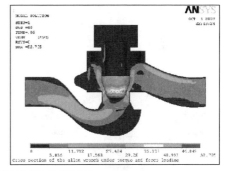

f) 位移为12.5mm时的稳态压力场和稳态速度场

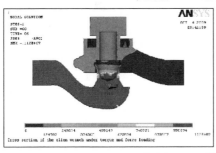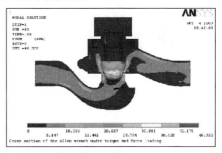

g) 位移为15.0mm时的稳态压力场和稳态速度场

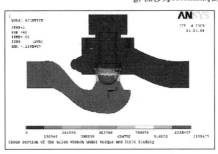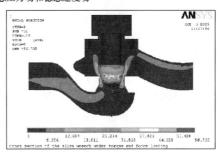

h) 位移为17.5mm时的稳态压力场和稳态速度场

图1-31　压差为1MPa时不同阀芯位移（开度）下的稳态流场云图（续）

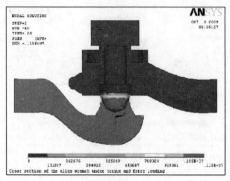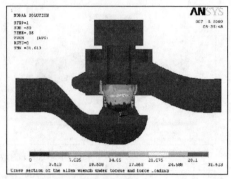

i) 位移为20.0mm时的稳态压力场和稳态速度场

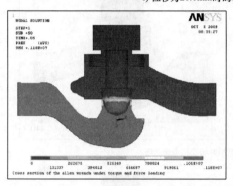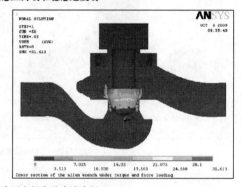

j) 位移为22.5mm时的稳态压力场和稳态速度场

图1-31　压差为1MPa时不同阀芯位移（开度）下的稳态流场云图（续）

（4）给定阀芯运动规律时的动态流场和流体不平衡力

调节阀的阀芯-阀杆系统在气动执行机构输出力（气动控制力与平衡弹簧力之差）和流体力的作用下，从某一初始开度向指定目标开度运动。如果不考虑阀芯-阀杆系统的惯性和其他扰动，则从初始开度向目标开度的运动可以看作匀速运动过程，即给定的阀芯运动规律为匀速运动。此时，调节阀内部流场的边界、流场和阀芯流体不平衡力在阀芯位移（开度）变化过程中将随时间动态变化。

为了考察不同阀芯运动速度下的动态流场和动态流体不平衡力，需要采用移动壁面流固耦合方法。假设阀芯从坐标原点（开度100%）分别以0.1m/s、0.15m/s、0.2m/s的速度匀速运动，运动行程为20mm，压差分别为0.5MPa、1.0MPa、2.5MPa、4.0MPa。

1）动态不平衡力与阀芯速度、阀芯位移（开度）和压差的关系。表1-13列出了不同阀芯速度下动态不平衡力与阀芯位移（开度）和压差的关系。根据这些关系，分别绘出在给定速度和不同速度下，动态不平衡力与阀芯位移（开度）和压差的关系，如图1-32和图1-33所示。

表1-13　不同阀芯速度下动态不平衡力与阀芯位移（开度）和压差的关系

（单位：N）

压差/ MPa	速度/ (m/s)	开度								
		0.0	2.5	5.0	7.5	10.0	12.5	15.0	17.5	20.0
0.5	0.10	25.93	49.98	72.64	91.43	108.94	125.29	141.34	163.68	215.80
	0.15	25.93	48.39	72.76	94.82	114.61	132.48	150.70	179.58	219.84
	0.20	25.93	49.97	72.25	95.75	115.62	135.09	153.05	180.02	223.04
1.0	0.10	52.27	101.68	140.70	177.34	212.60	244.49	275.63	317.94	421.05
	0.15	52.27	99.60	142.51	181.10	219.17	252.09	285.46	327.67	431.88
	0.20	52.27	93.44	138.86	182.08	224.46	259.24	297.37	345.61	440.61
2.5	0.10	116.46	245.95	339.06	434.86	523.02	600.23	675.50	780.68	1014.6
	0.15	116.46	242.00	339.26	435.05	530.72	614.06	695.88	794.58	1092.9
	0.20	116.46	225.88	338.96	443.98	547.55	632.89	728.97	797.87	1105.2
4.0	0.10	182.41	387.63	536.03	693.58	833.46	955.19	1074.2	1240.8	1615.6
	0.15	182.41	384.12	535.37	699.33	853.36	986.11	1123.6	1291.7	1680.8
	0.20	182.41	359.39	537.27	703.67	868.54	1006.3	1160.0	1346.3	1710.8

由图1-32可以看出：

① 当阀芯匀速运动时，无论进出口压差大小，阀芯上动态流体不平衡力的总体趋势是随着阀芯位移增加（开度减小）而非线性地增大，而且压差越大，增大的幅度也越大。

② 对比图1-32b和图1-30b，两者的增长模式不尽相同，并且前者不存在7.5mm处的局部"凹点"。

③ 对比图1-32c和图1-30c，前者无论位移大小，流体不平衡力的总体趋势都是随着压差的增加而线性地增长，而且位移越大（开度越小），不平衡力线性增长的斜率也越大，而后者有例外。

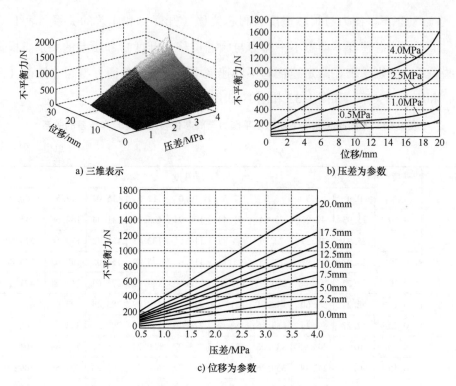

a) 三维表示　　　　　　　b) 压差为参数

c) 位移为参数

图1-32　流体不平衡力与阀芯位移（开度）和压差关系

由图1-33可以看出：

① 无论进出口压差大小，动态流体不平衡力随着阀芯位移增加（开度减小）而增大的幅度与阀芯运动速度有关，即运动速度越大，不同位移（开度）下的动态不平衡力及其增加幅度也越大。

② 尽管在不同压差下，阀芯运动速度对动态流体不平衡力与阀芯位移的关系的影响都不是很大，但是，相对阀芯速度为0（即固定开度）时的稳态不平衡力与阀芯位移的关系，其影响还是相当明显的。特别是在阀芯位移为5~15mm的范围内，阀芯运动导致动态流体不平衡力明显大于稳态流体不平衡力，而且压差越大，动态与稳态流体不平衡力的差别也越大。

2）阀芯匀速运动对流场的影响。运动阀芯作为流场的边界条件之一，直接导致调节阀内部流场（压力场和速度场）随时间动态变化，并通过动态流场间接影响作用在阀芯上的动态不平衡力。为了对比阀芯匀速运动时的动态流场与阀

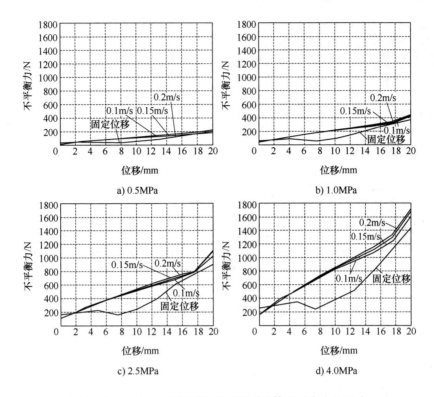

图 1-33 不同压差下阀芯运动速度对流体不平衡力的影响

芯固定在目标开度时的稳态流场，图 1-34 中各分图的左图给出了压差为 1MPa、阀芯以 0.1m/s 的速度运动一定位移（2.5mm、5.0mm、10.0mm 和 15.0mm）时的动态压力场和动态速度场云图的动画截图；各分图的右图则给出了压差为 1MPa、阀芯保持在对应位移时的稳态压力场和稳态速度场云图。

由图 1-34 可以看出：

① 在阀芯匀速运动的情况下，与阀芯固定时类似，随着阀芯位移增加（开度减小），作用在阀芯上方有效面积上的流场压力值逐渐减小（即向下的流体力逐渐减小），而作用在阀芯下方有效面积上的流场压力值逐渐增大（即向上的流体力逐渐增大），从而导致作用在阀芯上总的流体不平衡力（向上的流体力减去向下的流体力）逐渐增大，这与图 1-33b 所示的规律一致。

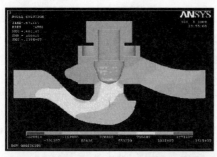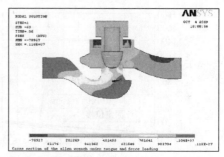

a) 位移为2.5mm时的动态压力场和稳态压力场

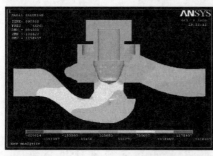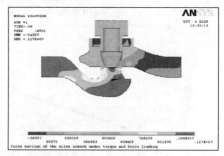

b) 位移为5.0mm时的动态压力场和稳态压力场

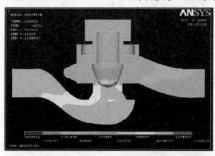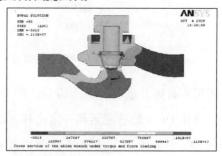

c) 位移为10.0mm时的动态压力场和稳态压力场

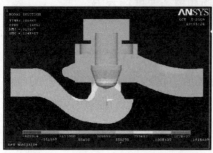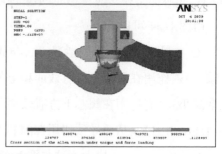

d) 位移为15.0mm时的动态压力场和稳态压力场

图 1-34　给定运动时不同位移下的动态流场和稳态流场的比较

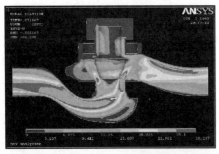
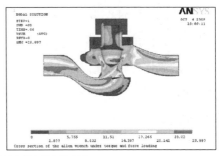

e) 位移为2.5mm时的动态速度场和稳态速度场

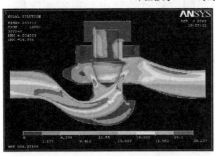
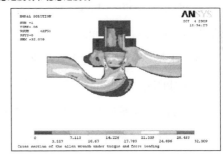

f) 位移为5.0mm时的动态速度场和稳态速度场

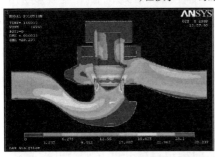
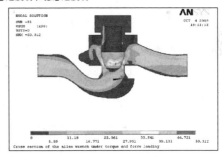

g) 位移为10.0mm时的动态速度场和稳态速度场

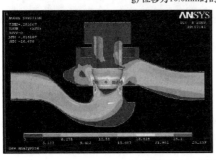
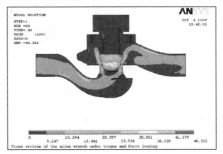

h) 位移为15.0mm时的动态速度场和稳态速度场

图 1-34　给定运动时不同位移下的动态流场和稳态流场的比较（续）

② 对比图 1-34a、b、c、d 中左右两图相同位移特别是位移为 10.0mm 时的动态和稳态压力场，前者作用在阀芯上方有效面积上的流场压力值相对后者较小（即向下的流体力较小），而作用在阀芯下方有效面积上的流场压力值相对后者较大（即向上的流体力较大），从而导致作用在阀芯上总的动态流体不平衡力（向上的流体力减去向下的流体力）明显大于稳态流体不平衡力，这也与图 1-33b 所示的规律一致。

③ 对比图 1-34e、f、g、h 中左右两图相同位移时的动态和稳态速度场，发现阀芯运动使速度场分布发生了改变。

（5）未给定阀芯运动规律时的动态流场和流体不平衡力

调节阀的阀芯-阀杆系统与气动薄膜执行机构中的平衡弹簧组成一个如图 1-23 所示的单自由度弹簧质量振动系统。当阀芯在气动控制力和流体力的作用下，从某一初始开度向目标开度运动，并保持在目标开度工作的过程中，由于阀芯-阀杆系统的弹性、惯性和其他扰动，阀芯将产生伴随其宏观位移（变开度）的振动和在定开度平衡位置上的振动，而且不能事先给定这种阀芯振动的运动规律。此时，调节阀内部流场的边界、流场和阀芯流体不平衡力也将伴随阀芯的振动而动态改变。为了计算未给定阀芯运动规律时的动态流场、动态流体不平衡力和阀芯-阀杆系统的振动响应，需要采用本章提出的预测-校正流固耦合分析方法。

1）变开度且无流体压力强迫扰动但伴随阀芯振动的情况。在不存在流体压力或其他外界强迫扰动的情况下，随着阀芯向指定目标开度（调节开度）运动，阀芯-阀杆系统围绕阀芯的瞬时平衡位置和指定目标开度平衡位置做自由振动。设阀芯初始位置在距坐标原点 4mm 处，取其作为位移起点，阀芯运动长度为 10mm，速度和加速度初值均为 0，初始流体力和控制力均为 50N。图 1-35 给出了不同调节阀进出口压差下的动态流体不平衡力和阀芯-阀杆系统振动位移响应，图 1-36 给出了压差为 1MPa、变开度自由振动、不同位移下的动态压力场与稳态压力场。

由图 1-35 可以看出：

① 无论进出口压差大小，阀芯所受流体不平衡力和阀芯位移都是从各自初

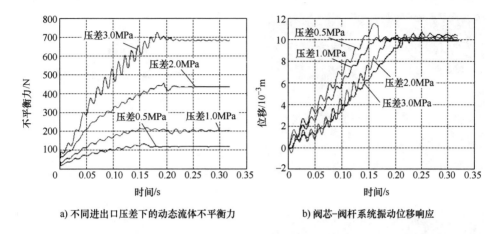

a) 不同进出口压差下的动态流体不平衡力　　　　b) 阀芯-阀杆系统振动位移响应

图 1-35　不同调节阀进出口压差下的动态流体不平衡力和阀芯-阀杆系统振动位移响应

始值开始，在经过一段时间的瞬态波动上升过程（对应阀芯开度调节过程）后，分别以振荡衰减的方式趋向一个固定值（由于衰减较慢，计算耗时多，故图中没有给出整个衰减过程）。其中，当压差为 0.5MPa、1.0MPa、2.0MPa 和 3.0MPa 时，动态流体不平衡力分别趋向 122N、208N、440N 和 686N，而阀芯振动位移均趋向 10mm（相对位移坐标原点 14mm）。

② 压差对流体不平衡力和阀芯位移瞬态波动上升过程有明显的影响，压差越大，波动上升过程越长，动态流体不平衡力上升速率越大，而阀芯位移上升速率却越小。

由图 1-36 可以看出在趋向不同阀芯指定位移的过程中，阀芯的变开度运动伴随自由振动对动态压力场的影响，由于篇幅所限略去具体分析过程。

2）定开度且有流体压力强迫扰动并伴随阀芯振动的情况。阀芯在某个指定目标开度工作时，如果存在流体或其他外界强迫扰动，则阀芯-阀杆系统围绕指定目标开度平衡位置做强迫振动。假设目标开度对应的阀芯位置在距坐标原点 8mm 处，进出口压差为 $[1.0 + 0.1\sin(2\pi f)t]$ MPa，其中激励频率 $f = 38$ Hz。图 1-37 所示为对应于该激励的动态流体不平衡力和阀芯-阀杆系统振动位移。

从图 1-37 中可以看出：在进出口压差造成的流体强迫扰动下，阀芯上的动

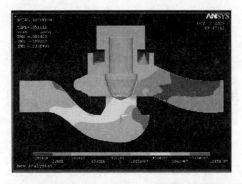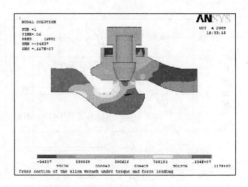

a) 位移为5.0mm时的动态压力场和稳态压力场

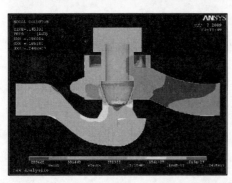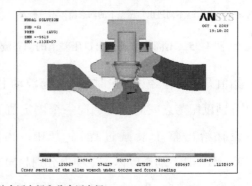

b) 位移为10.0mm时的动态压力场和稳态压力场

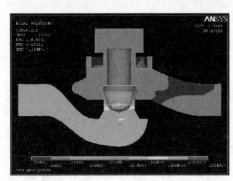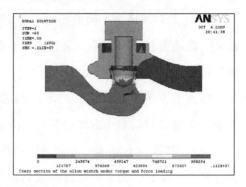

c) 位移为15.0mm时的动态压力场和稳态压力场

图1-36　变开度自由振动过程中不同位移下的动态压力场与稳态压力场

态流体不平衡力和阀芯振动位移在经历短时间的瞬态过程后，分别趋向各自的平衡位置，并保持在该位置附近做准稳态振动（由于达到稳态振动耗时长，且数据量大，故图中没有给出整个稳态振动过程）；阀芯的平衡位置相对初始位置

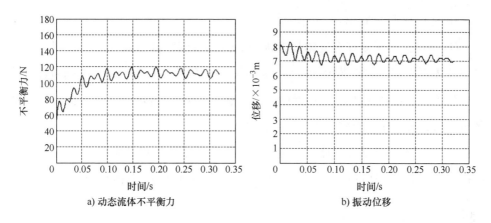

a) 动态流体不平衡力

b) 振动位移

图 1-37　在强迫扰动压差下的动态流体不平衡力和阀芯-阀杆系统振动位移

（距坐标原点 8mm 处）向上移动了近 1mm（阀芯移动向下为正方向，图中位移值为负，说明阀芯向上移动）。

3）变开度且有流体压力强迫扰动并伴随阀芯振动的情况。图 1-38 给出了计算初始条件与上述 1）变开度且无流体压力强迫扰动但伴随阀芯振动的情况相同（但阀芯运动距离为 4mm，即运动到距坐标原点 8mm 处）、进出口压差强迫扰动与上述 2）定开度且有流体压力强迫扰动并伴随阀芯振动的情况相同、激励频率分别为 $f=38\text{Hz}$ 和 $f=43\text{Hz}$ 时的动态流体不平衡力和阀芯-阀杆系统振动位移。

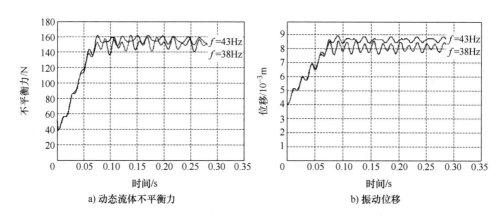

a) 动态流体不平衡力

b) 振动位移

图 1-38　变开度强迫扰动压差下的动态流体不平衡力和阀芯-阀杆系统振动位移

由图 1-38 可以看出：

① 在进出口压差存在流体强迫扰动的情况下调整调节阀开度时，阀芯上的动态流体不平衡力和阀芯振动位移在经历短时间的瞬态过程后，分别趋向各自的平衡位置，并保持在该位置附近做准稳态振动（由于达到稳态振动耗时长，且数据量大，故图中没有给出稳态振动过程）。

② 激励频率对动态流体不平衡力响应和阀芯振动位移响应有影响，$f=38\,\mathrm{Hz}$ 时的力和位移的响应幅值比 $f=43\,\mathrm{Hz}$ 时要大，但相应的平衡位置前者比后者要低。

2. 预启式调节阀稳态流场和流体不平衡力仿真分析

由于预启式调节阀阀芯采用双阀芯（主阀芯和预启阀芯）结构，预启阀芯和主阀芯之间也有流场，再加上整个阀的通道形状比较复杂，使得预启式调节阀阀内的流场比单座式调节阀要复杂得多。与单座式调节阀一样，预启式调节阀开度大小和进出口压差也是影响调节阀内部流场分布、阀芯所受不平衡力以及阀芯-阀杆系统运动的两个基本因素。同样假设预启式调节阀的开度变化范围为 100%～0%（全开～全闭），压差变化范围为 0.5～4MPa。

（1）定开度时的稳态流体不平衡力

预启式调节阀在定开度下稳态流体不平衡力的计算方法与单座式调节阀相同，不同的是，这个流体不平衡力是作用在主阀芯和预启阀芯有效面积（与阀芯运动方向垂直的相关表面的面积）上的流体力的总和，并且不平衡力是向下作用在阀芯上的。

表 1-14 列出了不同开度和压差下稳态流体不平衡力的计算结果，根据这些结果绘出的稳态流体不平衡力与阀芯开度和压差的关系如图 1-39 所示。

由图 1-39 可以看出：

1）无论进出口压差大小，阀芯上的稳态流体不平衡力随阀芯开度变化的规律是相同的，即开度为 50% 时的不平衡力都是最小值，而当开度为 80% 和 20% 时都为局部峰值，其中开度为 20% 时为整个开度区域上不平衡力的最大值，并且压差越大，最大值与最小值之差也越大。

表1-14　不同开度和压差下稳态流体不平衡力的计算结果　（单位：N）

开度（%）		100	90	80	70	60	50	40	30	20	10
压差/MPa	0.5	608.48	605.04	608.8	607.21	340.63	218.8	282.01	369.79	643.92	399.28
	1.0	1154.3	1156.2	1253.7	1121.8	740.0	574.41	657.46	784.57	1274.6	739.7
	2.0	2057.6	2041.6	2239.4	1712.3	1264.6	853.7	1250.6	1339.1	2188.9	1298.3
	2.5	2626.0	2594.1	2892.6	2617.4	1580.4	1081.0	1441.7	1967.4	3240.5	1738.3
	3.0	3104.6	3069.6	3431.6	3121.8	1828.8	1194.7	1652.9	2287.3	3827.3	2078.7
	3.5	3639.8	3569.0	3981.9	3640.4	2198.9	1425.8	1895.1	2671.7	4450.3	2419.4
	4.0	4179.8	4117.5	4543.1	4164.4	2533.6	1567.9	2097.5	3053.5	5192.3	2759.2

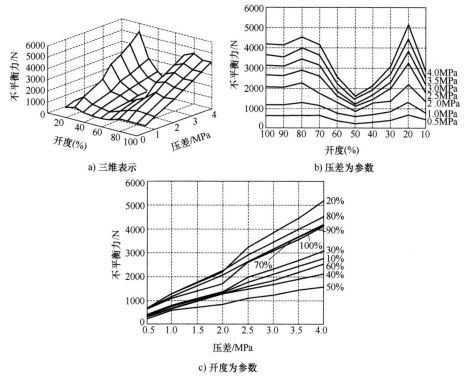

a) 三维表示　　　　　　b) 压差为参数

c) 开度为参数

图1-39　稳态流体不平衡力与阀芯开度和压差的关系

2）无论位移大小，流体不平衡力的总体趋势是随着压差的增加而增大，除了开度为70%、30%和20%外，这种增长几乎是线性的，但是不平衡力线性增长的斜率与开度大小却没有明显的规律性关系。

3）对比图1-39和图1-40，除了规格不同，两者的流体不平衡力与开度和压差的关系有明显不同，这主要是由单座式和预启式调节阀的结构及工作机理不同造成的。

（2）定开度时的稳态流场

开度和压差作为流场的边界条件，直接作用于调节阀内部流场（压力场和速度场），并通过流场间接影响稳态不平衡力。图1-40给出了压差为1MPa时，表1-14中不同阀芯开度下的稳态流场云图，其中左图为各个开度下的压力场，右图为对应的速度场。预启式调节阀阀芯有效承载面和工作机理比较复杂，不像单座式调节阀那样可以直接对流场进行定性分析。

研究表明：①阀芯位移（开度）和调节阀进出口压差是影响调节阀稳态与动态特性的两个主要因素，流体不平衡力与压差和阀芯位移（开度）的关系以及流场分布取决于调节阀内部流场结构和工作机理；②无论是单座式调节阀还是预启式调节阀，无论阀芯位移（开度）大小，其稳态流体不平衡力均随调节阀进出口压差的增加而增大；③对于单座式调节阀，阀芯运动速度对流体不平衡力有一定影响，速度越大，流体不平衡力也越大，尽管这种影响不显著，但是，阀芯运动时的动态流体不平衡力相对阀芯固定时的稳态流体不平衡力在一定阀芯位移（开度）范围内有明显差别，而且压差越大，这种差别越显著；④对于单座式调节阀，阀芯位移和阀芯上的流体不平衡力在变开度或定开度条件下的自由振动及强迫振动响应与激励频率与压差大小有关。

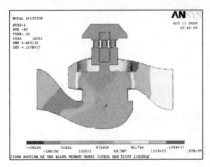 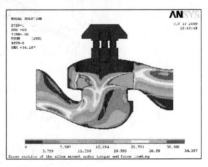

a) 开度为100%时的稳态压力场和稳态速度场

图1-40　压差为1MPa时不同阀芯开度下的稳态流场云图

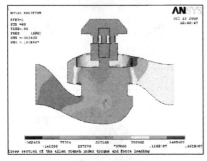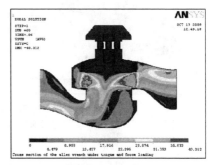

b) 开度为90%时的稳态压力场和稳态速度场

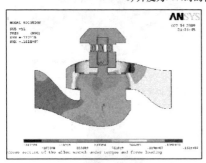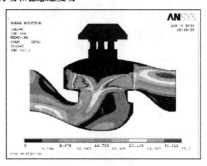

c) 开度为80%时的稳态压力场和稳态速度场

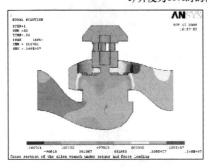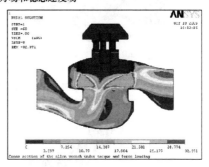

d) 开度为70%时的稳态压力场和稳态速度场

图1-40　压差为1MPa时不同阀芯开度下的稳态流场云图（续）

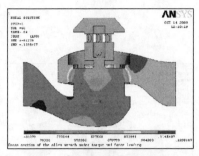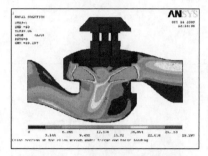

e) 开度为60%时的稳态压力场和稳态速度场

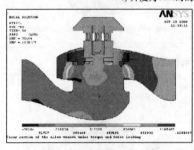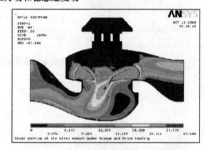

f) 开度为50%时的稳态压力场和稳态速度场

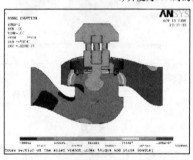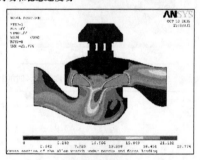

g) 开度为40%时的稳态压力场和稳态速度场

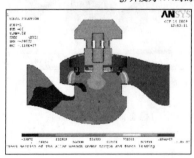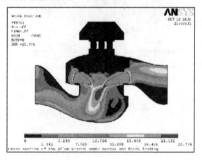

h) 开度为30%时的稳态压力场和稳态速度场

图1-40　压差为1MPa时不同阀芯开度下的稳态流场云图（续）

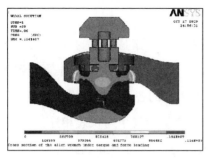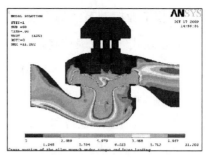

i) 开度为20%时的稳态压力场和稳态速度场

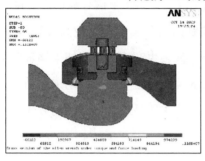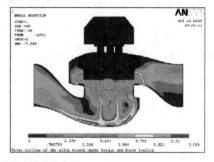

j) 开度为10%时的稳态压力场和稳态速度场

图1-40　压差为1MPa时不同阀芯开度下的稳态流场云图（续）

1.6　流程工业控制系统演进过程

在流程工业的发展过程中，流程工业控制系统经历了五个主要发展阶段，即气动仪表控制系统、模拟仪表控制系统、计算机集中监督控制系统、分散控制系统（DCS）和现场总线控制系统（FCS），如图1-41所示。

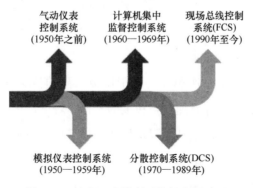

图1-41　流程工业控制系统的发展过程

1. 流程工业控制系统的发展

（1）基地式气动仪表控制系统（人工控制阶段）

第一阶段是机械化时代。1940—1950 年，工业生产过程的操作管理还没有单元操作控制室，所有测量仪表都分散在生产单元的各个部分，操作人员围绕着生产过程现场查看生产设备和仪表，过程物流直接用管子与仪表相连接，因此，不用复杂的变送器，压力、温度、流量和液面的控制都采用单回路控制系统，工业生产过程也比较简单，操作人员最多只能照看 10 ~ 20 个信号和回路。随着工业生产过程变得越来越复杂，需要众多的控制回路和单元生产控制过程集中化。相应的过程变量变送器的开发显得十分必要，许多生产工艺管路如果绕着弯汇总到控制室，既不经济也不安全。因此，原来的控制阀就变成用气动来驱动，控制系统的信号也用气动信号。这个时期的控制方式主要是就地、人工的方式，可以称其为"目力所及，臂力所及"。

（2）电动单元组合式模拟仪表控制系统

随着生产规模的扩大，操作人员需要综合掌握多点的运行参数与信息，需要同时按多点的信息实行操作控制，于是出现了气动、电动系列的单元组合式仪表，出现了集中控制室。生产现场各处的参数通过统一的模拟信号，如 0.02 ~ 0.1MPa 的气压信号、0 ~ 10mA 或 4 ~ 20mA 的直流电流信号、1 ~ 5V 的直流电压信号等，送往集中控制室。电动单元组合式模拟仪表控制系统处理随着时间连续变化的控制信号，形成闭环控制系统，但其控制性能只能实现单参数的 PID 调节和简单的串级、前馈控制，无法实现复杂的控制形式。三大控制理论的确立，奠定了现代控制的基础，集中控制室的设立及控制功能分离的模式一直沿用至今。

（3）计算机集中监督控制系统

这是自动控制领域的一次革命，由于模拟信号的传递需要一对一的物理连接，信号变化缓慢，提高计算速度与精度的开销、难度都很大，信号传输的抗干扰能力也较差。于是，人们便开始寻求用数字信号取代模拟信号的方法，出现了直接数字控制（DDC），即用一台计算机取代控制室的几乎所有仪表盘，从而出现了计算机集中监督控制系统。它充分发挥了计算机的特长，是一种多目的、多任务的控制系统。计算机通过 A/D 或 D/A 通道控制生产过程，不但能实现简单的 PID 控制，还能实现复杂的控制运算，如最优控制、自适应控制等。

（4）分散控制系统（distributed control system，DCS）

DCS 是目前使用普遍的一种控制结构，它采用了 4C 技术，即计算机技术、控制技术、通信技术、CRT 显示技术。

分散控制系统集中了连续控制、批量控制、逻辑顺序控制、数据采集等功能。它的特点是整个控制系统不再只有一台计算机，而是由几台计算机和一些智能仪表、智能部件构成，这样就具有了分散控制、集中操作、综合管理和分而自治的功能。并且设备之间的信号传递也不仅仅依赖于 4～20mA 的模拟信号，而逐步以数字信号来取代模拟信号。集散控制系统的优点是系统安全可靠、通用灵活，具备优良的控制性能和综合管理能力，为工业过程的计算机控制开创了新方法。

（5）现场总线控制系统（fieldbus control system，FCS）

FCS 是继 DCS 之后又一种全新的控制体系，是一次质的飞跃。1983 年，霍尼韦尔（Honeywell）公司推出了智能化仪表——Smar 变送器，这些带有微处理芯片的仪表除了在原有模拟仪表的基础上增加了复杂的计算功能之外，还在输出的 4～20mA 直流信号上叠加了数字信号，使现场与控制室之间的连接由模拟信号过渡到数字信号，为现场总线的出现奠定了基础。现场总线控制系统把"分散控制"发展为"现场控制"，数据的传输方式从"点到点"变为"总线"，从而建立了过程控制系统中大系统的概念，大大推进了控制系统的发展。

2. 控制理论的发展

控制技术的发展有两条相辅相成的主线：一条是上述控制系统的发展，另一条是控制理论的发展。控制理论的发展经历了以下三个时期。

（1）经典控制理论时期（1930—1950 年）

经典控制理论主要解决单输入单输出（SISO）线性定常系统的分析与控制问题。它以拉普拉斯变换为数学工具，采用以传递函数、频率特性、根轨迹等为基础的经典频域方法研究系统。对于非线性系统，除了线性化及渐近展开计算以外，主要采用相平面分析和谐波平衡法（即描述函数法）进行研究。伯德于1945年提出了频率响应分析方法，即简便而实用的伯德图法。埃文斯于1948年提出了直观而简便的图解分析法，即根轨迹法，在控制工程上得到了广泛应用。经典控制理论能够较好地解决 SISO 反馈控制系统的问题。但是，它具有明显的局限性，较为突出的是难以有效地应用于时变系统和多变量系统，也难以揭示系统更为深刻的特性。同时，当时主要依靠手工计算和作图方式进行分析与设计，因此很难处理高阶系统问题。

（2）现代控制理论时期（1960—1980年）

这一时期由于计算机技术、航空航天技术的迅速发展，控制理论有了重大的突破和创新。现代控制理论主要解决多输入多输出（MIMO）线性定常系统的分析与控制问题。现代控制理论以状态空间法为基础，以线性代数和微分方程为主要数学工具，来分析和设计控制系统。所谓状态空间法，本质上是一种时域分析方法，它不仅描述了系统的外部特性，还揭示了系统的内部状态和性能。现代控制理论分析和综合系统的目标，是在揭示其内在规律的基础上，实现系统在某种意义上的最优化，同时使控制系统的结构不再局限于单纯的闭环形式。美国的贝尔曼于1956年提出了寻求最优控制的动态规划法。美国的卡尔曼于1958年提出递推估计的自动优化控制原理，奠定了自校正控制器的基础，并于1960年引入状态空间法分析系统，提出能控性、能观测性、最优调节器和卡尔曼滤波等概念。1961年，苏联的庞特里亚金证明了极大值原理，使最优控制理论得到了极大发展。瑞典学者阿斯特勒姆于1967年提出最小二乘辨识，解决了线性定常系统的参数估计和定阶方法问题。1970年，英国学者罗森布罗克等人提出多变量频域控制理论，丰富了现代控制理论领域。

（3）智能控制理论时期（1990年至今）

智能控制的发展始于20世纪60年代，它是一种能更好地模仿人类智能的非传统控制方法。它突破了传统的控制中对象有明确的数学描述和控制目标可以数量化的限制，主要解决复杂系统和非线性系统的控制问题。它所采用的理论方法主要来自于人工智能理论、神经网络、模糊推理和专家系统等。

1.6.1　过程控制系统的组成

过程控制（生产过程自动控制）是自控理论与先进自动化仪表（检测设备与执行设备）快速发展而形成的一门技术，这门技术已广泛地应用于工业生产的各个领域。通常，过程控制系统由以下几个部分组成：

1）被控对象：要实现控制的设备，主要有机械、生产过程、电机、开关、阀门等。

2）执行器：能够实现对被控对象某个物理量进行调节的仪表或设备，驱动方式主要有气动、电动、液动。应根据不同的控制系统要求，选用满足精度和性能指标要求的执行器。

3）控制器：根据预先设定的控制系统的性能指标要求而设计的一种控制算法，有硬件控制器（由电子元件组成）和数字控制器（由程序或软件组成）。在现代工业过程控制系统中，因采用微机控制，所以基本上都是数字控制器。

4）被控变量：被控对象的温度、压力、流量、电压、电流、位移等。

5）测量变送机构（反馈机构）：能将被控变量的物理量精确地用电信号表征出来的仪表或设备。

在设计和分析一个过程控制系统时，为了简单清晰地表示系统各部分组成、特性，各部分之间的信号（物理变量）关系，可用简单的系统框图来表示，如图 1-42、图 1-43 所示。

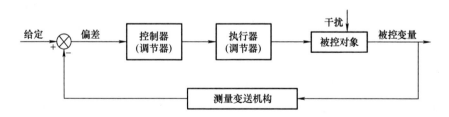

图 1-42　简单闭环过程控制系统组成框图

1.6.2　过程控制系统的分类

通常按生产过程（或受控系统的性能指标）要求，将过程控制系统分为开

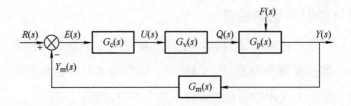

图 1-43　简单过程控制系统传递函数框图

环控制系统和闭环控制系统。

1. 开环控制系统

开环控制是一种最简单的控制方式，实质是系统的输出没有被反馈回输入端，无控制器，执行器根据输入（给定）信号实现对对象的控制，系统的输出与给定的偏差无关，不能检查控制的精度，因此，在实际工业生产自动化中不被单独应用，如图 1-44 所示。

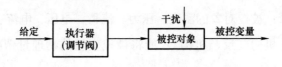

图 1-44　简单开环控制系统框图

2. 闭环控制系统

图 1-42 所示为一简单闭环过程控制系统组成框图。所谓闭环控制系统是指输出信号（被控信号）被反馈到输入端，通过一个完全闭合的回路与给定的控制信号一起参与控制的系统。在闭环控制系统中，通过检测设备将被控变量送回给输入端与给定控制信号进行比较，依据比较的偏差进行控制。闭环控制系统与开环控制系统的区别在于，闭环控制系统是按照偏差进行控制，由控制理论可知，所有被该闭环包含的前向通道上的环节所引起的被控变量偏离给定值后，必然会产生偏差，系统能自动产生控制抑制或消除偏差的作用。所以，闭环系统有很好的控制精度和适应性，已被广泛地应用于各行各业。

实际工业过程控制中，很多控制过程（或被控对象）都为大滞后或大惯性（属于系统固有的特性）环节，如常见化工生产过程控制和温度过程控制，如果系统出现了干扰，由于滞后或惯性的作用，不能及时产生偏差，也就失去了及时对系统进行控制的作用。对这类系统，在设计时要采用其他更为复杂的控制方式。

在闭环控制系统中，还有定值控制、程序控制与随动控制。

（1）定值控制系统

定值控制系统是最常见的工业过程控制系统，这类控制系统的特点是系统的控制输入（给定）与被控量（输出）尽可能保持一致，满足偏差值 $E(s) \approx 0$。典型的系统结构和组成如图 1-42 与图 1-43 所示。

（2）程序控制（顺序控制或逻辑控制）系统

程序控制系统也是过程控制系统中一种最常见的控制系统。这类控制系统的特点是上一动作与下一动作之间有严格的逻辑关系，上一动作没有完成就不能进入到下一个动作，全部过程（或生产工艺要求的流程）动作的结果是已知并确定的，各环节动作严格按照设计要求的逻辑顺序执行，反馈信号为开关的"闭"与"合"的状态，可以是单个开关的状态，也可以是多个开关状态的逻辑组合，系统的输入与输出是循环的关系。这类系统多选用 PLC 来实现控制。

（3）随动控制系统

随动控制系统的特点是给定值会随着时间或工艺要求不断变化，要求被控变量能尽可能快速并准确地跟随给定值的变化。这类系统主要应用在军工或航空领域，在工业过程控制中多应用在伺服控制系统中。

1.6.3　过程控制系统的特性及数学模型

在设计一个工业过程控制系统时，设计人员首先必须了解所设计系统的特性、系统各环节的输入与输出之间的关系、各环节信号的匹配与量化，利用已有的数学工具（如微分方程、代数方程、差分方程、状态方程等）建立一个尽可能准确的表征客观对象输入与输出之间定量与定性关系的数学方程——数学模型。通常，这类生产过程控制系统的数学模型有两种形式：静态模型与动态模型。静态模型表征了系统输入与输出变量不随时间变化时的数学关系，也就是系统的输入、输出之间是一种平稳状态，常用代数方程描述。动态模型表征了系统输入与输出变量随时间变化时的动态关系的数学描述，常用微分方程（传递函数）描述。在实际工程设计时，常采用动态数学模型。建立一个能精确表征系统动态过程的动态数学模型不仅是分析和设计控制系统的需要，也是系统控制器参数的整定、优化，系统的维护，系统性能的提升的要求。

1. 过程建模

在实际应用中，设计人员希望得到或自己建立的系统模型正确、可靠、简单，基本能准确描述系统过程的物理特征。目前，随着计算机技术的飞速发展，借助计算机仿真技术，工业过程控制中出现的新的设备和控制策略基本上都同时提供精确的数学模型，设计人员只需要根据所控对象的具体要求进行修正和完善即可满足设计要求。

系统建模的一般步骤如下：

1）根据系统控制要求，提出控制方案，即系统如何组成，采用何种控制策略，要达到什么样的控制效果与指标，确定各中间环节选用的设备，画出组成结构图。

2）依据组成结构图，列写各中间环节的静态与动态方程。

3）消除中间变量，求取系统输入与输出关系（动、静态）方程或传递函数。如果系统传递函数阶次较高，根据自控理论及控制系统过程设计方法，在不影响或其影响可忽略的前提下对系统做降阶、简化处理，使系统的控制关系更清晰易懂，并可充分利用成熟的工程设计（先验）方法实现对系统控制参数的确定与修正。

2. 被控对象模型

随着科学技术的进步，在工业生产过程中为了追求产品的品质（产量、质量、性价比、市场竞争力等），需对影响产品质量的各个环节实现自动控制。在现代工业中，如石油精炼、化工生产、电力、冶金、发酵等，其生产过程越来越复杂，自动化程度越来越高，被控过程各不相同，特别是生产过程多具有大惯性、大滞后（纯滞后）等特性，有些对象还呈现出非线性特性。

常见的过程控制对象可以根据对象物理特性，依据自控理论和工程设计先验知识，在不引起系统品质因数下降超出预期或指标要求的前提下对系统对象模型做简化处理，使得对象的模型为一阶或二阶系统。对于更复杂的大系统，最有效的方法是利用计算机仿真技术，对系统过程进行优化和整定，另外还可以选用更为先进的控制策略来满足特定生产过程的控制要求。

常见温度控制对象的模型多为一阶环节，其数学模型见式（1-36）。

$$W(s) = \frac{K}{Ts+1} e^{-\tau s} \qquad (1-36)$$

式中　K——对象开环放大系数；

　　　T——惯性时间常数；

　　　τ——纯滞后时间常数。

当一个对象确定后，上述三个参数是定值。对于一些温度控制值不高，但对温度控制精度要求较高的对象（如生化温控），通常在分析时可以忽略纯滞后时间，将控制对象视为小惯性环节，见式（1-37）。

$$W(s) = \frac{K}{Ts+1} \qquad (1-37)$$

常见的二阶对象的数学模型见式（1-38）。

$$W_s(s) = \frac{K}{(T_1 s + 1)(T_2 s + 1)} e^{-\tau s} \qquad (1-38)$$

如果系统对象的纯滞后时间很小，可将控制对象视为双惯性环节，见式（1-39）。

$$W_s(s) = \frac{K}{(T_1 s + 1)(T_2 s + 1)} \qquad (1-39)$$

3. 测量设备（反馈设备）

过程控制系统中主要的被控变量有温度、压力、流量、液位、位移、距离、角度、转速等物理量，但在实际应用时需对被控物理量进行实时检测并将检测信号转换成标准的电流或电压信号。目前由于电子技术的进步，几乎所有常用被控对象的物理量均可被精准地测量。测量设备在设计制造时已做了相应的信号线性化处理，本身已具备检测、变送、显示、通信的功能，可根据系统的性能指标与性价比选用测量设备。

作为系统的一个中间环节，大多数测量仪表的传递函数可表示为

$$W_{\mathrm{s}}(s) = \frac{K_{\mathrm{m}}}{T_{\mathrm{m}}^{s+1}} \mathrm{e}^{-\tau_{\mathrm{m}}s}$$

式中　　K_{m}——测量仪表的放大系数；

　　　　T_{m}——测量仪表的时间常数；

　　　　τ_{m}——测量仪表的纯滞后时间常数。

当检测设备选定后，其传递函数是确定的。通常很多设备的纯滞后时间常数 τ_{m} 很小，在不影响系统性能指标的前提下可以近似为 0。也有检测设备 T_{m} 很小，在实际应用和系统分析与设计时，可假设 $T_{\mathrm{m}} = 0$，这样当 $K_{\mathrm{m}} = 1$ 时，可将控制系统视为单位反馈系统（自控原理中常描述的单位反馈）。

4. 执行器（机构）

执行器是控制系统的重要环节之一，是终端执行机构。它接收控制器（或调节器）的控制信号，将其转换成相应的角位移或直线位移动作（操作变量），并依据控制信号的大小来改变自身的操作变量的大小，从而实现对被控变量的自动调节（控制）。在工业过程控制系统中常见的执行器有以下三类：

（1）电动执行器

电动执行器按其功能分为直行程式和角行程式。直行程式执行器输出为大小不等的直线位移，常用于调节（推动）单座、双座、三通等多种控制阀开度。角行程式又有单转式和多转式。单转式输出轴的转动角位移小于 360°，常用于调节（推动）蝶阀、球阀、偏心旋转阀等转角式控制阀的开度。多转式输出轴为数量不等的有效圈数，常用于调节（旋动）闸阀等多转式控制阀的开度。

常见的电动执行器主要由放大电路、控制电动机、减速装置、位置变送器组成，其组成结构如图 1-45 所示。

在输入与输出关系上，电动执行器可视为一个比例放大环节，其数学模型可表示为

$$l = \frac{1}{k_1}I_0 \text{ 或 } \theta = \frac{1}{k_1}I_0$$

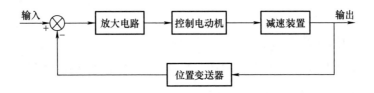

图 1-45 电动执行器机构组成框图

式中 l——输出的直线位移；

θ——输出的角位移；

I_0——输入信号；

k_1——位置变送器的反馈系数。

目前国内生产电动执行器的商家很多，不同的商家其产品的电气参数有所差别，设计人员可根据实际应用需要的技术参数选用满足要求的产品。主要的技术参数有控制信号类型（电压控制或电流控制）、电动机输出功率、对工况环境的要求、有无失电和失控保护等。

随着嵌入式技术的发展，万物互联互通已成为过程控制系统未来发展的趋势，对电动执行器提出了更高的技术要求——智能电动执行器。这种新型的执行器一般具有如下特点：

1）具有详细的信息显示与人机对话界面，能对执行器的工作状态进行实时检测并显示。

2）相对传统执行器，可以为用户提供更多的信号输出点。

3）故障诊断智能化，可将执行器自身的故障及时显示或上传给控制系统，极大地缩短了故障排除时间，提高了执行器的可靠性。

4）可以随时修改执行器的某些技术参数，提高了执行器的适应能力与使用范围。

5）网络化处理与链接，有些先进的执行器已配备有红外、蓝牙、网络信息传输与 USB 接口，可根据需要接收或上传执行器的工况信息，满足不同控制系统的需求。

这种智能电动执行器目前已在很多领域得到了推广使用，并展现了良好的应用前景。

（2）气动执行器

气动执行器以压缩空气做动力源。早期（20世纪90年代之前），由于受当时技术条件的限制，电动执行器种类少且可靠性低，而气动执行器因结构简单，经济实惠，易于掌握和维护，被广泛地应用在工业过程控制中。随着微电子技术和计算机技术的飞速发展，电动执行器由于其特有的优越性，已基本取代了气动执行器。目前气动执行器主要应用在易燃、易爆的工况环境中。

常用的气动执行器有薄膜式和活塞式。薄膜式执行器主要由弹（性）簧膜片、压缩弹簧和推杆等部件组成。它的工作原理是膜片将输入的气压转换为推力使阀杆产生直线位移，以此驱动阀芯实现阀门的启闭或调节。活塞式执行器主要由活塞、气缸和推杆等部件组成。它的工作原理是活塞在气缸内受到活塞两侧压差产生的推力使得推杆产生直线位移，以此驱动阀芯实现阀门的启闭或调节。这两种执行器各有利弊，可根据工况要求选择。

常见的气动执行器主要由电气转换器、阀门定位器、执行机构和位置变送器组成，其组成结构如图1-46所示。

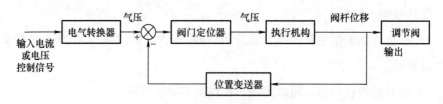

图1-46 气动执行器机构组成框图

在输入与输出关系上，气动执行器因其固有的气动到机械动作的过程中存在管路的直径、长度所造成的阻力，通常可视为一阶惯性环节，其数学模型可视为

$$G_v(s) = \frac{K_v}{T_v s + 1}$$

如果其惯性时间，在控制精度要求不高的系统设计时，也可视为比例环节。

（3）液动执行器

液动执行器的输出推动力要高于气动执行器和电动执行器，且液动执行器的

108

输出力矩可以根据要求进行精确的调整，并将其通过液压仪表反映出来。液动执行器的传动更为平稳可靠，有缓冲无撞击现象，适用于对传动要求较高的工作环境。液动执行器的调节精度高、响应速度快，能实现高精确度控制。液动执行器是使用液压油驱动的，液体本身有不可压缩的特性，因此，液压执行器能轻易获得较好的抗偏离能力。液动执行器本身配备有蓄能器，在发生动力故障时，可以进行一次以上的执行操作，减少紧急情况对生产系统造成的破坏和影响，特别适用于长输送管路自动控制。液动执行器使用液压方式驱动，由于在操作过程中不会出现电动设备常见的打火现象，因此防爆性能要高于电动执行器。

液动执行器的安装特性决定了它只适用于一些对执行器控制要求较高的特殊工况，只有在大型的电厂、石化厂等企业才有应用。

5. 控制器（调节器）

控制器是工业过程控制系统中不可缺少的一个重要的组成环节。在设计过程控制系统时，当系统的执行器、反馈测量设备、控制对象确定后，对象的特性（固有参数）是确定不变的，执行器和反馈测量设备虽然有微小的调整，但也仅是某个数值的微小增大或减小，不能改变系统固有的性能。由控制理论可知，在设计一个控制系统时，常会遇到动态稳定性与稳态性能指标发生矛盾的情况。在工业生产过程中，系统的稳定性是首先考虑的一个重要因素，在确保系统稳定并有充足的稳定余量的前提下，再考虑如何满足系统的稳态性能指标，解决这个矛盾的方法是给系统加入一个控制器（调节器或校正环节）。由于控制器表现的是数学算法，它可以有很多种算法，其参数和算法模式可以调整，所以加入控制器后可以改善系统的动态特性，提高系统的稳态精度和抗干扰能力，还可以使不稳定的系统被改造为稳定系统。

在过程控制系统中最常见的单回路（单闭环）温度控制系统如图1-47所示。

在这个系统中，控制器的作用就是按预先设定的系统性能指标，将给定信号与反馈信号的差换算为执行机构（这个例子中的执行机构可以是一个近似线性的可变电压源）所需的预先设计好的输出控制信号，使系统达到最优的动态调节过程和稳态精度。

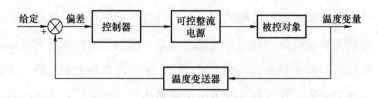

图 1-47　典型单闭环温度控制系统结构图

控制器有两种形式：模拟控制器和数字控制器。20 世纪 90 年代之前，通用的是模拟控制器。模拟控制器完全由模拟电子元器件构成，其功能完全由硬件性能和构成决定。典型的模拟控制器是 DDZ 型电动调节器，通过对几个参数的设置来设定几种控制规律，设计人员也可用集成运算放大器自行设计一些简单的控制器。随着微电子技术和计算机技术的发展，DDZ 型电动调节器早已成为历史，取而代之的是数字控制器。

（1）比例控制器

典型模拟比例控制器的组成如图 1-48 所示。之所以称之为比例控制器是因其输入、输出为比例运算关系。

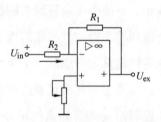

图 1-48　比例控制器组成电路

$$U_{ex} = \frac{R_1}{R_2} U_{in}, \quad K_P = \frac{R_1}{R_2} \tag{1-40}$$

比例控制器组成结构简单，常用于系统控制精度要求不高，但输出能快速响应输入变化且没有时间上滞后的系统。其缺点是控制器的输入是系统给定与被控对象输出的偏差，当偏差为零时，即控制器的输入 $U_{in}=0$，其输出 $U_{ex}=0$，继而执行器的输入 $=0$，系统失去控制作用。要使得系统有控制作用，其偏差不能为 0，$U_{in} \neq 0$，$U_{ex} \neq 0$，系统的输入与输出之间必须存在偏差，所以也把比例控制器组成的控制系统称为有差系统。

比例控制的阶跃输入与输出特性如图 1-49 所示。

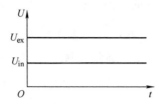

图 1-49 比例控制的阶跃响应曲线

由式（1-40）可知，比例控制器只有一个可调整的参数 K_p。当 K_p 增大时，系统的开环增益加大，系统稳态误差减小，过渡过程时间缩短，振荡次数增多，系统的稳定性变差。当 K_p 减小时，系统的响应速度变慢，稳态误差增大，K_p 过小则系统趋于不稳定。所以在实际应用时要依据对象的特性和系统的性能指标选择和修正 K_p 值。

比例控制仅改变系统的增益，不改变系统的相位，只影响系统的稳定性和稳态精度，所以在工业控制系统中一般不会单独使用，需与其他算法配合使用。

（2）积分控制器与比例积分控制器

典型积分控制器的组成如图 1-50 所示。之所以称之为积分控制器是因其输入、输出为积分运算关系。

$$U_{ex} = -\frac{1}{RC}\int_0^t U_{in}\mathrm{d}t = -\frac{U_{in}}{T_i}T$$

式中，$T_i = RC$ 为积分时间常数。

积分控制的阶跃输入与输出特性如图 1-51 所示。

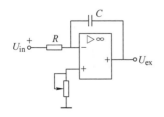

图 1-50 积分控制器组成电路

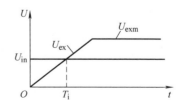

图 1-51 积分控制的阶跃响应曲线

由自控理论可知，为了消除如比例控制所存在的稳态误差，控制器中必须包含一个积分器。积分器对误差的影响由积分时间常数 T_i 的大小决定。当 T_i 减小，可增强积分效果，并使得系统的动态开环增益增大，相当于加大了控制器的输出量，使得执行器的动作幅度增大，使系统振荡加剧，稳定性降低。当 T_i 增大，积分控制器可视为一个惯性环节，延缓系统的响应。积分项对误差的影响取决于积分的时间，随着时间的延长，积分项会增大理论上可趋于无穷大。这样，即便误差很小，积分项也会随着时间的增加而增大，它推动控制器的输出增大使稳态误差进一步减小，直到等于零。

另外，也可通过图 1-51 给出采用积分控制器消除误差的过程。在组成电路中，由于电容的存在，当 U_{in} 不为 0 时，对电容 C 充电，$U_{ex} \neq 0$；当 U_i 为 0 时，只要"历史"上 U_{in} 有过不为 0，其积分就一定有值且 $U_{ex} \neq 0$。只有当 U_{in} 的极性变负，电容 C 放电，$U_{ex} = 0$。因此含有积分控制器的系统被称为无静差系统。

纯积分控制器可以增强系统抗高频干扰能力，减小静差，但会产生 90° 的相角滞后，减少了系统的相角裕度，很少单独使用。

比例积分（PI）控制是工程上广泛应用的控制规律之一，它结合了比例与积分两种控制器的特点，常用于一阶惯性与纯滞后环节串联的对象，对某些控制通道纯时延较小，负载变化不大。但控制精度要求较高的控制系统，如工业生产过程中的压力、流量、温度、液位、控制电动机转速等要求为无静差的系统。

典型比例积分控制器的组成电路如图 1-52 所示，其输入、输出为比例 + 积分的运算关系。

图 1-52 中控制器的输入与输出的极性设计是反向的。为分析方便，常将其输入、输出的动态关系用式（1-41）表示。（注意输入输出的极性！）

$$U_{ex} = \frac{R_1}{R_0} U_{in} + \frac{1}{R_0 C_0} \int U_{in} dt = K_{pi} U_{in} + \frac{1}{\tau} \int U_{in} dt \tag{1-41}$$

式中，$\tau = R_0 C_1$ 为积分时间常数，$K_{pi} = R_1/R_0$ 为比例部分的放大系数。

比例积分控制器的阶跃输入与输出特性如图 1-53 所示。

112

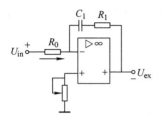

图 1-52　比例积分控制器组成电路

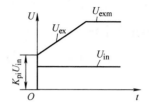

图 1-53　比例积分控制器输出特性

由其输入与输出特性曲线，在 $t = O$ 时，突然加入输入 U_{in}，此刻比例部分起作用，输出量立即响应，突变到 $K_{pi}U_{in}$，实现了快速响应，之后，$U_{ex}(t)$ 按积分规律增长，直到控制器的上限幅值 U_{exm}。

比例积分控制器的主要特点在于其综合了两种控制规律的优点，同时还克服了各自的缺点，比例部分能快速响应控制作用，积分部分最终消除稳态（静态）偏差，改善系统动态特性。

（3）微分控制器与比例微分控制器

典型微分控制器的组成电路如图 1-54 所示，其输入、输出为微分运算关系。

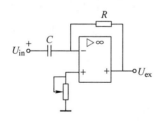

图 1-54　微分控制器组成电路

$$U_{ex} = -RC \frac{\mathrm{d}U_{in}}{\mathrm{d}t}$$

在微分控制器中，输出 U_{ex} 与输入 U_{in}（系统误差信号）的微分（即误差的变化率）呈正比关系。对于被控对象含有大惯性环节或滞后环节时，控制量的变化总是落后于误差的变化，在抑制误差的调节过程中无法及时控制，会出现振荡甚至失稳现象。由自控理论，解决的办法是采用微分控制规律，这种控制规律能预测误差变化的趋势，使误差的作用变化"超前"，根据偏差的变化趋势进行控制，避免产生较大偏差，且可以缩短调节时间。

微分控制器的阶跃输入与输出曲线如图 1-55 所示。

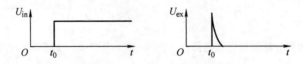

图 1-55　微分控制器阶跃输入与输出曲线

理想微分控制器的阶跃输入作用下的开环输出特性是一个幅度无穷大、脉宽趋于零的尖脉冲。由上述分析得出，微分控制器的输出 U_{ex} 只与其输入信号 U_{in} 的变化率有关，与输入信号 U_{in} 是否存在无关，即无论输入信号 U_{in} 多大，微分控制器都无输出。

微分控制器对低频信号是衰减的，对高频信号是放大的，所以，在控制系统中可以用于抑制高频振荡，提高系统的稳定性。在相频特性上，它的相角总是超前 90°，输出超前于输入，也将这类控制规律称为超前控制或超前校正。但由于单纯的微分控制放大了高频扰动，也就是放大了系统的高频噪声，降低了系统的信噪比，使得系统抑制干扰的能力下降，因此，微分控制器不单独使用。

比例微分控制器是将比例控制与微分控制组合到一起的一种控制器，其输入、输出关系为

$$U_{ex} = -\frac{R_1}{R_2}U_{in} - RC\frac{dU_{in}}{dt} = K_d U_{in} + T_d \frac{dU_{in}}{dt}$$

式中　T_d——微分时间常数，$T_d = RC$；

　　　K_d——微分增益。

理想比例微分控制器组成电路如图 1-56 所示。

在实际应用中，由于微分的存在，所产生的过大的输出跳变可引起系统过大的超调，而且也很难实现，所以这种控制器在实际应用中很少单独使用。

（4）比例积分微分控制器

具有比例 + 积分 + 微分控制规律的控制器称为比例积分微分控制器，即 PID

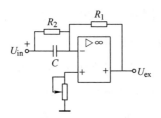

图 1-56 理想比例微分控制器组成电路

控制器。PID 控制是一种较为理想的控制，它是在比例的基础上引入了积分作用，用于消除系统静差，再引入微分作用，借此提高系统的稳定性。

理想 PID 控制器的输入、输出关系为

$$U_{ex} = K_p \left(U_{in} + \frac{1}{T_i} \int U_{in} dt + T_d \frac{dU_{in}}{dt} \right)$$

当输入为一阶跃信号时，实际 PID 控制器的输出特性如图 1-57 所示。

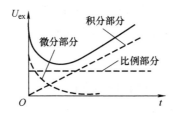

图 1-57 实际 PID 控制器的输出特性

实际 PID 控制器在阶跃输入下，微分作用的输出变化量最大，PID 控制器输出变化幅度很大，系统产生强烈的"超前"控制作用，可看作系统的"预调节"。微分作用很快消失，积分作用逐渐占主导调节作用，只要系统存在误差（系统的给定与被控对象的输出的差），积分输出就一直线性增加，可将此阶段积分的作用视为"细调节"，直到系统误差消失，积分作用停止。比例作用的输出完全与系统误差相对应，在整个控制过程中起着基本控制作用。

由控制理论可知，PID 控制是一种较为理想的控制，其优点主要表现如下：

1）控制原理简单，物理意义明确，使用方便。

2）适用性强，应用广泛，可应用于很多行业的生产过程的控制。

3）控制品质对被控对象特性的变化不太敏感，在被控过程的特性发生改变时，只需要修正控制器的有关参数即可使系统性能保持稳定。

并非所有的过程控制都需要采用 PID 控制，有很多的控制系统采用 PI 控制就可满足控制系统的动静态性能指标要求，而且 PID 控制有三个可调参数，系统参数的修正较为复杂，难以找到最佳的参数配合。PI 控制只有两个可调参数，相比三个参数更容易设定和修正。对被控对象难于控制，控制精度要求高，对象存在非线性特性，需要采用更先进的控制方法。

（5）数字控制器

随着微电子技术的飞速发展，计算机技术在工业生产中得到了广泛且深入的应用。控制器也经历了从单一的模拟控制仪表到数字化的控制过程。模拟控制器精度与性能受电子元件和其构成影响，因此其控制功能比较单一。目前，早期的各种模拟仪表控制单元已全部被淘汰，取而代之的是数字控制器。

所谓数字控制器是在微机组成的控制系统中，将传统的模拟控制器所完成的控制规律用计算机指令（程序）的运行来实现。在计算机控制系统中，数字控制器的输入可以是一个 8 位二进制数，也可以是 16 位或 32 位二进制数，由组成控制系统的微处理器和系统的控制性能指标决定，目前以 16 位为主。由于执行机构多为模拟控制，所以要求输出经数/模转换，以模拟量的形式作为执行机构的输入信号。

目前在计算机过程控制系统的设计中，由于微处理器的运行速度（采样频率）非常高，是先按模拟系统的设计方法与要求设计 PID 控制器，然后对其离散化，得到数字控制器。

数字化 PID 控制器的设计方法：设系统的采样频率为 T_s，对式（1-42）离散化后的差分方程有两种表达式。

1）位置式算法：

$$U_{ex}(k) = K_p \left[U_{in}(k) + \frac{T_s}{T_i} \sum_{i=0}^{k} U_{in}(i) + T_d \frac{U_{in}(k) - U_{in}(k-1)}{T_s} \right] + U_{in}(0)$$

116

$$= K_p U_{in}(k) + K_i \sum_{i=0}^{k} U_{in}(i) + K_d [U_{in}(k) - U_{in}(k-1)] + U_{in}(0)$$

$$(1-42)$$

式中，K_p 为比例系数，$K_i = K_p T_s/T_i$ 为积分系数，$K_d = K_p T_d/T_s$ 为微分系数。$U_{in}(0)$ 为系统 0 时刻的输出初值。

在实际应用时，计算机对被控对象采用循环控制或定时控制，也就是对被控变量采样一次，然后将采样值与给定值比较，比较结果作为数字控制器的输入 $U_{in}(k)$，经 PID 程序运算得到输出 $U_{ex}(k)$。此刻的 $U_{ex}(k)$ 是其实际输出的数字量值，需经过一个数/模转换器将转换后的模拟量信号与执行器（阀）的位置一一对应，所以这种算法称为位置式算法。

2）增量式算法：

$$\Delta U_{ex}(k) = U_{ex}(k) - U_{ex}(k-1) = K_p[U_{in}(k) - U_{in}(k-1)] + K_i U_{in}(k) +$$

$$T_d[U_{in}(k) - 2U_{in}(k-1) + U_{in}(k-2)] \qquad (1-43)$$

可以看出，式(1-43) 没了式(1-42) 中的累加项，避免出现积分饱和。式(1-43) 对应于两次采样时间间隔内控制阀开度的变化量，经处理后为

$$U_{ex}(k) = \Delta U_{ex}(k) + U_{ex}(k-1)$$

增量式和位置式本质上是相同的，可根据系统控制对象的特性和要求选择合适的算法。在实际应用中，式(1-43) 对偏差 $[U_{in}(k)]$ 不加以累加，不会引起积分饱和，因此常使用该算法。

6. 简单过程控制系统的分析设计

随着科学技术的飞速发展，控制系统的种类越来越多，在工业生产过程中为了追求更高的生产率与质量性价比，生产过程控制系统已越来越复杂。仔细分析，所有庞大而复杂的过程都是由许多子过程的串并联组成，简单控制系统是组成完整复杂控制系统的基本单元之一。

所谓简单控制系统通常指单输入单输出（SISO）的线性控制系统，它由四部分组成：一个控制器，一个执行器（调节阀），一个被控对象（过程），一个测量变送器（实现对一个变量的控制系统）。因为简单控制系统只有一个闭合回

路，也称为单回路控制系统。单回路控制系统的典型组成框图如图 1-58 所示，为简单起见，图中给出了该组成框图的传递函数描述。

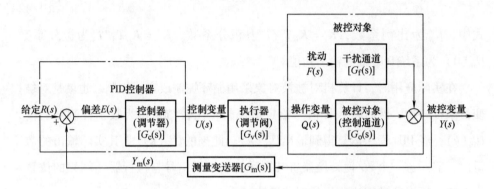

图 1-58　单回路控制系统的典型组成框图及传递函数描述

一般单回路控制系统结构简单、容易设计、控制器参数易于整定，调试方便，能满足大多数生产过程自动控制的要求，特别适用于被控对象的纯滞后时间短、容量滞后小，控制过程变化平缓，被控变量控制质量不高的场合，在工业生产中被广泛应用。单回路控制系统是最基本的过程控制系统，是研究和设计复杂控制系统的基础。

（1）单回路控制系统的工程设计步骤

由于工业生产过程的多样性与复杂性，对不同过程控制的要求各不相同，但其控制的目的是相同的，都是为了提高生产过程的安全性、稳定性，即可提高产量又能提高质量。当设计一个过程控制系统时首先要考虑的是系统运行的安全性，要确保人员和设备的安全，通常要有参数超限报警、事故报警、连锁保护。稳定性是指系统在容许的扰动下以及容许的系统参数变化范围内仍然能长期可靠地运行，并有一定的稳定裕度，另外还要求系统具有较高的稳态精度和良好的动态品质（超调小，过渡过程时间短）。

过程控制系统的设计实际上是根据生产要求，明确要达到的目的，分析具体的生产工艺，找到生产过程的运动规律，明确所采用的技术方法有无理论支持和先验知识，确定是否有能满足要求的执行机构和测量变送器，选择何种控制规律。实际上设计过程是一个从理论到实践，再从实践到理论的反复验证的过程。简单过程控制系统的主要设计步骤如下：

1）确定系统的技术要求和性能指标。技术要求和性能指标通常由用户根据生产工艺等因素和要求提出。

2）建立被控过程的数学模型。控制系统的数学模型是控制系统理论分析和设计的依据，通常需要根据工艺要求和控制目标确定系统的变量，依据被控过程的特性写出其输入、输出之间的动静态数学方程式。对很多成熟的系统，设备制造单位可提供准确的数学模型。

3）选择控制方案。控制方案主要包括确定控制系统的结构和控制方式（如多环和其他先进控制方式）、控制规律。控制方案要依据系统任务要求和技术指标要求，综合考虑系统的安全、稳定、经济、可靠、简单和技术上的可行性。

4）控制系统设备的选择。设备选择的原则是能保证控制目标和方案的实现，依据系统的特性和生产工艺的具体要求，尽可能选用技术先进、可靠性高、精度高的设备。

5）试验验证或仿真。在系统投入运行前，需对系统进行调试和验证，检验系统各项技术指标是否达到了设计要求。以前这项工作是分步在实验室调试并修改，最后在现场联机调试。现在计算机仿真技术发达，有很多仿真软件可供选用。目前使用广泛并能满足很多控制系统仿真要求的工具有 MATLAB 软件。

（2）单回路控制系统分析

要想设计一个好的控制系统，并使该系统在运行中能达到给定的性能指标要求，就必须很好地了解具体的生产工艺，清楚生产过程的特性和规律，分析系统的全部扰动源对系统控制质量的影响，找出抑制扰动的理论依据和工程实施方法。

1）被控变量的选择。被控变量的选择是控制系统设计的重要环节，要尽可能选择对产品的产量和质量以及安全稳定生产、经济运行、节能降耗、改善劳动条件有重大影响并能直接检测的生产指标参数作为被控变量。如被控变量选择不合适，则无论组成什么样的控制系统，都不能达到预期的控制效果。在工业生产过程控制中，最常见的要求控制的工艺操作参数是温度、液位、流量、压力、位移（直线位移和角位移）、转数等，由于这些参数的测量和变送技术相对成熟，可直接选为被控变量。在一些特殊的生产过程中，直接被控对象的检测有较大的滞后或现有仪表不能实现在线直接检测获得其值时，就需要选择一个与直接变量有单值函数关系的间接可控可测参数作为被控变量。被控变量除能被检测外，还必须考虑是能控的。

2）控制变量（参数）的选择。工业过程的输入变量有两种：控制（操作、操纵）变量和扰动变量。当工艺上允许有几种控制参数可供选择时，可根据被控过程扰动通道和控制通道特性，对控制质量的影响做出合理的选择。通常，简单系统可有扰动通道和控制通道。控制通道是操作变量作用到被控变量的通道，扰动通道是扰动作用到被控变量的通道。所以正确选择控制参数就是正确选择控制通道的问题。在生产过程中，扰动是客观存在且随机发生的，它是影响系统平稳运行的因数，而控制变量是克服扰动影响，使控制系统重新稳定运行的因数。在控制系统中，为了保证系统的控制质量，通过改变某个输入量（控制变量）来抵消扰动对系统运行的影响，使被控参数尽量维持在给定值。这个输入就是控制变量。在实际应用中，系统可能有多个输入量可作为系统的控制变量，应选择一个可控性好的输入量作为控制变量。

由控制理论可知，系统的扰动（干扰）和控制作用同时对系统被控变量产生影响，但在控制系统中通过控制器正、反作用的选择，使控制作用（控制变量）对被控变量的影响正好与干扰作用对被控变量的影响相互抵消，这样，当干扰使被控变量发生变化偏离了给定值，控制作用（控制变量）能抑制干扰的影响，将发生变化的被控变量调节到原来的给定值。因此，一个控制系统中，干扰的作用与控制的作用是相互对立而存在，有干扰就有控制，无干扰也就无须控制。

在实际应用设计时，控制变量都是由工艺规定的，如电热炉的温度控制，其控制变量只有一个，即电流。水箱的液位控制，其控制变量就是给水量。对于很多过程控制系统而言可供选择的控制变量可能不止一个时，选择哪一个输入作为控制变量，选择什么样的控制通道，对是否能实现系统的控制或能否提高控制性能有重要的意义。

（3）干扰通道特性对控制质量的影响

在工业过程控制系统中，最常见的控制系统为定值（设定值并保持不变）负反馈控制系统，如只考虑扰动通道对被控变量的影响，此时要求系统通过控制通道调节，改变操作变量来抑制扰动对被控变量的影响。由图1-58，对定值控制系统，扰动与系统的输出（被控变量）之间的传递函数为

$$\frac{Y(s)}{F(s)} = \frac{G_f(s)}{1 + G_c(s)G_v(s)G_p(s)G_m(s)}$$

$$G_f(s) = \frac{K_f}{1 + T_f s}$$

设式中调节器为$G_c(s) = K_c$，扰动通道为

$$\frac{Y(s)}{F(s)} = \frac{G_f(s)}{1 + G_c(s)G_v(s)G_p(s)G_m(s)} \frac{K_f}{1 + T_f s} \tag{1-44}$$

如果干扰通道有纯滞后，则式(1-44) 变为

$$\frac{Y(s)}{F(s)} = \frac{G_f(s)}{1 + G_c(s)G_v(s)G_p(s)G_m(s)} \frac{K_f}{1 + T_f s} e^{-\tau_f s}$$

如果系统为单位反馈，执行器为一比例放大环节$G_v(s) = K_v$，对象为一贯环节

$$G_p(s) = \frac{K_p}{T_p s + 1}$$

将各环节传递函数带入式(1-44) 并整理，得

$$\frac{Y(s)}{F(s)} = \frac{K_f(T_p s + 1)}{(T_f s + 1)(T_p s + 1) + K_v K_p K_c(T_f s + 1)} \tag{1-45}$$

如果干扰为一单位阶跃扰动，其系统的稳态误差为

$$e(\infty) = y(\infty) = \lim_{t \to \infty} y(t) = \lim_{s \to 0} Y(S) = \frac{K_f}{1 + K_c K_p K_v} \tag{1-46}$$

1）放大倍数K_f对系统的影响。由式(1-45) 与式(1-46) 可以看出，干扰通道的放大倍数K_f越大，干扰的影响就越大，被控参数偏离给定式就越多。因

此，在设计时应选 K_f 小的干扰通道。

2）时间常数 T_f 对系统的影响。由式（1-45）可知，当输入信号发生阶跃变化时，其输出会按指数形式发生改变，经过一定时间后才能稳定到新的数值上。所以，时间常数越大，输出变化就越慢，也就是其对系统的影响就越缓慢，干扰对系统的影响就越小。

3）纯滞后时间 τ_f 对系统的影响。纯滞后特性的输出在输入发生变化的时刻不发生变化，而是需经过一段时间（ τ_f ）滞后输出才发生变化。也就是相当于扰动推迟了一段时间（ τ_f ）才进入系统，所以不影响系统的控制品质。

（4）控制通道特性对控制质量的影响

1）放大倍数 K_p 和 K_c 对系统的影响。K_p 越大，控制作用就越灵敏，克服干扰的能力就越强，稳态误差就越小。通常，在系统中，K_p、K_c、K_v、K_f 为某一常数，其中 K_p、K_v、K_f 为系统固有，只有 K_c 可以人为调整，即可加大其值来减小干扰的影响，但如果太大，则系统会出现不稳定。因此，在系统设计时，应综合考虑系统的稳定性、快速性和稳态误差三方面的要求。

2）控制通道时间常数 T_p 对系统的影响。如果控制通道的时间常数 T_p 太大，则调节器对被控参数变化的调节作用就不够及时，系统的过渡过程时间就会延长，最终导致控制质量下降；但当 T_p 太小，则调节过程又过于灵敏，容易引起振荡，同样难以保证控制质量。在系统设计时，应使控制通道的时间常数 T_p 既不太大也不太小，通常可适当偏小。

3）纯滞后时间 τ_p 对系统的影响。如果控制通道 $G_p(s)$ 含有纯滞后 τ_p，当控制作用在 t_1 时刻产生，要等到 $t_1 + t_0$ 时刻才能开始对干扰产生抑制作用，而此时刻之前，由于系统得不到及时控制，被控量只能任由干扰作用影响而变大或变小，动态偏差增大，系统控制质量变差。

在实际应用设计时，简单控制系统控制参数选择的一般性原则如下：

① 选择结果应使控制通道的静态增益 K_p 尽可能大，时间常数 T_p 选择适当。

② 控制通道的纯滞后时间 τ_p 应尽可能小，T_p 和 τ_p 的比值一般应小于 0.3。

③ 干扰通道的静态增益 K_f 应尽可能小；时间常数 T_f 应尽可能大，其个数尽

可能多；扰动进入系统的位置应尽可能远离被控参数而靠近调节阀。

④ 当广义被控过程由几个一阶惯性环节串联而成时，应设法使几个时间常数中的最大值与最小值的比值尽可能大，以便尽可能提高系统的可控性。

⑤ 在确定控制参数时，还应考虑工艺操作的合理性、可行性与经济性等因素。

一般来说，不宜选择生产负荷作为控制变量，因为生产负荷直接关系到产品的产量，是不宜经常波动的。另外，从经济性考虑，应尽可能地降低物料与能量的消耗。

7. 控制系统的设备选择

（1）测量变送器的选择

过程控制的目的是抑制系统扰动对过程的影响，测量变送器是控制系统一个重要的组成部分。要使系统具有良好的控制作用，测量变送器必须能快速、准确地反映被控变量的真实变化情况。所以在设计控制系统时，测量变送器的选择是一个非常重要的问题。

在测量设备的选择上一般依据被测参数的性质与系统总体性能指标要求，重点考虑测量设备的精度、响应速度和运行的稳定性与可靠性。在实际应用中，测量设备的精确度直接影响变送环节的精确度，所以要尽可能地选择满足工艺检测和控制指标要求、线性度好的测量和变送设备。

在控制系统中，测量变送环节的作用是将被控变量转换为统一的标准信号（通常需将被控变量的物理变化转换为可测量的电信号），经与给定信号比较后其结果反馈给调节器。在实际应用中，这个环节有三种形式：比例、惯性、一阶惯性加纯滞后。如图 1-58 所示，该环节的特性可近似表示为

$$\frac{Y_m(s)}{Y(s)} = \frac{K_m}{T_m s + 1} e^{-\tau_m s}$$

其中 $Y(s)$ 为测量及变送环节的输入，$Y_m(s)$ 为测量及变送环节的输出，K_m、T_m、τ_m 分别为测量及变送环节的静态增益、时间常数和纯滞后时间。

大多数被广泛使用且技术成熟的测量变送器为一比例环节，即 T_m、τ_m 为 0，

123

对有些特殊物理量测量的变送器，测量及变送环节是一个带有纯时延的惯性环节，它的输出不能及时地反映被测信号的变化，两者之间必然存在动态偏差。而且这种动态偏差并不会因为检测仪表精度等级的提高而减小或消除，系统不能及时地真实反映被控变量的变化情况。因测量变送环节处在反馈通道，由控制理论可知，反馈通道的干扰或误差必定引起系统控制质量的变差。所以，为了减小测量信号与被控变量之间的动态偏差，应尽可能选择快速测量仪表，即其输入输出特性为线性关系，对带有纯时延的惯性环节，需对测量信号做适当的滤波、线性化处理。

（2）执行器的选择

执行器是过程控制系统的重要组成部分，是自动调节系统的终端部件。其作用是接收控制器送来的控制信号并转换成执行动作，从而操纵进入设备的能量，将被控变量维持在所要求的数值上或一定的范围内。执行器有自动调节阀、自动电压调节器、自动电流调节器、控制电机等，在实际应用中，自动调节阀是最常见、使用最广泛的执行器，它的性能直接影响到控制系统的控制质量与工作状态。自动调节阀按照工作所用能源形式可分为如下三种类型：

1）电动调节阀：电源配备方便，信号传输快、损失小，可远距离传输，但推力较小。

2）气动调节阀：结构简单，可靠，维护方便，防火防爆，但气源配备不方便。

3）液动调节阀：用液压传递动力，推力最大，但安装、维护麻烦，使用不多。

在过程控制中，使用最多的是气动执行器，其次是电动执行器。应根据生产过程的特点、对执行器推力的需求以及被控介质的具体情况和保证安全等因素加以选择并且确定。

（3）控制器参数的整定

在控制方案、广义对象的特性、控制规律都已确定的情况下，控制质量主要取决于控制器参数的整定。所谓控制器参数的整定，就是按照已定的控制方案，求取使控制质量最好的控制器参数值。具体来说，就是确定最合适的控制器比例放大系数、积分时间常数和微分时间常数。

参数整定的方法可以分为三类，即理论计算整定法、工程整定法和自整定法。理论计算整定法主要是依据系统的数学模型，采用控制理论中的根轨迹法、频率特性法、对数频率特性法、扩充频率特性法等，经过理论计算确定调节器参数的数值。这种方法只有理论指导意义，在实际设计时由于系统的数学模型就是依据其物理过程的特性而描述的，模型本身就有误差，所以通过理论计算确定的调节器参数只能作为一个参考。而 PID 控制器有三个参数，各参数之间互相影响，需要在实际现场系统运行中按设计指标要求做参数的整定。参数的现场整定是一项复杂而烦琐的工作，参数与性能指标之间无完美的配合关系。工程整定法也称为工程设计法，它是由各国的工程设计人员经过长时间的研究与实践，在自动控制理论的基础上建立起来的简单实用的方法。不同的控制对象，其参数初步设置的要求和其具体数值有很大的差异，所以用这种方法设计的系统仍需在实际运行中做大量的调试和参数整定。目前较流行的参数整定是利用计算机仿真技术，最常用的仿真软件是 MATLAB。由于是利用仿真技术，很多复杂的计算是在计算机上完成，参数的修整在计算机上可以任意完成，同时可以模拟各种可能出现的干扰对系统的影响，如果系统各环节的数学模型准确，系统的组成符合控制理论要求，其仿真结果基本能真实地反映出系统的运行结果，其设置的 PID 参数基本能保证实际系统的正常控制。

1.6.4　复杂过程控制系统的分析与设计

在实际工业过程控制中，大多数控制系统都是简单控制系统，由于其在技术上成熟，组成简单，容易实施，并能获得满意的控制效果，是生产过程自动控制中应用最广的一种形式。但随着现代工业生产的发展与创新，为了追求更高的产品产量、质量、生产率、降耗节能以及环境保护，对生产工艺提出了更高的要求，而生产过程的自动化、大型化、复杂化又导致了工业生产过程对操作条件要求更加严格、对工艺参数要求更加苛刻，从而对控制系统的精度和功能要求更高。采用简单控制已不能达到预期的控制效果，需要在单回路系统的基础上，依据控制理论，组成更为复杂且可控的系统，这类控制系统统称为复杂控制系统。

复杂控制系统种类繁多，根据系统的结构和所担负的任务可分为串级控制、前馈控制、大滞后控制等系统。

1. 串级控制

串级控制系统是一种较常用的复杂控制系统，由两个或两个以上的控制器串联组成，一个控制器的输出作为另一个控制器的输入，在自控理论里也称为双闭环控制，在结构上与电力传动自动控制系统中的双环系统相同，其系统特点与分析方法也基本相同。常见的串级控制系统结构如图1-59所示。

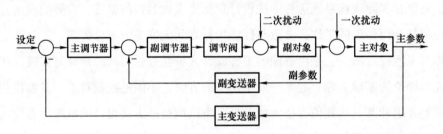

图1-59　一般串级控制系统组成框图

由图1-59可知，串级控制由两个回路（主回路或副回路）或两个闭环（内环、外环）组成。不同的教材或学科称谓不同，但其含义相同，为与控制理论一致，在此统称为双环（即内环与外环）。与简单控制系统比较，串级控制实质是在简单（单闭环）控制系统中为满足被控变量的某些特定性能指标或改善系统过渡过程，提高系统抗干扰能力，引入了一个中间辅助变量，从而组成了一个双闭环控制系统。在双环中外环最接近被控变量，为主控制环，起主控制作用。内环最接近被控过程，起辅助控制作用。

（1）串级控制系统的特点

1）提高了内环引起扰动的抗扰能力。在实际应用中，内环中各环节有扰动时，首先引起内环副对象的变化，由于内环及时的负反馈控制作用，这个扰动能被及时抑制，即内环起超前的粗调作用，从而减弱了内环产生的干扰对主控变量的影响，提高了系统抗二次扰动的能力。

2）改善了受控过程的动态特性。由于内环的存在使得等效被控过程的时间常数减小，从而改善了系统的动态过程和控制质量。

3）对一次扰动具有一定的自适应能力。串级控制系统的外环多为一个定值控制系统，内环则为一个随动控制系统，外环的主调节器按照负载或操作条件的变化不断地改变调节器的给定值，使得内环的调节器的给定值适应负载和操作条件的变化，所以串级控制具有自适应能力。

（2）串级控制的应用范围

1）常用于干扰变化激烈的过程。将变化剧烈、幅度大的扰动包含在内环里，利用内环较强的抗扰性能减小干扰对主被控量的影响。

2）常用于容量滞后较大的过程。在现代工业生产过程中，有很多过程的容量滞后很大，如最常见的温度控制系统，如采用单回路控制系统，控制质量难以满足生产要求。因此选择串级控制，利用其能改善过程的动态特性和工作频率的特点，可选择容量滞后较小的辅助变量作为副对象（组成内环），减小被控过程的等效时间常数，加快响应速度，改善系统动态特性。

3）常用于纯滞后较大的过程。在生产过程中，有很多过程的纯滞后时间较长，由控制理论可知，纯滞后影响控制的及时性，降低控制品质，当纯滞后较大时，能使系统产生较大的动态偏差，稳定性变差，不能满足生产要求。因此选择串级控制，选择离执行机构较近、滞后较小的辅助变量作为副对象（组成内环），减小被控过程的等效时间常数，克服二次干扰对系统的影响，加快响应速度，降低对主回路的控制要求，改善系统动态特性。

4）适用于过程有非线性的系统。一般生产过程中都有一定的非线性，当负载变化时，过程特性的变化会引起工作点的变化。这种变化通常通过调节阀的特性来补偿，使其广义近似为线性。但如果过程非线性较严重，补偿效果较差，单回路系统不能满足生产工艺的要求。因此利用串级控制的特点，选择过程的非线性作为辅助变量（组成内环），而串级系统对内环变化不特别敏感的特点使主控变量相对稳定，满足系统控制质量的要求。

2. 前馈控制

前馈控制是按扰动的变化进行控制的，即控制器的输入是扰动量。当干扰出现后，在被控量还没显示出变化之前，就将系统的扰动信号前馈到控制器，控制器立即产生调节作用，减小或抵消扰动对被控量的影响。前馈也称为干扰补偿，对干扰的抑制比反馈控制快。合理选择前馈补偿器的传递函数，使两个通道的作用完全相反，就可以"补偿"扰动量通过扰动通道对被控量的影响。

单闭环与前馈系统的比较如图 1-60 ~ 图 1-62 所示。

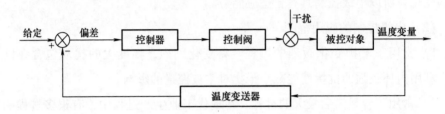

图 1-60　单闭环温度控制系统组成框图

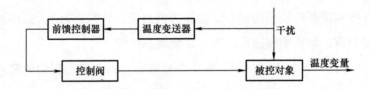

图 1-61　温度前馈控制系统组成框图

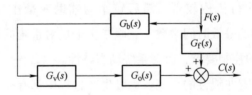

图 1-62　温度前馈控制系统传递函数框图

由图 1-60 和图 1-61 可以看出，前馈控制器是由被控对象特性决定的"专用"控制器，而一般反馈控制系统的控制器可采用 PID 控制器，所以被控对象特性不同，前馈控制器的控制规律也不同。另外，前馈控制是开环系统，因此一种前馈控制只能克服一种干扰对被控量的影响。对于其他干扰，由于无测量反馈，则无调节作用。

（1）常见的前馈控制系统

1）静态前馈控制系统。前馈控制器的输出信号是按干扰大小随时间变化的，它是干扰量和时间的函数。而当干扰通道和控制通道动态特性相同时，便可以不考虑时间函数，只按静态关系确定前馈控制作用。静态前馈控制只能对稳态（静态）扰动实现补偿控制，不能很好地进行动态补偿。静态前馈补偿器是一个比例调节器，成本不高，实施起来也十分方便，因而在生产过程对控制质量要求不高或扰动变化不大的情况下可以采用静态前馈控制形式。

要想实现对干扰的完全补偿，必须满足式(1-47)，也就是必须要准确获得各环节的传递函数。这在实际工程应用中难以实现，所以在工程中一般不单独采用前馈控制方案。

$$G_{\mathrm{b}}(s) = -\frac{G_{\mathrm{f}}(s)}{G_{\mathrm{o}}(s)} = -K_{\mathrm{B}} \tag{1-47}$$

2）动态前馈控制系统。动态前馈控制的原理是选择合适的前馈控制器（前馈控制规律），使干扰经过前馈控制器至被控变量这一通道的动态特性与对象干扰通道的动态特性完全一致，并使它们的符号相反，从而实现系统对扰动信号进行完全补偿的作用，确保系统的静态偏差等于或接近于零，而且也确保系统的动态偏差等于或接近于零。这种控制系统要求被控对象的动态特性是确定的，但在实际应用中被控对象的特性变化很大，实现上比较困难，所以在工程中一般不单独采用动态前馈控制方案。

3）前馈-反馈复合控制系统。单纯的前馈控制系统实际上是一种开环控制系统，而在实际工业过程控制中，系统的干扰因数较多，如果对所有的扰动都采取前馈控制，则每个扰动都需要一套测量变送器和一个前馈控制器，这样做会使系统变得非常复杂。另外，有些干扰信号无法在线测量，也不可能采用前馈控制。

在实际控制中，为了解决上述问题，常将前馈和反馈结合起来，既发挥了前馈作用能及时克服主要扰动对被控量影响的优点，又保持了反馈控制能克服多个扰动影响的长处，降低了系统对前馈补偿器的要求，使其在工程上更易于实现。

有两种典型的前馈–反馈复合控制系统，如图 1-63 所示。

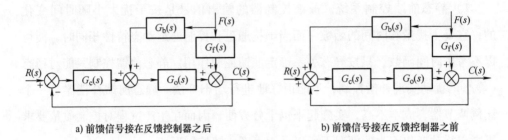

a) 前馈信号接在反馈控制器之后   b) 前馈信号接在反馈控制器之前

图 1-63　典型的前馈–反馈复合控制系统传递函数框图

图 1-63a 所示系统的输出对扰动的传递函数为

$$\frac{C(s)}{F(s)} = \frac{G_f(s) + G_b(s)G_o(s)}{1 + G_c(s)G_o(s)} \tag{1-48}$$

图 1-63b 所示系统的输出对扰动的传递函数为

$$\frac{C(s)}{F(s)} = \frac{G_f(s) + G_c(s)G_b(s)G_o(s)}{1 + G_c(s)G_o(s)} \tag{1-49}$$

而单纯的前馈控制系统的输出对扰动的传递函数为

$$\frac{C(s)}{F(s)} = G_f(s) + G_b(s)G_o(s) \tag{1-50}$$

式(1-48)、式(1-49) 与式(1-50) 比较，采用前馈–反馈复合控制系统后扰动对被控量的影响为原来的 $\dfrac{1}{1 + G_c(s)G_o(s)}$。证明由于增加了反馈回路，当工况变化引起控制通道的非线性特性参数变化时，复合控制有一定的自适应控制能力。

（2）前馈–串级复合控制系统

前馈–反馈复合控制系统综合前馈和反馈两种控制的优点，在工程上被广泛应用。但对于在生产过程中干扰频繁而剧烈，采用前馈控制来克服系统的主要干扰，用副回路反馈控制中间变量，主回路反馈控制系统的被控变量，可以达到更好的控制精度和稳定性。这类控制即为前馈–串级复合控制系统，其系统结构如图 1-64 所示。

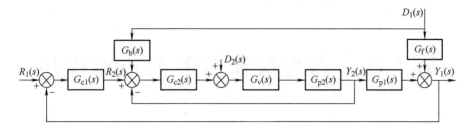

图 1-64　前馈-串级复合控制系统结构图

由图 1-64 可知，系统的前馈调节器的传递函数为

$$G_{p2}(s) = \frac{Y_2(s)}{R_2(s)} = \frac{G_{c2}(s)\,G_v(s)\,G_{p2}(s)}{1 + G_{c2}(s)\,G_v(s)\,G_{p2}(s)}$$

在干扰 $D_1(s)$ 作用下的输出为

$$Y_1(s) = \frac{G_f(s) + G_b(s)\,G_{p2}(s)\,G_{p1}(s)}{1 + G_{c1}(s)\,G_{p2}(s)\,G_{p1}(s)} D_1(s)$$

要实现系统对扰动 $D_1(s)$ 影响的全补偿，在 $D_1(s) \neq 0$ 时应有 $Y_1(s)/D_1(s) = 0$，因此有 $G_f(s) + G_b(s)\,G_{p2}(s)\,G_{p1}(s) = 0$，即有

$$G_b(s) = -\frac{G_f(s)}{G_{p2}(s)\,G_{p1}(s)}$$

当副回路工作频率大于主回路工作频率时，副回路的传递函数约等于 1，这样前馈控制器的数学模型为

$$G_b(s) = -\frac{G_f(s)}{G_{p1}(s)}$$

第 2 章　高参数调节阀的重要作用

2.1　调节阀的作用

调节阀作为自控回路三个环节中的执行器环节，在流程行业得到了广泛使用，也是该行业最常用的执行器，其在流程行业控制系统中起着极为重要的作用。把测量元件比作耳目，则调节阀犹如人的手足。流程行业控制系统的控制品质与调节阀的正确选型及应用有着十分密切的关系。

调节阀应用在石油、化工、天然气、航天、造纸、电力、制药、冶金、采矿、食品、太阳能光伏等工业系统中，通过打开、关闭，或改变流通面积，以达到连通、切断或控制流体介质流量的目的。

在现代化工厂的自动控制中，调节阀起着十分重要的作用。在工厂生产过程中，介质精确的分配和控制取决于调节阀的各项性能和运行可靠性。在控制过程中，无论是能量交换、压力的调节或是容器进出料等，都需要最终控制元件去完成。调节阀根据运行工况、场合、环境等不同，通过计算，选型出适用的材质和结构类型，来改变工艺流体参数。

调节阀作用如下：

1）连通或切断介质的流通状态。

2）防止介质倒流。

3）调节介质的流量、压力、温度、液位等工艺参数。

4）改变介质的流向，或进行分流或合流等。

5）防止介质工艺参数超过规定值，保证工艺正常进行，或保证管道、设备等安全运行。

2.1.1　流量调节

1. 流量调节阀

在冶金、电力、化工、石油、轻纺、建筑等工业部门中，调节阀被广泛运用，参与各种工艺流程控制。对于一些自动调节阀，比如流量控制，阀门输出流量的大小直接影响液位的稳定，并且调节阀的开度随流量变化自动控制，若阀门控制精度较差，很容易造成液位报警而使得装置停车，造成生产经济损失。以中国神华煤制油化工有限公司为例，设备每运行 1~3 个月，就需要停车检修，因为调节阀冲刷、腐蚀严重，严重影响介质流量的精准控制。停车一天将损失上百万元。调节阀是制约正常运行的"卡脖子"设备。

流量调节阀就是在进出口压差变化的情况下，维持阀门的流量恒定，从而维持与之串联的被控对象的流量恒定。随着流通能力减小，阀门的可调比将下降。但最小也能保证为 10:1~15:1，如果可调比再小，就难以进行流量的调节。阀门在串联使用时，随着开度变化，阀前后压差也有变化，因此会使阀门的工作特性曲线偏离理想特性。如管路阻力大，直线特性会变成快开特性，而丧失调节能力；等百分比特性将变成直线特性。小流量情况下，由于管路阻力小，上述特性畸变不大，实际上也就没有必要使用等百分比特性。从制造的角度来说，$C_v <$ 0.05 时，也不可能再产生等百分比的侧面形状。因此，对小流量阀主要的问题是如何将流量控制在所需要的范围之内。从经济效果出发，使用者希望一个阀门可同时用于截流和调节，现在也是可以做到的。但对于调节阀来说，主要是实现对流量的控制，关闭是次要的。认为小流量阀本身流量很小，在关闭时很容易实现截流，是错误的。国外对小流量调节阀泄漏量一般也做了规定。当 C_v 值为 10，该阀门的泄漏量规定为：在 $3.5\mathrm{kgf/cm^2}$ 气压下，泄漏量为最大流量的 1% 以下。

2. 电站锅炉给水调节阀

锅炉给水调节阀的主要任务是，一方面使锅炉的给水量跟踪锅炉的蒸发量，保证锅炉进出的物质平衡和正常运行所需的工质，另一方面使锅炉的给水连续均匀、相对稳定，从而使锅炉汽压稳定，煤器安全，保证锅炉在合适的参数下稳定运行，且具有较高的运行效率，提高锅炉运行的经济性。其工作示意如图 2-1 所示。

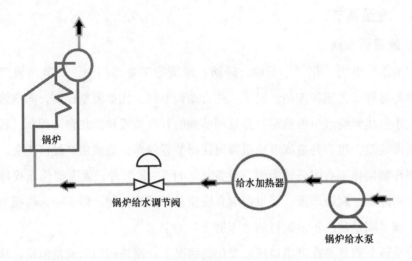

图 2-1　锅炉给水调节阀工作示意图

　　给水调节阀拥有一个特别设计的流量套筒。通过改变阀塞与套筒孔所形成的流通面积，就能达到调节流量的目的。该流量套筒可以使得阀门在机组启动的条件下拥有小 C_v 值以保证阀门在输出小流量的同时能拥有 10% ~ 15% 的开度值，而正常运行后阀门拥有大 C_v 值而并不会被迫在 85% ~ 90% 的开度条件下工作。

　　启动过程中阀门前后压差高，易发生汽蚀和冲蚀，对阀门造成破坏，而且，启动时压差高，流量小；正常运行时压差小，流量大。采用 ATG 主给水调节阀（WZTP 迷宫块）多级降压，WZTP 迷宫块是根据流体力学的理论，并且经过长期的研究、试验及运行考验而开发的优质产品。从宏观角度出发，这种结构的特点是将进入阀门时的具有较大流动能量的流体在进入迷宫块后分散成许多股能量较小的流线，这样就从根本上削弱了每条流道上由恶劣工况所造成的破坏程度。它既可以应用于可压缩流体，也可以应用于不可压缩流体，应用范围十分广泛且效果显著。ATG 给水调节阀标准规格如图 2-2 所示。

3. 给水泵再循环阀

　　给水泵再循环阀又名最小流量阀，是给水泵的重要设备，与 125MW、200MW、300MW 及以上超临界、亚临界火电机组锅炉给水泵配套使用。在发电

阀门技术参数及性能

➤ 公称通径：2～16in
➤ 公称压力：≤Class2500
➤ 阀门结构：直通型、角型
➤ 执行机构：气动、电动
➤ 泄漏等级：ANSI/FCI70-2 Ⅴ
➤ 阀体材质：A216-WCB/A105、
　　　　　　A217-WC6/A182-F11、
　　　　　　A217-WC9/A182-F22……

图2-2　ATG给水调节阀结构剖视图

厂整个锅炉给水循环过程中，保证给水泵的安全运行成为电厂的重要任务之一。而最小流量阀是在保护给水泵的系统中起关键作用的阀门。其工作示意如图2-3所示。

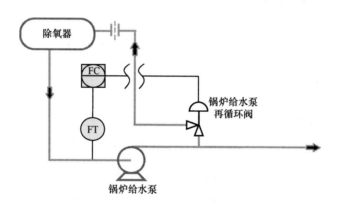

图2-3　给水泵再循环阀工作示意图

FC—流量控制器　　FT—流量变送器

在电厂里，锅炉的给水循环主要靠气动或电动给水泵将给水压力提高后输送到锅炉或反应堆进行加热并产生蒸汽，蒸汽透平中膨胀做功后经冷凝器排热并与补充水一起再经给水泵到锅炉或反应堆。

ATE是一种防空化的多级节流调节阀，也称高压差调节阀，这是一种结构新颖的调节阀。该阀可用于大、中型火力发电机组，控制锅炉主蒸汽和再热蒸汽温度所需减温水的流量，它是发电厂关键调节阀之一。其剖视图如图 2-4 所示。

最小流量阀的工作介质为高压给水，阀体工作在大压差的节流环境下，工作条件恶劣，易汽蚀冲刷，因此对阀门部件的结构设计和材料要求较高。在设计上还要同时兼顾处理极高压降、闪蒸，防止汽蚀，降低冲刷和噪声等问题。

阀门技术参数及性能

➤ 公称通径：1/2～14in
➤ 公称压力：≤Class2500
➤ 阀门结构：直通型、角型
➤ 执行机构：气动、电动
➤ 泄漏等级：ANSI/FCI70–2 V
➤ 阀体材质：A216–WCB/A105、
　　A217–WC6/A182–F11、
　　A217–WC9/A182–F22……

图 2-4　ATE 多级降压调节阀结构剖视图

2.1.2　压力调节

1. 压力调节阀

减压调节阀是通过调节，将进口压力减至某一需要的出口压力，并依靠介质本身的能量，使出口压力自动保持稳定的阀门。从流体力学的观点看，减压阀是一个局部阻力可以变化的节流元件，即通过改变节流面积，使流速及流体的动能改变，造成不同的压力损失，从而达到减压的目的。然后依靠控制与调节系统的调节，使阀后压力的波动与弹簧力相平衡，并在一定的误差范围内保持恒定。

天然气是一种多组分的混合气态化石燃料，主要成分是烷氢。其中甲烷占绝大部分，另有少量的乙烷、丙烷和丁烷。天然气燃烧后无废渣、废水产生，相较煤炭、石油等能源有使用安全、热值高、洁净等优势。因其绿色环保、经济实惠、安全可靠等优点，天然气被公认为一种优质清洁燃料。我国的天然气资源比较丰富，据不完全统计，总资源量达到 38 万亿立方米，陆上天然气主要分布在中部和西部地区。随着技术的发展，近几年我国在勘探、开发、利用方面均有较大的进展。随着天然气的应用越来越广泛，减压阀的设计就更受到重视，尤其是现在非常重视天然气运输的问题，运输管道采用特有的减压阀，使得它效率更高。

在火电、核电和"三大化工"中对压力调节阀的要求很高，不仅要适应各种苛刻的工况（例如压差大、流速快、温度高等），而且对于控制精度有很高的要求。日本福岛核电站事故的发生就是由于减压阀的故障，在当时的高温和高压环境下，2 号机组原子反应堆中负责降压的阀门失控，无法降低反应堆的压力，导致发生爆炸、核泄漏，造成巨大的危害。在火电机组的热力系统中，汽轮机旁路系统的主要职能是蒸汽调节、高压节流减压及过热蒸汽降温，旁路阀执行这些功能的同时并降低噪声，在振动小、阀芯耐磨损的情况下实现其目标压力和温度。

2. 高压旁路减温减压调节阀

在火电机组的热力系统中，汽轮机旁路系统已成为中间再热机组热力系统中的一个重要组成部分。为了便于机组启停、事故处理及采用特殊要求的运行方式，解决低负荷运行时机炉特性不匹配的矛盾，基本上均设有旁路系统，工作示意如图 2-5 所示。

所谓的旁路系统是指锅炉所产生的蒸汽部分或全部绕过汽轮机或再热器，通过减温减压设备（旁路阀）直接排入冷凝器的系统。

汽轮机旁路阀也是核电厂常规岛的重要关键设备之一，是堆机匹配的重要一环，在机组启停和正常运行过程中均起到了重要作用，对保护压力容器设备、核电站的安全稳定运行具有极为重要的作用。目前国内核电汽轮机旁路调节阀受技术、材料及试验平台等制约暂无法实现国产。

HTA 高压旁路减温减压调节阀是一种结构新颖的特殊高压差调节阀，它兼有启动调节阀、减压旁路阀和安全阀的作用。该阀可实现快速自动跟踪超压保护，省去锅炉安全阀，其中旁路阀设计及运行参数见表 2-1，选型计算图如图 2-6 所示。

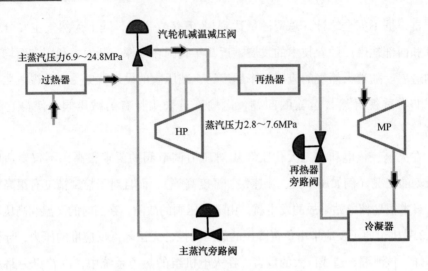

图 2-5　汽轮机旁路系统阀工作示意图

HP—高压锅炉　MP—中压锅炉

表 2-1　旁路阀设计及运行参数

阀门设计参数			
介质类型	湿度（额定工况）	设计压力（表）/MPa	设计温度/℃	正常运行状态
湿蒸汽	0~0.5%	8.2	320	常关
阀门接口条件			
位置	接口管道外径/mm	接口管道壁厚/mm	接口管道材质	接口型式
阀门入口	φ406.4	22.62	A335P11	对焊/法兰
阀门出口	φ559	15.88	A335P11	对焊/法兰
阀门运行条件			
工况	流量/(kg/s)	阀前压力（绝对）/MPa	阀后压力（绝对）/MPa	进口温度/℃
工况1	149.8	5.65	1.6	271.7
工况2	6.8	8.3	0.072	297.5
工况3	<235.86	8.3	2.53	297.5
最大压差	—	8.3		297.5

　　该阀能在6s内实现快速启动，电动执行机构的控制系统通过调节蒸汽压力以适应机组不同工况的滑参数启停和运行；机组甩负荷后锅炉可以不立即熄灭，机组仍可维持电厂带电运行，待事故排除后，几分钟内即可重新投入运行，既减

	流体名称		蒸汽		阀门允许压差(表)				MPa
	流体状态		蒸汽		关闭压差(绝对)				MPa
	设计温度		320℃		设计压力(绝对)			8.3	MPa
		单位	最大流量时	正常流量时	最小流量时	启动流量时			
工况条件	流量	kg/s	235.9	149.8	6.8	6.8			
	入口压力(绝对)	MPa	8.3	5.65	8.3	0.8			
	出口压力(绝对)	MPa	2.54	1.6	0.07	0.071			
	压差	MPa	5.76	4.05	8.23	0.729			
	进口温度	℃	297.7	271.8	297.7	297.7			
	操作密度	kg/m³	31.531	22.484	31.531	3.039			
	标准密度	kg/m³	0.804			相对密度			
	入口黏度	mm²/s	7.568			分子量			18.015
	入口汽化压力(绝对)	MPa	8.234			比热容比			1.459
	临界压力(绝对)	MPa	22.118			气体压缩系数			0.836
计算	流体流动状态								
	计算流通能力		828.4	784.2	23.48	280.1			

图 2-6　选型计算图

少了锅炉的启停次数，又减少了对汽轮机的热冲击，缩短了恢复时间。减温水的调节与高压旁路快速联动，能大幅度降温降压，减少电厂庞大的减温减压系统及设备，所以该阀是大容量单元再热机组旁路系统最重要的调节阀之一。HTA 高压旁路减温减压调节阀结构剖视图如图 2-7 所示。

3. 煤粉输送压力调节角阀

在煤化工工艺中，煤气化是指煤与气化剂（空气或氧气、水蒸气、氢气、二氧化碳等）在高温、常压或加压条件下发生化学反应，生成以 CO、H_2、CH_4 为主要有效成分，并含有 H_2S、COS、NH_3 及少量残渣等副产物在内的复杂的热化学转化过程。通过煤气化可将组分复杂、难以加工利用的固体煤转化为易于净化和应用的气体产品。该过程是一个部分氧化过程，旨在将原料煤中非灰组分转化为合气并使其最大程度保持原料煤的燃烧热值。煤气化是煤炭清洁高效转化的核心技术，是生产甲醇、化肥及发展煤基液体燃料合成、制氢等过程工业的基础。近年来，德士古、壳牌煤气化技术在我国广泛使用，尤其是德士古水煤浆加压气化技术。

德士古气化工艺是一个典型的化学反应，主要原料是水、氧气和煤炭，主要设备是气化炉，气化装置的正常生产和安全运行是关键仪表的重要选择依据。气

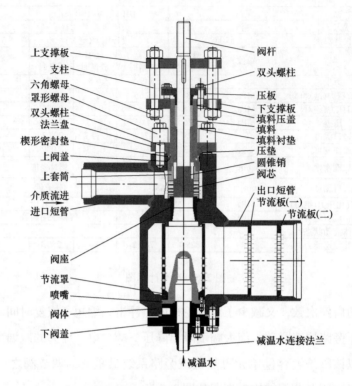

图 2-7 HTA 高压旁路减温减压调节阀结构剖视图

化装置、进水阀、煤粉流量调节阀的投资占设备成本的 20% 。气化装置运行的好坏，阀门起着关键的作用。气化装置的主要阀门有气化炉锁渣阀、氧气调节阀、氧气切断阀、煤浆调节阀、合成气入口三偏心蝶阀。影响德士古气化工艺的指标主要有水煤浆浓度、粉煤粒度、氧煤比以及气化压力等因素，其中很多因素需要调节阀精准的控制。

煤粉输送压力调节角阀的研究和开发是结合煤化工市场应用要求，在壳牌工艺等煤粉直接进气化炉进行气化工艺的基础上研发、生产的一种调节阀，具有流通能力强、可调比大、流道简单（进口与出口呈 120°的夹角）、防堵能力强等特点，可用于高压氮气输送煤粉进气化炉时的压力控制。根据煤粉颗粒大小、成分及压差，通过现代计算流体软件（CFD）的模拟分析，设计了低流阻、耐冲刷 U 形杯式阀芯，适应小开度调节的抗冲刷阀体内腔及防止阀杆导向套抱死的波纹管密封结构。

　　ACC 煤粉输送压力调节角阀已成功应用在煤化工工艺系统上，它改变了传统调节阀阀座与阀体的安装方式，实现了在线安装和维修等。与传统的调节阀理念相比有着非常大的创新之处，解决了煤化工系统阀门冲刷磨损的难题，保证了煤化工工艺系统的需要，节约了生产成本。角阀机构剖视图及主要技术参数如图 2-8 所示。

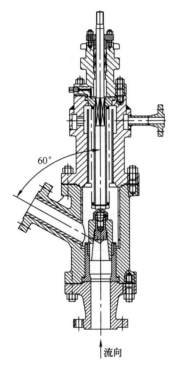

阀门技术参数及性能

➤ 公称通径：DN50、DN65、DN80
➤ 公称压力：≤Class600
➤ 连接形式：法兰连接符合ANSI16.5
➤ 适用温度：−29～300℃
➤ 流量特性：线性
➤ 执行机构：MP300 气动活塞执行机构
➤ 泄漏等级：符合标准ANSIB16.104 Ⅳ
➤ 执行机构：MP300

图 2-8　角阀机构剖视图

2.1.3　温度调节

1. 温度调节阀

　　温度调节阀利用液体受热膨胀及液体不可压缩的原理实现自动调节。温度传感器内的液体膨胀是均匀的，其控制作用为比例调节，被控介质温度变化时，传感器内的感温液体体积随着膨胀或收缩。被控介质温度高于设定值时，感温液体膨胀，推动阀芯向下关闭阀门，减少热媒的流量；被控介质的温度低于设定值时，感温液体收缩，复位弹簧推动阀芯开启，增加热媒的流量。

电动温度调节阀由控制阀门、智能电动执行器、温度传感器（压力变送器）和智能 PID 温控仪或压力控制仪（可选择分不同时间段控制不同温度或压力）等部件组成，按用途分为加热型和冷却型。电动温度调节阀（适用于较大口径及导热油控制）最大的特点是只需要普通 220V 电源，利用被调介质自身能量，直接对蒸汽、热水、热油与气体等介质的温度实行自动调节和控制，也可使用在防止过热或热交换的场合。电动温度调节阀结构简单、操作方便、调温范围广、响应时间快、密封性能可靠，并可在运行中随意进行调节，因而广泛应用于化工、石油、食品、轻纺、宾馆与饭店等部门的热水供应。

电动温度调节阀主要适用于液体、气体和蒸汽，在各种冷却系统中的温度控制。当被控介质温度升高，控制阀门关闭（加热型）；当被控介质温度升高，控制阀门开启（冷却型）。

温度调节阀自动控制原理图如图 2-9 所示。

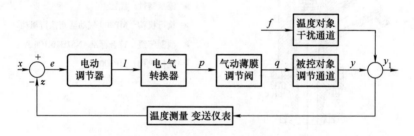

图 2-9　温度调节阀自动控制原理图

其中 x 是给定值，z 是测量值（温度），e 是偏差（$e = x - z$），f 是干扰，y 为被调参数的真实值，p 是气动薄膜调节阀输入值，q 是调节参数蒸汽流量输出值。

2. 液化工厂 J - T 阀

J - T 阀就是焦耳-汤姆孙节流膨胀阀。焦耳-汤姆孙节流膨胀原理简单地说就是加压空气经过节流膨胀后温度会下降。

节流膨胀（Throttling Expansion）也称焦耳-汤姆孙膨胀，即较高压力下的流体（气或液）经多孔塞（或节流阀）向较低压力方向绝热膨胀过程。1852 年，焦耳和汤姆孙设计了一个节流膨胀实验，使温度为 T_1 的气体在一个绝热的圆筒中由给定的高压 P_1 经过多孔塞（如棉花、软木塞等）缓慢地向低压 P_2 膨胀。多孔塞两边的压差维持恒定。膨胀达稳态后，测量膨胀后气体的温度 T_2。他们发现，在通常的温度 T_1 下，许多气体（氢和氨除外）经节流膨胀后都变冷（$T_2 < T_1$）。如果使气体反复进行节流膨胀，温度不断降低，最后可使气体液化。

　　J-T 阀是 LNG 液化工厂中运行工况最为恶劣的调节阀之一。目前采用最多的液化工艺流程是混合制冷剂循环，分别采用制冷剂 J-T 阀和液化天然气 J-T 阀对混合制冷剂和天然气进行节流降压。混合制冷循环所用 2 个 J-T 阀，都在 -150℃以下的超低温环境，在阀门正常开启的条件下，J-T 阀两端承受的压力通常在 3～8MPa。其工作流程如图 2-10 所示。

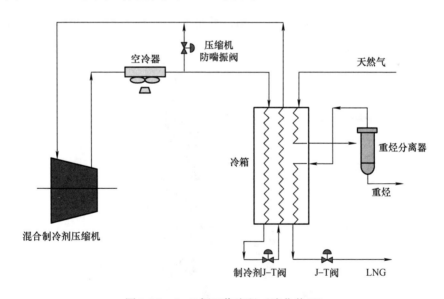

图 2-10　J-T 阀工作流程（液化装置）

　　J-T 阀处于高压差和超低温环境，易产生汽蚀，阀芯、阀座和阀体的表面容易损坏。若阀芯受损密封失效，阀门在全关位置会出现泄漏、结霜现象。而且工艺上对 J-T 阀的性能要求较高。为达到制冷效果，使用过程中须保证阀两端压差和出口温度稳定，同时装置变负荷时须对 J-T 阀进行精确调节。因此，在 J-T

阀选型中，除要遵守低温阀门设计的一般规则外，还须考虑在高压差工况对阀内件选型设计的特殊要求。选择阀内件流道结构时，应重点控制介质流速，尽量使高速流体撞击，造成动能的消耗，进而减小汽蚀、振动对阀门的磨损。

高压差产生汽蚀，介质的高流速也直接影响阀体和阀内件的使用寿命。应满足 ISA 标准给出的介质流出阀内件的速度和动压能的要求，相应设计标准见表 2-2。

表 2-2 ISA（国际仪表协会）关于调节阀阀芯流速的设计标准

工况条件	动能设计标准		相应的水流速	
	lbf/in²	kPa	ft/s	m/s
连续调节，单相介质	70	480	100	30
汽蚀，多相介质	40	275	75	23
振动敏感系统	11	75	40	12

吴忠仪表 J–T 阀采用迷宫块结构，可实现 2 ~ 24 级降压，介质速度限制在 23m/s 以下。其结构如图 2-11 所示。

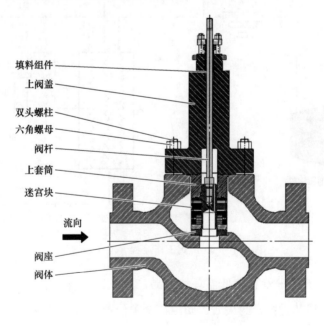

图 2-11 J–T 阀结构

3. 过热器减温喷水调节阀

在电站及动力装置上，过热器、再热器或减温器都装有喷水调节阀，用于调节送给汽轮机的蒸汽温度。电厂汽轮机工作一般可以通过两种不同的作用原理来实现。一种是冲动作用原理，蒸汽在喷嘴中产生膨胀，压力降低，速度增加，蒸汽的热能转变为蒸汽的动能。高速气流流经叶片时，由于气流方向发生了改变，产生了对叶片的冲动力，推动叶轮旋转做功，将蒸汽的动能转变为轴旋转的机械能。另外一种是反动作用原理，在反动式汽轮机中，蒸汽不仅在喷嘴中产生膨胀，压力降低，速度增加，高速气流对叶片产生一个冲动力，而且蒸汽流经叶片时也产生膨胀，使蒸汽在叶片中加速流出，对叶片还产生一个反作用力，即反动力，推动叶片旋转做功。不管是运用哪一种原理，都需要严格精准控制蒸汽温度，否则，不仅会增加成本、影响工作效率，严重时还会造成事故。减温喷水调节阀工作原理示意图如图 2-12 所示。

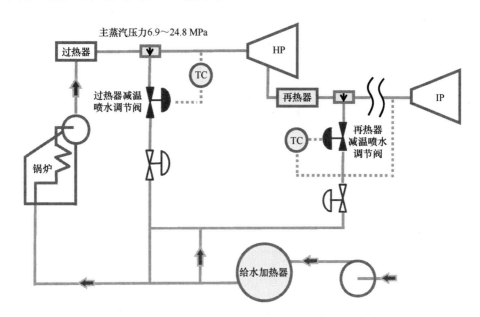

图 2-12 减温喷水调节阀工作原理示意图

TC—温度控制器 HP—高压锅炉 IP—低压锅炉

过热器减温喷水调节阀所受的压差较小，阀位调节精度是关键所在。采用

APM－V 先导式调节阀，阀门调节精度高，如图 2-13 所示。

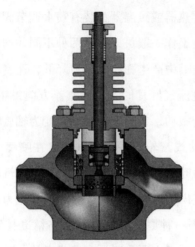

阀门技术参数及性能
➤ 公称通径：3～24in
➤ 公称压力：≤Class1500
➤ 阀门结构：直通型、角型
➤ 执行机构：气动、电动
➤ 泄漏等级：ANSI/FCI70-2 V
➤ 阀体材质：A216–WCB/A105……

图 2-13　APM－V 先导式调节阀结构剖视图

2.1.4　液位调节

液位调节阀的自动控制过程原理图如图 2-14 所示。

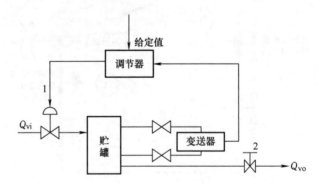

图 2-14　液位调节阀的自动控制过程原理图

1—进料调节阀　2—出料调节阀

生产过程总是在一定的工艺参数条件下进行，因此需要对这些参数进行控制。图 2-14 所示是一个贮罐液位控制系统。图中 Q_{vi} 表示物料的流入量，Q_{vo} 表示物料的流出量，1 表示进料调节阀，2 表示出料调节阀。稳态时，若单位时间的流入量和流出量相等，贮罐的液位恰好维持在生产所要求的高度上。假如工况变化使流出量增加了，导致贮罐的液位高度下降。为了使贮罐的液位保持在既定的高度上，调节阀必须根据液位的变化情况和生产所要求的液位高度，做出相应的判断，调节阀位，使贮罐的液位重新保持在要求的高度上。在此控制过程中，变送器把检测的贮罐液位转换成标准的测量信号（称之为被调参数）送给调节器，调节器把测量信号和给定信号（要求的液位高度）进行比较，其偏差信号经过运算后转换成输出信号，控制执行器改变贮罐的流入量，从而使贮罐液位保持在要求的高度上。

液位调节阀是过程自动化装置中极为重要的设备之一，是流程工业自动控制系统的执行器。例如在电力行业中，要对发电厂锅炉进行有效的控制，保持锅炉调节系统中的水位正常，避免调节阀的误开、误关、失灵等故障发生非常重要。在加氢裂化反应系统和加氢裂化分馏系统中，为避免高压混入低压引起爆炸，高压分离器液位及界位是极其重要的控制参数，都需要依靠液位调节阀来完成。

加氢在炼油业中已成为一个被广泛采用的流程。加氢处理过程是从油品中除去具有污染性质的杂质成分（如硫、氮、重金属等），并通过在加热的催化剂床中与氢气的选择性反应将重质原料转化成较轻组分的过程，具有良好的经济效应，其工艺流程如图 2-15 所示。加氢处理反应器在高温下运行，将 40% ~ 50% 体积的反应器流出物转化成沸点低于 400℃ 的物质。流出物通过热交换器进入热高压分离器，富氢气体被分离出来，接着在冷高压分离器中进行再次分离，而来自热（冷）高压分离器的液体流出物被送入分馏塔，其液体成分为轻质和重质石脑油，喷气燃料和柴油等。

高压分离器在操作过程中起着十分重要的作用，经反应器反应的流出物经过换热器到达热高压分离器，在这里富氢气体被闪蒸掉，然后被送到冷高压分离器进一步分离，回收的富氢气体与补充的新氢混合后再与新的原料油去反应器反应，下部的液体、部分催化剂以及固体颗粒经过高压分离器液位调节阀送入中压系统或分馏部分。该阀门的作用是维持高压分离器中的介质储量以确保适当液体和气体产品的分离，如果出现异常，会导致分离效果不好、循环氢带油、高压串低压等现象，对生产影响很大，甚至发生重大安全事故。

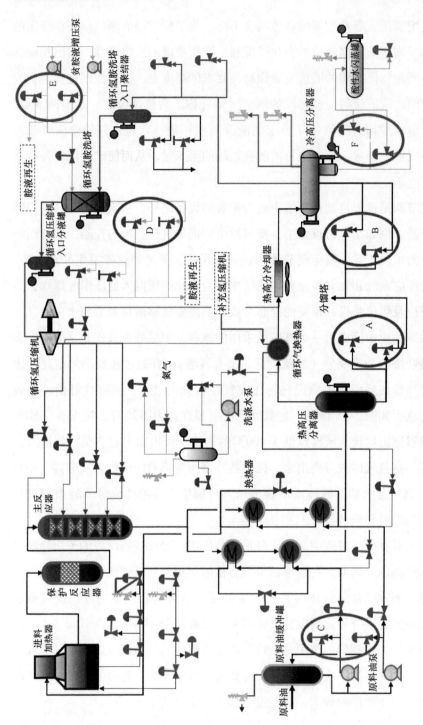

图 2-15　加氢装置工艺流程图

A—热高压分离器液位调节阀　B—冷高压分离器液位调节阀　C—原料油泵出口再循环阀　D—富胺液液位调节阀
E—贫胺液增压泵循环阀　F—酸性水进闪蒸罐液位调节阀

ATL 串式多级减压调节阀的阀芯采用高阻抗轴向防空化的多级降压结构设计，结构剖视图如图 2-16 所示。介质是按照平行于阀芯和套筒的轴向方向流动，靠长阀芯的各个缺口改变流向并达到减压效果，因此，阀芯的减压结构不会暴露于全压差工况下，而是由每一级减压结构均匀分担总压降，大大降低了高压差介质对阀芯和套筒的损坏程度，所以阀门具有较长的使用寿命，可满足各类装置的长周期运行要求。与传统的单座阀相比，在调节高压差液体介质时，该阀不仅具有较高的调节精度，而且具有抗汽蚀、抗冲刷、抗振动、低噪声及稳定性好等特点，在石油化工行业中的加氢装置上运用非常广泛。

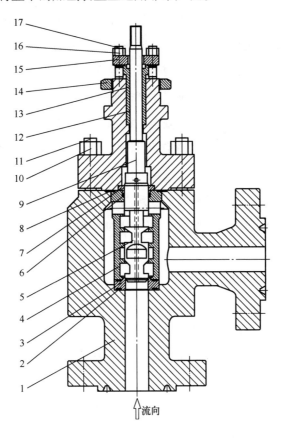

图 2-16　ATL 串式多级减压调节阀结构剖视图

1—阀体　2—阀座缠绕垫　3—阀座　4—阀芯套　5—阀芯　6—平衡密封圈　7—导向套

8—大缠绕垫　9—阀杆　10、16—六角螺母　11、17—双头螺栓　12—填料组件

13—填料压盖　14—圆螺母　15—填料压板

2.2　现代控制对调节阀的要求

　　先进的现代流程工业是以生产的自动化程度为标志的。从自控系统发展的历史和进步来看，控制装置的更新换代起着极为重要的作用。虽然各种先进的控制手段不断出现，但基本的控制规律没有改变。典型的自动控制系统主要有三个环节：检测、控制运算、执行器（调节阀）。这仍然是现代流程工业自控系统的主流。

　　近年来，检测仪表和控制仪表的智能化水平不断提高，而执行器这一环节，特别是作为流程工业执行器的调节阀，随着生产工艺的不断进步、各种新材料的不断成功应用，其种类、质量方面也有了长足进步。在一般工业生产系统中，常规部位应用的传统调节阀已基本满足生产需要。但随着现代化工业的装置规模大型化，对工艺参数要求逐渐提高，安全、稳定生产的要求越来越高。例如：用于压缩机的防喘振阀门，既要求有精确的可调比，又要求有较大的流通能力和可靠性；用于放空工况的阀门，既要求超高差压降噪减压，又要求具备严密关断的切断阀性能；现代煤化工行业的耐高温、耐高压以及多相流介质的耐磨性等要求。这就给调节阀如何更可靠、更安全、更长周期的操作提出更严格、更高标准的要求。

1. 高可靠性和长周期运行要求

　　现代工业生产自控系统中，测量仪表和控制系统的质量已经日趋稳定，工程设计应用中多采取冗余设计，其运行可靠性大大提高，实际生产中这两个环节造成的非计划停车占比越来越低，而调节阀故障导致的非计划停车占比越来越高。目前，现代化工生产可控成本的降低很大程度来自生产的高负荷和长周期运行，为此，现代化工生产对调节阀的首要要求就是高可靠性和较长的运行周期。

　　决定调节阀使用寿命的关键因素取决于其使用工况。一些高压差、超高温、超低温、强腐蚀，尤其是在含有固体介质的多相流介质中使用的调节阀使用周期较短。所以一些非常规尺寸、严峻工况的调节阀的长周期可靠运行是行业需要解决的突出问题。

2. 标准化、模块化发展

在国内的煤化工、传统炼化企业中，世界各地调节阀生产厂家生产的各种型号的调节阀应有尽有，然而除连接尺寸遵循相应标准，可以做到调节阀整机互换外，各品牌、型号调节阀的阀内件无法做到互换。用户无法按调节阀的规格尺寸储备阀内件的各种备件，因为即使调节阀规格参数相同，不同厂家产品的阀内件及密封件的尺寸均不尽相同，只能一阀一备，导致调节阀库房备件资金占用量巨大。因此，降低调节阀的运行维护费用是每个用户面临的实际问题。如果相同规格的调节阀阀内件、密封件等实现模块化、标准化设计，既便于损坏后的快速维修、更换，更可为用户节省大笔备品备件资金，这是市场对调节阀发展提出的新需求。

3. 智能化需求

目前国内市场上的调节阀，已普遍实现行程自动调校、阀位反馈等与控制中心的通信，而关键、重要工位的调节阀运行状态轻则影响稳定生产，重则直接导致装置停车或事故发生，给企业造成重大损失，这就给调节阀发展提出了更高的需求。用户不仅要求调节阀能够正常运行，还需要实时监测阀门的运行状态，及时做好预知维修，更大限度为安全稳定生产服务。未来高端调节阀的智能化发展方向是具备完善的自诊断功能、可靠的在线状态监测系统，实现调节阀全生命周期管理。

2.3　高参数条件及要求

2.3.1　高压环境

阀门的压力分类采用现行国家标准 GB/T 21465《阀门　术语》中的规定。高压阀指公称压力 PN100 ~ PN1000（不含 PN100）的阀门。超高压阀指公称压力大于 PN1000 的阀门。高压调节阀主要被应用于火电、煤化工和核电工业严苛工况下的清洁流体介质的流量调节和降压。

例如，高压煤粉流量调节阀（简称煤粉调节阀，见图 2-17）是 Shell、GSP、HT‐L 煤气化工艺装置中，安装在煤粉给料罐和气化炉之间，用于调节进入气化炉煤粉流量、精确控制气化炉内氧-煤比的关键设备，其性能优劣直接关系到气化炉能否实现安全、长期稳定运行。在系统的调节过程中，高浓度煤粉介质的浓度随工况发生变化，致使介质流动不稳定，甚至会堵塞阀门。煤粉颗粒的高速运动对阀门造成很大的冲蚀，容易造成煤粉流量不稳定，甚至会使煤粉调节失效。煤粉调节阀具有耐高压、耐冲击、耐磨损及流量调节稳定等综合性能。

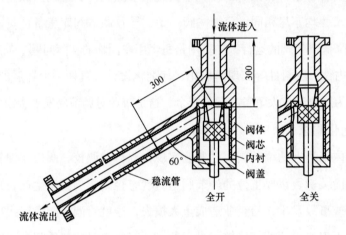

图 2-17 高压煤粉流量调节阀

高压差调节阀适用于高压差的场合。在石油化工、煤化工很多大型的工业制造过程中，高压差调节阀的使用需求越来越高，成为管道系统中的关键部件。流入高压差调节阀内流体压力的骤降会使流体的流速大幅度增加，而调节阀内流体流速与压力的剧烈波动会导致阀体产生振动，调节阀内部的零件受损严重时甚至会造成管路系统剧烈晃动，从而使阀门系统失效，给人们带来重大的经济损失。过高的压降同时也会使调节阀内产生汽蚀和强烈的噪声，严重损坏调节阀内的金属表面，缩短阀门的使用寿命，影响工作人员的工作效率和身体健康。

为了描述调节阀的压降，引入一个参数 S。

$$S = \frac{\Delta P_{1m}}{\Delta P}$$

S 为调节阀全开时，调节阀的压差与系统总阻力降的比值，称为调节阀的阻比，有的资料上称之为调节阀的阀权度。阻比与调节阀特性关系见表 2-3。

表2-3　阻比与调节阀特性关系

阻比	1～0.6		0.6～0.3		<0.3	
调节阀理想特性	直线	等百分比	直线	等百分比	直线	等百分比
调节阀实际特性	接近直线	等百分比	近似直线	等百分比	快开	直线
调节性能	好		较好		很差，不适合调节	

兼顾控制和工艺两方面，一般要求 $S = 0.3～0.5$。特殊情况下：

1）高压减至低压时，S 很容易在 0.5 以上。虽然 S 越大越好，但有时压差很大，容易造成调节阀冲蚀或阻塞流，此时可在调节阀前增设一减压孔板，使部分压差消耗在孔板上。孔板上分担的压差可和自控专业人员协商确定。

2）稍高压力减至低压或物料自流的场合，要使 S 在 0.3 以上有时有困难。此时可想办法降低管路阻力，如放大管径、改变设备布置以缩短管道长度或增加位差、减少弯头等措施，一定要确保 $S \geqslant 0.3$。

3）低压至高压的场合，为了降低能耗，要求 $S \geqslant 0.15$。但为获得较好的调节阀品质，建议 $S \geqslant 0.3$。

图 2-18 所示是吴忠仪表有限责任公司生产的高阻抗轴向防空化的多级降压调节阀。该阀门能够平稳、精确地调节具有高压降的液体和气体介质，能够完全消除传统单座阀在高压差工况调节时所带来的空化、汽蚀、振动以及高噪声的影响。该阀门设计的固有流量特性是由多级凹口减压阀芯和阀芯套构成的大流量通道实现的，无论调节的介质是单一的还是混合的，即使含有细小杂质颗粒，该阀门都具有非常好的调节性能。

2.3.2　强冲刷环境

高温高压工况作用下，通过阀门内的介质流速很高，出口端压力下降，经常会出现密封面冲刷严重、空化和内漏现象，影响了阀门的使用寿命。核电厂阀门因流体冲刷导致损伤的研究案例较多，流体冲刷损伤一直是影响阀门运行安全的主要形式。图 2-19 所示是吴忠仪表 ATM 迷宫碟片式多级调节阀，该阀门应用于广西防城港核电厂 3、4 号机组（启动给水泵出口调节阀）。迷宫碟片式多级调节阀的迷宫流道如图 2-20 所示。

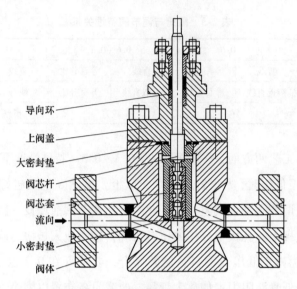

图 2-18　多级降压调节阀结构示意

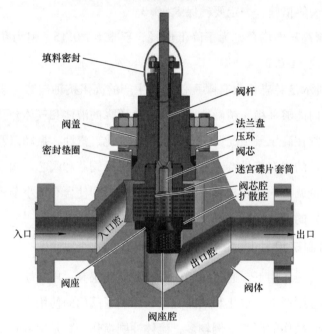

图 2-19　迷宫碟片式多级调节阀

　　该调节阀主要由阀体、阀座、迷宫碟片套筒、阀芯、阀杆、阀盖和密封装置等零部件组成，其核心节流元件迷宫碟片套筒是由 8 个迷宫碟片在高温高压下烧

图 2-20　迷宫碟片式多级调节阀的迷宫流道

结而成，每个迷宫碟片均匀分布着 8 个迷宫流道。迷宫流道中的流体介质经过多次直角转折，不断地改变运动方向，增强流体的不规则运动，增强湍动能的能量耗散，使流道的每一级承担着较小的压降，可以有效地预防因压差过大而产生的冲刷损害。图 2-21 是整体迷宫阀流道的速度云图。迷宫流道中截面速度云图和速度矢量图如图 2-22 所示。

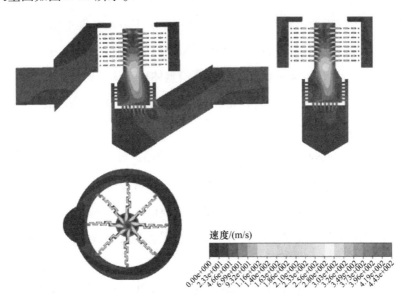

图 2-21　整体迷宫阀流道的速度云图

155

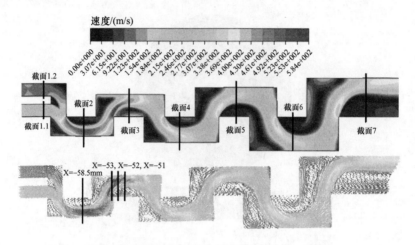

图 2-22　迷宫流道中截面速度云图和速度矢量图

流道的中部主流区域速度相对较大。截面 1.1 的速度相对截面 1.2 的速度较高是由于截面 1.1 距离主流道最近，从截面 1.1 进入的流体最先到达主流道且阻塞了截面 1.2 后到达的流体，从而产生了汇流耗散，也降低了截面 1.2 的流速。两个进口的汇流，截面 2~3 之间流体的速度达到最快，流体的高速流动会加剧冲刷腐蚀。

核电厂中使用了大量的流量调节阀，分别处于不同运行工况，阀门组件易受到长期冲刷。为减少此类阀门的损伤，可从以下 3 个方面开展工作：

1）通过热工水力计算改进运行工况，减少流体对阀门的冲刷损伤。

2）通过阀门设计方案的优化，提高阀门整体抗流体冲刷损伤的能力。

3）通过新型高强度阀门材料的应用，提高阀门抗冲刷损伤的能力。

2.3.3　强腐蚀磨损环境

在煤化工的原料制备、物料输送和分离过程中，都存在不同浓度的固体颗粒。例如煤直接液化工艺中的油煤浆输送系统，煤气化装置中的高压黑水、灰水系统，都含有高浓度的煤粉颗粒。在含固体介质的输送过程中，普遍存在设备和管路的局部磨损和壁厚减薄，进而引发泄漏、爆管等安全事故，严重威胁装置和人身安全。

在众多煤化工阀门（如减压塔进料阀、高压黑水角阀等）及相连管道中，普遍存在液固两相流。由于阀内流道的节流效应，以及工艺参数的变化和操作波动，流体介质极易在局部发生气液相变，形成高速的气-液-固三相流，进一步加剧冲蚀磨损。

以高压黑水角阀为例，其位于碳洗塔及高压闪蒸罐之间，用于调节进入碳洗塔的黑水介质流量，几何结构如图2-23所示。高压黑水角阀主要包括阀芯、阀杆、阀座、阀腔以及出口衬套。其中，阀杆与气动执行机构相连接，用于调节阀门开度；阀芯与阀座配合构成节流段。阀门出口先后与文丘里扩管和缓冲罐相连接。其装置现场如图2-24所示。

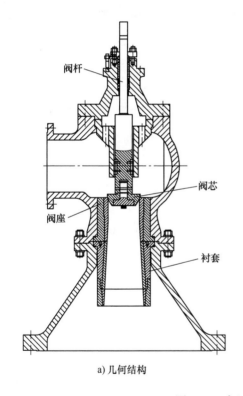

a) 几何结构

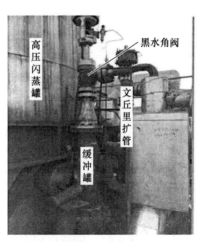

b) 角阀下游的文丘里扩管和缓冲罐

图2-23 高压黑水角阀

为延长高压黑水角阀系统的整体使用寿命，高压黑水角阀的阀芯和阀座均采用碳化钨整体铸造，文丘里扩管的基体材质为316L不锈钢，表面熔覆WC－Co涂层，并且在角阀出口的文丘里扩管内安装有衬套。高压黑水角阀内介质的物性参数见表2-4。角阀出口接高压闪蒸罐，其出口压力与罐内压力相同，低于

图 2-24   高压黑水角阀的装置现场

大气压，黑水介质在流动过程中会大量闪蒸，导致流速迅速提高。同时，考虑到黑水介质内含有高浓度的固体颗粒，极有可能导致阀内件发生严重的冲蚀磨损。

表 2-4   高温黑水介质的物性参数 （高压黑水角阀）

阀门参数	参数值	介质物性参数	参数值		
			气相	液相	固相
进口压力 P_1/MPa	6.33	饱和蒸气压力 P_v/MPa		3.7145	
出口压力 P_1/MPa	0.8	动力黏度 μ/(kg/m·s)	1.503×10^{-5}	1.39×10^{-4}	
行程 L/mm	10	密度 ρ/(kg/m³)	456	649.0	1400
正常开度（%）	30~45	颗粒平均粒径 d_ρ/μm			75
操作温度/℃	246	固相质量分数（%）			10~12

为了满足煤液化用阀耐蚀、耐磨损的要求，目前主要措施是在阀的关键部位增加金刚石、碳化物、陶瓷等耐磨材料，其特点为高硬度、低强度，在调节阀工作中易被振裂而破坏，还有一些喷涂技术易出现喷涂层与基体结合缺陷，在固体颗粒的冲刷下会出现涂层整体脱落的现象。

2.4   应用场景和失效形式

2.4.1   高压

高压调节阀一般应用于高静压工作场景。在石油开采领域，川东地区的高压裂缝性气藏开发钻井现场，普遍使用楔形节流阀。该阀属于复杂地层钻探开发中的净空装备。但该地区陆相裂缝性储层连通性好，压力体系复杂且敏感性强，地层压力常超过 70MPa，这种高压力的工况会导致阀门等井控设备损坏严重，造成停工甚至不安全生产等后果。通过对典型事故进行重点分析，发现节流阀主要存在的失效形式是阀芯断裂、阀座刺漏、阀芯和阀杆连接轴销处断裂等。通过对流场分析以及阀芯受力分析，基于软件对节流阀进行流固耦合失效分析，得出结论：在高压条件下，一定开度时，阀门由于阀腔内流体的高速流动，阀芯变径台阶面与轴销连接孔位置处出现应力集中，同时阀芯节流面附近有明显漩涡产生，引起阀芯振动，容易导致断裂失效；小开度时，节流效果变得显著，而含固相颗粒的流体容易造成节流阀堵塞，且高速流体对阀座冲刷引起刺漏。图 2-25 所示为现场节流阀典型失效情况。

a) 阀座断裂　　　　　　　b) 堵塞泄漏

图 2-25　现场节流阀典型失效情况

在石油加工领域，市场对清洁燃料油的需求持续扩大，而加氢工艺能为下游石油化工装置提供高质量的原料，因此，近几年高压加氢装置成为国内炼油行业油品质量升级和炼化一体化项目建设的重要装置。由于加氢装置生产过程中存在较大的风险性及其复杂的工况条件，作为装置操作主要管道元件的阀门就显得十分重要，对高压阀门的要求是技术含量高、质量好、安全可靠性好的高标准阀门。加氢装置工况条件复杂、严苛，如高压加氢裂化装置高温管道的最高设计温度高达 450℃以上，压力等级为 15～42MPa，并且介质具有较强的高温腐蚀性等。加氢装置用高压工艺阀门类型包括闸阀、截止阀、止回阀（包括升降式、旋启式、斜盘式、轴流式等）、轨道球阀、高温金属密封球阀等，其中闸阀、截止阀和止回阀占加氢装置高压工艺阀门的 90% 以上。

加氢装置高压阀门的主要失效形式表现为在高静压下，阀门出现泄漏，包括内漏和外漏。油品和氢气的外漏和内漏不仅会污染环境，还易引起火灾或爆炸。阀门的内漏主要发生在闸板处，外漏主要发生在阀杆填料和阀盖垫片处。高压闸阀一般采用压力自密封结构，个别小口径阀门也可采用中法兰或焊接结构、弹性楔形闸板。其技术特点主要如下：

1）结构设计方面：包括阀体的壁厚计算、阀杆强度计算，阀门结构要求既能承受高压高温，又能保证不泄漏，同时还要考虑阀门各部件在高温高压下的材料热胀问题。

2）材料要求：包括阀门各种部件的材料选用，阀体毛坯用钢的冶炼工艺、化学成分（硫、磷）含量控制、热处理要求、金属晶粒度要求及枝晶和柱状组织的要求、非金属类夹杂物的要求、气孔夹渣及裂纹等缺陷的控制。

3）检验和试验方面：包括阀体及各种承压元件进行的无损检测（包括 RT、UT、PT 及 MT 等），阀门强度试验，阀门的低压密封试验、高压密封试验及上密封试验等。

在核电厂使用场景下，阀门的介质一般为水，但压力同样很高，主要失效形式为冲刷所造成的冲蚀。在节流口，介质高速流动，具有强大动能，可以很快将阀芯、阀座表面冲出流线型的细槽，尤其在小开度工作，节流间隙小，节流速度达到最大值，冲刷破坏也相应达到最大值，巨大的冲刷力将使阀的寿命显著下降。阀门整体寿命非常短，一般的高压调节阀仅能用上 1~2 个月。

图 2-26 所示为核电厂项目中使用的串式多级减压调节阀结构示意图。它利用多层级分摊压力，从而达到抗高压的目的。

2.4.2　高压差

高压差调节阀通常应用于高压差工况条件下，一般包括截止类阀门和调节类阀门。高压差介质通过阀门时，在节流处将产生复杂的涡流与扰动，由此产生闪蒸和空化，使阀芯和阀座损伤、阀门失效，也会产生一系列机械振动和噪声等。图 2-27 所示为空化和闪蒸后阀门的失效形貌。图 2-27a 所示为阀芯损坏形貌，阀芯头损坏区域的外形具有煤渣似的粗糙特点，典型特征为空化导致；图 2-27b 所示为阀座密封面损坏形貌，损坏区域的外形较光滑，典型特征与闪蒸相符。

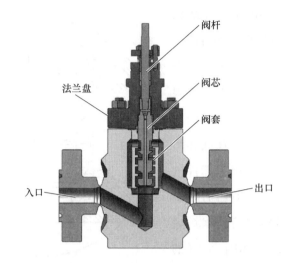

图 2-26　串式多级减压调节阀结构示意图

a) 调节阀阀芯空化形貌　　　　b) 阀座闪蒸后失效形貌

图 2-27　调节阀阀芯空化形貌和阀座闪蒸后失效形貌

在电站使用场景下，通常情况电站阀门的运行压差较小，但在锅炉启停过程中，减温水调节阀、主给水调节阀及其旁路调节阀，还有锅炉对空排汽以及循环泵运行变化等类似情况下，对空排汽阀及循环泵最小流量调节阀等都要承受高压差。在这种恶劣的运行情况下，介质对阀芯部件的冲刷与损坏异常严重，其中一些阀门仅在几小时内就会损坏，失去了控制作用或动作能力。这不仅影响发电机组的正常运行，而且会带来安全隐患。

而对于高压差阀门的压力控制，可以将阀门设计成单级节流、多级节流或迷宫式节流结构，从而达到根据实际工况条件降压并避免汽蚀的目的。

1）单级节流。单级节流结构（见图 2-28）用于汽蚀发生的可能性较小的场合。介质通过单级节流套时，损失在节流套上的压力是有限的，利用介质通过小孔时喷射的对流相互冲击，使流体自身降低和消耗其动能，避免介质对阀芯部件的直接冲击，从而使阀门承受高压差。实际使用时，该结构阀门在锅炉启动过程中可以承受 9MPa 左右的压差。

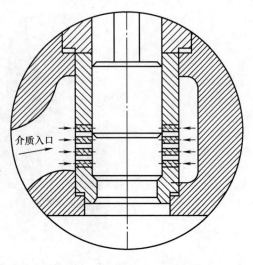

介质入口

图 2-28　单级节流结构

2）多级节流。多级节流结构适用于极易出现闪蒸与汽蚀或介质为蒸汽且需要降低噪声的情况。通过多级节流，降压系数 R 逐级增大，流通面积依次增加，介质依次膨胀，达到分段逐级降压的目的，以便减轻或消除汽蚀现象。在设计中应使第一级承受大部分压差，以后逐减，最后一级压差应当是全部压差的 10% 左右。介质为液体或蒸汽时，原则上压降不得分别低于其饱和压力和临界压力。该结构能够有效地控制流体运动的速率及减轻流体对阀芯部件的直接冲撞，延长阀门的寿命。如在核电厂机组中的试验装置用调节阀，流体介质为水，但工作压差却达到了 10MPa，使用的就是典型的多级节流降压阀门，采用的结构型式为空间转交复合降压式。图 2-29 所示为该阀门的阀芯结构。

3）迷宫式节流。迷宫式节流结构用于压差非常高的情况，是由多片迷宫芯片叠加而成。芯片表面刻有沟槽，介质流经弯曲的沟槽时阻尼逐级增加，有效地控制了流速，起到了多级降压的作用，如图 2-30 所示。压力控制的关键在于如何设计沟槽的数量与面积，以期最有效地实现不断的扩容降压，使压力由高压平稳过渡至低压。

图 2-29　空间转交复合降压式阀芯结构　　　　图 2-30　迷宫式流道碟片

2.4.3　耐腐蚀

　　阀门的腐蚀问题是自控流程工业中的一个难点。腐蚀的危害十分严重，可能会造成自动化系统无法实现自动控制，不得不改用手动，也会造成仪表设备腐蚀损坏，频繁更换。腐蚀问题一般是服役环境和输送介质所导致的，如碱性腐蚀、酸性腐蚀、盐类腐蚀等。例如输送油水两相介质时，当介质中硫、氮等酸性杂质偏多时，则会造成阀门酸性腐蚀；当介质为海水时，由于海水是较强的腐蚀性电解质溶液，具有较高的含盐量和较强的导电性、生物活性，因此，阀门等流程设备会受到较强的海水腐蚀。除此之外，阀门还受输送介质中的物料颗粒影响，在腐蚀的同时伴随磨蚀，因此加剧了阀门的损坏。阀门的阀芯、阀座常常会因为腐蚀而造成基体减薄受损、功能失效甚至阀体冲断的结果。

　　我国的火电厂烟气脱硫基本上是以石灰石/石膏湿法为主，而在湿法脱硫装置中，会大量使用蝶阀。在湿法脱硫系统中，处理的介质主要是生石灰、石灰石粉、石灰石浆液、石膏浆液、石膏粉和含粉尘的 SO_2 烟气。这些介质中含有不溶解或部分溶解的固体颗粒，阀门的密封部件接触高速流动的介质时就会发生磨损和腐蚀。由现场分析与设备送检得出，点腐蚀和缝隙腐蚀是最常发生的腐蚀，此外还有应力腐蚀开裂与冲刷腐蚀等。在吸收塔中相遇的介质——烟气和吸收浆液是产生一系列腐蚀问题的根本原因，其中吸收浆液本身的腐蚀性不强，而烟气冷凝物的腐蚀性却特别强。煤燃烧后，其产物的水溶液形成酸，包括硫酸、亚硫酸、盐酸等。煤中所含的氯化物和氟化物使腐蚀问题变得更严重。这些物质也会由吸收浆液带进系统。同时，温度升高则会加剧装置的腐蚀。所以在这种工作环境下，阀门与介质接触部分，如蝶阀的蝶板，球阀的球体、阀杆等的金属材料必须具有耐点蚀能力，如使用奥氏体+铁素体双相不锈钢。在烟气吸收塔腐蚀较弱的区域，采用含 Mo 和 Cr 的合金，在与 Ni 的共同作用下，能保证材料具有优良的耐蚀性能，在蝶阀的阀板和阀杆上使用效果很好。

在石油开采领域，一些原油中含有大量的环烷酸并具有较高的硫含量，而且一些原油环烷酸的酸值和硫含量有逐年增加的趋势。原油中含环烷酸和硫较高时，对炼油设备的腐蚀非常严重。而对于阀门来说，在高温条件下油品中的环烷酸对阀门密封面冲刷腐蚀会造成设备泄漏。而环烷酸腐蚀特性是酸值越高，阀门密封面腐蚀越快，并表现为均匀层状腐蚀。装置的压力、介质的流速对环烷酸腐蚀的影响很大，高速流介质使阀门密封面腐蚀加剧，在含碱原油中形成的环烷酸钠，将加速阀门密封面腐蚀。分类来说，在低温部位，如塔顶上部和塔顶冷凝、冷却系统的腐蚀与原油中所含的氯盐和硫化物有关，主要以 $HCl - H_2S - H_2O$ 形式为主，典型部位为常压塔顶和减压空冷阀门的密封面。耐低温腐蚀问题主要考虑选用适合阀门密封面堆焊材料解决，也可采用其他工艺措施加以缓解。其中堆焊材料使用 SF-5T 焊条，它具有一定的硬度和抗磨损性能，效果良好。

核电站海水系统会使用大量蝶阀作为控制设备。但近年来多次在不同核电站海水系统中发现了阀门蝶板的腐蚀现象，有的腐蚀成碎片或者中间穿孔，导致阀门功能丧失，如图 2-31 所示。阀门工作介质的冷却水均为海水，温度接近常温，在海水入口处加入次氯酸以杀死海水生物，所以海水系统中的 Cl^- 浓度偏高，导致金属材料的腐蚀性比普通海水要剧烈。根据阀门及海水样品试验技术分析，确定造成蝶阀阀板腐蚀的原因有电偶腐蚀、选择性腐蚀、点蚀以及缝隙腐蚀、应力腐蚀等。电偶腐蚀是指在加氯海水中，蝶板的自腐蚀电位比阀杆的自腐蚀电位低，从热力学分析，一旦蝶板上的衬胶层破裂，与阀杆直接相连的蝶板就会加速腐蚀。考虑到海水的流动，腐蚀率会更高。选择性腐蚀是指在冶炼、铸造及热处理过程中会造成金相组织的不均匀，这种富铝区和贫铝区中的电位不同，阳极会快速溶解，造成腐蚀，这种脱铝腐蚀是蝶板失效的基本原因之一。点蚀是不锈钢常见的局部腐蚀之一，由于卤素阴离子的存在，钢中存在缺陷、杂质等不均一，表面的钝化膜会破坏，形成点蚀。缝隙腐蚀也属于缺陷处的电偶腐蚀。应力腐蚀是指材料由于腐蚀介质和静拉伸应力所引起的残余应力而出现的脆性开裂现象。

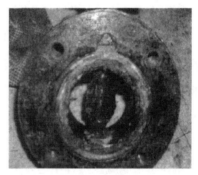

图 2-31   蝶阀阀板腐蚀形貌

2.4.4   耐冲刷

随着工业的发展，阀门的使用工况越来越复杂，在很多工业领域，如煤制油、煤化工、多晶硅、有机硅、催化汽油吸附脱硫、延迟焦化、电厂排渣等装置，管路系统的介质中含有大量的硬固体颗粒。对于闸阀、截止阀等传统阀类，固体颗粒介质会在阀腔中沉积，导致阀门无法关闭和密封。另外，阀门开启时密封面暴露在介质中，硬固体颗粒介质会直接冲刷和磨损密封面，导致阀门使用寿命极短，严重时一周到一月内就会损坏一个阀门。

冲蚀实际是液体和固体共同对阀门造成的影响，过流介质中颗粒不间断的冲击、冲刷，导致阀体严重磨损，特别是阀芯、阀座的磨损问题非常突出（尤其是在小开度工作时），其过程可看作喷砂过程中磨粒的高速运动对金属表面的冲撞切割作用。两相流对阀芯产生冲蚀作用，其原因还包括液体介质的闪蒸，汽化产生或者液体溶解气体，都使气体体积超过液体体积，液滴被气体包裹着高速运动，具有很大的动能，也就具有了对阀芯、阀座很大的破坏力。

从材料方面来看，在冲蚀严重的场合，考虑在节流面堆焊耐磨合金。若冲蚀特别严重时，导向面还应堆焊，以提高节流面或导向面的可靠性。堆焊材料一般选择合金、工具钢等。从阀的结构方面来看，直行程阀的阀芯难以避开介质的高速冲蚀，而角行程阀，主要是全功能阀、偏心旋转阀等能够避开介质的高速冲蚀，具有防冲蚀能力。从冲蚀原因可知，应尽量使阀门不在小开度下工作，以避免节流面积过小。如果节流面积小且分散，芯座间的间隙必然很小，对节流面冲蚀严重。为减轻或消除冲蚀状况，应尽量考虑使节流面集中，缓解对节流面的冲蚀。

煤炭加工工艺中，煤气化工艺属于其深加工的主流核心技术，对于煤炭资源的清洁高效利用具有重要意义。在煤气化制甲醇工艺中，气化炉和洗涤塔在生产过程中将排除洗涤黑水，需要通过黑水闪蒸系统对黑水进行处理，解析黑水中的酸性组分、回收热量并提浓黑水。以上工艺流程中用于黑水减压的调节阀通常称为黑水调节阀。由于该系统长期在高温、高压差及高颗粒浓度等严苛工况下运行，其介质在黑水阀减压过程中会发生闪蒸，颗粒等杂质极易对黑水阀阀头及文丘里管造成严重冲蚀磨损，图 2-32 所示是其失效形貌。

通过对黑水阀开展冲蚀磨损试验以及流场模拟仿真，对黑水阀进行材料选择优化以及流道结构改进。改进后的黑水阀流道结构及材料选择如图 2-33 所示。其主要特点是阀芯头部改为纺锤体形，阀座流道变为扩张结构，

a) 阀头　　　　　　　　　　b) 文丘里管

图 2-32　黑水阀外观失效形貌

阀套内径与阀座匹配而变大。材料选择上，由于阀芯形状尺寸精度要求高，采用具有较高冲击韧性和强度的 316L 做基材，并喷涂 NiWC35 以增强表面抗磨损及耐蚀性能，阀座及文丘里管则可以采用烧结 WC 材料。主要改进思路是使阀头节流口处的压降变平缓，阀头纺锤体上部用于开度的调节，纺锤体下部凸起与阀座形成狭窄流道，具有二级减压作用，使得节流口处的一级减压压差得到缓解。而阀座的扩张以及套筒直径的变大也可提高阀门流通能力，减少柱塞流造成的冲击和振动。

另一种高冲刷阀门为锁渣阀，是煤气化系统的关键设备，主要用于收集-排

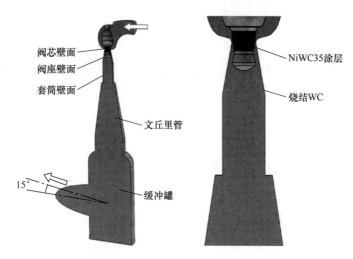

图 2-33　黑水阀流道结构改进示意图

放定期来自气化炉激冷室底部的渣水混合物。其运行工况普遍存在高温、高压和固体颗粒等特点，工况环境恶劣；且由于锁渣阀开关频繁，颗粒对阀门密封面的冲刷磨损十分严重。常发生的故障有阀门开关不到位，卡塞、内漏，球体、阀座和流道被冲刷和破坏等，如图 2-34 所示。

图 2-34　阀体冲刷、卡塞以及阀杆磨损

　　对阀门进行改进，应从阀门的结构设计、材料和工艺等方面综合考虑。通过设计，可以使阀座背面完全密闭，使阀座和球体始终紧密配合；还可以在中间阀腔设置吹扫口，使阀腔和球体表面没有煤灰的黏结和堆积；流道设置可更换的防冲刷衬套，保护阀腔和流道免受煤粉颗粒的直接冲刷。在材料方面，对球体表面和阀座密封面进行喷涂合金，对阀杆进行堆焊耐磨层，以提高其硬度、耐磨性能与耐冲刷性能。

第3章 复合高参数调节阀理论研究

3.1 双高参数调节阀流场研究

3.1.1 高温–强腐蚀

1. 强腐蚀环境

调节阀在强腐蚀性流体介质环境中（如化工生产中酸、碱、盐溶液）极易发生电化学腐蚀，其腐蚀过程中伴随有电流产生。常见的酸碱盐溶液腐蚀、大气腐蚀、土壤腐蚀、海水腐蚀、微生物腐蚀、不锈钢的点腐蚀和缝隙腐蚀等，都是电化学腐蚀。

电化学腐蚀不仅发生于可以起化学作用的两种物质之间，还因为溶液的浓度差、周围氧气的浓度差、物质结构的微小差别等，产生电位的差异，而获得腐蚀的动力，使电位低、处于阳极地位的金属受腐蚀。调节阀的关闭件和阀杆均存在电化学腐蚀。

（1）关闭件的腐蚀

上下关闭件与阀杆、阀座常用螺纹连接，连接处相比一般部位缺氧，容易构成氧浓差电池，使其腐蚀损坏。有的关闭件密封面采用压入形式，由于配合不紧，稍有缝隙，也会发生氧浓差电池腐蚀。

（2）阀杆的腐蚀

阀体的腐蚀损坏主要是腐蚀介质引起的，然而阀杆腐蚀情形不同，它的主要问题是填料。不但腐蚀介质能使阀杆腐蚀损坏，而且一般的蒸汽和水也能使阀杆与填料接触处产生斑点。

现在使用最广的填料是以石墨为基体的盘根，如因科镍丝石墨盘根、碳纤维盘根、纯石墨环等。石墨材料中含有一定的氯离子，钾、钠、镁等离子，以及硫

168

化铁等杂质，这些都是腐蚀的因素。氯离子能穿透金属表面的钝化膜，使腐蚀不断进行下去。其他杂质的存在，也有助于腐蚀的进行。

水和蒸汽是导电物质，能使电化学腐蚀进一步加剧。另外，填料与阀杆之间缺乏氧气，跟周围比较，存在着氧的浓度差，这就构成了氧浓差电池，成为又一种电化学腐蚀的形式。氧浓差电池腐蚀大多发生在青铜阀门的阀杆部位。在阀杆的填料函以上部位，氧的扩散途径短，导致氧的浓度高，变成了腐蚀电池的阴极；氧的浓度较低的填料函部位成为腐蚀电池的阳极，遭受腐蚀。

阳极溶解反应可以表示为

$$Me - ne \rightarrow Me^{n+} \tag{3-1}$$

阴极反应可以表示为

$$\frac{1}{2}O_2 + H_2O + 2e \rightarrow 2OH^- \tag{3-2}$$

氧浓差电池的存在，促进了腐蚀作用产生。随着阳极的腐蚀反应不断发生，填料函部位金属阳离子富积，腐蚀产物形成堵塞现象，促使介质中的 Cl^- 进入维持电荷的平衡，使得金属氧化物水解导质酸化，使腐蚀现象更加剧烈。

2. 高温环境

高温的长时间作用会对调节阀的金属材料造成物理性能及力学性能等方面的影响。

（1）热交变的影响

介质的热交变性能会对阀门零件之间的相互作用造成一定的影响。如阀座与导向套之间的连接就很可能因为介质热交变的改变而变松，丧失原有的密封作用。同时与高温介质接触过多的阀门零件也会因为受到交变应力的影响而过度疲劳，乃至于丧失原有的作用。

（2）材料力学性能的影响

在高温的条件下，材料的力学性能主要有两方面的改变：一是材料强度的改变，二是材料本身形状的改变。除此之外，材料的硬度也会随着温度的变化而在一定的范围内波动。但是，材料的硬度会影响阀门的密封性能，还关系到阀门的使用寿命。当阀门的环境温度超过450℃时，就应当考虑到在高温环境下，阀门零件会发生可恢复的弹性形变之外，还会因材料蠕变性能变差而极易发生断裂。温度不发生改变时，应力大的蠕变速度就快，应力保持不变时，温度低的蠕变速度也会减慢。在同一种材料的前提下，应力和温度共同决定了蠕变的速度。

3. 高温和强腐蚀环境的联合影响

下面以雅克拉气田 YK6H 井井场使用的阀门为例分析高温和强腐蚀环境联合影响下的电偶腐蚀。YK6H 井的腐蚀环境主要存在 CO_2 和 H_2S，其中 CO_2 的质量分数为 3.10%，H_2S 质量浓度为 $25mg/m^3$。阀门阀体及阀盖材质选用 WCB（W 表示可焊接的；C 表示为铸造的；B 表示碳素铸钢的强度等级，为中等压力等级），配对法兰材质为 16Mn，与其相连管线法兰材质为 06Cr13，钢圈材质为 06Cr13。

凡具有不同电极电位的金属相互接触，并在一定的介质中所发生的电化学腐蚀即属于电偶腐蚀，如不锈钢和碳钢的连接处，碳钢在介质中作为阳极而被腐蚀。腐蚀特征为，在两种金属接触部位的周围表面，耐蚀性差的金属上常出现沟槽、凹坑等局部腐蚀现象，距接触部位越近，腐蚀越严重。碳钢的点位序为 −0.40V，不锈钢的点位序为 −0.30V。

温度升高，电偶腐蚀速度先增大后减小。60℃时腐蚀速度最大，YK6H 井回温正处于腐蚀速度最大温度（不同温度和偶接面积比碳钢的腐蚀速度见图3-1）；

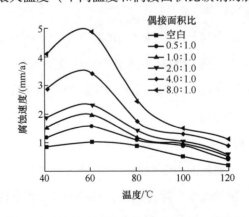

图3-1　不同温度和偶接面积比碳钢的腐蚀速度

温度低于60℃时，未形成$FeCO_3$保护膜，腐蚀速度随温度升而加快；温度在$60 \sim 100℃$时形成$FeCO_3$保护膜，腐蚀速度随温度升而减小；温度在$100 \sim 120℃$时，形成的$FeCO_3$保护膜越来越致密，越来越薄，腐蚀速度最小；之后膜的致密性减小，腐蚀速度加快。

3.1.2　高压差-强冲刷

1. 强冲刷环境

冲刷磨损是流体介质（多指含固相多相介质）在管道、阀门等设备壁面高速运动，对壁面材料造成冲击和切削作用，使其出现凹槽和变薄，造成泄漏和性能下降。

材料之间相互作用不当，再加上高压差的影响，很容易导致阀门冲刷磨损问题的出现。如管路系统中，阀座与阀芯的冲刷磨损是由于大的硬颗粒混入造成的，而振动冲击也会对其产生不良影响。同时由于阀芯与阀座间的流通截面突然减小，流速急剧升高，湍流强度随之增大，流动介质更加频繁剧烈冲击壁面，造成较高的壁面剪切应力，壁面材料会更容易被剥蚀，产生严重磨损。调节阀的冲刷磨损与阀门开度、入口流速、颗粒形状系数、阀芯角度等有关。

阀门开度会影响阀芯、阀座空隙处的流速，开度越小，流速相对越大，固体颗粒的速度随之越大，因而颗粒的动能越大，并且空隙处的颗粒浓度也会随着开度的减小而提高，更多的颗粒会以更高的能量冲击阀内件，造成更高的磨损速度。

入口流速会直接影响颗粒的运动速度。与阀门开度的影响类似，随着入口流速增大，磨损速度急剧上升。

固体颗粒形状的改变将影响其运动规律、与连续相流场的相互作用以及与壁面碰撞过程中对靶材的切削作用。在其他属性一样的情况下，外形尖锐的颗粒较外形圆润的颗粒造成更严重的磨损。

阀芯与阀座的结构改变会造成阀内流体介质流动特性的改变，进而导致颗粒运动轨迹的改变。调节阀原始的阀芯角度θ为90°（见图3-2）。一般来说，随着阀芯角度θ的增大，磨损速度逐渐升高，图中A处即阀座内壁转角的角度逐渐减小，该处流道的过渡变得尖锐，湍流强度增大，造成磨损速度的升高。

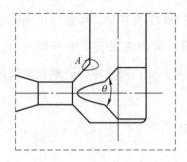

图 3-2　阀芯角度示意图

2. 高压差环境

调节阀在高压差工况中，汽蚀和闪蒸都会使得阀门出现极强的破坏并对阀内件造成损坏，两者产生的结果都将导致阻塞流工况的发生，影响阀门流量的调节。

液体介质的压力 P_1 在阀芯处节流时，由于静压力 P_2 降低到液体的饱和蒸气压 P_{vapor} 以下而使液体发生汽化的现象称为空化。入口与出口存在巨大压差，液体介质流经阀座缩流口处时，如果静压 P_2 不能恢复到液体的饱和蒸气压 P_{vapor}，则流出的汽液混合物，将对阀门出口侧产生严重的冲刷和噪声，这一现象称为闪蒸。如果静压 P_2 恢复到大于液体的饱和蒸气压 P_{vapor} 时，原先空化的蒸气又恢复成液体状态，气泡破裂会释放巨大的能量，会引起噪声、振动，导致阀内件破坏，这一现象称为汽蚀。正常运行、闪蒸、汽蚀压力变化曲线如图 3-3 所示。

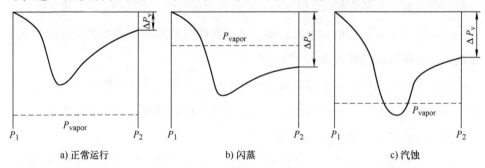

图 3-3　不同工况下调节阀压力变化曲线

注：P_1 为调节阀进口压力；P_2 为调节阀出口压力；$\Delta P_v = P_2 - P_1$ 为调节阀进、

出口压差；P_{vapor} 为介质饱和蒸气压（可简写为 P_v）。

汽蚀和闪蒸在表征形式和机理上有所差异。一般汽蚀损坏具有煤渣似的粗糙外形的特点，如图 3-4a 所示，而闪蒸损坏其外表面非常光滑，如图 3-4b 所示。

a) 汽蚀形貌　　　　　　　　b) 闪蒸形貌

图 3-4　汽蚀和闪蒸损坏的阀芯形貌

3. 高压差-强冲刷联合

以某煤液化装置中的高压差、高含固调节阀为例进行分析。该调节阀安装于高温高压分离器和高温中压分离器之间，起调节分离器液位高度和节流减压作用。由于煤直接液化从煤浆制备到残渣分离，整个系统过程中都充满了煤粉、催化剂、矿物质等固体颗粒，这些颗粒物形成的含固多相流时刻冲刷着阀门，使得处于高压差、高固工况下的阀门损坏严重。

图 3-5 所示为现场调节阀损坏形貌。图 3-5a 为阀芯损坏形貌图，阀芯小头损坏区域的外形具有煤渣似的粗糙特点，其典型特征与汽蚀相符，而小头周围丝状的外形，可能由磨损引起；图 3-5b 为阀座损坏形貌图，损坏区域的外形相当光滑，其典型特征与闪蒸相符；图 3-5c 为衬套损坏形貌图，图 3-5d 为阀体损坏形貌图，两图中的损坏区域都有明显的沿径向向外切削的痕迹，这可能是汽蚀和冲击磨损的共同作用造成的，而图中存在凹凸不平的壁面，这可能是固体颗粒磨损的结果。

在研究调节阀空化流场问题时，按调节阀正常工作状态下的开度进行，研究中分别取 40%、50% 和 60% 三种典型开度情况进行数值计算。

（1）调节阀 40% 开度下空化流场压力分布

图 3-6a 为调节阀 40% 开度下空化流场压力分布图。从图中可知，调节阀入口压力为 18.7MPa，压力在阀座节流处开始急剧下降，在阀座密封面下游的局部区域中最小压力已降低至介质的饱和蒸气压 2MPa 以下，此区域将会发生空化相

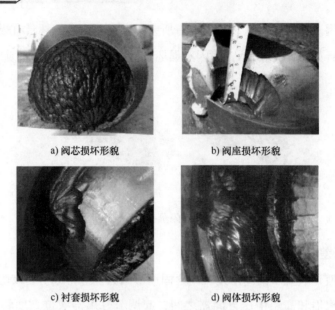

a) 阀芯损坏形貌   b) 阀座损坏形貌

c) 衬套损坏形貌   d) 阀体损坏形貌

图 3-5　现场调节阀损坏形貌

变。图 3-6b 为 X-Y 平面内调节阀 40% 开度下空化流场压力分布图。从图中可知，阀芯小头区域附近（见图中 2 区）存在压力低于介质饱和蒸气压的情况，而在阀芯下游区域介质压力又迅速恢复至饱和蒸气压以上，在此压力恢复过程中大量气泡在阀芯小头部位破裂并产生巨大的冲击力。

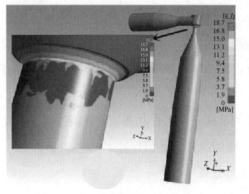
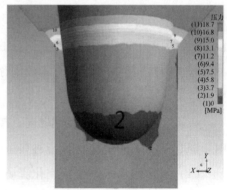

a) 40%开度   b) X-Y平面内40%开度

图 3-6　40% 开度下空化流场压力分布图

（2）调节阀不同开度下空化流场速度分布

图3-7所示为调节阀三个不同开度下 $X-Y$ 平面内的空化流场速度分布，介质流经节流区域后，压力能转换为动能，导致下游流道内介质速度变快，最高速度出现在阀座喇叭口壁面区域。对比三个不同开度情况可知，随着阀门开度的增加，压降增大，流道内介质速度变快，这将加快气泡和固体颗粒向下游流动的速度。

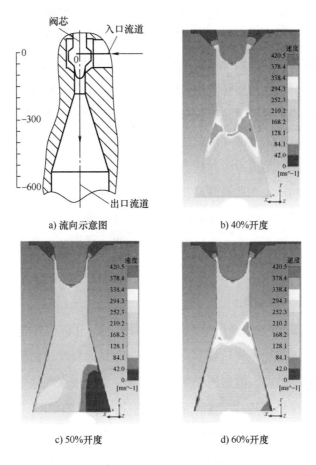

a) 流向示意图　　　　b) 40%开度

c) 50%开度　　　　d) 60%开度

图3-7　不同开度下空化流场速度分布图

3.1.3　高压差-强腐蚀

由于调节阀在工作时承受的压力高，所以调节阀在开启或关闭时介质的流速很大，从而形成湍流。这不仅增加了去极化剂的供应量，而且使流体对金属表面的切应力增大。若此时流速过大，会发生空泡腐蚀，使得阀体表面腐蚀成海绵状。

空泡腐蚀是腐蚀流体与金属构件做高速相对运动，引起流体压力分布不均匀，在金属表面局部区域产生涡流，气泡迅速产生和破灭过程反复进行，而导致的一种局部腐蚀。空泡腐蚀发生的过程主要是两个步骤。首先，高速腐蚀性流体压力的下降形成气泡，如流体在经过弯曲的表面时压强会降低，当介质压强在某部分下降到介质蒸汽压以下时就会局部产生气泡形成沸腾状态。由于泡的存在时间非常短，泡破灭时产生的冲击波高达每平方厘米四千大气压。继而空泡在金属材料表面发生爆裂，这种爆裂产生极端压力冲击，不仅能撕裂金属表层，甚至把金属体击打出微小颗粒脱离基体。被破坏的金属表面保护膜破口随即重新修复，在同一点上又形成新的空泡并迅速击破。这些气泡在金属表面着陆爆裂、形成反复不停的压力冲击，足以吞噬和挖空金属表面。这个过程反复进行，产生更密集的、表面很粗糙的深蚀孔和最终穿孔。金属表面保护膜的减薄或脱离导致内部金属裸露而经受更严重的腐蚀，湍流进一步使腐蚀加剧。

可以说空泡腐蚀是电化学腐蚀和高压差所带来气泡破灭的冲击波对金属联合作用而产生的，常发生于有高流速液体并有压力变化的环境中。

3.1.4 强冲刷-强腐蚀

以煤化工中黑水-灰水系统中的调节阀为例进行分析。目前，国内外煤化工企业普遍采用水煤浆加压气化技术，其工艺过程是原料煤经制粉、成浆制备出水基浆料，经搅拌、贮存，输送到专用喷嘴雾化，在气流床气化炉中气化生成粗合成气，经除尘、洗涤后送往下游工序生产相应产品（如甲醇、乙烯、化肥等）。黑水调节阀是水煤浆气化工艺关键阀门之一，其介质具有很强的腐蚀性，且含有硬质固体颗粒，阀门前后压差大，将导致汽蚀现象发生，阀后出现高速的气、液、固三相流体，同时对阀内件有严重的冲刷作用。

来自气化炉和洗涤塔的黑水中含有 H_2S、NH_4^+、CN^-、Cl^-、CO_3^{2-} 等气体、多种离子和固体颗粒，浊度较高，在黑水管道中主要为液固两相流，流经黑水调节阀时会对阀体及阀内件产生腐蚀、冲刷。表3-1所列为黑水调节阀运行工况。

表3-1　黑水调节阀运行工况

项目	气化炉黑水调节阀	洗涤塔黑水调节阀
黑水温度/℃	251	242
黑水流量/(m^3/h)	123	33
固含量（%）	1.7	1.4
阀前压力/MPa	6.0	6.0
阀后压力/MPa	0.9	0.9

黑水调节阀故障主要表现在：阀芯、阀座冲蚀严重，导致阀门调节性能严重下降，工艺操作人员难以控制；阀芯脱落，阀芯堵塞阀座流道；阀芯碎裂，阀门失去调节功能；阀座文丘里扩散段冲蚀严重，导致阀门下游缓冲罐冲蚀穿孔等状况。

在水煤浆气化装置黑水系统中，存在大量的腐蚀性介质，其中有 CO_2、H_2S、HCl 和 $HCOOH$ 等。CO_2溶于水中后与材料中的 Fe 元素发生离解反应。H_2S溶于水形成氢硫酸，氢硫酸是一种弱酸，氢硫酸与 Fe 发生离解反应生成 FeS。黑水中的氯离子可以破坏不锈钢材料表面形成的钝化膜，对奥氏体不锈钢具有较强的腐蚀作用，且随着氯离子含量升高，腐蚀作用显著增大。$HCOOH$ 性质类似于 HCl，黑水中的 $HCOOH$ 生成于气化反应区，由 CO_2 和 H_2 反应生成 $HCOOH$，反应程度取决于反应压力，当气化压力大于 7MPa 时，$HCOOH$ 较易生成。

不锈钢的耐蚀性依靠其表面上形成的钝化膜。在黑水系统中存在液固两相流，煤灰中的硬颗粒以显微切削等方式对管道和阀门进行着磨蚀和冲刷。黑水在管道中低于一定的速度流动时，固体颗粒物会产生一定量的沉积结垢，这种结垢现象在一定程度上可以防止介质对管道的磨蚀和冲蚀。当黑水经过调节阀时，由于阀门的节流减压作用，黑水流速快速增加，流体流动呈湍流状态，阀门内部和阀内件等接触液体部位被夹带着固体颗粒的流体高速冲刷。阀门内部材料表面可能形成钝化膜和固体颗粒物的沉积现象，冲蚀最严重的部位出现在调节阀的节流段，高流速的含固体颗粒介质将阀芯、阀座冲出流线型的沟槽，进而导致阀体内流体偏流，阀内件损坏，如图 3-8 所示。同时阀体及阀后管道也会遭受严重的冲刷磨损，导致下游热水器进口缓冲罐经常出现穿孔。黑水对调节阀的冲蚀最严重的部位在阀芯、阀座、阀腔、出口流道之间，实际是流动黑水中的固体颗粒物与阀芯、阀座、阀腔内部表面、出口流道之间产生的显微切削现象。

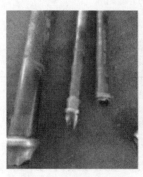

图 3-8　阀芯、阀座的冲刷

3.2　多高参数调节阀流场研究

在极其恶劣工况下，调节阀面临更加严酷的工作环境，可能会出现多种高参数同时出现的情形。尤其在现代洁净煤技术领域，因煤炭转化后的介质具有高压、高温，同时含有大量的固体颗粒、腐蚀性离子等，此环境下工作的调节阀面临高温、高压、高压差、固体颗粒强冲刷、强腐蚀等环境中的三种及以上的复合工作环境，其流场更加复杂多变。

3.2.1　高温-高压差-强冲刷

一般而言，对于仅处于高温条件下工作的调节阀，主要考虑高温对金属材料的强度、高温蠕变等力学性能和物理性能的影响即可。当高温和高压差以及强冲刷耦合作用时，就需要同时考虑高温对流动介质特性的影响以及对阀门材料耐冲刷腐蚀的影响。

空化也称空穴、气穴，是压力降低到某一临界值后液体内部发生汽化的一种现象。根据伯努利方程［见式(3-3)］，管道内流体的流速提高，压力就会下降。

管道节流处流体速度大幅度提高，压力急剧下降。如果液体流经管道节流处的压力低于汽化压力，将产生空化现象。且在高温的条件下，流动介质的饱和蒸气压会升高，这就导致阀门后的流场中极易产生空化。表征液体流场空化特征的基本参数是空化数（也称空穴系数、空泡数）。空化数是描述空化状态的无量纲参数，空化数值越小，流动介质发生空化的可能性越大，其计算如式(3-4)所示。

$$p_1 + \frac{1}{2}\rho v_1^2 + \rho g h_1 = p_2 + \frac{1}{2}\rho v_2^2 + \rho g h_2 \tag{3-3}$$

式中　p——流体中某点的压强；

　　　v——流体该点的流速；

　　　ρ——流体密度；

　　　g——重力加速度；

　　　h——该点所在高度。

$$\sigma = \frac{P_\infty - P_v}{\frac{1}{2}\rho v_\infty^2} \tag{3-4}$$

式中　σ——空化数；

　　　P_∞——液体的来流压力；

　　　v_∞——液体的来流流速；

　　　ρ——液体密度；

　　　P_v——液体在环境温度下的饱和蒸气压。

以某煤制油热高压分离器液位控制阀为例，阀门的进、出口压力分别为18.0MPa和3.02MPa，进、出口温度分别为415℃和412℃，介质的主要成分为烃类。在此温度下，介质的饱和蒸气压为2.65MPa，接近出口压力。因此在调节阀的节流面后，由于流速高导致压力降低，局部压力很容易低于流动介质的饱和蒸气压，导致出现局部空化流动。如图3-9所示，调节阀的阀芯头部和阀座壁面都出现了大量空化泡。

调节阀流道内颗粒轨道计算表明，颗粒运动可分为节流区、回流区和颗粒真空区。其中颗粒真空区是由连续介质和颗粒分离以及回流使颗粒无法到达的流场

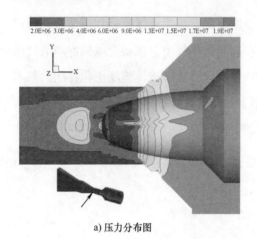
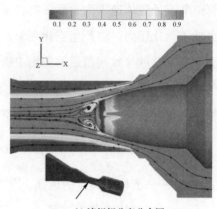

a) 压力分布图   b) 液相相分率分布图

图 3-9 热高分液控阀内的流场结构

区域，如图 3-10 所示。节流区内介质和颗粒均处于加速状态，阀喉部下游附近的颗粒对阀芯表面冲击角度最大，在颗粒脱离壁面位置（分离点）时对阀芯冲击速度最大。回流区颗粒为大角度冲击，越靠近阀芯顶部处其冲击角越接近90°，且回流速度越大。颗粒真空区内壁面的磨损率接近零，该区域位于圆弧与抛物线段交界处。

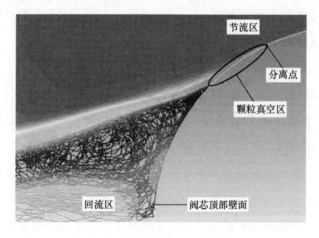

图 3-10 调节阀流道内颗粒轨道分布

在流体介质通过调节阀节流位置发生汽蚀或者闪蒸时，若流动介质中含有固体颗粒，首先会导致固体颗粒对阀门材料的冲刷速度增大，增加了冲刷作用。其次，当固体颗粒从液相进入空化的气相后，将产生对壁面的直接气固冲刷磨蚀，这比液固冲刷磨蚀的效果更强。同时在高温环境下，又进一步削弱了材料的抗冲刷性能，导致这种耦合作用不是破坏效果的简单叠加，而是相互增强叠加，进而造成对调节阀的强冲刷。

图 3-11 所示为两次检修时阀芯的失效形貌，其使用寿命均小于三个月。图 3-11a 所示是阀运行初期的损伤形貌，该阶段阀的开度为 60% 左右，可以看出阀芯头部仅圆弧段有明显磨损，其中 A、C 处有明显的沿径向向外的冲蚀凹坑，是由回流引起的；B 处为鱼鳞状形貌，与其余部分由单纯冲蚀磨损造成的纹理状损伤不同。图 3-11b 为阀芯失效后照片，阀门更换前开度为 40% 左右，阀芯头部绝大部分材料已失去，而其余表面基本完好，损伤形貌为鱼鳞状和局部蜂窝状的组合形式，与单独的磨损形貌（纹理状）和空蚀形貌（针孔状、蜂窝状）有较大区别，该表面损伤为空蚀与磨损两种机理协同作用。从多次检修获得的阀芯损伤形貌发现：其损伤过程是从头部向根部发展，这种协同作用引起的损伤均发生在阀芯的头部端面。

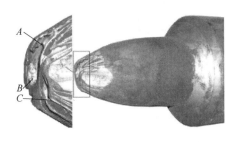

a) 初期阀芯损伤形貌

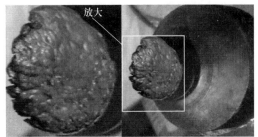

b) 阀芯失效形貌

图 3-11　热高分调节阀阀芯破坏图片

相同运行条件下，不同材料对同一流动介质的耐冲刷性能不同。因此，选择合适的阀门材料对于保证阀门的稳定运行十分重要。另外，在高温条件下，材料的力学性能受到显著影响，不同温度下材料的强度、硬度、塑性、弹性模量和泊松比等也不同。在实际的阀门设计中，不仅要考虑流动介质的影响，而且要注意高温高压差环境对选材的影响。高温阀门材料可根据介质和温度等条件选择不锈钢、镍基合金、钛合金等。

3.2.2 高温-高压差-强冲刷-强腐蚀

以石油行业中 45 钢阀杆的腐蚀失效过程为例，如图 3-12 所示，该 45 钢表面的耐腐蚀涂层为 Ni - Cr 合金系。腐蚀首先在阀杆表面 Ni - Cr 层中的薄弱部位优先发生点蚀，然后逐步向内层扩散；在 Ni - Cr 层中存在很多 SiO_2 的孤岛颗粒，颗粒周边区域中的缺陷更多，更利于构建腐蚀通道，借助这些 SiO_2 孤岛颗粒，腐蚀进程很快突破 Ni - Cr 涂层；由于 Ni - Cr 层与 45 钢之间存在明显的电位差，当腐蚀介质渗透或扩散到这一界面后，更容易形成原电池结构的电化学腐蚀，腐蚀速度进一步加快，最终形成了更大的腐蚀坑。

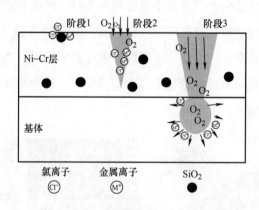

图 3-12　45 钢阀杆腐蚀过程示意图

实际工程案例表明，在高温高压强腐蚀再加上多介质强冲刷的情况下，阀门的使用寿命会大大缩短，腐蚀机理以及流场变得更加复杂，腐蚀也更加严重。以液控调节阀为例，并通过数值模拟对其流场进行分析。流体流经阀芯和阀座之间的间隙时，压力与流速变化均十分剧烈。从图 3-13a 可以看出，当入口压力为 4.5MPa，流体流经阀芯与阀座间隙时，在很短的距离内，流速上升至 85m/s 左右，由此会导致压力的迅速下降，一旦压力降至流体的饱和蒸气压 P_v 以下，产生液—气相变，空化就会随之形成。同样地，当入口压力提高到 5.5MPa 时，窄通道内流体最大速度可达 95m/s，该区域压力迅速下降，从而形成空化，如图 3-13b 所示。并且，随着入口压力的升高，流速变化更为显著，加剧空化的产生。以入口压力5.5MPa为例分析颗粒在流体中的运动情况，从图3-13c可以看出，增加颗粒后，流体流经阀芯与阀座间隙时的高速区域增大，流体携带着颗粒在阀芯附近高速运动，同时颗粒的轨迹及速度基本与流场一致。在距离阀芯顶部5mm处产生回流，速度在20m/s左右，颗粒在流体曳力的作用下冲击阀芯顶部及其抛物线段，形成冲蚀磨损。

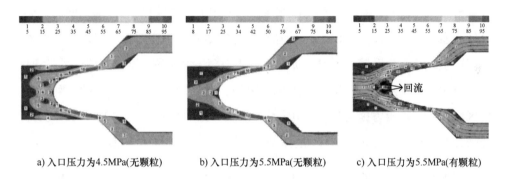

a) 入口压力为4.5MPa(无颗粒)　　　　b) 入口压力为5.5MPa(无颗粒)　　　　c) 入口压力为5.5MPa(有颗粒)

图3-13　流场速度分布云图（出口压力为1.5MPa）

图3-14所示为当出口压力为1.5MPa时，不同入口压力下阀芯顶部抛物线段压力分布曲线。可以看出，流体在流经窄通道时，该区域压力会迅速降低至流体的饱和蒸气压 P_v（3.54kPa）以下，同时压力能转化为动能使流速迅速上升，并形成空化现象。并且，随着入口压力增加到5.5MPa后，窄通道内的压差变化程

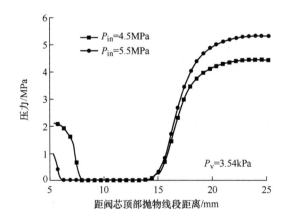

图3-14　阀芯顶部抛物线段压力分布曲线（出口压力为1.5MPa）

度增加，空化的区域和强度均增加。当入口压力为 4.5MPa 时，在阀芯顶部形成的低压区域主要分布在距阀芯顶部抛物线段 8～15mm 处；当入口压力为 5.5MPa 时，低压区域主要分布在距阀芯顶部抛物线段 6～15mm 处。可以看出，随着入口压力的增加，阀芯顶部压力下降的区域增大，压差变化趋势增强。

图 3-15 所示为当出口压力为 1.5MPa 时，不同入口压力下阀芯附近流场液相分率分布云图。可以看出，空化区域主要集中在阀芯抛物线段与阀座壁面之间，流体介质经过阀喉部节流作用，压力能转化为动能，流速增加，液体汽化剧烈，逐渐产生局部空化区域。同时，提升入口压力会增大阀芯顶部抛物线段处低压区域，空化趋势增强。当入口压力为 4.5MPa 时，形成的空化区域并未脱离整个空化区域；当入口压力提高到 5.5MPa 时，形成对称的小椭圆形空化区域已经分离开来并脱离整个空化区域，移动到正对阀芯顶部 5mm 左右的位置。

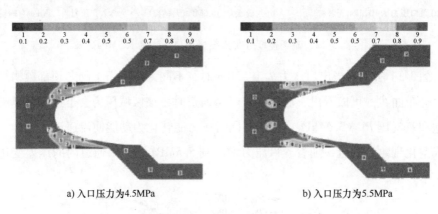

a) 入口压力为4.5MPa   b) 入口压力为5.5MPa

图 3-15　阀芯附近流场液相分率分布云图（出口压力为 1.5MPa）

在实际的工程案例中，由于多种介质的参与，不同介质之间有相互作用，导致流场结构更加复杂，阀门会受到多重因素的影响。调节阀在多重介质的共同作用下，更容易发生腐蚀，且腐蚀程度也更深。调节阀在制造时的工艺因素能同时影响冲刷和腐蚀的效果，腐蚀会损坏零部件的表面，表面容易产生初始微裂纹，同时会降低材料的力学性能，在设计时应考虑强腐蚀作用。因此，在腐蚀工况下，高温阀门材料可根据运行过程中的腐蚀机理进行选择。例如：临氢工况下，应根据管道最高操作温度加 20～40℃ 的裕量和介质中氢气的分压并依据 Nelson

曲线选择合适的抗氢钢材，高温段常选用 Cr‑Mo 钢；硫化氢腐蚀工况下阀门材料的选择及要求可参照 JB/T 11484《高压加氢装置用阀门　技术规范》执行。

3.3　多高参数调节阀复杂流道流场控压机理研究

3.3.1　迷宫流道流场分析

1. 迷宫碟片式多级调节阀应用

迷宫碟片式多级调节阀主要被应用于火电、煤化工和核电工业中严苛工况下清洁流体介质的流量调节和降压。例如：在火力发电超临界及超超临界火电机组中，锅炉启闭阀、减温水调节阀、主给水调节阀、循环泵最小流量阀的被调节的主流介质是无杂质的液态水；锅炉的对空排汽阀、循环泵的对空排汽阀、汽轮机的过热蒸汽运输阀和汽轮机的蒸汽放空阀的被降压的介质是可压缩过热蒸汽；在煤气化工艺过程中，可压缩过热蒸汽运输阀和放空阀的功能是降低过热蒸汽的压力；而在核电工业中迷宫阀的功能大多是降低高压液态水的压力。典型的迷宫阀应用工艺如煤化工空分装置中的蒸汽放空阀和火电厂给水泵的最小流量阀。

大型煤化工项目空分装置中蒸汽放空阀的应用位置如图 3-16 所示。高压过热蒸汽提供汽轮机所需动力，需要由高压蒸汽总管向多个空分机组供应蒸汽，在压缩机和空分机组之间的总管上安装有迷宫碟片式蒸汽放空阀。当压缩机启动时，蒸汽阀起调压作用，当汽轮机故障时，蒸汽阀起泄压作用，其正常流量下的工况及参数见表 3-2。

表 3-2　蒸汽阀正常流量下的工况及参数

流量/(T/h)	温度/℃	进口压力/MPa	出口压力/MPa	密度/(kg/m³)	动力黏度/(Pa·s)
277.0	540	12.5	4.0	33.607	3.07×10^{-5}

火电工艺中的迷宫式调节阀如图 3-17 所示。最小流量阀安装在给水泵出口处的再循环管路上，保证泵在开启关闭时所需要的最小流量，能够有效预防水泵汽蚀，保证给水泵的正常持续运转。主给水调节阀安装在给水泵后侧，用来调节锅炉的进水量。一、二级减温水调节阀安装在汽轮机减温旁路中，以保持最小蒸

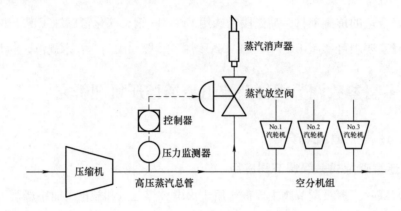

图 3-16　空分装置中的蒸汽放空阀

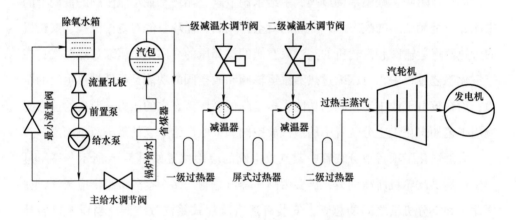

图 3-17　火电工艺中的迷宫式调节阀

汽流量和保证水蒸气供应量稳定，即使汽轮机发生故障，仍然能够持续给用户提供水蒸气。在火电工艺迷宫阀的应用中，最小流量阀相对其他调节阀的运行工况多变且苛刻，可选择最小流量阀研究其内部的空化汽蚀腐蚀失效，其运行工况及介质的物性参数见表 3-3。

表 3-3　最小流量阀的运行工况及介质的物性参数

介质	温度/℃	进口压力/MPa	出口压力/MPa	密度/(kg/m³)	动力黏度/(Pa·s)	饱和蒸汽压/kPa
液态水	121	9.4	0.11	931.916	2.39×10^{-5}	198.64

2. 迷宫碟片式多级调节阀结构

迷宫碟片式多级调节阀结构如图 3-18 所示，主要由阀体、降噪阀笼、迷宫块、阀芯、阀杆、阀盖等零部件组成。迷宫块是其中的核心控压部件，由多个迷宫式盘片经真空扩散焊接而成。如图 3-19 所示，迷宫式盘片表面可通过电腐蚀加工成为迷宫流道。迷宫流道的降压原理是通过设计多次直角转折，不断地改变运动方向，增强流体的不规则运动，增强湍动能的能量耗散，使流道的每一级承担着较小的压降，可以有效地预防因压差过大而产生空化现象。

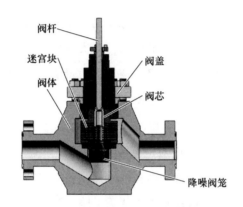

图 3-18 迷宫碟片式多级调节阀结构

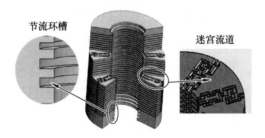

图 3-19 迷宫碟片式多级调节阀的迷宫流道

3. 迷宫流道结构的分类

迷宫阀的迷宫流道结构不同，其降压、流动和流量特性也各不相同。按照迷宫流道的降压原理可将迷宫流道大致分为三类（图 3-20）：直流式迷宫流道、分流式迷宫流道和对冲式迷宫流道。

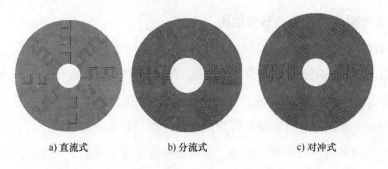

a) 直流式   b) 分流式   c) 对冲式

图 3-20　迷宫流道类型

直流式迷宫流道仅改变流体的流动方向而并未发生流体的分离和汇合，且流道入口经过多次转折后连接着唯一的出口，增大流体的紊流程度，从而增大湍动能的能量耗散。流道的级数决定压降，流道的数量决定流量。直流式迷宫流道是最基础的迷宫流道，之后的迷宫流道都应用了其多次转折改变流动方向的降压耗散原理。

分流式迷宫流道的流道入口对应多个流道出口，流动过程出现了流体的分离，增加了流体的紊流程度。这种结构在间接扩张了流道节流面积的同时也增加了流道级数。分流式迷宫流道拥有更加优秀的降压限速性能和流通能力。

对冲式迷宫流道的主要特征是在流道内部发生多支流体的汇合，汇合处发生了高速流体的对冲碰撞，增加流体的不规则运动的同时减少流体对迷宫流道的冲刷和冲击。对冲式流道一般会结合分流式流道同时使用，使流体发生多次对冲碰撞，极大地消耗能量，但流体的汇合会降低流道的流通性能，减少流道的流量。因此，对冲式流道拥有最优异的降压性能和较低的流通性能。

4. 网格划分

整体阀门进出口管道采用结构网格划分，方框内部采用非结构网格划分，整体网格质量在 0.31 以上。共有 401 万个节点，增加网格数量弥补质量不足缺陷，如图 3-21 所示。

单个迷宫流道流体域网格划分，如图 3-22 所示，共有 1839850 个节点，其中网格质量为 0.85，网格数低于 3，可视作整体网格质量在 0.93 以上，可排除网格数量和质量对计算结果造成的影响。

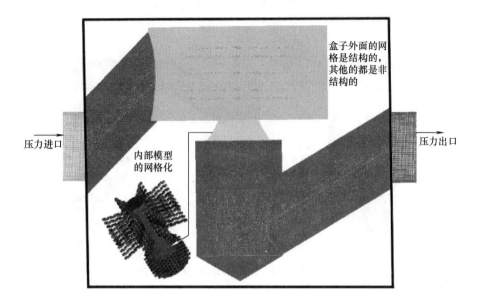

图 3-21 整体迷宫阀流体域网格划分

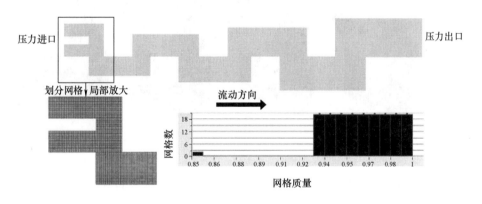

图 3-22 单个迷宫流道流体域网格划分

5. 降压特性分析

根据迷宫阀压力云图（图 3-23）可知，迷宫流道进口压力维持在 12.5MPa，迷宫流道出口压力维持在 4MPa，压降主要集中在迷宫流道中。如图 3-24 所示，不同阀门开度下的压降表现出相同的特点。因此，迷宫阀的压降主要是由迷宫套筒上的迷宫流道完成的，阀座上的通孔并无降压作用。因此，迷宫流道内部的降压流动特性在一定程度上能够表征迷宫阀降压特性。

189

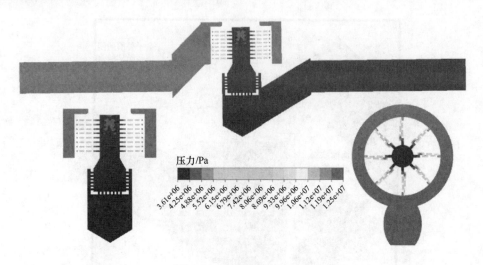

图 3-23　迷宫阀压力云图

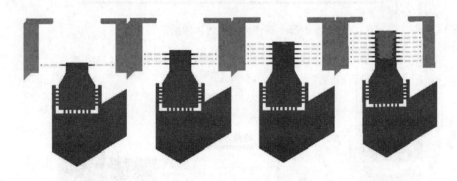

图 3-24　不同开度下的压力云图

　　迷宫流道内部的降压规律如图 3-25 所示，选择迷宫阀 64 个流道中任意一个流道进行水平、竖直中心线上的压力分析。由图 3-26 可知，除进、出口（H1.1、H1.2、H13）压力呈现持续的降低外，水平流道内（H3、H5、H7、H9、H11）的压力先降低后增加，呈现 V 形趋势，壁面两侧压力较高，中部压力较低，竖直流道中（V2、V4、V6、V8、V10、V12）的压力呈现递减趋势。

　　单独模拟的单个迷宫流道的压力云图如图 3-27 所示。流体经过直角转折处后，压力明显降低，其各个截面的平均压力和最大压力曲线如图 3-28 所示，截

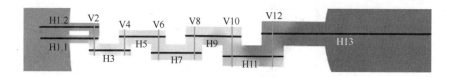

图 3-25 迷宫流道内部的降压规律

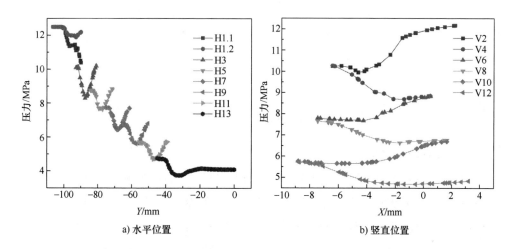

a) 水平位置   b) 竖直位置

图 3-26 迷宫流道的降压值

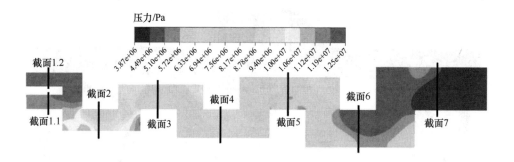

图 3-27 迷宫流道压力云图

面的最大压力曲线整体高于平均压力曲线,压力下降的趋势基本相同。远离主流道的截面 1.2 的压力高于接近主流道截面 1.1 的压力。截面 1-2、2-3 降压值相对较大,其他截面降压值基本相同。

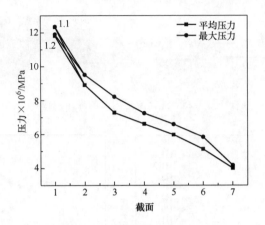

图 3-28   迷宫流道截面压力值

6. 流动特性分析

根据迷宫阀速度云图（图 3-29）可知，进出口的流速相对较稳，维持在 25m/s 左右。速度最大的位置处于节流面积较小的迷宫流道内部，流体流经迷宫流道，静压能转化为动能，压力下降，速度升高，在迷宫流道出口处高速流体发生对冲碰撞，但由于多个流道的汇流导致的流量增加，阀芯腔出口和扩散腔中的速度相对较大。如图 3-30 所示，不同开度下的流动特点基本相同。

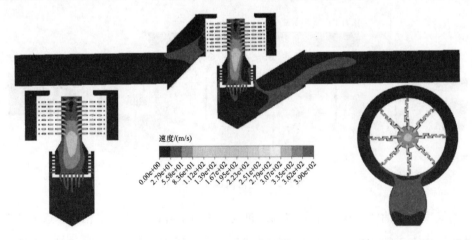

图 3-29   迷宫阀速度云图

迷宫流道内部的流动特性如图 3-31 所示。水平、竖直中心线上的速度值如图 3-32 所示，除进出口（H1.1、H1.2、H13）平均速度大致维持在 125m/s 左右，壁面速度值为零外，各个水平流道内（H3、H5、H7、H9、H11）的主流速度的趋势和大小基本相同。竖直流道中（V2、V4、V6、V8、V10、V12）两侧流速较小，中间流速较大。因此可以得知，在迷宫流道内主流区域的流速数值基本相等。

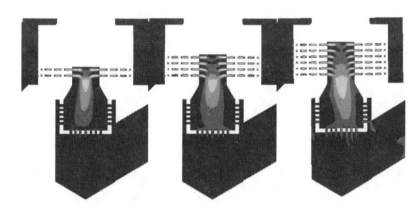

图 3-30　不同开度下的速度云图

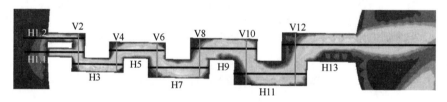

图 3-31　迷宫流道内部的流动特性

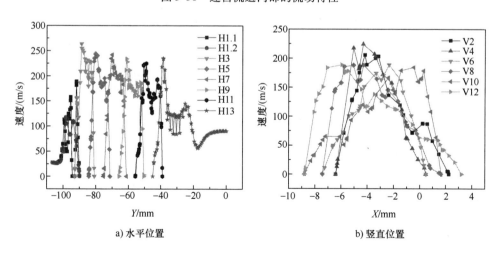

a) 水平位置　　　　　　　　　　b) 竖直位置

图 3-32　迷宫流道的速度值

　　单独模拟的单个迷宫流道的速度云图及矢量图如图 3-33 所示。流道的主流区域速度相对较大，除与直接发生冲撞的壁面和外侧面无旋涡产生，其他流道近壁面有旋涡产生。旋涡能够将流体与壁面冲撞后转化的速度降低，有助于能量的损耗。结合图 3-34 进行分析，平均速度和最大速度的降速曲线趋势基本相同，

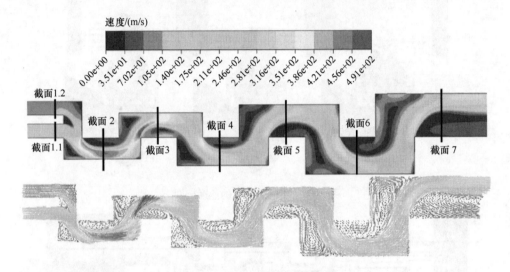

图 3-33　迷宫流道速度云图及矢量图

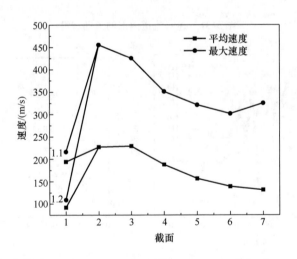

图 3-34　迷宫流道截面速度值

但存在着较大的速度差，涡流导致截面速度分布极不均匀。截面1.1速度相对截面1.2的速度较高是由于截面1.1距离主流道近，从截面1.1进入的流体最先到达主流道且阻塞了截面1.2后到达的流体，从而产生了汇流耗散，也降低了截面1.2的流速。两个进口的汇流截面2-3之间流体的速度达到最快，速度在截面3之后逐渐降低。其原因是在总流量不变的情况下，截面面积逐渐增加会导致速度逐渐降低。

3.3.2　复合降压式流道流场分析

为了将较高的压力快速平稳的降为较低的压力，提出了一种空间复合降压式节流元件。通过 CFD 数值计算，对空间复合降压式节流元件内部降压特性进行分析，得到不同阀口压降和不同降压级数时节流元件的降压特性，研究重要结构参数对空间复合降压式节流元件降压特性的影响。结果表明：空间复合降压式节流元件能够将一次较大的压降分解为多级小压降并有效限制流体速度，减少了空化汽蚀和振动噪声的发生；空间复合降压式节流元件径向通孔孔径大小对节流元件的降压特性影响较大。

1. 物理模型

多级降压调节阀的阀芯部分节流件由加工有数层小孔的套筒构成（见图3-35），套筒的小孔内布置有空间复合降压式节流元件，多级降压调节阀在实现将一次较大压降转化成多级小压降的同时保证了较大的流量。空间复合降压式节流元件均匀布置预设数量的径向通孔，每两个径向通孔为一组皆沿径向贯穿，形成四通管结构。沿轴向相邻的两个径向通孔之间设有腰型槽，腰型槽用于连通相邻两个四通管结构。流体介质流入节流元件时分成两股细流，两股细流经过转折流入四通管结构并发生对冲，随后又被分成两股细流流出四通管结构，经过腰型槽两股细流又进入下一个四通管结构，如图3-36所示。通过不断重复转折和对冲过程，实现了流体介质压力逐级降低的同时限制流体的速度。

建立3级、5级和7级空间复合降压式节流元件流道模型和流体域模型，空

图 3-35　复合降压式节流元件实物模型

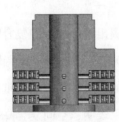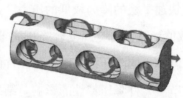

图 3-36　阀芯节流元件中流体介质流动示意图

间复合降压式节流元件靠近进口的一组径向通孔孔径为 5.3mm，由进口到出口方向每组径向通孔的孔径减小 2mm。原始模型径向通孔孔径逐级减小，为渐缩型空间复合降压式节流元件。为研究径向通孔孔径变化对空间复合降压式节流元件降压特性的影响，建立 4 级的渐缩型、等径型和渐扩型空间复合降压式节流元件，每级径向通孔对应的尺寸见表 3-4。

表 3-4　渐缩型、等径型和渐扩型节流元件各级径向通孔孔径　　　（单位：mm）

类型	第 1 级	第 2 级	第 3 级	第 4 级
渐缩型	5.3	5.1	4.9	4.7
等径型	5.3	5.3	5.3	5.3
渐扩型	5.3	5.5	5.7	5.9

2. 数学模型

空间复合降压式节流元件流体域模型较复杂，对节流元件流体域进行分割，对几何结构规则部分采用结构化网格，对几何结构复杂部分采用非结构化网格，对局部流体压力速度变化较大区域进行网格加密，对流体域进行网格无关性分析，确定了能保证计算精度的网格数量，如图 3-37 所示。

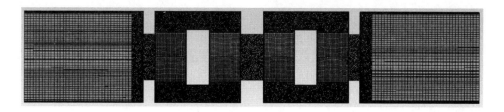

图 3-37　节流元件网格

RNG $k-\varepsilon$ 湍流模型考虑了流动中的旋涡流，能更好处理流线弯曲程度较大的流动。数值计算采用 RNG $k-\varepsilon$ 湍流模型，以连续性方程、动量方程和基于各向同性涡黏性理论的 RNG $k-\varepsilon$ 双方程组成数值模拟的控制方程组。

RNG $k-\varepsilon$ 湍流模型中 k 为湍动能，单位为 $\mathrm{m^2/s^2}$；ε 为湍动能耗散率，单位为 $\mathrm{m^2/s^3}$。

连续方程：

$$\frac{\partial \rho}{\partial t} + \nabla \cdot (\rho U) = 0 \tag{3-5}$$

动量方程：

$$\frac{\partial \rho U}{\partial t} + \nabla \cdot (\rho U \otimes U) - \nabla \cdot (\mu_{\mathrm{eff}} \nabla U) = \nabla \cdot p' + \nabla \cdot (\mu_{\mathrm{eff}} \nabla U)^{\mathrm{T}} + B \tag{3-6}$$

式中　B——体积力总和；

μ_{eff}——有效黏度，见式（3-7）；

p'——修正压力，见式（3-8）。

$$\mu_{\mathrm{eff}} = \mu + \mu_t \tag{3-7}$$

$$p' = p + \frac{2}{3}\rho k \tag{3-8}$$

式（3-7）中 μ_t 为湍流黏度，表达式为

$$\mu_t = C_\mu \rho \frac{k^2}{\varepsilon} \tag{3-9}$$

湍动能 k 方程为

$$\frac{\partial(\rho k)}{\partial t} + \nabla \cdot (\rho U k) = \nabla \cdot \left[\left(\mu + \frac{\mu_t}{\sigma_k} \right) \nabla k \right] + P_k - \rho \varepsilon \qquad (3\text{-}10)$$

式中 P_k 为黏性力和浮力的湍流产生项，表达式为

$$P_k = \mu_t \nabla U \cdot (\nabla U + \nabla U^T) - \frac{2}{3} \nabla U(3 \mu_t \nabla \cdot U + \rho k) + P_{kb} \qquad (3\text{-}11)$$

湍动能耗散率 ε 方程为

$$\frac{\partial(\rho \varepsilon)}{\partial t} + \nabla \cdot (\rho U \varepsilon) = \nabla \left[\left(\mu + \frac{\mu_t}{\sigma_{\varepsilon RNG}} \right) \nabla \varepsilon \right] + \frac{\varepsilon}{k} (C_{\varepsilon 1RNG} P_k - C_{\varepsilon 2RNG} \rho \varepsilon)$$

$$(3\text{-}12)$$

式中

$$C_{\varepsilon 1RNG} = 1.42 - f_\eta \qquad (3\text{-}13)$$

$$f_\eta = \frac{\eta \left(1 - \dfrac{\eta}{4.38} \right)}{1 + \beta_{RNG} \eta^3} \qquad (3\text{-}14)$$

$$\eta = \sqrt{\frac{P_k}{\rho \, C_{\mu RNG} \varepsilon}} \qquad (3\text{-}15)$$

在离散设置中压力采用 PRESTO 格式，动量、湍动能和湍动能耗散率均采用二阶迎风格式，以提高计算精度。研究的多级降压调节阀仿真参数设置见表 3-5。

表 3-5　多级降压调节阀仿真参数设置

参数	内容
介质	水
入口压力	≤30MPa
出口压力	1MPa
温度	25℃
蒸汽压力	3158Pa

3. 仿真分析

（1）不同阀口压降的降压特性分析

图 3-38 所示为 5 级节流元件流体域模型。不同阀口压降重要参数见表 3-6。

图 3-38　5 级节流元件流体域模型

表 3-6　不同阀口压降重要参数

参数	工况 1	工况 2	工况 3
介质	水	水	水
入口压力/MPa	11	16	21
出口压力/MPa	1	1	1
阀口压降/MPa	10	15	20
温度/℃	25	25	25
蒸汽压力/Pa	3158	3158	3158

从图 3-39 可以看出流体在节流元件内的运动规律，入口端的速度矢量分布比较均匀，当流体进入到曲折拐弯和对冲流道中，流体质点出现了一定程度的速度差和运动方向上的变化，在对冲区域出现旋涡，旋涡有助于消耗流体能量，防止流速上升过快，流体由对冲流出时经过转折同样产生旋涡耗散能量。

从图 3-40 中可以看出，在不同的阀口压降工况下，节流元件内部流体压力均在多个对冲环节内逐渐下降，直至出口处压力降到最低，都实现了将一次大的压降分解为多次小压降的预期目标，在每一级的对冲区域压力明显变大，且阀口压降越大流体域内每级压降越大，阀口压降越小流体域内每级压降越小。从图 3-41 中可以看出，随着流体压力的逐级降低，流体速度呈现出逐渐增大的趋势，在最后一级速度达到最大，在每一级的对冲区域速度突然变小，流出对冲区域的流体速度比流入对冲区域的流体速度大，且阀口压降越大流体域内整体速度越大，阀口压降越小流体域内整体速度越小。

在流体域模型上截取 9 个截面，对截面上的平均压力及速度分别进行测算。从图 3-42 可以看出，压降 20MPa 的压力曲线下降速度最快，压降 15MPa 与压降

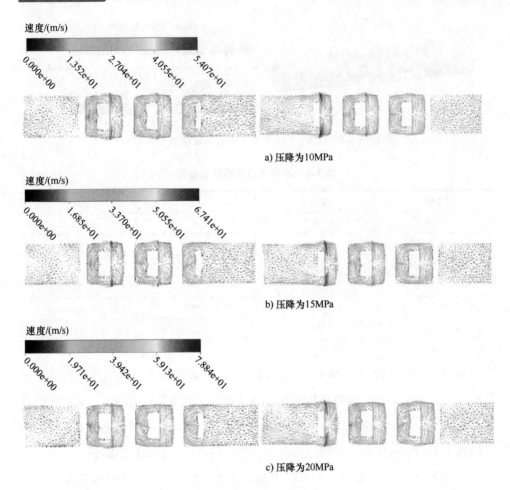

速度/(m/s)

0.000e+00   1.352e+01   2.704e+01   4.055e+01   5.407e+01

a) 压降为10MPa

速度/(m/s)

0.000e+00   1.685e+01   3.370e+01   5.055e+01   6.741e+01

b) 压降为15MPa

速度/(m/s)

0.000e+00   1.971e+01   3.942e+01   5.913e+01   7.884e+01

c) 压降为20MPa

图 3-39　不同阀口压降的速度矢量图

10MPa 的曲线下降速度依次显现出更加平缓的态势，表明对同一流体域模型，阀口压降越大，每一级分摊的压力也越大。三条压力曲线在中间部分下降的速度相对较平缓，在靠近流体域入口和出口的部分曲线下降速度较大，这一现象表明对相同的流体域模型，阀口压降越高，流体域前端入口部分和后端出口部分需要承担的压降也相对更高。所以，阀口压降过高极易使节流元件入口和出口处由于过高压降产生高流速，引发振动、噪声等危害现象，不利于调节阀的正常工作。

（2）不同降压级数的降压特性分析

对 3 级、5 级和 7 级空间复合降压式节流元件进行数值计算，设置入口压力

200

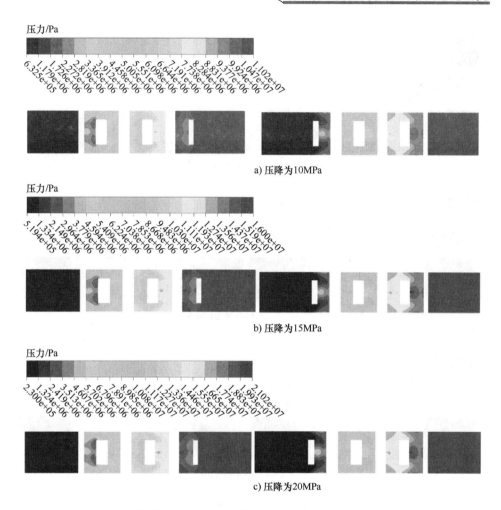

图 3-40　不同阀口压降节流元件 *XOY* 和 *XOZ* 截面的压力分布云图

为 11MPa，出口压力为 1MPa，压降为 10MPa，压力变化云图如图 3-43 所示。

　　流体压力在沿流动方向上均呈现出逐级下降的趋势，最大压力都分布于流道入口处，流道出口处压力降至最小，每经过一级降压流体压力均有下降，降压级数越大，压力降低的速度越小，压力梯度越小，越不容易产生空化现象。从图 3-44 中可以看出，流体前期流速上升较为稳定平缓，流速得到良好的控制，在接近出口处最后几级速度上升很快，降压级数越大，速度梯度越小，最大流速越小，流动越平缓，越不容易产生空化现象。

201

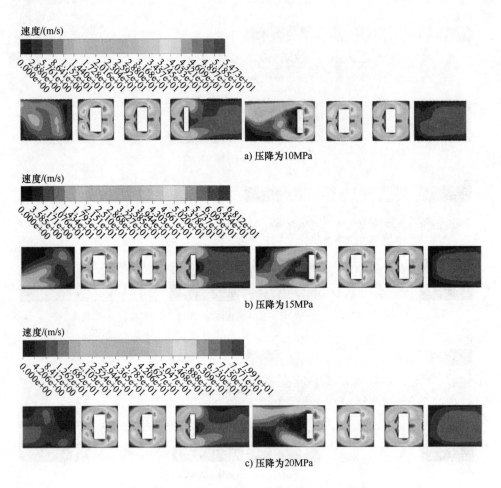

a) 压降为10MPa

b) 压降为15MPa

c) 压降为20MPa

图 3-41　不同阀口压降节流元件 *XOY* 和 *XOZ* 截面的速度分布云图

　　对截面上的平均压力及速度进行测算，得到不同降压级数节流元件截面的压力、速度变化曲线。由图 3-45a 可见，7 级节流元件的压力下降曲线位于最上方，5 级节流元件与 3 级节流元件的压力曲线分别位于其下方，7 级节流元件下降速度最平缓，说明在同样的阀口压降条件下，降压级数越多的节流元件流道中的压力梯度越小，流动越平稳。由图 3-45b 可见，3 级节流元件的速度曲线位于最上方，5 级节流元件与 7 级节流元件位于其下方，说明在同样的压降条件下，降压级数越多，节流元件内的流速越小且流速变化越小，流动越平稳。

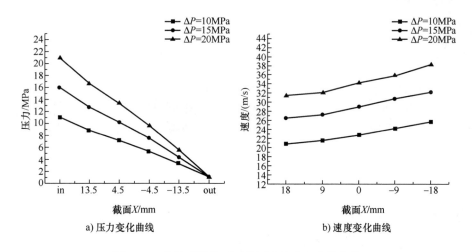

a) 压力变化曲线 b) 速度变化曲线

图 3-42 节流元件截面平均压力和速度变化曲线

（3）重要结构参数对节流元件内部降压特性的影响

空间复合降压式节流元件的压力降低主要发生在对冲区域，影响对冲区域内部降压特性的重要因素就是径向通孔孔径的大小。为了更清楚地研究径向通孔孔径大小对节流元件降压特性的影响，对 4 级的渐缩型、等径型和渐扩型节流元件进行数值计算。设置 4 级的渐缩型、等径型和渐扩型节流元件阀口压降分别为 2MPa、6MPa、10MPa、14MPa、18MPa、22MPa、26MPa、30MPa，进行流场仿真计算。

从图 3-46 和图 3-47 可以看出，渐缩型、等径型和渐扩型节流元件都可以实现流体从流入至流出压力呈现出逐级下降，减小了压力脉动的同时控制速度在一定的范围之内，可有效防止空化汽蚀和振动噪声现象的发生。流体进入对冲环节时由于流通面积突然减小，流速迅速增大，在对冲区域由于两股流体相撞产生驻点，在对冲区域流体速度急剧减小甚至降为零。渐缩型节流元件随着径向通孔孔径越来越小，流体速度明显增大，在前几级降压过程中流速上升较为稳定和平缓，流速得到良好的控制，但在后面几级降压过程中速度上升较快，流道内最大流速也发生在最后一级。等径型节流元件对冲通孔孔径不变，每一级流体速度无明显变化，流速得到良好的控制，流道内最大流速发生每级对冲结束之后。渐扩型节流元件随着径向通孔孔径越来越大，流体每经过一级降压后的速度都有明显

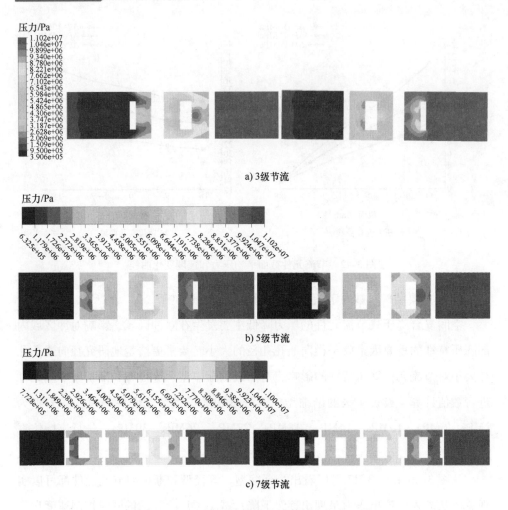

图 3-43　不同降压级数节流元件压力变化云图

减小，流体在前几级降压中流速相比于后面几级速度更大，流道内最大流速也发生在第一级。

由图 3-48 可见，无论是渐缩型、等径型还是渐扩型节流元件，阀口压降越高时压力变化曲线线性度越差，阀口压降越低时，压力变化曲线线性度越好；且压力变化曲线非线性区域主要在第一段，说明节流元件内第一级降压压力降低最多。在同样的阀口压降条件下，压力变化曲线线性度最好的是渐缩型节流元件，其次是等径型节流元件，渐扩型节流元件线性度最差，说明渐缩型节流元件降压

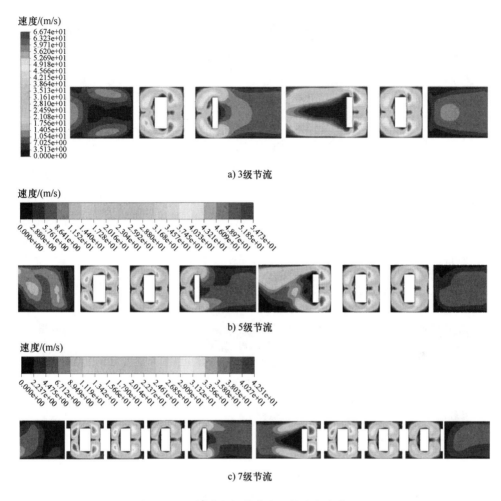

a) 3级节流

b) 5级节流

c) 7级节流

图 3-44　不同降压级数节流元件速度变化云图

过程更加平稳，渐扩型节流元件入口效应最明显。

由图 3-49 可见，无论是渐缩型、等径型还是渐扩型节流元件，阀口压降越高时流动过程速度越大，阀口压降越低时，流动过程速度越小。在同样的阀口压降条件下，降压过程中渐缩型节流元件速度呈逐渐增大趋势，等径型节流元件速度基本不变，渐扩型节流元件速度呈逐渐减小趋势。

由图 3-50 可见，随着阀口压降的增大，渐缩型、等径型和渐扩型节流元件流量逐渐增大，且阀口压降小于 15MPa 时节流元件流量随阀口压降增大而增大

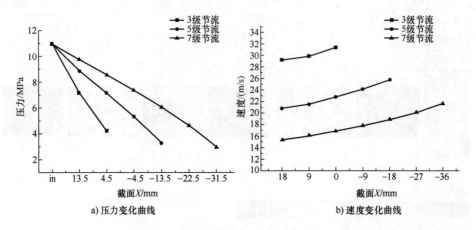

a) 压力变化曲线   b) 速度变化曲线

图 3-45　不同降压级数节流元件截面平均压力和速度变化曲线

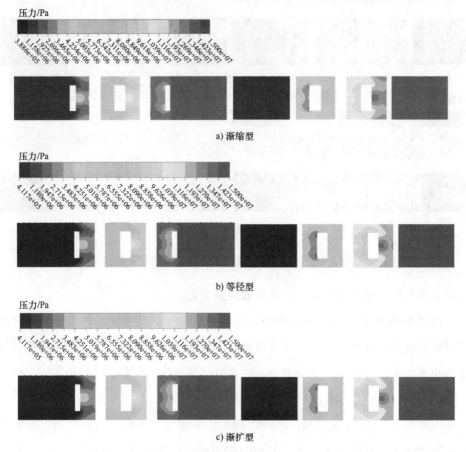

图 3-46　渐缩型、等径型和渐扩型节流元件压力变化云图

206

的速度较大并且变化较大，阀口压降大于15MPa时节流元件流量随阀口压降增大而增大的速度较小并且变化不大。渐缩型节流元件流量变化曲线位于最下方，渐扩型节流元件流量变化曲线位于最上方，等径型节流元件流量变化曲线位于两者之间，说明在相同阀口压降条件下渐缩型节流元件流量最小，渐扩型节流元件流量最大，等径型节流元件流量居于两者之间。

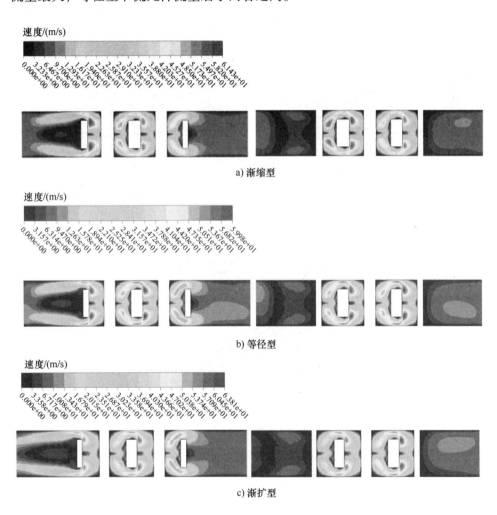

a) 渐缩型

b) 等径型

c) 渐扩型

图 3-47 渐缩型、等径型和渐扩型节流元件速度变化云图

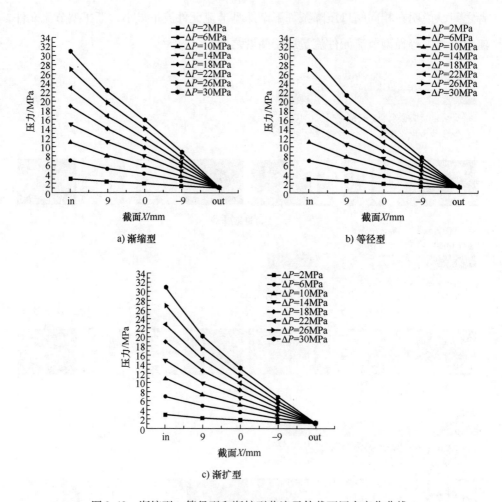

图 3-48 渐缩型、等径型和渐扩型节流元件截面压力变化曲线

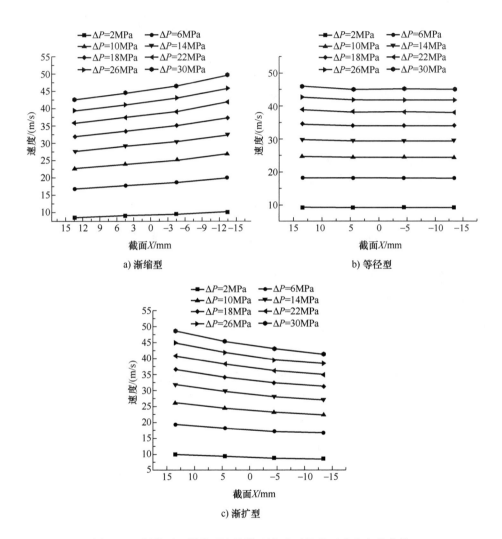

图 3-49　渐缩型、等径型和渐扩型节流元件截面速度变化曲线

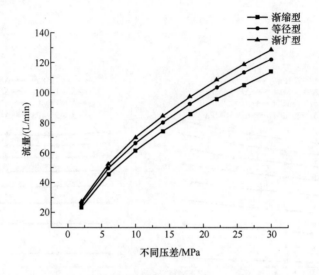

图 3-50　渐缩型、等径型和渐扩型节流元件流量变化曲线

从表 3-7 可以看出，随着阀口压降的增大，等径型节流元件与渐缩型节流元件的流量差值逐渐增大，渐扩型节流元件与等径型节流元件的流量差值也同样逐渐增大。并且等径型节流元件与渐缩型节流元件的流量差值始终比渐扩型节流元件与等径型节流元件的流量差值更大。

表 3-7　渐缩型、等径型和渐扩型节流元件流量大小及差值

	ΔP/MPa	2	6	10	14	18	22	26	30
流量/ (L/min)	等径型节流元件	25.38	49.38	66.16	80.07	92.29	103.33	113.30	122.24
	渐缩型节流元件	23.26	45.67	61.38	74.34	85.60	95.69	104.91	113.53
	差值	2.12	3.71	4.78	5.73	6.69	7.64	8.39	8.71
	渐扩型节流元件	26.97	52.14	69.77	84.22	96.96	108.22	118.61	128.40
	等径型节流元件	25.38	49.38	66.16	80.07	92.29	103.33	113.30	122.24
	差值	1.59	2.76	3.61	4.15	4.67	4.89	5.31	6.16

（4）结论

空间复合降压式节流元件可以实现将一次较大的压降转化成多级小压降，同时限制流体速度在一定范围之内。流体在节流元件径向通孔内发生对冲，流体速度迅速降低而压力迅速升高。流体流出径向通孔的速度比流入径向通孔的速度更

大，而流出径向通孔的压力比流入径向通孔的压力更小。减少了空化汽蚀和振动噪声的发生，提高了调节阀的使用寿命。

调节阀阀口压降越大，节流元件内每一级的压力越高，速度越大；阀口压降越小，节流元件内每一级的压力越低，速度越小。流体流动过程中，前几级和后几级压降比中间级压降更大。在阀口压降相同时，降压级数越大，节流元件内每级分摊压力越小，速度梯度越小；降压级数越小，节流元件内每级分摊压力越大，速度梯度越大。

径向通孔的大小和变化方式对节流元件降压特性影响较大，在第一级径向通孔相同的情况下，渐缩型、等径型和渐扩型节流元件均实现了将一次大的压降转化成多级小压降的目标。渐缩型节流元件压力降低过程线性度最好，压力降低过程最平稳；渐扩型节流元件压力降低过程线性度最差，入口效应最明显；等径型节流元件压力降低过程线性度比渐缩型节流元件差，但比渐扩型节流元件好。相同阀口压降条件下，渐缩型节流元件流量最小；渐扩型节流元件流量最大，等径型节流元件流量比渐缩型大比渐扩型小。并且等径型节流元件与渐缩型节流元件的流量差值始终比渐扩型节流元件与等径型节流元件的流量差值更大。

3.3.3 多级套筒流道流场分析

1. 研究背景

目前，高压调节阀在多个工业领域均得到了广泛的应用，在整个工业管路控制系统中起着关键的作用，是保证系统安全、经济运行的重要设备之一。工业生产过程向大型化和精细化方向发展，对高压调节阀也提出了更高的要求。在高压差下，普通调节阀很难同时满足调节压力和流量的需求，而且高速流体流经阀门时可能出现闪蒸、空化、强振动和高噪声等现象，严重影响调节阀的工作性能和安全使用寿命。因此，掌握高压调节阀的内部流动特性是调节阀高效应用的前提。

多级降压调节阀采用多级套筒式结构。在该阀结构中，高压流体每经过一个节流截面均会产生一定的压降，将单级阀门中的压力突变转化为压力渐变，压降被多级节流元件分摊，对于不可压缩流体可以防止闪蒸和空化现象的出现，还可

211

以起到降噪和减振的作用。

目前研究多集中于单级或双级套筒降压调节阀，对于不同开度下多级套筒结构降压调节阀内部流动特性的研究较少。本文在总结现有公开研究成果的基础上，以多级降压调节阀为研究对象，建立调节阀的三维计算模型，并采用 CFD 数值方法计算不同压差及不同开度条件下阀门的内部流动特征，分析不同压差及不同开度下各级套筒及阀座的压降和其对阀内空化的影响，为降压阀的合理设计提供理论依据和参考。

由于多级降压调节阀内部结构复杂，进出口压差大，流体在阀内的高速流动过程中容易产生剧烈的压力脉动，进而导致阀体内部流动出现空化现象。常见的试验设计仅能测量阀门进、出口压差和流量等统计参数，对于阀门内部流动的复杂过程难以定量地描述和研究。因此，本研究中数值计算的优势得以体现，即通过阀体建模及网格划分，可计算获得不同边界条件下多级降压调节阀内部的流动特性及空化特征。

2. 数值模拟过程

（1）根据多级降压调节阀的结构建立数值计算结构模型

图 3-51 所示为多级降压调节阀全开状态下的数值计算结构模型，在原有模型的基础上抽取 CFD 数值计算所需的流体计算域（抽取过程中简化了计算中不必要的细节结构）。

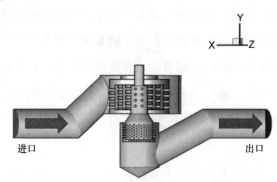

图 3-51　多级降压调节阀全开状态下的数值计算结构模型

结合核电厂污水回流槽工况下的多级套筒式阀芯的工况需求，选择如下案例作为算例进行流场仿真。

多级降压调节阀的进出口压力（表压）及压差见表3-8。

表3-8　不同工况条件下阀门的进出口压力及压差

工作状态	进口压力/MPa	出口压力/MPa	进出口压差/MPa
工况1	8.82	0.21	8.61
工况2	9.4	0.15	9.25
工况3	9.4	0.1	9.3
工况4	9.4	0.05	9.35

（2）对多级降压调节阀的结构模型划分数值计算网格

在建立多级降压调节阀结构模型的基础上，对多级降压调节阀进行了网格划分。多级降压调节阀中的进出口流道以及阀芯中间流道的尺寸和各级阀芯小孔孔径差异较大，且多级阀芯套筒结构复杂，因此对多级降压调节阀整体均采用四面体网格进行划分，在保证网格质量的同时可方便调节阀内不同位置的网格疏密程度。图3-52和图3-53所示分别为多级降压调节阀的整体和局部网格划分情况，整体结构的网格数量为1200万。图3-54～图3-56所示为不同开度的降压阀网格划分。

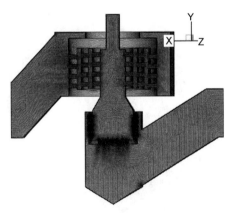

图3-52　多级降压调节阀的整体网格划分

图 3-53 多级降压调节阀的局部网格划分

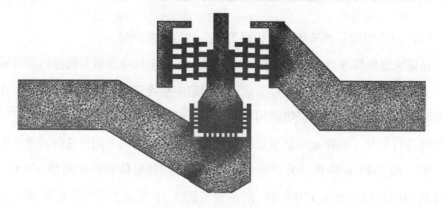

图 3-54 3/4 开度的多级降压阀网格划分

图 3-55 1/2 开度的多级降压阀网格划分

图 3-56 1/4 开度的多级降压阀网格划分

（3）确定 CFD 数值计算方法和流体的物性参数

在分析多级降压调节阀流动特性的基础上，确定了本研究中所采用的 CFD 数值计算方法。表 3-9 列出了本研究中关键的数值计算方法。

多级降压调节阀中涉及水和水蒸气在不同条件下的物性参数，本研究中采用的水和水蒸气的性质均参考《国际单位制的水和水蒸气的性质》一书。

表 3-9 本研究中的关键数值计算方法

类别	数值方法
压力-速度耦合形式	PISO
湍流模型	$\kappa - \omega$ SST SBES/IDDES
两相流模型	Mixture
空化模型	Schnerr − Sauer

（4）确定多级降压调节阀数值计算中的边界条件

本研究中采用 CFD 方法对多级降压调节阀开展数值计算时仅考虑了阀体部分，根据调节阀的实际工作条件，在数值计算中针对阀门的进出口分别给定进口压力边界条件和出口压力边界条件，针对调节阀的流道和阀芯等均给定壁面边界条件。

（5）不同工况条件下多级降压调节阀内部流场的数值计算

在不同的进出口压力条件下，多级降压调节阀的流动特性会产生一定的变化。对于不同开度的降压调节阀模型，不同压差工况下工质流经各降压级的压降如图 3-57 所示。

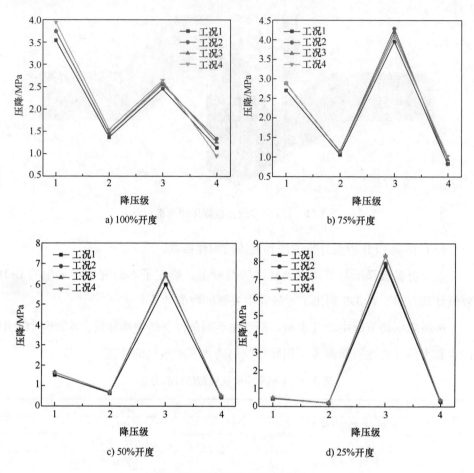

a) 100%开度

b) 75%开度

c) 50%开度

d) 25%开度

图 3-57　不同开度下的压降变化

由图 3-57a 可知，在开度为 100% 的工况条件下，工质流经各降压级的压降振荡较低，且变化趋势基本一致。压差越大，工质流经第 1、2 和 3 降压级的压降就越大。对于工况 2、工况 3 和工况 4 来说，三种工况下的进口压力不变但背压降低，可以看出随着背压降低，前 3 个降压级处的压降反而升高，第 4 降压级的压降随之降低。各工况在第 3 降压级处的压降受到进出口压差的支配。由图 3-57d 可以看出，在该开度下，工况 1 的工质压降主要在第 3 降压级处发生，同时根据压降曲线可以推知其他工况中均类似。

（6）不同开度下调节阀流动特性分析

不同开度下，多级降压调节阀在各降压级间的静压分布产生了较大差异。

图 3-58 所示为不同开度下阀门中间截面处的压力分布云图。图 3-59 所示为不同开度下降压级的压降变化。

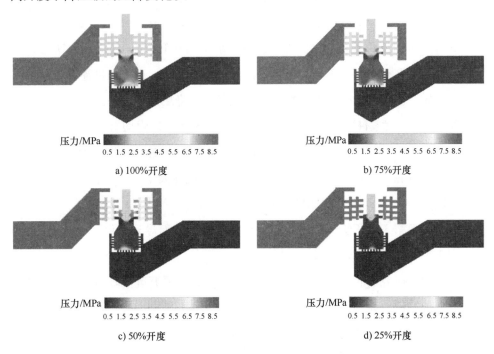

a) 100%开度

b) 75%开度

c) 50%开度

d) 25%开度

图 3-58　不同开度下阀门中间截面处的压力分布云图（工况 1）

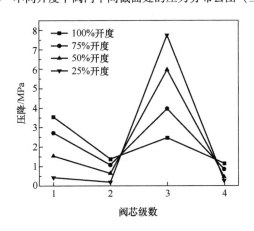

图 3-59　不同开度下降压级的压降变化（工况 1）

如图 3-58a 所示，当阀门开度为 100% 时，在第 1 降压级附近的静压显著减小；而在第 2 降压级附近没有明显变化；在第 3 降压级附近，出现了深蓝色低压区域，故压降应有所增大；在第 3 降压级附近，静压产生了少量下降。

当阀门开度为 75% 时，如图 3-58b 所示，第 1 降压级后段的静压相对图 3-58a 中的对应位置更高，因而该级压降小于开度 100% 的情况。由于第 3 降压级的一排小孔被堵塞，工质经过该级的流通面积变小，所以根据连续方程可以得出：工质在流经第 3 降压级时加速，因此静压下降更加迅速。由图 3-59 可知，阀门在 100% 开度条件下的高速区域在第 1、2、3 降压级中均有存在，而阀门在 75% 开度条件下的工质仅在第 3 降压级附近有明显的加速。从图 3-59 中 75% 开度的曲线可以看出，在第 3 降压级处 75% 开度的压降大于 100% 开度的压降。

由图 3-58c、d 可以看出，随着开度进一步降低，第 1、2 降压级附近的静压逐渐升高，而第 3 降压级出口段的静压显著下降，进而导致该级压降随之增大。观察图 3-59 可得出相似结论。

对于本文研究的其他进出口压力条件的工况，不同开度下降压级的压降变化有着类似的结论，如图 3-60 所示。

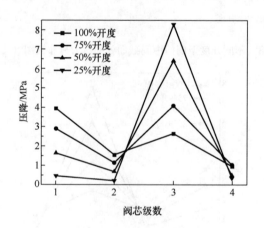

图 3-60　不同开度下降压级的压降变化（工况 4）

3. 数值模拟结论

本文采用 Mixture 两相流模型、Schnerr–Sauer 空化模型和 IDDES 湍流模型对多级降压调节阀内部流动过程和不同压差及不同开度对降压级压降的影响开展了研究，得出的主要结论如下：

1）流体流经阀门内节流元件时由于多股流体的强烈掺混和剪切，套筒和阀座下游存在大量的旋涡；各级套筒及阀座结构尺寸不同，各降压级的压降存在一定的差异，第三级套筒处的空化程度最大，阀座处更易发生空化。

2）阀门在同一开度下，工质沿各降压级的压降在不同压差下的变化趋势相同。

3）随着阀门开度的逐渐减小，最大压降由第1降压级转向第3降压级，在25%开度下阀门第3降压级的平均压降达到8MPa，且第1、2降压级的压降受到进口压力的主导作用逐渐减弱，第4降压级的压降受到背压的支配作用也逐渐减弱。

4）第3降压级的出口面积随阀门开度的减小不断减小，该降压级处的压降随阀门开度的减小而增大，相同流量下该降压级小孔中工质的速度也增大。

3.3.4　对流对冲流道流场分析

针对对流对冲流道，主要应用数值模拟的方法进行流场分析，并通过试验测得的局部阻力系数值对数值模型进行标定以提高其分析精度。

1. 流道抽取

将流场域抽出建立流道模型，确保对冲流道模型计算区域的几何尺寸定义完整。流道几何计算域如图3-61所示。

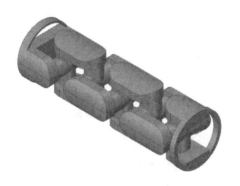

图3-61　流道几何计算域

2. 网格模型

CFD 需要在流场域内划分大量的网格，用小的单元网格覆盖整个区域。网格生成是求解 CFD 问题偏微分控制方程的重要步骤，采取结构数量良好的网格，不仅可以避免可能产生的计算不稳定和不收敛问题，而且可以提高最终求解的精度。因此，计算时希望有足够精细的离散区域网格来反映流场中的物理性质，捕获其中全部的流动细节。

对冲流道模型由于结构较为复杂主要应用四面体网格作为计算单元，网格模型如图 3-62 所示。

图 3-62　节流元件网格模型

3. 网格无关性检验

模型主体采用四面体网格进行划分，在流体领域的仿真计算中，控制域的网格划分的数量、质量对数值模拟最终结果有着相当大的影响。为了后续数值模拟的准确性，必须在网格建模这一环节中排除因为网格敏感性导致的误差，同时还要考虑在排除网格敏感性后使用尽可能少的网格数量，使其在保证精度的条件下有较高的计算效率。

将经过初步处理的网格模型进行不同网格数量的计算，流体介质为常温水，湍流模型为 Standar $\kappa - \varepsilon$ 模型。模型边界条件表 3-10。

表 3-10　网格敏感检验边界条件

湍流模型	进口条件/Pa	出口条件/Pa
Standar $\kappa - \varepsilon$	25×10^7	1×10^6

网格无关性检验结果见表3-11。当网格数量达到178285时，随着网格数量的增加，出口质量流量变化很小，所以对冲流道数值模型的网格数量为178285。

表3-11　多级节流元件网格无关性检验结果

网格尺寸/mm	网格数量	出口质量流量/(kg/s)
0.7	96069	1.7862
0.6	142786	1.80104
0.55	178285	1.80043
0.5	228854	1.8072
0.45	298517	1.80554

4. 模型筛选

在排除了网格数量的敏感性后，考察的是Standar $\kappa-\varepsilon$、RNG $\kappa-\varepsilon$ 和Realizable $\kappa-\varepsilon$ 三种湍流模型，出口值设置为1MPa，进口边界条件设置为31MPa，这是满足出口限制准则的极限降压范围。

应用Standar $\kappa-\varepsilon$ 湍流模型计算结果表3-12。

表3-12　应用Standar $\kappa-\varepsilon$ 湍流模型计算结果

进口/Pa	出口/Pa	出口平均速度/(m/s)
3.08039×10^7	9.98885×10^5	31.1447

应用RNG $\kappa-\varepsilon$ 湍流模型计算结果表3-13。

表3-13　应用RNG $\kappa-\varepsilon$ 湍流模型计算结果

进口/Pa	出口/Pa	出口平均速度/(m/s)
3.08296×10^7	9.98225×10^5	30.7957

应用Realizable $\kappa-\varepsilon$ 湍流模型计算结果见表3-14。

表3-14　应用Realizable $\kappa-\varepsilon$ 湍流模型计算结果

进口/Pa	出口/Pa	出口平均速度/(m/s)
3.08008×10^7	9.98640×10^5	30.4758

分别求得三个湍流模型下流道的局部阻力系数值，将其与流道局部阻力系数试验值对比。

如图 3-63 所示，应用三类湍流模型求得局部阻力系数值与试验值相比，Realizable $\kappa-\varepsilon$ 模型计算结果是最理想的。由局部阻力系数值的定义可知，确定的结构参数和形状是导致局部阻力系数值不同的根本原因，当数值模拟求得的局部阻力系数值与试验结果很接近时，就可以认为此时数值模拟的计算结果是可靠的，所以将 Realizable $\kappa-\varepsilon$ 模型作为后续流道内部流场特性数值计算与优化分析的标准模型。

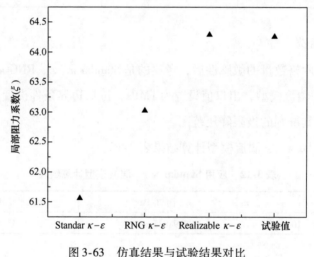

图 3-63　仿真结果与试验结果对比

5. 流场分析

由前文可知，使用 Realizable $\kappa-\varepsilon$ 模型作为对冲流道的数值模拟模型是比较可靠的，本节将应用 Realizable $\kappa-\varepsilon$ 模型计算出的结果进行节流元件内部流场分析，具体阐述对冲流道降压控速耗能过程。

如图 3-64 所示，速度的上升发生在压力下降后，每一次压降流速都会增加，从入口开始第一个转角压降发生时的速度上升值最高，紧接着是第一次的对冲碰撞。由能量守恒可知碰撞必将导致动能的减少即速度下降，同时就会伴随压力的回弹。汇合分流进入第二个转角，这时不仅会有压力下降导致的速度上升也有因为流体与流道壁面碰撞的动能损失。紧接着第三个转角同样压降与速度上升和动能损失并存，然后进入第二次对冲碰撞，与第一次一样的速度控制与压力回弹。这一过程在节流元件中不断循环发生，让每级出流的流体速度值不会过高。

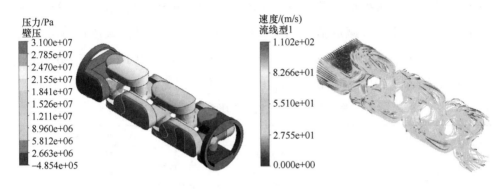

图 3-64　压力与速度云图

整体而言，对冲的降压过程十分均匀，基本上压降均布在每一级上，这是最理想的降压效果。同时，速度场的控制也很理想，除第一级速度在压降后速度过高之外，但也因为对冲结构保证在进入下一级分流对冲降压前降到了一个较低的数值，随后每一级降压后速度的上升都小于第一级，且速度值都是大致相等的，没有出现速度的过高变异值。

表 3-15 与图 3-65 所示为每一级对冲分流转角出流后的压力值和平均速度值。

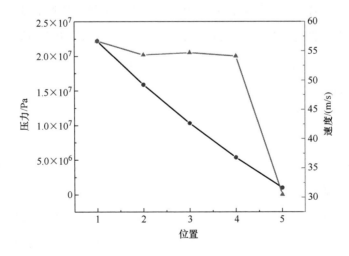

图 3-65　各级出流位置的压力和速度

由数值计算边界条件可知由进口到第一级出流压力值减小了 $8.6063 \times 10^6 Pa$，第一级到第二级压力值减小了 $6.3143 \times 10^6 Pa$，第二级到第三级减小了 $5.5563 \times 10^6 Pa$，第三级到四级减小了 $4.9475 \times 10^6 Pa$，第四级到出口减小了 $4.37779 \times 10^6 Pa$，整个节流元件减压值为 $2.980216 \times 10^7 Pa$。每一级的减压比例分别为 28.9%、21.2%、18.6%、16.6%、14.7%，前两级各自承担了相对较多的压降，每一级相对于前一级所承担的压降都有所下降，但下降比例是比较稳定均匀的。

表3-15 各级出流位置压力和速度值

位置	压力/Pa	速度/(m/s)
1	2.21945×10^7	56.6847
2	1.58802×10^7	54.3165
3	1.03239×10^7	54.6862
4	5.37643×10^6	54.1047
5	9.98640×10^5	30.4758

由图 3-65 所示，前四级出流流速几乎是相等的，也就是说，前几级的动能控制机制非常有效可靠，即使前两级各自承担了相对较高比例的压降，但出流流速并未高于后几级出流流速，显然对冲流道在流体动能控制上整体是非常有效的。最后一级至出口的流速下降很大，这是因为对冲流道最后一级对冲碰撞接转角出流后并没有连续的流道壁面和转角限制，流体压降也达到了目标值，无法再从势能得到动能损耗的补充，再加上出口流道有一小段延伸使得速度值大幅度下降，可以达到出流能量限制准则所提出的动能限制标准。

为了能够直观体现对冲流道的降压控速效果，在流体域中提取一条流线上的压力、速度数据。图 3-66 所示是数据提取的流线位置，流线的位置是随机选择的。

从这条流线上的压力、速度数据可以看出节流元件的降压控速表现。压力曲线是非常理想的变化趋势，速度曲线的变化相对曲折，随着每一次的压降都会很激烈地抖动，在每一次对冲碰撞位置的流场速度是一个非常混乱无序的状态，对冲发生后整个流场质点方向也是无序的，这种无序会加剧噪声、振动，同时会消耗流体动能，如图 3-67 所示。

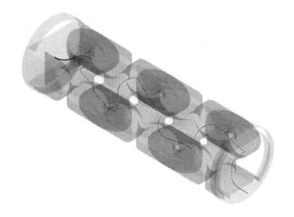

图 3-66 流线位置

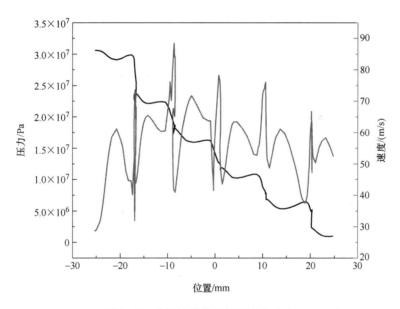

图 3-67 选取流线位置的压力和速度

3.4 高温高压差条件下调节阀振动及噪声分析

3.4.1 振动分析

1. 流体诱发振动

流体诱发振动是指浸在流体中或传输流体的结构的振动现象，是作用在结构

225

上的阻尼力、流体力和弹性力之间相互作用的结果。流体诱发结构振动的现象在工业领域很普遍，且容易引起结构的破坏，从而导致严重的后果，同时产生高噪声的问题。流体的压力作用在结构上，结构会产生振动，从而使流体的流动区域发生变化。在此类现象中，很多情况下都涉及结构的大变形。结构发生了大变形，流动的区域就会发生变化，流场也会随之发生变化；流场发生变化，作用在结构上的压力也会发生变化，从而诱发结构的再次变形。结构的再次变形又会引起流场再次发生变化，于是结构与流体相互作用以达到最后的平衡状态。

由于流体诱发振动问题本身非常复杂，又普遍存在于大量的工程问题中，分类方式也有很多种。按照流体诱发振动不同的机理分为：湍流激振、流体弹性不稳定、周期性旋涡脱落、声共振。

（1）湍流激振

流体在湍流状态下，通过结构表面时，在其表面上产生了一个随机变化的压力场，这种湍流波动压力传递给结构体，就形成湍流激振。湍流激振在工程上是无法避免的，即便是流道平滑、流速很小，也会形成旋涡，很难将湍流激振最小化。湍流引起的振荡发生在一个很宽的频率范围内，表面压力只是在很小的区域连贯。湍流流动的振动是在频率范围内振动的许多成分的总和，每一振动成分的定量分析十分困难，只能用随机振动理论的统计量进行说明。随机流体力中与结构某阶频率一致的成分将诱发结构在这个频率上的放大响应，就形成了共振现象，振幅的大小由结构对各频率范围响应的振幅大小的总和确定。

（2）流体弹性不稳定

流体弹性不稳定现象是指横向流作用下管排的自激振荡，依赖于弹性结构位移和流体力之间的相互作用。当流体以高速沿横向流过管束时，由于作用在管子上的流体力和管子的弹性位移相互影响的结果，在一定的流速下，如果管子阻尼消耗掉的能量小于流体给予管子的能量，管子的振幅会陡然增大，即发生了流体弹性不稳定现象。由于湍流或者其他原因引起的管排中某个管子的位移使流场发生变化，又将导致管排中其他管子的运动处于振动状态。随着流速的增加，结构不断从流体中吸收能量，当吸收能量大于结构的耗散能量时，结构的动力学响应会突然增大，发生大幅度的振动。导致结构产生不稳定的最小流速称为临界流速，高于临界流速时，结构将很快失效。

（3）周期性旋涡脱落

周期性旋涡脱落是自由剪切流的不稳定性引起的，经常发生在受横向流作用的结构的下游。根据流体力学原理，当流体流过一个不良绕流体时，其下游的尾流中将形成一个旋涡流型，旋涡的形成与发展与雷诺数有关。同样，旋涡的脱落也使流动阻力发生了交替性变化，从而导致结构在流体流动方向上产生振动。如果结构的固有频率和旋涡脱落频率一致，就会产生共振，将能量输入结构中，使结构发生大幅度振动，并伴随着高噪声。旋涡脱落频率与流速成正比。在气体介质中，周期性旋涡脱落很少发生，但在液体介质中比较容易发生，因为液体的密度高，相应的周期力也比较大。

（4）声共振

声共振很容易发生在气体介质横向流作用的结构中。当声波固有频率与由旋涡脱落或湍流引起的激振频率相同时，将产生强烈的声共振，并发出刺耳的噪声。如果声共振频率和结构的频率接近或一致，结构就可能出现大幅度振动，导致严重破损。此外，如果噪声经过类似声学共振腔的腔体结构时，则与腔体某阶固有声学模态频率相同的成分就会诱发腔体结构在这个频率上的放大响应，也会产生声共振。

2. 阀门产生振动的诱因分析

阀门是管道系统中不可或缺的部件之一，阀门可以调节及控制管道的流量，然而流体通过阀门时，经常会导致阀门的振动。其原因是当流体经过阀门时，若阀门不是全开状态，则流体经过的区域变小，部分流体将对阀门产生冲击，流体的压力突然增大，经过阀门的流体压力减小，在阀门两侧形成压力差，该压力差的脉动导致阀门振动。流体流经阀门内部复杂空间结构时，将产生很多旋涡，旋涡的不断产生和脱落造成了流体对阀门的冲击，若旋涡的脱落频率接近阀门的某一阶共振区时将导致阀门的共振。

阀门的振动根据其诱发因素的不同，大致可分为机械振动、汽蚀振动和流体动力学振动等。

(1) 机械振动

机械振动根据其表现形式分为两种状态。一种状态是阀门的整体振动，即整个阀门在管道或基座上频繁颤动，其原因是管道或基座的剧烈振动，引起整个阀门的振动。此外还与频率有关，即当外部的频率与系统的固有频率接近或一致时，受迫振动的能量将达到最大值，产生共振。共振现象不仅会产生较高的机械噪声，其频率高达 3000~7000Hz，而且会产生较大的破坏应力，导致振动零部件出现疲劳破坏现象。另一种状态是阀芯、阀杆和某些可以活动的零件，或者由于湍流脉动、流体冲击、阀体导向装置之间较大的间隙等引起的零部件振动。其原因主要是介质流速的急剧增大，使阀前后压差急剧变化，引起整个阀门产生振荡。液体在管道中稳态流动，当阀门突然关闭或开启，或者突然停止和运行水泵时，液体的稳态就会发生改变，带来巨大的瞬态压力变化，由停止点开始的高压波在管道内传递，形成水锤现象。水锤发生时，管道系统受到较大的动应力作用，这种液固之间的耦合作用相互影响，产生流固耦合现象，对管路系统产生破坏作用。如果零部件间存有间隙，尽管不传递力，但互相振动也会产生碰撞，其碰撞声有较宽广的频率范围，声幅的大小由振动体的质量、刚度、阻尼及碰撞的能量决定，而振动频率一般小于 1500Hz。例如阀芯相对于阀座的运动和阀芯与阀座之间的碰撞。

(2) 汽蚀振动

汽蚀振动大多发生在液态介质的阀内，是介质经过阀门节流口而产生的。当阀门开度太小，前后压差太大，致使在节流口处流速增大，压力迅速减小。若此时压力下降到液体介质在该温度下的饱和蒸气压时，部分液体就汽化为气体，形成对阀芯、阀座有侵蚀作用的闪蒸现象。闪蒸现象产生后，若介质压力在离开节流口后急剧升高，气泡破裂并转化为液态，气泡破裂时形成巨大的压力和冲击波，其能量集中在破裂点上，形成气锤，具有极大的冲击力，这个压力一般高达几十兆帕。气锤冲击阀芯，使阀芯形成蜂窝状麻面并引起阀芯剧烈振动，就形成了汽蚀现象。生成气泡、产生汽蚀的根本原因是由于阀体内的流体在缩流加速和静压下降的过程中而引起液体汽化。阀门开度越小，前后的压差越大，流体加速并产生汽蚀现象的可能性越大，对应的阻塞流压降越小。

（3）流体动力学振动

流体动力学振动是因为介质在阀体内的节流过程，也是介质受摩擦、受阻力和扰动的过程。湍流体经过不良绕流体的阀门时形成旋涡，旋涡会随着流体继续流动的尾流而脱落。这种旋涡脱落频率的形成及影响因素十分复杂，并有很大的随机性，定量计算十分困难，而客观却存在一个主导脱落频率。当这一主导脱落频率与阀门的固有频率接近或一致时，将发生共振，阀门就产生了振动，并伴随着高噪声。振动的强弱随高次谐波波动方向一致性的程度和主导脱落频率的强弱而定。同时由于节流面积的突然变化，液体通过节流孔而产生高速湍流喷注，在高速喷注状态下流体的流速极不均匀，进而产生旋涡脱离声。

（4）脉动压力激起的振动

由于阀门在快速开启或关闭过程中，引发湍流激振，造成流体压力的急剧变化，形成压力波诱发振动。当介质流过阀门内部时，由于流通面积的急剧变化，流动变得非常不稳定，这会对阀门产生脉动压力的冲击。而阀门主要是由阀杆、阀体、阀芯组成，每一个部件都存在不同阶的固有频率。当阀门组件受到流体不稳定冲击的频率和其某一阶固有频率一致时，便会引起共振，其振动形式主要表现为阀门组件相对阀门表面的侧面运动。振动工况取决于流体的脉动压力是否与阀门组件的固有频率同频，而非脉动压力的大小。

（5）圆柱绕流激起的振动

流体对钝物体的尾迹和绕流中的旋涡脱落现象，可以诱发作用于物体上的纵向和横向载荷，激起结构的振动响应。当流体经过阀瓣时，阀门部件周围的流态是圆柱绕流的情况，并在尾流中形成规则的旋涡流型，这种旋涡与阀门各组件相互作用，变成了旋涡诱发振动效应的根源，当雷诺数从 300 到 300000 变化时，旋涡会以一个明确的频率周期性脱落，当这个脱落频率恰好接近阀门各组件的固有频率时，就会产生振动。

（6）流体空化引起的振动

当阀门处于小开度，流体流过阀门阀座时，由于流速急剧增加，静压下降。

当流体压力降低到等于或低于该流体在阀入口温度下的饱和蒸气压时，部分液体将汽化形成气泡。随着阀门出口流道的扩大，流速降低，压力升高并恢复到该饱和蒸气压，气泡破裂又恢复到液相。气泡破裂时将产生强大的压力冲击波，释放的能量不仅冲刷阀瓣表面，而且发出类似于流沙流过阀体的爆裂噪声，并波及下游管路，同时会引起阀门的振动。

3. 流固耦合作用对阀门及连接管道固有频率的影响

模态分析即自由振动分析，是近代发展起来的研究机械结构动力特性的一种数值计算方法，模态参数既可以由试验测试取得也可以通过数值分析计算获取。模态参数计算结果可以为系统振动的特性分析、故障诊断和系统结构优化设计提供有力的理论依据。运用弹性力学原理建立的管道系统的动力学模型，分析得到管道系统的特征固有频率和其振动模态等动态信息。模态分析方法就是基于振动理论，以模态参数为目标的分析方法。经典的模态分析定义是将线性定常系统振动微分方程组中的物理坐标变换为模态坐标，使方程组解耦，成为一组以模态坐标与模态参数描述的独立方程，以便得出系统的模态参数。坐标变换的变换矩阵为模态矩阵，其每列为模态振型。

模态分析的最终目标是识别出系统的模态参数，为结构系统的振动特性分析、振动预报和故障诊断以及结构动力特性的优化设计提供依据。因此，模态参数辨识是模态分析理论的重要组成部分。结构的振动特性决定了结构对各种动力载荷的响应情况，在进行其他动力学分析之前，一般先进行模态分析。模态分析的作用主要有三方面：使结构避免共振或按特定频率进行振动；了解结构对不同类型的动力荷载的响应；有助于在其他动力学分析中估算求解控制参数，如时间步长等。

（1）流固耦合作用对管道固有频率的影响

影响管道系统固有特征频率的主要因素是管道系统的质量矩阵和刚度矩阵。在对管道系统的固有频率和振型进行分析时，由于其阻尼影响较小，因此忽略阻尼作用。其动力学方程如下：

$$[M]\{\ddot{U}\} + [K]\{U\} = 0 \tag{3-16}$$

式中 $[M]$ ——管道系统的质量矩阵;

$\quad\quad$ $[K]$ ——管道系统的刚度矩阵;

$\quad\quad$ $\{U\}$ ——管道系统的节点位移矩阵。

对于类似式(3-16)的管道系统的无阻尼振动自由方程,假设其解为简谐形式,即

$$\{u\} = \{\varphi\}\sin(\omega t + a_0) \tag{3-17}$$

式中 ω——角频率;

$\{\varphi\}$——与 t 无关的非零位移矢量;

$\quad$ a_0——初始相位。

把式(3-17)代入式(3-16)中,可得

$$([K] - [M]\{\varphi\}) = \{0\} \tag{3-18}$$

也可写为

$$[K]\{\varphi\} = \lambda[M]\{\varphi\} \tag{3-19}$$

在式(3-19)中, $\lambda = \omega^2$。式(3-19)是在结构动力分析中计算的广义特征值。

对于有限离散结构,满足式(3-19)的一组解称为结构的一个特征对 λ_i, $\{\varphi\}_i$,其中 λ_i 为结构的特征值, $\omega_i = \sqrt{\lambda_i}$ 为结构的固有频率,与 λ_i 所对应的非零位移矢量是特征矢量 $\{\varphi\}_i$,该特征矢量所表示的是振动管道系统在其固有频率振动时表现的空间形态。因此从式(3-19)中可以看到,管道系统结构的特征固有频率和其固有振型是由管道系统结构的质量和其刚度分布所决定的,与外载荷无关。式(3-19)可以被用于表征管道系统结构的固有动态特性。

(2)流固耦合作用对阀芯固有频率的影响

不考虑阀芯与流体之间的耦合作用力及弹簧力时,阀芯的动态振动问题可看作是作用在阀芯上的激励力引起的受迫振动。阀芯的振动方程可表示为

$$[M]\{\ddot{\delta}\} + [C]\{\dot{\delta}\} + [K]\{\delta\} = \{F(t)\} \tag{3-20}$$

式中 $[M]$ ——结构质量矩阵;

$\quad\quad$ $[C]$ ——结构阻尼矩阵;

$[K]$ ——结构刚度矩阵；

$\{F(t)\}$ ——载荷矢量；

$\{\delta\}$ ——各节点位移矢量。

不考虑外力作用，即 $F(t)=0$，由于实际工程结构中，阻尼对结构固有特性的影响较小，通常可忽略不计，则式(3-20) 可简化为自由振动方程，即

$$[M]\{\ddot{\delta}\} + [K]\{\delta\} = 0 \tag{3-21}$$

对式（3-21）进行求解变换可以得到固有频率 ω 的 $2n$ 次代数方程式：

$$\omega^{2n} + a_1\omega^{2(n-1)} + \cdots + a_{n-1}\omega^2 + a_n = 0 \tag{3-22}$$

由式(3-22) 可以求得结构各阶固有振动频率 ω_i 及振型。

在阀门工作过程中，阀门各部件受到流体作用力及弹簧回复力等载荷作用。此时阀芯的模态分析数学模型如下：

$$[M]\{\ddot{\delta}\} + [K]\{\delta\} = \{P_c\} + [M_c]\{\delta\} \tag{3-23}$$

式中　$\{P_c\}$ ——载荷矢量；

$[M_c]$ ——载荷质量矩阵。

4. 阀门振动防范措施

根据阀门产生振动的原因，并结合一些工程中的实际例子，总结出消除阀门流体激振的方法。

（1）预防机械振动

阀门产生振动主要是由阀内流体压力的不稳定引起的，在液体压力的作用下，阀杆上产生不平衡的上下方向的运动力，继而产生零件的疲劳破坏，造成阀门导向间隙不同心从而引起振动。当脉动压力的频率和阀门自振频率同步时，就会激起阀门的共振。基于这样的原因，可以通过改变疏水阀整体质量或者阀门组件质量来改变其自振频率。为避免阀杆相对于阀芯表面的侧向运动及在低频振动下产生疲劳断裂，提高阀门的抗振能力，可将悬臂梁顶尖导向方式变为节流罩导向方式，将容易承受紊流形式的柱塞节流结构改成节流罩节流结构，或选用刚性导向和加大阀杆直径等。各部件之间有一定的配合间隙，如果间隙较大，就可能产生机械振动，因此合理设定各部件的配合间隙可以消减振动。

（2）预防汽蚀振动

改变阀门的流量特性，避免小开度工作。阀门一般在开度相对较小时容易发生振动。阀门开度太小，致使节流口处流速增大，压力迅速减小，流体流经阀门很容易形成闪蒸和汽蚀。所以应避免阀门长时间在小开度下工作，同时应尽量减小阀门前后压差。采用改变阀门套筒流量特性的方法可以消除振动。如把直线特性改成等百分比特性、快开特性改成直线特性、等百分比特性改成双曲线特性，可以在阀门流量不变的情况下增大阀门的开度，有效防止闪蒸、汽蚀现象的发生，从而防止阀门振动的发生。阀门前后压差不应太大，应合理地选择阀门的结构型式及合理地进行压差分配，尽量采用多级节流，将每一级的压降控制在允许的范围内，避免汽蚀现象的发生，抑制振动。

（3）预防流体动力学振动

改变阀内流动状态，避免涡流和剥离流。为了防止高速流体进入阀体后发生高速旋流，可在阀腔内设计安装均流罩；为克服流体诱发疏水阀振动，应减小流体旋涡主导脱落频率的形成概率与湍流体各压力波动分量在方向、频率上一致的概率，其方法与预防机械振动的方法类似。

3.4.2　噪声分析

阀门作为流体的限制开关设备对工作人员产生的最明显的问题之一是噪声，而且阀门噪声和伴生的振动还会影响阀门性能并且会造成阀门本身邻近管路及设备的疲劳，从而降低其使用寿命，甚至可能导致安全事故。所以，近年来人性化设计理念和特殊环境需求对阀门噪声不断提出新的要求。

1. 阀门噪声研究现状

20 世纪 60 年代以来，对于如何调节阀门噪声的关注度已经得到多方的重视。1967 年，美国 Fisher 公司在开发用于炼油装置的通道时发现炼油系统中的调节阀在液体和气体流过产生的噪声可以媲美压缩机和鼓风机，然后分析了产生这种噪声的原因。Pegler Hattersley 噪声试验室和西德 Sigma 研究所的 Past 噪声试验室对英国最大阀门制造厂制造的阀门做了相应的测试。测试的阀门进口直径为50mm 和 200mm，测试噪声的介质分别为空气和水，发现噪声对于阀门性能的影响比较大。Masjedian 和 Rahimzadeh 在做阀门空化而产生的振动噪声的试验时，发现阀门发生空化时最大压力与阀门内流场和声场特性都相关，并且研究了球形阀门的噪声性质，采用调节阀门前后压差小于最大压力的方法来阻止空化噪声的形成。近些年，随着国内研究学者关于阀门流动特性研究深入，阀门噪声的分析研究也慢慢发展起来，其主要的研究手段为数值模拟仿真。中国石油大学的刘翠伟、李玉星等利用 FLUENT 软件和 Lighthill 声类比理论，对输气管道阀门流场进行稳态模拟和瞬态模拟。研究结果得出，在输气管道阀门中，湍流中压力和速度脉动等形成的流体脉动是造成阀门流噪声的基本诱因。其研究的结果对于输气管道阀门噪声的预测和控制具有指导性。哈尔滨工程大学的刘少刚、刘海丰等利用 FLUENT 软件，对通海阀内流场进行了数值模拟仿真，并且根据分析结果对阀门性能和噪声产生的机理做进一步阐述，提出了阀门内流道结构优化设计的方案。分析结果得出，优化设计后的阀门内部流道可以有效地降低阀门的流噪声。吉林工业大学的杨世绵、赵凤桐对液压阀的噪声产生机理做了详细的描述，对涡流、气穴的形成、涡流场压力、流速的分布及涡流剪切剥离流量进行了理论分析和计算，分析了液压阀高速喷流时声源的组成，并提出了高速喷流时辐射声级最高的气穴噪声发生的过程和方程及降低液压阀喷流噪声的措施。中国石油大学的孟令雅等比较了两种获得气体流过阀门产生的噪声源的方法：采用 CFD 软件进行分析和计算（FW－H 法）及采用 CFD 软件联合声学软件进行仿真计算（BEM法）。分析结果得到，输气管道中的阀门噪声源基本上由偶极子声源和四极子声源组成，其中在阀门表面处存在偶极子声源，而整个内部流场中存在四极子声源。

2. 阀门噪声产生的方式和根源

阀门的噪声能够以许多不同的方式产生，主要有以下几种：

1）液体动力噪声和空气动力噪声，这是阀门的主要噪声来源。液体动力噪声是由于液体介质流动的过程中所产生的空化现象（或称为汽蚀）引起的当液体介质内部某一点的静压力低于或等于蒸气压力或流经阀的节流面后压力下降至液体的蒸气压力以下时在液体内会产生气泡（或液体内存在气泡），当此液体通过阀后压力恢复足以使阀门出口压力提高到大于液体的饱和蒸气压力时（尤其高压介质工况）气泡会破裂或内向爆炸产生爆炸噪声。爆炸冲击会引起阀门或阀门零部件（一般为阀芯、阀盘或其他闭合元件等）的振动；当闭合元件不断冲击它的导向器时也会导致爆炸打击声和振动噪声。另外，爆炸和振动冲击能够损伤机械导向和阀座表面。空气动力噪声主要来源是气体、蒸气等发生紊流时所产生的巨大冲击力。高速气体流动受阻突然迅速膨胀、减速及流动方向突然改变均会造成紊流现象。也就是当气流绕过障碍物时，由于空气分子黏滞摩擦力的影响，具有一定速度的气流与障碍物背后相对静止的气体相互作用，在障碍物下游区形成两列涡旋（即卡门涡旋）气流。这些涡旋在障碍物背后两侧交替出现并且以相反旋转方向脱离障碍物。当它所引起的气流压强的脉动频率在可听频率范围且强度足够大时则辐射出的噪声称为涡流噪声。

2）阀门零件或其附件的固有频率与流体通过时产生湍流波动、涡流噪声频率相吻合时产生共振，从而产生振动噪声，此噪声将传递至下游和阀体外。另外，它会在阀体和零件材料中产生高水平应力，使阀件和与之相连的管道材料疲劳，造成力学性能变弱等。研究表明，大约110dBA振动噪声会导致阀门零件以及与之相连管道的机械性破坏。

3）流体从上游带来的噪声。介质流束是最好的声音传播媒介。例如：舰艇吸入通海阀会传递海水中炸弹或鱼雷的爆炸冲击波噪声，这种高压力冲击力如果不能被限制或消除，会对舰艇内相关设备造成损伤，严重时会造成安全事故；同样，排出通海阀也会把舰艇内设备噪声带入海水中，如泵、压缩机等噪声，增加了被敌方声呐搜索到的可能性，降低了隐蔽性。

3. 噪声的预测和估计

噪声预测目前主要是对阀门噪声产生的主要噪声源——液体动力噪声和空气动力噪声以经验的方式进行预测。IEC（国际电工委员会）、CEN（欧洲标准化委员会）、ISA（美国仪表学会）均已制定了调节阀的噪声试验测量和预估的标准，如IEC 60534－8－3《调节阀的气体动力学噪声预估方法》。下面简单介绍一种国外常用的预测方法。流体动力噪声主要是由流动、气穴及闪蒸造成或流体通过收缩的阀通道截面时产生的高速度所造成的，可用下列经验公式进行预测：

$$DBA = DP_s + C_s + R_s + K_s + D_s \tag{3-24}$$

式中　DBA——声压水平；

DP_s——压降因数；

C_s——流量因数；

R_s——比值因数；

K_s——管线衰减因数；

D_s——距离因数。

为了计算 R_s 和 DP_s，必须确定压力降比值（DP_F），公式为

$$DP_F = \frac{\Delta P}{P_1 - P_2} \tag{3-25}$$

式中　ΔP——压力降；

P_1——阀上游压力；

P_2——阀下游压力。

如果 DP_F 等于或大于 1，在阀内可能发生闪蒸情况。闪蒸是系统问题，阀门本身无法避免。各值可根据 Valtek 公司公布的图表查出（见图 3-68 ～图 3-70、表 3-16、表 3-17）。同样，空气动力噪声也可根据以下的经验公式进行预测：

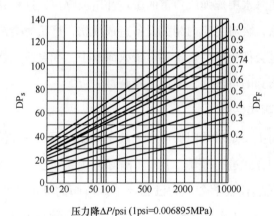

图 3-68　压降因数

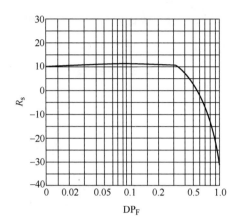

图 3-69　比值因数

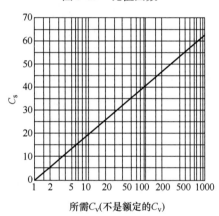

图 3-70　流量因数

$$DBA = V_s + P_s + E_s + T_s + G_s + A_s + D_s \qquad (3\text{-}26)$$

式中　V_s——流动因数；

　　　P_s——压力因数；

　　　E_s——压力比值因数；

　　　T_s——温度校正因数；

　　　G_s——气体性能因数；

　　　A_s——衰减因数；

　　　D_s——距离因数。

流动因数V_s由阀门所需要的C_v值确定，可由图 3-70 查出。同样，其他各值也可由 Valtek 公司公布的图表查出（见图 3-71 ~ 图 3-74、表 3-18）。

表 3-16　距离因数

听者至声源距离	D_s/dBA	听者至声源距离	D_s/dBA
3ft/0.9m	0	24ft/7.2m	-15
6ft/1.8m	-5	48ft/14.4m	-20
12ft/3.6m	-10	96ft/28.8m	-25

表 3-17　液体用管路衰减因数　　　　　（单位：dBA）

公称管路	管道壁厚规格												
尺寸/in	10	20	30	40	60	80	100	120	140	160	STD	XS	XXS
0.5				0		-5				-11	0	-5	-15
0.75				0		-5				-11	0	-5	-15
1.0				0		-6				-12	0	-6	-15
1.5				0		-6				-12	0	-6	-14
2				0		-6				-12	0	-6	-14
3				0		-7				-13	0	-7	-16
4				0		-7		-9		-13	0	-7	-14
6				0		-8		-10		-14	0	-8	
8		4	3	0	-3	-9	-8	-12	-13	-18	0	-9	
10		5	3	0	-5	-9	-9	-13	-14	-19	0	-7	
12		6	2	-1	-6	-10	-11	-14	-15	-20	0	-6	
14	6	3	0	-2	-6	-11	-12	-15	-16	-22	0	-4	

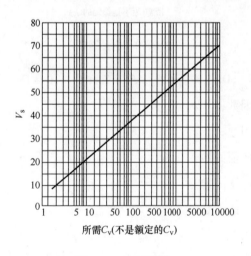

图 3-71　流动因数

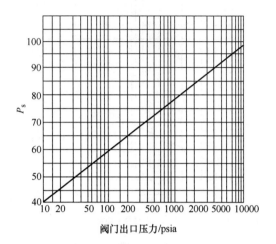

图 3-72 压力因数

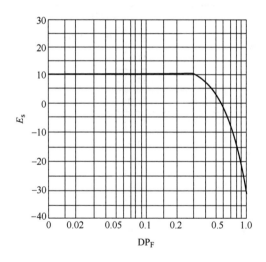

图 3-73 压力比值因数

噪声预测技术常运用于低噪声阀门的设计过程，考虑了阀门产生噪声的有关流动参数，如压差、流动系数、阀门几何形状、相邻管道尺寸等，有利于减小阀门噪声级。

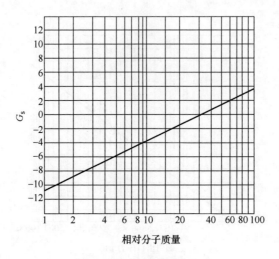

图 3-74 气体性能因数

表 3-18 气体用管路衰减因数 （单位：dBA）

公称管路尺寸/in	管道壁厚规格												
	10	20	30	40	60	80	100	120	140	160	STD	XS	XXS
1/2				−8.0		−11.5				−13.1	−8.0	−11.5	−18.5
3/4				−10.0		−13.7				−17.0	−10.0	−13.7	−21.0
1				−11.4		−15.0				−18.8	−11.4	−15.0	−22.2
1 1/2				−13.6		−17.6				−21.6	−13.6	−17.6	−25.5
2				−14.8		−19.2				−24.6	−14.8	−19.2	−27.4
3				−16.6		−20.8				−25.4	−16.6	−20.8	−29.1
4				−18.0		−22.4	−25.7			−28.0	−18.0	−22.4	−30.9
6				−20.0		−25.5	−28.8			−31.8	−20.0	−25.5	−34.1
8		−17.6	−19.4	−21.4	−24.3	−27.0	−29.1	−31.5	−33.1	−34.4	−21.4	−27.0	−34.0
10		−18.1	−20.3	−22.5	−26.6	−28.7	−31.2	−33.2	−35.3	−36.8	−22.5	−26.6	−35.3
12		−18.2	−21.8	−24.5	−28.5	−31.2	−33.8	−36.0	−37.4	−39.3	−24.5	−28.7	−36.0
14	−18.8	−21.6	−24.0	−26.0	−29.9	−32.9	−35.5	−37.7	−39.3	−40.8	−24.0	−28.5	
16	−19.5	−22.4	−24.8	−28.5	−32.0	−35.2	−37.7	−39.8	−41.9	−43.2	−24.8	−28.5	
18	−20.2	−23.1	−27.4	−30.7	−35.4	−37.2	−39.9	−42.1	−43.7	−45.3	−25.4	−29.0	
20	−20.8	−26.1	−29.8	−32.0	−36.0	−39.1	−41.8	−43.8	−45.7	−47.2	−26.1	−29.8	
24	−21.9	−27.1	−32.3	−34.9	−39.3	−42.3	−45.2	−47.3	−48.9	−50.5	−27.1	−29.5	
30	−26.1	−32.2	−35.1	−38.5	−42.7	−45.5	−48.3	−50.5			−26.0	−32.2	

（续）

公称管路	管道壁厚规格												
尺寸/in	10	20	30	40	60	80	100	120	140	160	STD	XS	XXS
36	-27.2	-33.3	-36.2	-42.0	-45.5	-48.5	-51.2				-26.4	-33.3	
42	-28.7	-37.0	-40.3	-44.5	-48.0	-50.7	-53.7				-26.7	-30.4	
48	-29.8	-39.0	-42.5	-46.5	-50.3	-53.0					-27.0	-30.5	
54	-30.5	-41.0	-44.3	-48.5	-52.2								
60	-31.2	-42.5	-45.7	-50.3	-53.5								

4. 阀门噪声控制在阀门设计中的应用

噪声控制可以利用声源处理法和途径处理法或两者并用。声源处理法主要是针对阀门本身几何形状和结构在设计上进行考虑。首先采用顺畅的阀体内通道使流体在阀内流通阻力减小，尽量降低流体动力噪声，然后采用特殊阀内件，如采用开有许多平行窄槽的阀笼用于减少紊流，并在扩展面积上提供一个满意的速度分布。这种经济地获得低噪声的阀门设计方法可减少 15～20dBA 的噪声而阀门的流通能力基本不改变。再如采用两级多孔式阀笼，主要计算节流孔尺寸和间距保证单孔射流的独立性，而且得到高压比场合下降低噪声的效果。还有对液体消除或减少汽蚀噪声可使用分级节流孔板、串联阀芯，如图 3-75 所示的由 Fisher 公司设计运用的降噪声阀笼。另外有些阀在开关过程的某一特定位置时发生噪声，如直线型截止阀在约 28% 的行程处产生一个离散信号，可以在阀盘下方设置凸缘而破坏振动波的形成。还有阀盘或阀芯带导向结构，如高压空气减压阀的主阀盘会产生刺耳的嘶叫，可采用弹性结构与阀体导向面贴紧，尽量减小配合间隙，消除高压空气流动形成的空气噪声和阀盘产生的振动。阀门的类型对阀门噪声类型有着重要影响，设计中要分析不同阀门类型所产生的不同噪声类型原理。如当流体通过旋转类阀夹角时容易产生双极涡流，通过由棒料或锻件制造的阀座和平坦的出口表面时通常导致单极噪声，而铸造阀体结构又不同于以上两种，所以针对不同的阀门类型采用不同的密封结构和零件加工工艺来满足这个阀门工况，而不会产生或降低流体压力波动。途径处理法是在声波传播途径上进行处理，针对阀体壁和介质流束均是良好的声传播媒介，使用吸声材料和增加传播途径的阻抗设计中可以在阀体设置固定装置、减振装置和阀体内外涂吸声材料，还有在阀体出口流通通道处设置90°转弯，试验证明18m直通管路的摩擦损失等于90°弯头产生的摩擦力损失，噪声同时得到衰减。

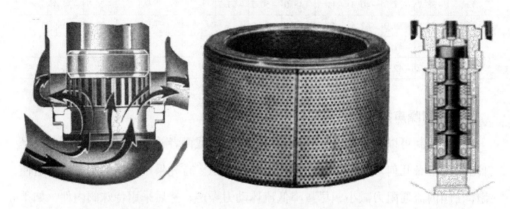

图 3-75　流线型阀体的缝隙式阀笼、两级衰减孔式阀笼及多级串联阀芯

　　实际上阀门的设计往往是综合两种处理方法进行的。另外在管路上加消声器既简单又能够得到理想降噪的效果，如舰艇上在其通海阀后设置海水消声器。所以设计时利用消声器的原理在阀出口处给阀门集成消声器可以方便处理和降低阀门噪声。对气体介质可利用小孔喷注控制噪声理论，这是由中国科学院声学所的马大猷教授等学者通过理论和试验研究提出的。其原理是设计阀门时将一个大的阀门出口在保持相同排气量的前提下改为许多小孔来代替，而小孔将高频声移到人耳不敏感的超声范围从而达到降噪的目的。对于小孔喷注消声器件，要使其具有一定的降噪效果又不影响阀门正常工作，小孔的孔径、孔距、孔数三个参数是关键。在气动系统中用的气体分配阀用消声器，根据专业人士的经验，小孔喷注选择1.5mm孔较为合适，孔距应为孔径的8~10倍，小孔面积应为阀通流面积的1.5~2倍。另外，消声器型式还有小孔分散型、微孔烧结型和多层金属丝网型等，可根据实际情况在低噪声阀门设计时，加以运用Fisher的配备降低液体动力噪声阻尼器的球阀。阀门消声内件除了要根据介质特性、压力和工况在材质、强度、工艺等方面进行合理设计外，在结构上还要考虑方便安装和拆卸，以便清洗、维护及更换等。

第4章　复合高参数调节阀失效机理及对策

4.1　多场耦合条件下高性能调节阀节流元件失效机理及预测

4.1.1　高温抱死

随着科学技术的不断进步，精细化工得到快速发展，设备运行工况越来越复杂，高温调节阀的应用越来越广泛。例如煤气化装置中的锁渣阀，重油催化装置中的高温蝶阀，石油开采冶炼中的高温调节闸阀，加氢液化煤浆系统的耐磨GLOBE 阀，延迟焦化装置中的进料阀，黑水闪蒸系统的耐磨角阀等。调节阀是化工工业系统中重要的控制元件，主要用于调节管路介质压力和流量。而高温调节阀的工作环境极为苛刻，受温度和压力的影响大，容易出现阀门抱死等故障。一旦出现故障，不仅不能正常调流或调压，还可能引发重大事故。

1. 高温抱死现象的原因

高温状态下调节阀出现抱死现象，主要是指在阀芯和阀座抱死，驱动机构无法正常驱动阀门。产生抱死的现象有很多，下面进行简要分析。

调节阀在正常的运行过程中，在高温下如果介质容易进入运动部件的间隙并在某些部位冷凝沉积，就有产生抱死的可能。如高温球阀在正常开关、球体转动时，介质会进入阀座和球体的间隙中，长期运行后大量介质堆积或结垢，阀座和球体就会抱死。另外，如果介质进入阀座背面的弹簧腔中，导致施加预紧力的弹簧失效，阀座移动空间不足，也会造成动作卡阻甚至抱死。在黑水闪蒸系统中，角阀在开关过程中，固体颗粒进入阀芯和阀座的间隙以及填料和阀杆的间隙处，在长期运行后引起物料堆积甚至结垢而将阀杆卡住。在重油催化装置的高温蝶阀中，主轴工作温度达 685℃，轴承工作温度仅为 201℃，若主轴和轴套的配合间隙过小，二者的膨胀量不同，主轴膨胀量超过了轴套的膨胀量，就会产生抱死。在焦化装置中，部分介质和焦粉可进入阀体和阀芯之间的空腔，若焦粉未被吹扫干净，就会在阀体空腔发生沉积，产生结焦。一旦结焦开始，阀座失衡变形，密封内漏引起大面积结焦，结焦速度加快，最终使球体被迫抬升抱死。

在高温状态下长期运行，执行机构的支架如果产生变形，会导致执行机构驱动轴偏心，引起开关不畅甚至卡涩。另外，运行工艺条件的变化（如过热超温）、执行机构的推力裕量小、阀杆强度的安全裕量不足等都会导致抱死的产生。

2. 机理分析和预测方法

一方面，从微观机理上分析，在阀门制造和运行过程中，零部件不可避免地会产生微观裂纹或类似裂纹的缺陷，在原始晶格中存在空位或杂质。长期在高温下运行，随着晶体的变形，晶界上会形成空洞；空洞随着变形的不断进行，逐渐长大、聚集、合并成为微小的孔洞；这些微小的孔洞在裂纹前沿不断聚集，在高温的作用下，裂纹向前扩展并最终导致沿晶断裂。高温下材料在长时间蠕变过程中，会发生孔洞的形核和长大、材料组织的变化、表面氧化等损伤。这些损伤会导致材料的力学性能降低，如阀杆的强度降低甚至产生宏观变形，导致阀芯和阀座的抱死。

另一方面，为保证良好的密封效果，一般密封副会选择不同材料，从而有一定的硬度差。如果密封副的热膨胀系数差异较大，在高温情况下，材料的膨胀量不一致，极易导致抱死的发生，如蝶阀的阀座和蝶板，球阀的球体和阀座，阀杆/枢轴和轴套等。

4.1.2　冲刷失效

1. 冲刷失效现象

高性能调节阀节流元件冲刷破坏多发生在多场耦合下，如浓/稀相气固两相流工况和气液固多相流工况，是含固高速介质流冲击材料表面而产生的材料损耗和质量损失现象。

对于浓/稀相气固两相流工况，如应用于粉煤气化工艺的实现流量控制的煤粉流量调节阀和煤仓泄压的煤粉放空调节阀，使用工况非常恶劣，具有输送压力高、粉煤浓度高、粉煤颗粒硬度大以及节流速度高的突出特点。在气固两相耦合流下，高浓相气载粉煤高速介质流磨蚀性极强，造成调节阀节流元件冲刷破坏强烈，极易失效。失效实物如图4-1所示。

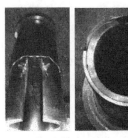

a) 煤粉流量调节阀阀芯、阀座　　　　b) 煤粉放空调节阀阀芯、阀座

图4-1　高压浓/稀相煤粉调节阀节流元件冲刷破坏实物图

对于气液固多相流工况，如应用于煤气化装置的黑水闪蒸系统中的高压黑水角阀，以及煤直接液化装置、生物柴油加氢装置 RPB 系统和悬浮床渣油加氢等炼化工艺的热高分/热低分液位调节阀，调节阀前后压差大，液相介质节流闪蒸后会发生汽化，流速急剧增大，夹杂着固体颗粒的高速气液固多相介质流对节流元件造成冲刷磨蚀破坏（见图4-2），调节阀使用寿命很短。

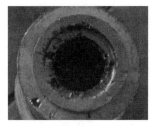

a) 阀芯　　　　　　　　　b) 阀座

图4-2　煤液化热高分调节阀节流元件冲刷破坏实物图

2. 冲刷失效机理和预测

准确预测调节阀发生冲刷破坏的分布规律和失效寿命一直是设计可靠性和生产安全性关注的焦点，很有必要开展多场耦合条件下高性能调节阀节流元件冲刷

失效的机理及预测研究，并促使针对不同恶劣工况下的高性能调节阀得到发展。

冲刷破坏实质是材料在冲击载荷作用下的动态损伤、材料表面流失过程，尤其是硬质、不规则颗粒在高速输送过程中对材料的冲刷磨蚀更加严重。其失效机理是多相流、颗粒特性、材料性能、颗粒冲击过程等多因素耦合作用，在不同冲刷环境下，失效机理差异较大。按被破坏材料性能的差异，可分为塑性和脆性材料冲刷破坏两类；按流动介质的不同可分为气固冲蚀磨损、液固冲蚀磨损、液滴冲蚀磨损等。研究人员主要通过各种试验装置，再结合高速摄影、扫描电镜、失重等方法来获得颗粒冲刷材料的破坏机理。对于塑性材料，其冲刷破坏机理主要有微切削理论和变形磨损理论。微切削理论将颗粒冲击材料过程类比为机械加工中的砂轮磨料或车刀加工，小冲角时为切削破坏，大冲角（负前角）时为挤压变形破坏。变形磨损理论建立了颗粒冲击材料的能量与颗粒质量成正比且与速度成二次方关系，当冲击速度超过临界值便发生冲刷磨损。对于脆性材料，其破坏机理主要有裂纹理论和横向裂纹理论。裂纹理论认为脆性材料受到颗粒冲击时，接触点处产生应力集中，当应力超过临界值时材料在该位置下方产生中线和横向裂纹。横向裂纹理论认为冲击中接触应力是动态压力，应力集中影响深度取决于接触时间和平均界面速度，发展了横向裂纹的定量判定方法。

冲刷失效预测主要通过冲刷破坏数值模拟计算和试验研究等手段，针对各种多场耦合的具体工况，建立冲刷磨损数值预测模型，并验证构建的数值预测模型的准确性。分析不同节流元件材料在不同冲击时间、冲击速度、冲击颗粒和冲击角度下耐磨性能及磨损机理，根据试验所得数据结果对建立的节流元件冲刷破坏数值模型中的关键参数进行修正，通过多场耦合调节下的流动磨损数值计算，从而形成节流元件的冲刷破坏预测方法，同时也为多场耦合条件下高性能调节阀节流元件抗冲刷破坏的选材和结构优化设计提供理论基础。

3. 冲刷失效抑制措施

抑制高性能调节阀节流元件冲刷失效，可以分别从提高材料的耐冲蚀磨损性能和改变颗粒流动特性两个方面着手。材料方面选择兼顾高硬度和强韧性的陶瓷、硬质合金等耐磨材料，如氧化铝材料、烧结 WC 材料，或阀内件涂覆一层比磨耗颗粒更硬的表面，如聚金刚石复合片（PDC）和CVD金刚石涂层。改变颗粒流动特性方面有优化颗粒尺寸、浓度、速度、冲角以及冲击部位等方法，在结构设计上可以采用流线型阀内流道、对冲消能节流元件以及节流面与密封面分离等技术手段，通过控制固体颗粒轨迹和速度来抑制冲刷破坏。

4.1.3　泄漏超标

调节阀在生产过程中，由于长期处于高温、高压、强腐蚀等恶劣工况下，容易发生泄漏。调节阀泄漏量超标不利于生产率的提高，对于某些特殊介质，还容易导致中毒、爆炸、污染等恶性生产事故的发生。因此，调节阀泄漏量已经成为阀门生产厂、设计方和用户都比较关心的一项重要指标，分析研究阀门泄漏量具有重要的意义。

1. 调节阀泄漏模式分析

调节阀泄漏分为两种，即外部泄漏（外漏）和内部泄漏（内漏）。在大多数情况下，外部泄漏所造成的后果往往比内部泄漏更加严重。在工业生产中，调节阀的外漏不但造成原材料及能源的浪费，还会直接污染环境，甚至引起火灾、爆炸、中毒等危害生命安全的重大事故，给国民经济造成严重损失。

（1）外漏

外漏常见于阀体、阀杆、填料函与阀体的连接部位。

1）阀体泄漏的原因。阀体通常是铸造的，容易形成砂眼等铸造缺陷，阀体上的砂眼会导致介质的泄漏，这种泄漏一般表现为渗漏，流量较小，通过水压试验就能被发现。

2）阀杆泄漏的原因。设计和选材不当会引起阀杆在某个位置被卡死，使阀门无法关闭或关闭不严，造成介质泄漏。此种泄漏往往流量较大，对生产装置和周围的环境容易造成严重的危害。

3）填料函泄漏的原因。填料函由填料箱、填料、填料垫以及填料压紧机构等组成。填料箱置于阀体或阀盖上，起容纳填料的作用。填料垫置于填料箱底部，起支撑填料的作用。填料分软质密封填料和成型填料两种。成型填料以弹性材质为原料，采用模压成型或车削加工制成各种环形密封圈，其结构紧凑，密封性能好，适用性强。介质在密封填料处泄漏，原因为填料压盖松动、密封填料不严密、填料品种或质量不符合要求、填料老化或被阀杆磨损。

4）阀体连接处泄漏的原因。阀体连接部位的密封指阀体与阀盖之间的密封，一般情况下为法兰连接密封，当阀门公称直径较小时为螺纹连接密封。垫片的类型、材质或尺寸不符合要求，法兰密封面加工质量差，连接螺栓紧固不当，因管道配置不合理而在连接处产生过大附加载荷等原因，都能引起阀体连接部位泄漏。

（2）内漏

调节阀关闭不严形成的泄漏为内漏，常发生在阀座密封面。

1）调节阀的设计和制造工艺存在问题，造成调节阀密封不严而导致介质的泄漏，多为渗漏或小流量连续排放。

2）阀板或密封面变形造成密封不严，从而引起介质的泄漏，一般为渗漏或小流量连续排放。

3）在调节阀的制造、运输、检验、安装和使用等过程中，损伤了调节阀的密封面，使密封不严，导致调节阀泄漏。这种泄漏也表现为小流量的渗漏。

4）介质内含有固体杂质，造成调节阀关闭不严，从而引起介质泄漏。这种泄漏可能是小流量的渗漏，也可能流量较大。

2. 调节阀泄漏量计算

调节阀泄漏量一般依据 GB/T 4213 或 ANSI/FCI 70-2 标准进行试验测定。在 GB/T 4213 标准中规定：一般单座调节阀的泄漏等级不低于Ⅳ级，双座调节阀不得低于Ⅱ级，其对应的最大阀座泄漏量分别为阀门额定容量 $\times 10^{-4}$ 和阀门额定容量 $\times 5 \times 10^{-3}$。在计算确定泄漏量的允许值时，阀门的额定容量应按 GB/T 17213.2 规定的方法计算。在检验泄漏量时，试验介质应为 5～40℃ 的清洁气体（空气或氮气）或水，保持调节阀在全关状态，试验介质按规定流向流入阀内，并在阀体输入端保持一定的压力（一般为 0.35MPa），当阀门的允许压差小于 0.35MPa 时，用设计规定的允许压差。在确认阀内完全充满介质并泄漏量稳定后即可测取泄漏量。对每台调节阀来说，都有一个试验条件下的实际泄漏量和允许泄漏量。实际泄漏量就是按照上述方法测量得到的，而允许泄漏量是国家标准中对调节阀规定的一个最大泄漏量值，测量得到的实际泄漏量不超过允许泄漏量为合格，泄漏量超标为不合格。调节阀泄漏量计算见表4-1。

表 4-1　调节阀泄漏量计算

泄漏等级	试验介质	最大阀座泄漏量
I		由用户与制造厂商定
II	L 或 G	$5 \times 10^{-3} \times$ 阀额定容量
III	L 或 G	$10^{-3} \times$ 阀额定容量
IV	L	$10^{-4} \times$ 阀额定容量
	G	
IV – S1	L	$5 \times 10^{-6} \times$ 阀额定容量
	G	
V	L	$1.8 \times 10^{-7} \times \Delta p \times D(\text{L/h})$
VI	G	$3 \times 10^{-3} \times \Delta p \times$ (规定的泄漏率系数)

注：1. Δp 以 kPa 为单位。

2. D 为阀座直径，以 mm 为单位。

3. 对于可压缩流体，阀额定容量为体积流量时，是指在绝对压力为 101.325kPa 和绝对温度为 273K 或 288K 的标准状态下的测定值。

4. L 为水，G 为空气或氮气。

在石化工业生产中，调节阀的泄漏是不容忽视的问题，它对生产的经济性、安全性以及对环境都有重大的影响。消除调节阀泄漏的关键在于优化阀门结构的设计，根据不同的工艺条件合理选择阀门的材料，提高调节阀在生产过程中的质量控制水平，以及根据工艺操作系统优化阀门的选型。

4.1.4　振动破坏

在电力、炼油、化工等流程工业生产过程中，经常出现调节阀的振动、噪声与阀杆转动或者上下窜动现象，导致阀门控制性能变差，造成对过程控制系统的扰动，甚至由于振动导致阀门填料严重泄漏及阀杆断裂等事故，严重影响设备的安全运行和使用寿命，并威胁到操作人员的安全。因此研究调节阀的振动原因及机理，并通过预测分析寻求相应的解决方案，提高其使用的安全性，延长其使用寿命变得越来越重要。

1. 调节阀振动的产生机理

调节阀在不同的应用场合中，工作条件与结构型式有很大的差别，其振动产生的机理也有所不同，主要可分为外激振动与流激振动两大类。

（1）外激振动

外激振动是指调节阀所在系统或系统中其他部件处于振动状态时，振动通过管线等连接件传递至调节阀，从而引发调节阀的振动。应用于国防装备和工程机械领域的调节阀在工作时最容易受到外激振动的影响，研究发现振动会延长阀门的压力稳定时间和开启时间，压力波动幅度、阀芯位移波动也会伴随着振动的频率发生变化。外激振动虽然也会对调节阀的工作性能产生显著的影响，但其产生的根源并不在调节阀中，因此在调节阀振动研究领域中关注较少。现有的研究工作大多是分析振动对调节阀性能的影响。

（2）流激振动

流激振动是指由阀内流体流动引发的调节阀振动，是调节阀振动研究中的焦点问题。当前对流激振动的机理分类没有形成定论，不同的研究者有不同的分类方法，相互之间有所重叠又有所不同。本书推荐将调节阀流激振动分为涡激振动、声腔共振、空化振动、不稳定流动导致的振动和流体弹性不稳定导致的振动五个小类。

1）涡激振动。涡激振动是指由于旋涡引发的振动，可分为由旋涡脱落和由湍流脉动引发的振动两种。涡激振动是最常见的流激振动形式，应引起研究人员的重视。

由旋涡脱落引发的振动是指流体流经非流线型的障碍物时产生非定常的旋涡脱落，并对障碍物产生变化的载荷，从而激发的结构振动响应。在调节阀中，当流体流经闸阀闸板和蝶阀碟板这两类具有简单几何结构的节流件时，易发生显著的旋涡脱落，并因此引发调节阀振动。

由湍流脉动引发的振动是指由于湍流中水流质点的弥散，湍流内及湍流边界上各点压力在空间和时间上表现出具有随机性的脉动从而引发的结构振动响应。

从物理结构上看,湍流是由不同尺度的旋涡叠合而成的流动,因此本文将由湍流脉动引发的振动也归属于涡激振动。当流体流经具有复杂节流件的调节阀时,易发生由湍流脉动引发的振动。

由旋涡脱落引发的振动多发生于结构简单的调节阀中,有利于研究工作的开展,因此得到了较为广泛的研究,研究工作相对深入。与之相对的,由湍流脉动引发的调节阀振动,由于研究难度较大,因此相关工作较少,大多仍停留在表观现象总结的层次,但日益提升的性能要求使调节阀结构复杂化程度不断提高,由湍流脉动引发的调节阀振动出现的频率也不断增大,因此该问题亟须得到关注。

2)声腔共振。声腔共振是指由于空腔结构中流体压力波动的频率接近或等于空腔的声学固有频率时发生的振动。

从流场看,声腔共振与涡激振动的起因类似,都是由旋涡脱落或湍流脉动在阀内流场引起了压力波动。不同的是,涡激振动中的旋涡脱落或湍流脉动仅由流体流经不良的流动结构引起;而声腔共振中的旋涡脱落或湍流脉动是流体流经不良的流动结构与空腔声模态共同作用的结果。

声腔共振在调节阀振动中并不多见,仅含有空腔结构的调节阀需要考虑这类振动。声腔共振在调节阀振动事故中报道最少,因此没有得到普遍的重视,往往依照含边枝结构的管道声腔共振机理理解调节阀的声腔共振,没有结合调节阀本身的结构与工作特点,未来的工作应从这方面入手继续深入认识调节阀声腔共振机理。

3)空化振动。空化振动是指由于阀内流场中发生空化现象而导致的振动。空化现象通过两个渠道引起调节阀振动:

① 空化气穴发展过程中的形态演变(见图4-3)使流场处于不稳定状态,产生流体压力波动导致振动。

② 介质离开节流口后,压力会快速上升,使空化气穴受压破裂,形成巨大的冲击作用在阀门内表面,造成严重的振动。

当下对空化振动的研究大多停留于定性分析的角度,没有在空化指标与振动信息间建立量化的函数关系,更没有确定由空化气穴形态演变引发的振动与空化

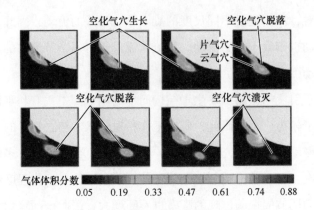

图 4-3 空化气穴形态演变过程

气穴溃灭引发的振动在总振动中的权重，未来的研究工作应考虑从这两方面展开。

4）不稳定流动导致的振动。不稳定流动导致的振动是指流体力随着流动形式变化而变化引发的结构振动响应。此类振动在服役于热电厂或核电厂的汽轮机蒸汽调节阀上报道较多。

如蒸汽调节阀在小开度、中压比条件下，其阀内流动情况最不稳定，会出现多种流动形态；而相同的压比变化范围内，压比从大到小与从小到大两种相反的调节过程中，流动形态发生改变时所对应的压比不同，流场压力脉动的剧烈程度也不同。而这恰恰就是引起调节阀振动的原因。

虽然已有大量的研究者对不稳定流动导致的振动展开了机理研究，对阀内流动形式随着时间变化的原因做出了一些解释，但并没有得到广泛的认可。同时当下对调节阀由不稳定流动导致的振动的研究基本围绕典型的文丘里式单座阀结构的汽轮机蒸汽调节阀，未来应针对其他类型的调节阀开展相关研究。

5）流体弹性不稳定导致的振动。流体弹性不稳定导致的振动是指由于流体力、弹性力和惯性力的耦合作用导致弹性结构发生振幅不衰减的自激振动。在航空领域中，流体弹性不稳定导致的振动也被称为颤振。

存在低阻尼的弹性结构是发生流体弹性不稳定导致的振动的必要条件，这使得流体弹性不稳定导致的振动在各类调节阀中出现的范围较为局限。一般仅有阀芯或阀碟与弹簧相连的锥阀与安全阀等在设计与性能评估时需要考虑这类振动的影响。

对调节阀由流体弹性不稳定导致的振动的研究往往从动力学的角度出发，以假设或经验公式表示液动力等流场的影响，对流动机理及流固耦合机理的认识还不够成熟，未来应加强这方面的研究。

2. 调节阀振动的分析及预测方法

调节阀振动的分析及预测方法主要包括理论分析、试验方法、数值仿真等。

（1）理论分析

理论分析是指利用微分代数方程或瞬态偏微分方程来描述调节阀振动、流量、压力等控制参量之间关系的方法。建立数学模型时，许多实际因素难以表达，因此需要进行假设与简化，如对液压锥阀进行动力学分析时，流量系数往往采用经验公式获得。越复杂的模型，需要的假设与简化越多。当假设与简化多至一定程度，就只能够针对问题进行定性的分析。

理论分析根据分析思路的不同，可分为时程分析与稳定性分析两类。

时程分析是对一个研究所关心的参量（如调节阀的某个结构参数）设置一系列数值，然后将该特定参量以不同的数值依次代入构建的动力学模型中，从而观察代表调节阀振动特性的阀芯位移或由阀芯位移引起的阀门流量、调定压力等参量在不同数值的所关心参量下随着时间变化的不同规律，进而定性地判断所关心的参量对调节阀振动特性的影响。采用这种方法求解得到的是特定参数组合下的阀门振动特性，因此相对而言求解容易。但同时，每次求解得到的振动特性只针对一种特定的参数组合，因此不能对调节阀的稳定性进行定量分析。

稳定性分析是引入合适的稳定性理论或准则对所构建的动力学模型进行稳定性判断，从而直接求出调节阀相对于所关心参量的临界稳定曲线，进而定量地确定调节阀在不同所关心参量数值下的振动特性。虽然稳定性分析能实现定量分析，但稳定性理论或准则的引入使得动力学模型的求解难度大大增加。同时，现有的稳定性分析理论或准则也不够丰富与成熟。

总的来说，理论模型仿真只适合于简单的阀门结构型式，在调节阀振动研究中主要用于分析发生在具有弹性结构的阀门上的外激振动问题和由流体弹性不稳定导致的振动问题，使用范围局限。

（2）试验方法

试验方法是指依靠现场测试或实验室检测对调节阀的振动现象进行调查，提供第一手的数据支撑并根据试验结果对调节阀振动机理做出解释。振动加速度、振动位移等振动信息是调节阀振动的直接表现，是调节阀振动试验研究中的首要关注量，主要通过加速度传感器和位移传感器获得。

除外激振动外，其他形式的调节阀振动均由流经调节阀的流体引起。而调节阀的振动反过来也会影响阀门对流体的控制能力，改变阀内流场分布。因此，为了对调节阀流激振动机理进行解释和说明，进行调节阀流激振动试验时，流场信息的获取同样至关重要。速度分布是阀内流场的直观表现，可通过各类非接触式测速仪获取。

在调节阀流激振动试验中常用的测速仪器有激光多普勒测速仪（Laser Doppler Anemometer，LDA）和粒子图像测速仪（Particle Image Velocimetry，PIV）两种。LDA 为点测量，不能直接得到流量空间信息；PIV 为面测量，能够进行流场绘制。压力波动是结构振动的直接激励源，因此测定压力波动同样是流场信息获取中的重要目标。可以通过直接在阀门相应部位设置动态压力传感器，来获取阀门内部流场中的压力波动信息。在一些苛刻条件下，有些研究者还会采取间接的方法获取压力值。

总的来说，试验研究能最直观可靠地得到流场信息与振动信息，是调节阀振动研究中不可或缺的环节。除试验研究经济与时间成本高昂的固有缺陷外，由于调节阀复杂结构与苛刻工况的限制，流场可视化技术往往无法应用，使得通过试验研究深入理解调节阀振动机理较难实现。因此，试验研究方法不是当下调节阀振动研究中的主流手段。

（3）数值仿真

数值仿真是指利用有限量的节点参数表示连续的流体域或固体域。根据是否将流场信息与结构信息统合在一起对调节阀振动问题进行分析，数值仿真有单一流场分析与流固耦合分析两个思路。

单一流场分析是指仅从流体域的角度对调节阀振动问题进行研究。单一流场分析不涉及固体结构信息，因此不能直接得到与结构振动相关的参量，往往只能定性地判断振动的诱因和强烈程度。

流固耦合分析是指在考虑流体域（阀内流场）与固体域（调节阀结构）相互作用的前提下，对调节阀振动问题进行研究。两个求解域之间的相互作用通过数据交流实现。根据数据交流方向的不同，流固耦合分析可分为单向流固耦合分析与双向流固耦合分析两类。

单向流固耦合分析是指流体域与固体域之间仅有单向的数据传输。根据数据传输具体方向的不同，又可将单向流固耦合分析细分为流-固单向耦合分析与固-流单向耦合分析两种。

1）流-固单向耦合分析仅考虑流体对固体的影响，不考虑固体对流体的影响。由于在分析过程中不考虑固体对流体的影响，流-固单向耦合分析只适合小振幅振动的情况，即固体振动的发生不会使流体边界产生显著的变化。虽然流-固单向耦合分析需要联用固体与流体两个求解器，但同样由于数据传输单方向的特点，两个求解器可顺序依次工作，降低了计算难度。

2）固-流单向耦合分析仅考虑固体对流体的影响，不考虑流体对固体的影响。由于在分析过程中不考虑流体对固体的影响，固-流单向耦合分析仅依靠流体求解器即可完成，但与单一流场分析一样，也不能直接得到振动响应。固-流单向耦合分析通过对阀内件施加理想简化的运动形式模拟振动条件，适合于阀内件发生大振幅振动的情况。

双向流固耦合分析是指流体域与固体域之间有双向的数据交换，即固体会在流体的作用下产生结构响应，而固体的结构响应又会反过来影响流体。根据固体结构在流场作用下响应形式的不同，本文将双向流固耦合分析细分为无变形双向流固耦合分析与有变形双向流固耦合分析两种。

1）在无变形双向流固耦合分析中，固体结构在流场作用下只发生运动，不发生变形。无变形双向流固耦合分析与固-流单向耦合分析较为类似，通常是阀内件在大振幅振动下发生的运动。不同的是，无变形双向流固耦合分析中不对阀内件定义确定的运动形式，而是定义响应机制，即固体运动由流体作用引发，因此能够得到振动信息。

2）在有变形双向流固耦合分析中，固体结构在流场作用下既发生运动，也发生变形。有变形双向流固耦合分析是最贴近实际情况的分析思路，但要求固体与流体两个求解器进行联合同时工作，使得计算难度大大增加，在当下的研究工作中应用并不普遍，还需通过优化算法来提高计算效率，降低计算成本。

从上述数值仿真分析思路中可发现，只有流-固单向耦合分析、无变形双向流固耦合分析与有变形双向流固耦合分析能获得振动信息，说明振动信息的获取必须采用流固耦合分析，但并不一定同时要求对流体网格做变形处理。

另外，虽然这三种方法均能获得调节阀振动信息，但对这三种方法准确性与计算资源消耗的比较还未见报道。后续的研究工作若能针对这一问题进行研究，将有助于指导相关工作人员选用合适的数值模拟方法调查调节阀振动问题。

总的来说，相较于试验方法和理论分析方法，数值仿真方法使用范围广泛，同时使用的成本和求解的难度在可接受的范围内，能够同时满足科学研究与工程应用的要求，是当下解决调节阀振动问题的主流手段。

4.1.5 空化汽蚀失效

1. 闪蒸和空化

闪蒸是不可压缩流体通过阀节流后，从节流截面直至阀出口的静压降低到等于或低于该流体在阀入口温度下的饱和蒸气压时，部分液体汽化使阀后形成气液两相流的现象。闪蒸的发生使液体的流量不随压降的增加而增加，出现阻塞流。闪蒸还造成气液两相流，气体与液体同时流过阀芯和下游管道，造成冲刷，其特点是阀芯呈现平滑抛光的外形。

空化是流体通过阀节流时，从节流截面的静压降低到等于或低于该流体在阀入口温度下的饱和蒸气压时，部分液体汽化形成气泡，继而静压又恢复到该饱和蒸气压，气泡溃灭恢复为液相的现象。汽蚀是空化作用对材料的侵蚀。空化或汽蚀的发生对调节阀阀芯产生严重的冲刷破坏，冲刷发生在流速最大处，通常在阀芯和阀座接触线处或附近。由于气泡破裂，释放能量，它不仅发出类似流沙流过阀门的爆裂噪声，而且释放的能量冲刷阀芯表面，并波及下游管道。与闪蒸冲刷不同，汽蚀冲刷使阀芯及下游管道呈现类似煤渣的粗糙表面。节流空化前后压力、速度变化如图4-4所示。

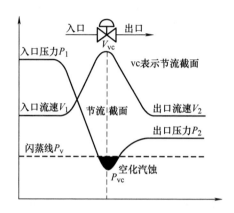

图4-4　调节阀节流空化前后压力、速度变化曲线

（1）空化的产生机理

当给定温度下液体的局部压力低于其饱和蒸气压时，就会发生空化现象。图4-5所示为物质在不同温度下的固、液、气三相分离曲线。任何提高温度或

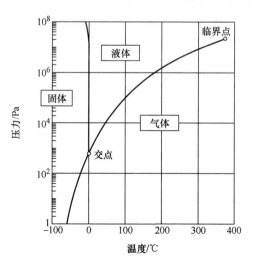

图4-5　固、液、气三相分离曲线

降低足够量的压力的过程都将导致从液体到蒸气的相变。通常，沸腾被定义为液体内部的温度等于或高于对应压力下液体的饱和温度而引起的相变，而空化则是在环境温度下通过降低液体的饱和蒸气压P_v而引起的相变。

（2）空化数

在空化研究中，通过压力与速度的关系定义空化数：

$$\sigma = \frac{P_\infty - P_v}{\frac{1}{2}\rho v_\infty^2} \qquad (4\text{-}1)$$

式中　P_∞——参考远场压力；

P_v——液体饱和蒸气压；

ρ——液体密度；

v_∞——参考远场速度。

由式（4-1）可知，减小参考远场压力对空化数的影响相当于增大参考远场速度。σ通常用于指示液体流动中空化的发展或程度。高σ值时，空化现象不存在，随着σ值的降低，空化现象越来越严重。

影响阀门空化发生和空化强度的变量包括阀门的运行条件、阀门的安装方式与阀门自身结构，参数主要包括阀门结构参数、阀门开度以及施加在阀门前后的边界条件等。阀门中空化强度越高，越有可能对阀门及阀门下游管路等造成不可逆转的破坏。改变节流截面形状、增加减压装置以及对阀门结构进行优化能够有效降低空化强度。基本上，对于不同的阀门来说，发生空化的位置是不同的。

（3）空化损伤

1）机械作用。过流壁面产生空蚀破坏是由气泡溃灭时产生的微射流和冲击波的强大冲击作用所致。

2）化学腐蚀作用。化学腐蚀作用常与机械空蚀作用互相促进，空蚀加速腐蚀，腐蚀也加速空蚀，两者联合作用造成固体壁面更严重的疲劳破坏。

3）电化学作用。在气泡溃灭时产生的高温和高压作用下，金属晶粒中形成热电偶，冷热间存在电位差，对金属表面产生电解作用，造成电化学腐蚀。

4）热力作用。气泡溃灭时，其中含有的气体温度很高，这些热气体与物体表面接触时，将物体表面局部加热，使其失去原有的强度而很容易破坏。

2. 防止闪蒸和汽蚀发生的措施

闪蒸发生的原因是阀后压力 P_2 仍小于液体的饱和蒸气压 P_v。P_2 与管道和下游过程有关，P_v 是流体和工作温度的函数，因此，闪蒸的发生不仅与调节阀有关，还与下游过程和管道等因素有关。这表明任何一个调节阀都可能发生闪蒸。为此，在选用调节阀、设计管路、确定压力分配等过程中都要充分考虑闪蒸的发生。从调节阀来看，应注意下列事项：

1）提高材质硬度。选用硬质合金作为阀芯材料，或采用在可能发生闪蒸的部位焊接硬质材料，提高材料硬度，减少冲刷。

2）降低流体流速。设计合理流路，降低下游流体流速，从而降低冲刷速度。例如，在调节阀下游设置扩径管，降低流速。

3）选用合适的调节阀类型和流向。不同的调节阀和流向，其压力恢复系数不同，选用压力恢复系数大的调节阀类型和流向，可防止阻塞流的发生。例如，对易汽化的液体，不宜选用高压力恢复的球阀或蝶阀，可选用低压力恢复的单座阀等。

从工艺管路设计看，应注意合理设计管路系统的压力分配，提高调节阀上游压力或下游压力。例如：调节阀安装在泵出口，提高上游压力；调节阀安装在静压高的位置，提高下游压力，使节流处的压力高于饱和蒸气压。从理论分析看，也可通过改变液体温度来改变饱和蒸气压，但通常不采用这种方法。

汽蚀发生的原因是调节阀节流处压力低于液体饱和蒸气压，而下游处压力恢复，并高于液体的饱和蒸气压，因此，消除和减少汽蚀发生的措施如下：

1）控制压降，使汽蚀不发生。例如，采用多级降压的方法，使调节阀的压降分为几级，每级的压降都保证不使节流处的压力低于液体的饱和蒸气压，从而消除气泡的产生，使汽蚀不发生。图4-6是三级降压防止汽蚀的阀内件结构图。

2）减小汽蚀影响。采用与防止闪蒸发生类似的方法，例如提高材质硬度、降低流速等，使汽蚀发生造成的影响减小。

3）合理分配管路压力，提高下游压力。从工艺设计看，提高调节阀下游压

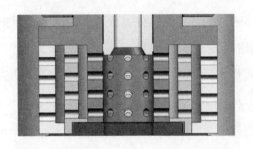

图 4-6　三级降压防止汽蚀的阀内件结构图

力，使节流处压力也相应提高，从而防止汽蚀发生。例如，将调节阀安装在下游有较高静压的位置，增设限流孔板等。

4.2　高性能调节阀波纹管密封失效机理及预测

波纹管是一类子午线呈波纹状的旋转薄壁壳体，在工作时通常需要承受与其连接的设备或压力管道系统的压力。它既有弹性特性，又有密封特性，在外力及力矩作用下，能产生轴向、角向、横向及其组合位移，在机械、仪表、石油、化工、电力、供热、船舶、核工业、航空航天等许多领域得到广泛应用。

波纹管按波形可分为 U 形、S 形、Ω 形。各种波形的波纹管适用范围见表 4-2。

表 4-2　各种波形的波纹管适用范围

波形	U 形	S 形	Ω 形
位移应力/MPa	1.0	0.939	0.746
内压应力/MPa	1.0	1.0	0.2~0.067
刚度/（N/mm）	1.0	0.939	0.746

国内现有波纹管计算模型仅有 U 形波纹管，S 形波纹管和 Ω 形波纹管没有明确的计算模型和相应公式，并且 U 形波纹管具有较强承受外压的能力，Ω 形波纹管承受外压能力相对较弱。由于 U 形波纹管具有良好的综合性能，故阀用波纹管如无特殊指定，均选用 U 形波纹管。

4.2.1　波纹管承压强度

波纹管是由一个或多个圆形波纹及端部直边段组成的圆形挠性元件，因子午向形状复杂，受压后，其内部会产生各种应力。为保证波纹管的承压强度，必须对这些应力进行校核，确保所有应力在总应力范围内，并且还须对波纹管进行稳定性校核。GB/T 12777—2019 给出了计算方法和计算公式。

无加强 U 形波纹管结构如图 4-7 所示。

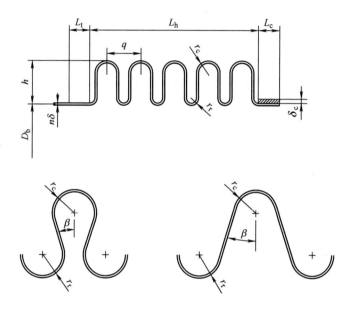

图 4-7　无加强 U 形波纹管

1. 符号说明

A_{cu}——一个 U 形波纹管的金属横截面积（mm^2）；

A_{tc}——一个直边段加强套环的金属横截面积（mm^2）；

C_d——U 形波纹管 σ_6 的计算修正系数，见表 4-3；

C_f——U 形波纹管 σ_5、f_{iu}、f_{ir} 的计算修正系数，见表 4-4；

C_w——焊接接头系数，下标 b、c、f、p 和 r 分别表示波纹管、加强套环、紧固件、管子和加强件材料；

C_θ——由角位移引起的柱失稳降低系数，$C_\theta = \min~(R_\theta,~1.0)$；

C_p——U 形波纹管 σ_4 的计算修正系数，见表 4-5；

D_b——波纹管直边段内径（mm）；

表 4-3　U 形波纹管 σ_6 的计算修正系数 C_d

$\dfrac{2r_m}{h}$	$\dfrac{1.82 r_m}{\sqrt{D_m \delta_m}}$												
	0.2	0.4	0.6	0.8	1.0	1.2	1.4	1.6	2.0	2.5	3.0	3.5	4.0
0.0	1.000	1.000	1.000	1.000	1.000	1.000	1.000	1.000	1.000	1.000	1.000	1.000	1.000
0.05	1.061	1.066	1.105	1.079	1.057	1.037	1.016	1.006	0.992	0.980	0.970	0.965	0.955
0.10	1.128	1.137	1.195	1.171	1.128	1.080	1.039	1.015	0.984	0.960	0.945	0.930	0.910
0.15	1.198	1.209	1.277	1.271	1.208	1.130	1.067	1.025	0.974	0.935	0.910	0.890	0.870
0.20	1.269	1.282	1.352	1.374	1.294	1.185	1.099	1.037	0.966	0.915	0.885	0.860	0.830
0.25	1.340	1.354	1.424	1.476	1.384	1.246	1.135	1.052	0.958	0.895	0.855	0.825	0.790
0.30	1.411	1.426	1.492	1.575	1.476	1.311	1.175	1.070	0.952	0.875	0.825	0.790	0.755
0.35	1.480	1.496	1.559	1.667	1.571	1.381	1.220	1.091	0.947	0.840	0.800	0.760	0.720
0.40	1.547	1.565	1.626	1.753	1.667	1.457	1.269	1.116	0.945	0.833	0.775	0.730	0.685
0.45	1.614	1.633	1.691	1.832	1.766	1.539	1.324	1.145	0.946	0.825	0.750	0.700	0.655
0.50	1.679	1.700	1.757	1.905	1.866	1.628	1.385	1.181	0.850	0.815	0.730	0.670	0.625
0.55	1.734	1.766	1.822	1.973	1.969	1.725	1.452	1.223	0.958	0.800	0.710	0.645	0.595
0.60	1.807	1.832	1.886	2.037	2.075	1.830	1.529	1.273	0.970	0.790	0.688	0.620	0.567
0.65	1.872	1.897	1.950	2.099	2.182	1.943	1.614	1.333	0.988	0.785	0.670	0.597	0.538
0.70	1.937	1.963	2.014	2.160	2.291	2.066	1.710	1.402	1.011	0.780	0.657	0.575	0.510
0.75	2.003	2.029	2.077	2.221	2.399	2.197	1.819	1.484	1.042	0.780	0.642	0.555	0.489
0.80	2.070	2.096	2.141	2.283	2.505	2.336	1.941	1.578	1.081	0.785	0.635	0.538	0.470
0.85	2.138	2.164	2.206	2.345	2.603	2.483	2.080	1.688	1.130	0.795	0.628	0.522	0.452
0.90	2.206	2.234	2.273	2.407	2.690	2.634	2.236	1.813	1.191	0.815	0.625	0.510	0.438
0.95	2.274	2.305	2.344	2.467	2.758	2.789	2.412	1.957	1.267	0.845	0.630	0.502	0.428
1.0	2.341	2.378	2.422	2.521	2.800	2.943	2.611	2.121	1.359	0.890	0.640	0.500	0.420

注：中间值采用插值法计算。

　　D_c——波纹管直边段加强套环平均直径（mm）；

　　D_m——波纹管平均直径（mm），$D_m = D_b + h + n\delta$（对于 U 形截面），$D_m =$

$$D_b + 2n\delta + 2r_0 + 2\sqrt{\left(r_0 + \frac{n\delta}{2} + r\right)^2 - \left(r_0 + n\delta + \frac{L_0}{2}\right)^2}\ （对于\ \Omega\ 形截$$

面）；

表 4-4 U 形波纹管 σ_5、f_{iu}、f_{ir} 的计算修正系数 C_f

$\dfrac{2r_m}{h}$	$\dfrac{1.82r_m}{\sqrt{D_m\delta_m}}$												
	0.2	0.4	0.6	0.8	1.0	1.2	1.4	1.6	2.0	2.5	3.0	3.5	4.0
0.0	1.000	1.000	1.000	1.000	1.000	1.000	1.000	1.000	1.000	1.000	1.000	1.000	1.000
0.05	1.116	1.094	1.092	1.066	1.026	1.002	0.983	0.972	0.948	0.930	0.920	0.900	0.900
0.10	1.211	1.174	1.163	1.122	1.052	1.000	0.962	0.937	0.892	0.867	0.850	0.830	0.820
0.15	1.297	1.248	1.225	1.171	1.077	0.995	0.938	0.899	0.836	0.800	0.780	0.750	0.735
0.20	1.376	1.319	1.281	1.217	1.100	0.989	0.915	0.860	0.782	0.730	0.705	0.680	0.655
0.25	1.451	1.386	1.336	1.260	1.124	0.983	0.892	0.821	0.730	0.665	0.640	0.610	0.590
0.30	1.524	1.452	1.392	1.300	1.147	0.979	0.870	0.784	0.681	0.610	0.580	0.550	0.525
0.35	1.597	1.517	1.449	1.340	1.171	0.975	0.851	0.750	0.636	0.560	0.525	0.495	0.470
0.40	1.669	1.582	1.508	1.380	1.195	0.975	0.834	0.719	0.595	0.510	0.470	0.445	0.420
0.45	1.740	1.646	1.568	1.422	1.220	0.976	0.820	0.691	0.557	0.470	0.425	0.395	0.370
0.50	1.812	1.710	1.630	1.465	1.246	0.980	0.809	0.667	0.523	0.430	0.380	0.350	0.325
0.55	1.882	1.775	1.692	1.511	1.271	0.987	0.799	0.646	0.492	0.392	0.342	0.303	0.285
0.60	1.952	1.841	1.753	1.560	1.298	0.996	0.792	0.627	0.464	0.360	0.300	0.270	0.252
0.65	2.020	1.908	1.813	1.611	1.325	1.008	0.787	0.611	0.439	0.330	0.271	0.233	0.213
0.70	2.087	1.975	1.871	1.665	1.353	1.022	0.783	0.598	0.416	0.300	0.242	0.200	0.182
0.75	2.153	2.045	1.929	1.721	1.382	1.038	0.780	0.586	0.394	0.275	0.212	0.174	0.152
0.80	2.217	2.116	1.987	1.779	1.415	1.056	0.779	0.576	0.373	0.253	0.188	0.150	0.130
0.85	2.282	2.189	2.049	1.838	1.451	1.076	0.780	0.569	0.354	0.230	0.167	0.130	0.109
0.90	2.349	2.265	2.119	1.896	1.492	1.099	0.781	0.563	0.336	0.206	0.146	0.112	0.090
0.95	2.421	2.345	2.201	1.951	1.541	1.125	0.785	0.560	0.319	0.188	0.130	0.092	0.074
1.0	2.501	2.430	2.305	2.002	1.600	1.154	0.792	0.561	0.303	0.170	0.115	0.081	0.061

注：中间值采用插值法计算。

E——室温下的弹性模量（MPa），下标 b、c、f、p、s 和 r 分别表示波纹管、加强套环、紧固件、管子、导流筒和加强件的材料；

E^t——设计温度下的弹性模量（MPa），下标 b、c、f、p、s 和 r 分别表示波纹管、加强套环、紧固件、管子、导流筒和加强件的材料；

e_x——轴向位移"x"引起的单波轴向位移（mm）；

表 4-5 U 形波纹管σ_4的计算修正系数C_p

$\dfrac{2r_m}{h}$	$\dfrac{1.82r_m}{\sqrt{D_m\delta_m}}$												
	0.2	0.4	0.6	0.8	1.0	1.2	1.4	1.6	2.0	2.5	3.0	3.5	4.0
0.0	1.000	1.000	0.980	0.950	0.950	0.950	0.950	0.950	0.950	0.950	0.950	0.950	0.950
0.05	0.976	0.972	0.910	0.842	0.841	0.841	0.840	0.841	0.841	0.840	0.840	0.840	0.840
0.10	0.946	0.926	0.870	0.770	0.744	0.744	0.744	0.731	0.731	0.732	0.732	0.732	0.732
0.15	0.912	0.890	0.840	0.722	0.657	0.657	0.651	0.632	0.632	0.630	0.630	0.630	0.630
0.20	0.876	0.856	0.816	0.700	0.592	0.579	0.564	0.549	0.549	0.550	0.550	0.550	0.550
0.25	0.840	0.823	0.784	0.680	0.559	0.518	0.495	0.481	0.481	0.480	0.480	0.480	0.480
0.30	0.803	0.790	0.753	0.662	0.536	0.501	0.462	0.432	0.421	0.421	0.421	0.421	0.421
0.35	0.767	0.755	0.722	0.640	0.541	0.502	0.460	0.426	0.388	0.367	0.367	0.367	0.376
0.40	0.733	0.720	0.696	0.627	0.548	0.503	0.458	0.420	0.369	0.332	0.328	0.322	0.312
0.45	0.702	0.691	0.670	0.610	0.551	0.503	0.455	0.414	0.354	0.315	0.299	0.287	0.275
0.50	0.674	0.665	0.646	0.593	0.551	0.503	0.453	0.408	0.342	0.300	0.275	0.262	0.248
0.55	0.649	0.642	0.624	0.585	0.550	0.502	0.450	0.403	0.332	0.285	0.258	0.241	0.225
0.60	0.627	0.622	0.605	0.579	0.547	0.500	0.447	0.398	0.323	0.272	0.242	0.222	0.205
0.65	0.610	0.606	0.590	0.574	0.544	0.497	0.444	0.394	0.316	0.260	0.228	0.208	0.190
0.70	0.596	0.593	0.580	0.569	0.540	0.494	0.442	0.391	0.309	0.251	0.215	0.194	0.176
0.75	0.585	0.583	0.577	0.563	0.536	0.491	0.439	0.388	0.304	0.242	0.203	0.182	0.163
0.80	0.577	0.576	0.569	0.557	0.531	0.488	0.437	0.385	0.299	0.235	0.195	0.171	0.152
0.85	0.571	0.571	0.566	0.553	0.526	0.485	0.435	0.384	0.296	0.230	0.188	0.161	0.142
0.90	0.566	0.566	0.558	0.564	0.521	0.482	0.433	0.382	0.294	0.224	0.180	0.152	0.134
0.95	0.560	0.560	0.550	0.540	0.515	0.479	0.432	0.381	0.293	0.219	0.175	0.146	0.126
1.0	0.550	0.550	0.543	0.533	0.510	0.476	0.431	0.380	0.292	0.215	0.171	0.140	0.119

注：中间值采用插值法计算。

e_y——横向位移"y"引起的单波当量轴向位移（mm）；

e_θ——角位移"θ"引起的单波当量轴向位移（mm）；

f_i——波纹管单波轴向弹性刚度（N/mm），下标 u、r、t 分别表示无加强 U 形、加强 U 形和 Ω 形波纹管；

h——波高（mm）；

K_r—— 周向应力系数，取下列算式中较大值且不小于 1：$K_r = $

$$\frac{2(q+e_x) + e_\theta \psi + e_y}{2q}$$（在设计压力 p 时，e_x 和 e_y 处于拉伸状态）；$K_r = $

$$\frac{2(q-e_x) + e_\theta \psi + e_y}{2q}$$（在设计压力 p 时，e_x 和 e_y 处于压缩状态）；

K_2—— 平面失稳系数，$K_2 = \dfrac{\sigma_2}{p}$；

K_4—— 平面失稳系数，$K_4 = \dfrac{h^2 C_p}{2n\, \delta_m^2}$；

k—— σ_1、σ_1' 的计算系数，$k = \dfrac{L_t}{1.5\sqrt{D_b \delta}}$ 且 $k \leqslant 1$；

L_t—— 波纹管直边段长度（mm）；

N—— 一个波纹管的波数；

$[N_c]$—— 波纹管设计疲劳寿命（次）；

n—— 厚度为 δ 的波纹管材料层数；

n_f—— 设计疲劳寿命安全系数，$n_f \geqslant 10$；

P—— 设计压力（MPa）；

p_{sc}—— 波纹管两端固支时柱失稳的极限设计内压（MPa）；

p_{si}—— 波纹管两端固支时平面失稳的极限设计压力（MPa）；

q—— 波距（mm）；

W—— 高温焊接接头强度降低系数，下标 b、c、p 和 r 分别表示波纹管、加强套环、管子和加强件的材料；

α—— 平面失稳应力相互作用系数，$\alpha = 1 + 2\eta^2 \sqrt{1 - 2\eta^2 + 4\eta^4}$；

η—— 平面失稳应力比，$\eta = \dfrac{K_4}{3K_2}$；

δ—— 波纹管一层材料的名义厚度（mm）；

δ_m—— 波纹管成形后一层材料的名义厚度（mm）；

Ψ—— 角位移的压力影响系数，$\Psi = \dfrac{e_\theta + e_{yP}}{e_\theta}$（对于单式波纹管）；

σ_1——压力引起的波纹管直边段周向薄膜应力（MPa）；

σ_2——压力引起的波纹管周向薄膜应力（MPa）；

σ_3——压力引起的波纹管子午向薄膜应力（MPa）；

σ_4——压力引起的波纹管子午向弯曲应力（MPa）；

σ_5——位移引起的波纹管子午向薄膜应力（MPa）；

σ_6——位移引起的波纹管子午向弯曲应力（MPa）；

$[\sigma]^t$——设计温度下材料的许用应力（MPa），下标 b、c、f、p、r 分别表示波纹管、加强套环、紧固件、管子和加强件材料；

σ_t——子午向总应力范围（MPa）；

2. 压力应力计算及其校核

$$\sigma_1 = \frac{p\,(D_b + n\delta)^2 L_t E_b^t k}{2[\,n\delta\,E_b^t L_t\,(D_b + n\delta) + A_{tc}k\,E_c^t D_c\,]} \leqslant C_{wb} W_b [\sigma]_b^t \tag{4-2}$$

$$\sigma_1 = \frac{p\,D_c^2 L_t E_c^t k}{2[\,n\delta\,E_b^t L_t\,(D_b + n\delta) + A_{tc}k\,E_c^t D_c\,]} \leqslant C_{wc} W_c [\sigma]_c^t \tag{4-3}$$

$$\sigma_2 = \frac{K_r q p\,D_m}{2\,A_{cu}} \leqslant C_{wb} W_b [\sigma]_b^t \tag{4-4}$$

$$\sigma_3 = \frac{ph}{2n\delta_m} \tag{4-5}$$

$$\sigma_4 = \frac{p\,h^2 C_p}{2n\delta_m^2} \tag{4-6}$$

$$\sigma_3 + \sigma_4 \leqslant C_m [\sigma]_b^t (\text{蠕变温度以下}) \tag{4-7}$$

$$\sigma_3 + \frac{\sigma_4}{1.25} \leqslant [\sigma]_b^t (\text{蠕变温度范围内}) \tag{4-8}$$

3. 位移应力计算

$$\sigma_5 = \frac{E_b \delta_m^2 e}{2\,h^3 C_f} \tag{4-9}$$

$$\sigma_6 = \frac{5\,E_b \delta_m e}{3h^2 C_d} \tag{4-10}$$

4. 子午向总应力范围计算

$$\sigma_t = 0.7(\sigma_3 + \sigma_4) + \sigma_5 + \sigma_6 \qquad (4\text{-}11)$$

5. 稳定性计算

阀用波纹管因其与阀杆和阀体紧固连接，其两端支撑方式可简化为两端固支形式，故：

柱失稳（见图4-8）的极限设计内压公式为

$$p_{sc} = \frac{0.34\pi f_{iu} C_\theta}{N^2 q} \qquad (4\text{-}12)$$

$$P \leqslant P_{sc} \qquad (4\text{-}13)$$

图4-8　波纹管柱失稳照片

平面失稳（见图4-9）的极限设计压力公式为

$$P_{si} = \frac{1.3A_{cu}R^t_{p\,0.2y}}{K_r D_m q \sqrt{\alpha}}$$ (4-14)

$$P \leqslant P_{si}$$ (4-15)

图 4-9　波纹管平面失稳照片

4.2.2　波纹管外压耐压强度计算

1. 单层无加强型波纹管承受外压或真空时的应力计算

对于单层无加强型波纹管在承受外压或真空时，在波纹管中产生的应力与承受内压时产生的应力大小相等、方向相反。因此，计算由外压或真空引起的应力计算公式与承受内压的应力计算公式相同，只是在计算时将压力用绝对值代入即可。

2. 多层波纹管在承受外压或真空时的应力计算

由于制造工艺原因，多层波纹管在承受外压或真空时，有可能会出现并不是每层波纹管都共同承压的工况，需要考虑实际承压的有效层数。因此，计算公式中的层数 n 应采用实际承受外压或真空的有效层数。

$$P_c = P_o - P_i [\text{当} P_m \leqslant (P_o - P_i)/2 \text{ 时，两层都有效，负压时取} P_i = 0]$$ (4-16)

$$P_c = P_m - P_i [\text{当} P_m > (P_c + P_i)/2 \text{ 时，仅内层有效}]$$ (4-17)

式中　P_c——外压设计压力（MPa）；

　　　P_o——波纹管外部绝对压力（MPa）；

P_i——波纹管内部绝对压力（MPa）；

P_m——多层波纹管层与层之间绝对压力（MPa）。

3. 周向稳定性

波纹管截面（见图4-10）对1—1轴的惯性矩 I_1 按式(4-18)计算。

$$I_1 = Nn\,\delta_m \left[\frac{(2h-q)^3}{48} + 0.4q\,(h-0.2q)^2 \right] \tag{4-18}$$

当 $\dfrac{E_h^t}{E_p^t}I_1 < I_2$ 时，可将波纹管视为长度为 L_b、外径为 D_m、厚度为 $\sqrt[3]{12\,(1-\mu^2)\dfrac{I_1}{L_b}}$ 的当量圆筒进行外压周向稳定性校核。

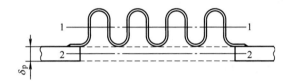

图 4-10　波纹管截面

波纹管周向稳定性校核方法按 GB/T 150—2011 中 4.3 的规定。

4.2.3　波纹管寿命

波纹管寿命即为波纹管疲劳寿命，是指波纹管经受循环载荷作用直至破坏时的次数。波纹管在工作时，其波峰、波谷常处于塑性应力范围内，易在较低的循环载荷下产生疲劳失效，因此，波纹管必须具有足够的疲劳寿命以满足工况要求。

波纹管的疲劳寿命是波纹管重要的衡量指标，直接关系阀门的正常运行，故各国对波纹管疲劳寿命进行了很多研究。根据相关文献，材料承受循环载荷时，能经受的循环次数与交变应力幅度有关，两者的关系曲线即为 $S-N$ 曲线。典型的疲劳曲线在循环次数 10^5 附近出现转折，故一般以 10^5 作为高、低周的疲劳分界线。

阀用波纹管与阀杆连接作为密封组件，10^5 循环次数也达到阀门的运行寿命，故阀用波纹管的疲劳寿命以低周疲劳为主要研究方向。

对应低周疲劳，通常用应变值作为控制变量。

下面介绍波纹管的疲劳寿命预测。

为研究方便，假定材料是符合弹性规律的，虚拟应力值 σ_a 可表示为

$$\sigma_a = \frac{1}{2} E \varepsilon_t \qquad (4\text{-}19)$$

式中 ε_t ——总应变。

当材料在弹性范围内工作时，虚拟应力值与实际应力值一致；当材料在塑性范围内工作时，总应变 ε_t 包括弹性应变 ε_e 和塑性应变 ε_p，因此，虚拟应力就不是材料所承受的真实应力。

在塑性应变范围内 $\Delta \varepsilon_p$ 可表示为

$$\Delta \varepsilon_p = \Delta \varepsilon_{ep} - \frac{\Delta \sigma}{E} \qquad (4\text{-}20)$$

式中 $\Delta \varepsilon_p$ ——弹塑性总应力范围；

         $\Delta \sigma$ ——真实应力范围。

虽然 $\Delta \sigma$ 是未知的，但在塑性应变疲劳中有 $\frac{\Delta \sigma}{2} \geqslant \sigma_{0.2}$，取 $\Delta \sigma = \sigma_{0.2}$ 是偏安全的。将式（4-20）代入低周疲劳中的总应变值与失效循环次数之间的 Manson – Coffin 方程 $N^a \Delta \varepsilon_p = c$，公式经整理后得到材料的疲劳寿命预测公式：

$$N = \left(\frac{E_c}{E \Delta \varepsilon_{ep} - 2 \sigma_{0.2}} \right)^{\frac{1}{a}} \qquad (4\text{-}21)$$

式中 N ——失效时的循环次数；

         ε_{ep} ——材料塑性应变范围；

   a、c ——有关材料性能的指数和常数。

对 U 形波纹管的疲劳寿命预测，还需考虑波纹管的应变集中。用于疲劳分析的波纹管的弹塑性应变幅 $\Delta \varepsilon_{ep} = K_\varepsilon \Delta \varepsilon_e$，$K_\varepsilon$ 为波纹管的应变集中系数，将该式代入式（4-21）后可得到通用的 U 形波纹管的疲劳寿命预测公式：

$$N = \left(\frac{E_c}{E K_\varepsilon \Delta \varepsilon_e - 2 \sigma_{0.2}} \right)^{\frac{1}{a}} \qquad (4\text{-}22)$$

为便于工程应用，世界各国根据自己的试验数据和经验，提出了各自的工程

用 U 波纹管的疲劳寿命预测公式。我国 GB/T 12777—2019 标准依照国际原子能工业报告（AEC）NAA‑SR‑4572"膨胀节中的应力分析"中"设计准则和试验结果"所给出的公式，并参考美国膨胀节制造商协会（EJMA）的经验，对 2008 版 U 波纹管的疲劳寿命进行更准确的修订。

GB/T 12777—2019 标准对 U 形波纹管疲劳寿命的预测公式如下：

$$[N_c] = \left(\frac{12827}{\sigma_t - 372}\right)^{3.4} / n_f \tag{4-23}$$

$$[N_c] = \left(\frac{16069}{\sigma_t - 465}\right)^{3.4} / n_f \tag{4-24}$$

$$[N_c] = \left(\frac{18620}{\sigma_t - 540}\right)^{3.4} / n_f \tag{4-25}$$

$[N_c]$ 不宜低于 500 次。

式(4-23)~式(4-25)适用于设计疲劳寿命 $[N_c]$ 在 $10 \sim 10^5$ 之间，设计温度低于相关材料标准规定的蠕变温度范围。

式(4-23)适用于奥氏体不锈钢，耐蚀合金 N08800、N08810、N06600、N04400、N08811。

式(4-24)适用于 N06455、N10276、N08825。

式(4-25)适用于 N06625。

针对其他材料的波纹管疲劳寿命，GB/T 12777—2019 标准给出了基于试验数据的工程计算公式：

$$[N_c] = \left(\frac{12827}{\dfrac{\sigma_t}{K_j R_{min}^m} - 372}\right)^{3.4} / n_f \tag{4-26}$$

式中　K_j——疲劳试验结果统计变量系数，$K_j \leq 1$，$K_j = \dfrac{1.25}{1.47 - 0.044 N_t}$；

R_{min}^m——所有疲劳试验波纹管中R_m的最小值；

R_m——每个疲劳试验波纹管的子午向总应力范围σ_{tt}与参照子午向总应力范围σ_{tr}的比值；

σ_{tt}——每个疲劳试验波纹管的子午向总应力范围（MPa），$\sigma_{tt} = 0.7$（σ_3

$+\sigma_4) + (\sigma_5 + \sigma_6)$（无加强 U 形波纹管）；

σ_{tr}——每个疲劳试验波纹管的参照子午向总应力范围（MPa），$\sigma_{tr} =$

$$\frac{16989}{\sqrt[3.4]{N_{ct}n_f}} + 372 ；$$

N_{ct}——每个疲劳试验波纹管的失效循环次数（次）。

4.2.4 波纹管推力

在阀门中，波纹管与阀杆组合为密封组件，跟随阀杆运动实现对执行器的密封作用。根据工作状态，波纹管仅承受外压和轴向位移，故波纹管的推力为波纹管刚度和由外压产生的轴向推力的组合。

1. 波纹管刚度K_x计算

$$K_x = \frac{f_i}{N} \tag{4-27}$$

式中 f_i——波纹管单波轴向刚度（N/mm），下标 u、t 分别表示无加强 U 形和
Ω 形波纹管。

$$f_{iu} = \frac{1.7\, D_m E_b^t \delta_m^3 n}{h^3 C_f}$$

2. 波纹管轴向推力F_p计算

$$F_p = pA_y \tag{4-28}$$

式中 A_y——圆形波纹管有效面积（mm²），$A_y = \dfrac{\pi D_m^2}{4}$。

3. 波纹管总推力 F 计算

$$F = F_p + K_x x \tag{4-29}$$

式中 x——波纹管轴向压缩位移或轴向拉伸位移（mm）。

阀用波纹管在工作中绝大多数情况是处于外压工况，但也有内压工况，外压时需控制平面失稳和周向失稳，内压时需控制平面失稳和柱失稳。在相同工况下，增加波纹管的壁厚，波纹管的刚度会得到增大，并且由于降低了波纹管内部的应力水平，波纹管的疲劳寿命得到提高，但波纹管的补偿量降低了，波纹管的

波数会增加，容易造成波纹管柱失稳。增大波纹管的波高，可有效减少波纹管波数，降低波纹管总高，抗柱失稳能力得到提高，但波纹管的刚度降低了，疲劳寿命同时降低。在长度一定的工况下，增加波纹管的波数，波纹管的外压承压能力得到提高，但由于波纹管每个波纹的曲率半径减小，导致轴向薄膜压力增加，疲劳寿命降低了。因此，波纹管的设计是一种多参数平衡性设计。

随着分析技术的发展、各种仿真分析软件的出现，波纹管的设计可以通过常规计算再结合仿真分析软件进行优化，以得到最优的性能组合。

4.3 基于失效风险的高性能调节阀性能劣化防控技术

4.3.1 高温抱死和泄漏超标防控技术

1. 高温抱死防控技术

调节阀的高温抱死会导致阀门开关失效，严重的会导致装置停车停产，造成重大损失。因此必须针对这一现象进行技术创新和改进。

（1）工艺改进

工艺上应尽可能避免超温和过热，例如：在煤气化装置中，应控制气化炉操作温度不宜过高，保证激冷水分布效果，根据气化炉的运行负荷调整激冷水流量，降低气化炉渣水排放温度，可有效减轻高温结垢对锁渣阀的影响；煤气化锁渣系统联调时，尽量在锁斗及锁斗冲洗水罐加水情况下进行系统调试，以避免球阀干磨，并可冲洗管道内焊渣及其余杂物。

另外，为保证在一定卡阻状态下阀门的正常开关动作，执行机构应有足够的输出转矩裕量，安全系数应大于 2.0。在满足工艺运行条件下，可适当延长执行机构的动作时间，减轻开关过程对气动执行机构的冲击损坏。

（2）材料改进

工作于严苛工况的调节阀，介质多为气固或气液两相流或多相流，对密封副的抗磨损能力提出了很高的要求。为避免因密封副在高温下热膨胀量不同引起的抱死，密封副选材须具有一定的硬度差。另外，应选用具有高硬度、抗金属黏结的密封副材料，对于温变产生的热应力不敏感，如硬质合金，硬度高，耐磨性

273

好，热膨胀系数低，在高温工况下不易出现阀瓣卡塞甚至抱死的现象。

另外，阀杆材料应选用高强度不锈钢，如616HT、660等材料，并进行合适的热处理，进一步提高其机械强度和抗磨损性能。

（3）结构改进

除在工艺和材料上进行改进外，为避免高温抱死，也须对易抱死部位的结构进行有针对性的改进，如在球阀的阀座上设置刮刀，在球体转动时提供刮刷，防止阀球与阀座间的颗粒沉积。有些在阀门上设置冲洗吹扫装置，在阀门体腔的顶部接入由电磁阀控制的冲洗管路，对阀门体腔内的工作介质进行置换。另外，针对球阀阀座背部弹簧腔易堆积灰渣的问题，采用柔性石墨＋O形圈的双重密封结构，可有效防止灰渣进入阀座弹簧腔。

在高温蝶阀设计中，为避免轴套和轴因局部温度不同造成变形不一致，可适当加大两者的间隙，并将主轴设计成空心轴，轴内通水冷却，以降低抱死的发生概率。

在角式阀门中，在工艺允许的条件下，可采用低进高出的结构型式，介质由下方进入，由侧方流出。这种结构设计可以有效避免水煤浆介质静止或流通不畅发生的沉积现象。另外，可采用双重密封结构，阀门关闭时，阀瓣圆柱面先进入阀座内孔，实现次密封，然后阀瓣继续下降，阀瓣锥面与阀座锥面接触，完成主密封。双重密封结构的设计使阀门更易关闭，密封更加可靠，介质更不易堆积。在黑水角阀中，可在阀杆上加工螺旋槽，通过与导向套内部纵向直槽的配合，将进入其中的杂质排出，从而避免卡死。

为避免高温对填料的影响，应采用加长阀盖设计。对于介质可能进入填料与阀杆间隙，可在填料函处设计有防细小物料进入填料密封系统的刮尘结构。

为减小高温工况对执行机构及其附件的影响，应加高支架，或者加隔热板等，保证执行机构和附件的安全运行。

钢制螺栓长期处于高温状态时，将会出现应力松弛的问题，因而为保证始终具有有效的预紧力，可在螺栓上安装碟簧等，有效保证连接的紧固性。

（4）维护和保养

在装置运行一段时间后，应定期对调节阀进行检查，对执行机构及其附件的安装位置进行检查，对紧固件的松紧情况进行检查，尤其是传动主轴的润滑保养。

2. 泄漏超标防控技术

调节阀的泄漏超标包括填料及中法兰密封垫片的泄漏超标（外漏）以及阀座密封面的泄漏超标（内漏）。

（1）优化设计选型

能否将调节阀泄漏的程度降到最低、使用寿命达到最长，取决于调节阀设计选型是否合理、密封形式的选用、阀门的产品质量、安装施工及生产操作是否合乎规范等，而很大程度上取决于调节阀设计选型的优化。

调节阀设计选型的优化涉及调节阀型式的选择、阀门本身的设计及制造、调节阀材料的选用等多方面的问题。选择调节阀型式时，要从工艺条件的要求和设计规范的要求等角度进行全面优化考虑。阀门的用途、介质的温度、压力、流速、压降以及介质的腐蚀性等，都直接影响调节阀的选型，还要根据介质的温度和腐蚀性，选择制造阀门所使用的材料。根据施工和实际操作经验，调节阀的选用除了满足有关工艺要求、设计规范外，还应充分考虑各种具体情况，使其尽可能与操作条件相匹配，最大限度地满足使用要求。一定要选择合理的阀芯、阀座型号，检查阀芯、阀座是否存在沙漏、麻点等现象的产生。

（2）外漏超标防控技术

1）填料型式选择及填料预紧力的施加。由于调节阀填料函密封的泄漏，以及阀体连接部位密封的泄漏，是造成阀门外漏的关键所在，所以需要特别重视。传统的软质填料密封是靠填料压盖的轴向压力，使之在阀杆与填料以及填料与填料箱侧壁之间产生一定的径向接触应力而达到密封的。因此，压盖的轴向力必须相当大，这就造成填料与阀杆之间摩擦转矩增大、磨损增加、软质密封填料磨损快，因而容易产生泄漏。为了解决上述问题需采用以下措施：

① 采用合适的填料密封及填料密封组合，可提高调节阀使用的可靠性，延

长使用寿命。例如柔性石墨环填料的组合使用（柔性石墨与碳纤维组合），比只用柔性石墨环填料的密封效果好。

② 为填料压盖施加合适的预紧力，才能保证较好的密封效果，必要时可采用弹簧或碟簧预紧。

2）阀体连接部位密封型式的合理选择。阀体连接部位密封，就其密封性质而言属于静密封，应满足下列要求：能适应温度和压力的急剧变化；多次拆卸而不损坏密封元件；结构简单、紧凑，金属消耗量少；对振动和冲击载荷不敏感；能满足各种工作介质的使用要求。

阀体的连接部位通常采用榫槽式或凹凸式平垫片密封。近年来，O 形密封圈密封也得到了广泛的应用。榫槽式平垫片密封是将平垫片安装在封闭槽中，这种结构在密封面上可产生很高的密封比压，通常远远超过垫片材料的屈服极限，从而保证了可靠的密封性。其适用于压力大于或等于 4.0MPa 的中高压调节阀。这种密封结构的缺点是：当拆卸调节阀时，垫片难于从密封槽中取出，如果硬性取出，往往会将垫片损坏。

凹凸式平垫片密封是将平垫片安装在凹凸面法兰的密封面上，与榫槽式平垫片密封结构相比，具有以下优点：拆卸调节阀时，垫片容易取出；密封槽呈阶梯状，因此加工工艺性能较好。

平垫片的材料，根据工艺参数和流体性质，可选用铝、纯铜和橡胶石棉板等。氟塑料也是常用的垫片密封材料，但由于其具有冷流性，如果密封结构设计不当，将导致不良后果。

O 形圈结构简单，制造方便，只要密封结构设计合理，装配后就能产生足够的径向挤压变形，可不必轴向加载即可达到密封，因此，将其用作法兰连接密封，可以减小法兰的结构尺寸，从而减轻调节阀的重量。对于低压小通径调节阀，为减小阀体结构尺寸和重量，阀体一般采用内螺纹连接，而连接处的密封元件也可采用平垫片或 O 形圈。

3）阀杆材料的合理选择。阀杆是调节阀中重要的受力零部件，阀杆材料必须具有足够的强度和韧性，能耐介质、大气及填料的腐蚀，耐擦伤，工艺性能好。为了提高阀杆表面耐腐蚀、耐磨损的性能，一般应对其表面进行强化处理。目前，制造阀杆的材料，国内大部分使用马氏体不锈钢。但这种不锈钢耐缝隙腐蚀能力较弱，这是由于酸性物质的作用，使阀杆表面的钝化膜破坏而产生的局部腐蚀。因此，在耐腐蚀介质环境中需选择如奥氏体-铁素体双相不锈钢等材质的阀杆，可以增强阀杆耐缝隙腐蚀的能力，从而使阀杆处的泄漏得到有效的控制。

（3）内漏超标防控技术

调节阀内漏主要是由于介质对密封面产生的冲刷磨损破坏、冲刷腐蚀破坏等因素造成。在材料选取方面：对于冲刷磨损破坏，在流速较低的情况下可采用马氏体不锈钢调质处理的方式或不锈钢表面强化处理的方式，在流速较高的情况下可采用钴基 WC 材质；对于冲刷腐蚀破坏，在流速较低的情况下采用不锈钢表面强化处理的方式，在流速较高的情况下可采用镍基 WC 材质。在结构设计方面：可采用破坏转移的设计方法来避免密封面的破坏。

4.3.2　状态监测及抗磨控制方法

1. 状态检测

调节阀内部流动状态参数的变化往往会直接反映阀内的运行情况，影响阀门失效形式的关键表征参数也会直接反映调节阀的工作状态。因此，对调节阀内部状态参数进行实时监测并预测阀门的失效形式，采取及时、合理、有效的措施，预防阀门失效是非常必要的。例如：阀内产生阻塞流会直接影响下游管道的压力和流量，阀内的磨损程度通过固体颗粒的含量和磨损率能够进行有效的表征，空化往往伴随着噪声分贝的提高，产生电化学腐蚀的主要原因是介质 pH 值的降低和酸性介质（H_2S、NH_3、CN^- 和 Cl^-）浓度的提升。通过阀门正常运行时的状态参数大数据建立数据库，监测对比分析实际运行过程中影响失效形式的状态参数的变化和异同，建立状态参数与失效形式之间的关联关系，构建具有高精度磨损、减薄、穿孔等渐进层次的状态检测预警模型，采用数据驱动的方法，对状态参数进行优化，确保冲蚀磨损特征参数值小于临界特征参数值，实现冲蚀磨损的主动防控技术，能够预防调节阀的失效，延长阀门的工作寿命。

2. 抗磨控制方法

冲蚀磨损是引起调节阀特种关键设备失效的常见现象，其实质是阀门材料在冲击载荷作用下的动态损伤、材料表面流失过程，尤其是硬质、不规则颗粒在高速输送过程中对材料磨损更加严重。其失效机理是多相流动、颗粒特性、材料性能、颗粒冲击过程等多因素耦合作用的结果。在不同的冲蚀环境下，失效机理差异较大。按被破坏材料性能的差异，可分为塑性和脆性材料磨损两类；按流动介质的不同可分为气固冲蚀磨损、液固冲蚀磨损、液滴冲蚀磨损和汽蚀磨损等。

影响调节阀内部冲蚀磨损速度的因素主要有介质的速度、固体颗粒性质（粒径、形状和硬度）、固体颗粒的含量、冲击角度及阀门结构等。一般，固体颗粒性质随调节阀的使用工艺和工况而固定，其中降低流体介质的流速和固体颗粒的浓度能够有效降低磨损速度，减小冲击角度和使用耐磨性高的非金属材料也是降低磨损行而有效的方法。但目前多数研究是在流体力学数值模拟仿真的基础上对调节阀的开度和结构进行改进优化，最终形成可行的降低磨损速度的综合性措施。

第5章 复合高参数调节阀关键部件整机系列化设计

5.1 高参数特种阀控压件关键部件设计方法研究

5.1.1 迷宫流道流场设计方法

1. 迷宫式调节阀的工作原理及国内外的研究现状

（1）结构及工作原理

经过多次试验及验证常规节流与多级降压节流方式，总结出了两种节流降压的应用特性，以"高位滴水"做出了形象的对比（图5-1）。常规节流可以理解为高处的水直击地面，水滴在接触地面的瞬间，动能高，极易造成地面冲蚀。而多级降压节流可以理解为水从高处通过楼梯流下，将高处切割为多个小阶梯，每级阶梯承受可接受范围内的动能，从而保证整个过程动能可控，流速稳定，避免了介质的高速冲蚀。

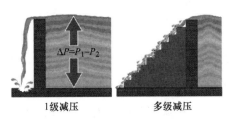

图 5-1 1级降压与多级降压的拟化对比

迷宫式调节阀的主要部件有阀体、上阀盖、阀杆、阀芯、主蒸气混合管、迷宫盘片、降噪阀笼等。阀门正常工作时，流体介质从主蒸气混合管进入，通过迷宫盘片后，向下经过降噪阀笼后流出。阀门需要调节流量时，可以用电动执行机构移动阀杆，阀杆带动固连的阀芯上下移动，改变介质能够流入迷宫盘片的个数，从而达到控制流量的目的。其中，迷宫芯包是迷宫式调节阀最重要的部件。迷宫芯包由多个迷宫盘片通过胶粘剂粘接而成，或由非电解镍钎料加压后在真空炉中烧结而成。圆盘迷宫通道通常采用电腐蚀技术制作。迷宫盘片可以设计得很薄（通常为3~5mm），可精确地控制流量，调节性能好。迷宫式调节阀可根据不同的调节特性选择不同类型的迷宫盘片，以满足调节要求。选择线性时，迷宫芯包使用相同的迷宫盘片。盘片可以选择相同或不同数量的通道，每个通道的通道数量和面积相同。当选择校正百分比特性时，迷宫芯包可以由不同迷宫盘片组成（见图5-2）。

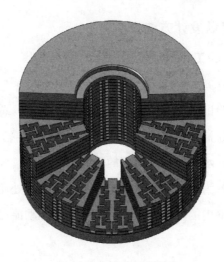

图5-2　迷宫盘片套筒

　　迷宫式调节阀最大的优点是能够有效地减少汽蚀、噪声、振动所带来的影响。水泵、阀门、透平机以及喷管和船只的螺旋桨最主要的失效原因就是汽蚀。当液体的压力减小、温度上升到一个临界值时，液体中不溶解的蒸汽会形成气泡，当压力增大或者温度减小到某一特定值时，气泡会骤然承压直至破裂，破碎的气泡会产生远大于大部分金属的疲劳破坏极限的应力，使金属表面产生凹坑；而气泡的破裂往往伴随着巨大的噪声，而这些气泡往往是管道的主要噪声源。对此，迷宫式调节阀是解决此类问题的关键所在。迷宫式调节阀的关键所在是独特的迷宫通道，当流体流过通道的弯角时，流体的流动状态会被突然改变，并在直角拐弯处形成涡旋。湍流的出现可以有效地消耗流体的动能，并且使其以热能的形式耗散掉。因此，流体流经阀门的阻力增大，流速降低，从而有效地抑制了阀门的振动和噪声。迷宫式调节阀的一个最明显的特征就是其有着很多弯道，每个弯道均匀地消散掉了能量并且使流体逐级降压，避免阀门的压力骤然减小，造成汽蚀，有效地减少汽蚀所产生的噪声，并大大增加了阀门的寿命。

迷宫盘片的结构多种多样，在保证迷宫式调节阀能够正常工作的前提下，为满足特定流动要求，研究迷宫盘片的不同结构，如倒角、迷宫通道进出口宽度、迷宫通道的直角拐弯数、盘片的厚度以及流道深度等，对迷宫式调节阀的设计以及日后的正常使用具有重要意义。

（2）国外研究状况

目前，在专门应用于苛刻工况下的多级降压调节阀研究领域，国外调节阀生产企业如美国的 CCI 与 Fisher 公司、日本的 KOSO 株式会社等所掌握的技术较为先进，已经生产出了一系列多级降压式调节阀产品，尤其是 CCI 公司在本书所要研究的迷宫式多级降压调节阀方面，经过多年的研究积累了大量的经验，在行业内占有领先地位。

CCI 公司的 HerbertL. Miller 先后发表了数篇文章，通过对各类多级降压调节阀进行研究，将节流件出口流体能量确定为检验调节阀的一项重要参数标准；并通过对常规调节阀内部节流件的改进后对比分析，得出多级降压节流件可以有效地将节流件出口流体能量限制在允许范围之内，从而有效减轻阀门及管系振动噪声等一系列不良现象；另外还利用试验对调节阀内存在的汽蚀现象进行研究，证明了多流道与多级降压节流的方式能够有效地避免汽蚀现象的发生。企业为满足用户需求所做的研究对多级降压调节阀的技术进步起到了主要的推动作用。韩国学者 WCKwon 等人设计了用于 900MW 发电系统的迷宫式多级降压调节阀，经过三个月的运行证明迷宫式阀芯节流组件可以有效控制流速及压力，并使噪声等级较之前降低了 8.1%。另外，还有很多国外学者及研究人员针对防止高压差条件下调节阀出现不良现象的技术难题进行了一系列的分析和研究。

总之，国外在多级降压调节阀研究领域起步较早，产品技术也较为先进。但通过调查与研究发现，国外的文献及技术资料大多集中于具体产品特点及适用范围的介绍、工作原理分析等基本方面，而对核心的多级降压结构设计理论与节流组件内部流动规律的研究分析很少，不利于国内调节阀生产领域对国外先进产品技术的消化与吸收。

（3）国内研究状况

近十年来，随着苛刻工况下工作的调节阀运行不良等问题的日益突出，为满足国内市场的需要，一些国内领先的生产厂商纷纷引进国外各类先进的多级降压调节阀产品进行学习，已经形成了一些初步的产品，积累了一定的经验。同时国内一些专家学者也针对多级降压调节阀领域展开了一些初步的研究，提供了一些可供参考的文献资料。

国内虽然已有一些相关文献的研究，但主要集中于对产品结构特点的介绍，以及多级降压、控制流速原理的分析等原理性叙述，对实际产品设计指导意义不大。目前迷宫式调节阀面临的问题主要体现在基础理论研究的欠缺及研究方法的滞后，具体为：对于迷宫式调节阀盘片降压级数设计理论及调节阀流速与能量要求判据，国内尚无相关研究；迷宫式调节阀内部流动特性复杂，国内的研究方法依然以静态计算及样机试验为主，滞后的研究方法制约了高参数迷宫式调节阀的发展；对迷宫式调节阀开发应用中遇到的主要问题如可压缩条件下的流通能力、节流温度变化效应等研究缺失，降低了调节阀的使用性能。这些问题都有待于进一步的研究。

（4）研究状况总结

国内阀门生产厂家目前还缺乏自主开发的基础和条件。我国在高性能特种调节阀原创性、超越性研发方面缺乏有效的组织与管理，基础研究薄弱，在高参数工况，如高温、高压差、强腐蚀、强磨损等场合下，调节阀性能难以满足使用要求。

2. 迷宫式调节阀的理论设计

在各直角拐弯前后列伯努利方程，入口截面至截面 0 的伯努利方程见式(5-1)，截面 0 至截面 1 的伯努利方程见式(5-2)，依次类推，截面 n 至出口截面的伯努利方程见式(5-3) 和式(5-4)。

$$Z_{入口} + \frac{P_{入口}}{\rho g} + \frac{u_{入口}^2}{2g} = Z_0 + \frac{P_0}{\rho g} + \frac{u_0^2}{2g} + \xi_0 \frac{u_0^2}{2g} \tag{5-1}$$

$$Z_0 + \frac{P_0}{\rho g} + \frac{u_0^2}{2g} = Z_1 + \frac{P_1}{\rho g} + \frac{u_1^2}{2g} + \xi_1 \frac{u_1^2}{2g} \tag{5-2}$$

$$Z_{n-1} + \frac{P_{n-1}}{\rho g} + \frac{u_{n-1}^2}{2g} = Z_n + \frac{P_n}{\rho g} + \frac{u_n^2}{2g} + \xi_n \frac{u_n^2}{2g} \tag{5-3}$$

$$Z_n + \frac{P_n}{\rho g} + \frac{u_n^2}{2g} = Z_{出口} + \frac{P_{出口}}{\rho g} + \frac{u_{出口}^2}{2g} + \xi_{出口} \frac{u_{出口}^2}{2g} \tag{5-4}$$

将以上所列式子以及未详细列出的中间的伯努利方程均合并得到

$$Z_{入口} + \frac{P_{入口}}{\rho g} + \frac{u_{入口}^2}{2g} = Z_{出口} + \frac{P_{出口}}{\rho g} + \frac{u_{出口}^2}{2g} + \sum_{i=0}^{n}\left(\xi_i \frac{u_i^2}{2g}\right) + \xi_{出口} \frac{u_{出口}^2}{2g} \tag{5-5}$$

式中　ξ——每个直角拐弯处的局部阻力系数；

Z——流道与参考平面之间的距离。

其中，下标代表各截面的位置编号。由于流道深度不变，所以 Z 相等；对液体，流量相同时，流道越宽，流速越小，尽管迷宫流道宽度沿流向逐级扩张，但由于漩涡流的占道作用，介质流速并没有降低，因此，假设各截面处流速均相等，即 $u_{入口} = u_{出口}$；迷宫流道入口和出口的局部阻力系数分别为 0.5 和 1。

迷宫流道中的每个直角拐弯都引起一个速度头损失，即每个直角拐弯处的局部阻力系数 ξ 相等，值为 1。迷宫流道的出口流速及动能应满足表 5-1 的规定，进而推导出液体工况下降压级数的表达式：

$$n = \frac{u^2(\Delta P - KE)}{KE} = \frac{0.82^2(\Delta P - 480 \times 10^3)}{KE} \tag{5-6}$$

$$n = 1.4 \times 10^{-6} \Delta P - 0.67 \tag{5-7}$$

表 5-1　节流件出口流速与动能限制准则

出口动能 $KE = 10^{-3} \times \rho u^2 / 2$		
工况条件	动能标准/kPa	等值水速/m·s^{-1}
连续、单相流	480	30
闪蒸、多相流	275	23
振动敏感系统	75	12

3. 湍流计算模型

（1）标准的 k-ε 模型

标准 k-ε 模型需要求解紊流动能及其耗散率方程。湍流动能输运方程由精确方程导出，耗散率由物理方程导出，数学模型由相似的原型方程导出。该模型假设流动是湍流的，分子的黏度可以忽略不计。因此，标准 k-ε 模型适用于全紊流过程的数值模拟。

标准的 k-ε 模型的湍流动能 k 和耗散率 ε 方程如下所示：

$$\frac{\partial}{\partial t}(\rho k) + \frac{\partial}{\partial x_j}(\rho k u_j) = \frac{\partial}{\partial x_j}\Big[\Big(\mu + \frac{\mu_t}{\sigma_k}\Big)\frac{\sigma_k}{\partial x_j}\Big] + G_k - \rho\varepsilon \tag{5-8}$$

$$\frac{\partial}{\partial t}(\rho\varepsilon) + \frac{\partial}{\partial x_j}(\rho\varepsilon u_j) = \frac{\partial}{\partial x_j}\Big[\Big(\mu + \frac{\mu_t}{\sigma_k}\Big)\frac{\sigma_\varepsilon}{\partial x_j}\Big] + C_{1\varepsilon}\frac{\varepsilon}{k}G_k - \rho\, C_{2\varepsilon}\frac{\varepsilon^2}{k} \tag{5-9}$$

$$\mu_t = \rho C_\mu \frac{k^2}{\varepsilon} \tag{5-10}$$

在上述方程中，G_k 表示由平均速度梯度所引起的湍流动能耗散，μ_t 为湍流黏度。ρ、k、ε、u_j 均表示平均后的值。σ_k、σ_ε 分别为湍流动能 Prandtl 数和湍流动能耗散率 Prandtl 数。$C_{1\varepsilon}$、$C_{2\varepsilon}$、C_μ 为常量，经大量试验，发现分别取 1.44、1.92、0.09 最佳。

（2）标准的 k-ω 模型

标准的 k-ω 模型是基于修正的 Wilcos-k 模型，该模型考虑了低雷诺数、可压缩性和剪切流的流动。Wilcos-k 模型适用于尾迹流、混合流、平板流、圆柱流和径向射流等自由剪切流的流动速度，可用于壁面边界流和自由剪切流。标准 k-ω 模型控制方程如下：

$$\frac{\partial}{\partial t}(\rho k) + \frac{\partial}{\partial x_j}(\rho k u_j) = \frac{\partial}{\partial x_j}\Big[(\mu + \frac{\mu_t}{\sigma_k})\frac{\sigma_k}{\partial x_j}\Big] + G_k - Y_k \tag{5-11}$$

$$\frac{\partial}{\partial t}(\rho\omega) + \frac{\partial}{\partial x_j}(\rho\omega u_j) = \frac{\partial}{\partial x_j}\Big[(\mu + \frac{\mu_t}{\sigma_k})\frac{\sigma_\omega}{\partial x_j}\Big] + G_\omega - Y_\omega \tag{5-12}$$

$$\mu_t = \alpha^* \frac{\rho k}{\omega} \tag{5-13}$$

其中，G_k 是由于层流梯度而产生的湍流动能。G_ω 是由 ω 方程产生的，Y_k、Y_ω 是由于扩散产生的湍流动能。系数 α^* 可以对湍流黏度 μ_t 产生的低雷诺数进行修正。

（3）SST 模型

剪切应力运输（SST）模型结合了 $k-\varepsilon$、$k-\omega$ 模型的优点，在近壁面自由流中使用 $k-\omega$ 模型，在远壁面处选择 $k-\varepsilon$ 模型，其表达式如下：

$$\frac{\partial k}{\partial t} + \frac{\partial}{\partial x_j}(\overline{v_j}k) = \frac{\partial}{\partial x_j}\Big[\Big(v+\frac{v_t}{\sigma_k}\Big)\frac{\partial k}{\partial x_j}\Big] + P_k - \beta k\omega \tag{5-14}$$

$$\frac{\partial \omega}{\partial t} + \frac{\partial}{\partial x_j}(\overline{v_j}\omega) = \frac{\partial}{\partial x_j}\Big[\Big(v+\frac{v_t}{\sigma_\omega}\Big)\frac{\partial \omega}{\partial x_j}\Big] + \alpha \frac{P_k}{v_t} - \beta\, \omega^2 +2\,(1-F_1)\,\sigma_{\omega 2}\frac{1}{\omega}\frac{\partial k}{\partial x_i}\frac{\partial w}{\partial x_i}$$
$$\tag{5-15}$$

因为考虑到迷宫通道的众多拐角而导致的边界层流动分离的现象，且为了能更精确地模拟分析流道内的湍流，故流道仿真可以使用 SST 模型。

（4）应力计算模型

1）平衡方程。当弹性体在外力作用下处于平衡状态时，根据牛顿第一定律，得到应力分量与体积分量的关系及平衡方程。

在直角坐标系中，取如图 5-3 所示的六面体微元，σ_x、σ_y、σ_z 分别是 x、y、z 方向上的正应力，τ_{xy}、τ_{xz}、τ_{yz} 是与之对应的剪应力，X、Y、Z 是受力体。根据受力平衡条件可以推出平衡微分方程的表达式：

$$\frac{\partial \sigma_x}{\partial x} + \frac{\partial \tau_{yx}}{\partial y} + \frac{\partial \tau_{zx}}{\partial z} + X = 0 \tag{5-16}$$

$$\frac{\partial \tau_{xy}}{\partial x} + \frac{\partial \sigma_y}{\sigma_y} + \frac{\partial \tau_{zy}}{\partial z} + Y = 0 \tag{5-17}$$

$$\frac{\partial \tau_{xz}}{\partial x} + \frac{\partial \tau_{yz}}{\partial y} + \frac{\partial \sigma_z}{\partial z} + Z = 0 \tag{5-18}$$

结构的内力必须满足平衡方程，但由于三个平衡方程不能求解六个应力分量，即不能确定应力分量，因此需要分析结构的几何与物理之间的关系。

2）几何方程。在直角坐标系中，ε_x、ε_y、ε_z 代表了在 x、y、z 方向上任意一点的正应变，而 γ_{xy}、γ_{yz}、γ_{zx} 代表了在 xy、yz、xz 平面上的剪应变。假设变形前后

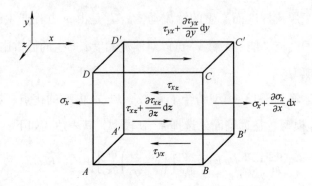

图 5-3　微小六面体示意图

的弹性体都是连续的，并且变形是微小的，则可以推出以下方程：

$$\varepsilon_x = \frac{\partial u}{\partial x}, \gamma_{xy} = \frac{\partial v}{\partial x} + \frac{\partial u}{\partial y} \tag{5-19}$$

$$\varepsilon_y = \frac{\partial v}{\partial y}, \gamma_{yz} = \frac{\partial w}{\partial y} + \frac{\partial v}{\partial z} \tag{5-20}$$

$$\varepsilon_z = \frac{\partial w}{\partial z}, \gamma_{zx} = \frac{\partial w}{\partial x} + \frac{\partial u}{\partial z} \tag{5-21}$$

所以由公式可以看出，当结构的位移分量完全确定时，应变分量也可以完全确定。

3）变形协调方程。根据弹性理论，可以假定物体的材料是一个连续的单位体，变形前后是连续的。因此，这六个变量必须是相互关联的，有一定的关系，可以用下面的公式来表示：

$$\frac{\partial^2 \varepsilon_x}{\partial y^2} + \frac{\partial^2 \varepsilon_y}{\partial x^2} = \frac{\partial^2 \gamma_{xy}}{\partial x \partial y} \tag{5-22}$$

$$\frac{\partial^2 \varepsilon_y}{\partial z^2} + \frac{\partial^2 \varepsilon_z}{\partial y^2} = \frac{\partial^2 \gamma_{yz}}{\partial y \partial z} \tag{5-23}$$

$$\frac{\partial^2 \varepsilon_z}{\partial x^2} + \frac{\partial^2 \varepsilon_z}{\partial z^2} = \frac{\partial^2 \gamma_{zx}}{\partial z \partial x} \tag{5-24}$$

$$\frac{\partial}{\partial z}\left(\frac{\partial \gamma_{yz}}{\partial x} + \frac{\partial \gamma_{zx}}{\partial y} - \frac{\partial \gamma_{xy}}{\partial z}\right) = \frac{2\partial^2 \varepsilon_z}{\partial x \partial y} \tag{5-25}$$

$$\frac{\partial}{\partial x}\left(\frac{\partial \gamma_{zx}}{\partial y}+\frac{\partial \gamma_{xy}}{\partial z}-\frac{\partial \gamma_{yz}}{\partial x}\right)=\frac{2\partial^2 \varepsilon_x}{\partial y \partial z} \tag{5-26}$$

$$\frac{\partial}{\partial y}\left(\frac{\partial \gamma_{xy}}{\partial z}+\frac{\partial \gamma_{yz}}{\partial x}-\frac{\partial \gamma_{zx}}{\partial y}\right)=\frac{2\partial^2 \varepsilon_y}{\partial z \partial x} \tag{5-27}$$

4）边界条件。结构的内力关系可用平衡方程表示，但应力与载荷的关系也应在给定的结构表面边界上进行平衡，即边界条件方程式如下所示：

$$\sigma_x l + \tau_{yx} m + \tau_{zx} n = \overline{X} \tag{5-28}$$

$$\tau_{xy} l + \sigma_y m + \tau_{zy} n = \overline{Y} \tag{5-29}$$

$$\tau_{xz} l + \tau_{yz} m + \sigma_z n = \overline{Z} \tag{5-30}$$

其中，$\overline{X}$、$\overline{Y}$、$\overline{Z}$ 分别表示表面应力在坐标轴三个方向上的分量，l、m、n 是表面方向余弦。

5）物理方程。在直角坐标系中，x 方向上的正应力还与 y、z 方向上的正应力有关。根据叠加原理，可以得出总应变与总应力之间的关系，方程如下所示：

$$\varepsilon_x = \frac{1}{E}[\sigma_x - \mu(\sigma_y + \sigma_z)] \tag{5-31}$$

$$\varepsilon_y = \frac{1}{E}[\sigma_y - \mu(\sigma_z + \sigma_x)] \tag{5-32}$$

$$\varepsilon_z = \frac{1}{E}[\sigma_z - \mu(\sigma_x + \sigma_y)] \tag{5-33}$$

（5）有限元方法

只有当物体的几何形状和载荷条件相对简单时，上述偏微分方程才能解析求解。然而，在实际工程问题中，在大多数情况下，物体的结构非常复杂，形状多变，载荷条件多种多样，用上述方法求解析解是困难的，甚至是不可能的。

有限元方法（Finite element method）的出现为求解弹性力学偏微分方程提供了一种新的方法。其基本原理是将待求解的计算域用网格划分为有限个非重叠单元。在每个单元中，选择合适的节点作为插值点。将微分方程中的变量重新表示为每个变量或其导数的节点值，并与选定的插值函数组成线性表达式，采用加权余量法或变分原理对微分方程进行变换，离散化得到总的有限元方程。然后，根据边界条件，采用适当的数值计算方法得到各节点的函数值，通过求解形函数得到节点中部的函数值。其具体流程如图 5-4 所示。

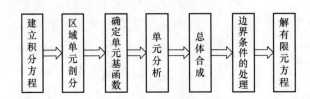

图 5-4　有限元方法流程

5.1.2　复合降压式流道流场设计

1. 阀门整体流场分析

使用 SolidWorks 建立整体结构三维模型，然后根据流动特性建立阀门的内部流体域，如图 5-5 所示。

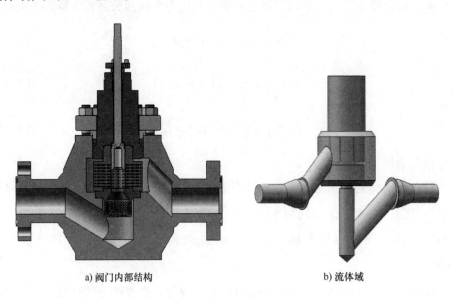

a) 阀门内部结构　　　　　　　　　　　b) 流体域

图 5-5　阀门整体流场分析

2. 网格划分

整个阀门进出口管道采用结构网格划分，内部采用非结构网格划分，整体质量在 0.31 以上。共有 3113204 个网格，912340 个元素，弥补网格质量不足的缺陷。网格划分结果如图 5-6 所示。

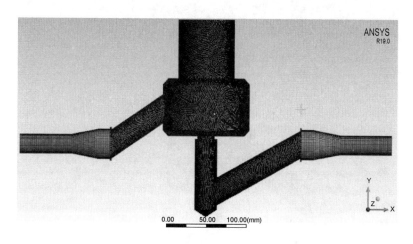

图 5-6　网格划分

根据 RNG k-ε 湍流模型进行稳态数值模拟整体阀门及迷宫流道。

（1）压力场分析

图 5-7 为迷宫阀压力云图。迷宫阀的压降主要是由内部阀芯盘片上的迷宫流道完成的，阀座上的通孔并无降压作用，且整体迷宫阀流道出口压力在 0MPa 上下波动，波动的数值相对于压差微不足道。

（2）速度场分析

由图 5-8a 所示的整体迷宫阀速度云图可知，流速较大的位置主要集中在迷宫流道。这是因为流体经过流阻较大的迷宫流道压力水头部分转换为速度水头，剩余能量则转化为流体的不规则运动而被耗散，各个迷宫流道的速度又在出口处产生了汇流对冲消散了能量，经过阀座缓冲降速导向作用均匀地从阀门出口流出。

（3）单片迷宫流道网格划分

图 5-9 所示即为单片迷宫盘片单个通道的计算网格，由图可见绝大部分均为六面体网格，能保证较高的网格质量。在 ANSYS 软件的网格统计 Statistics 选项中可以查询到，在体积仅为 82.89mm^3 的模型上计算网格数达到 10096 个，节点数达到 14430 个。

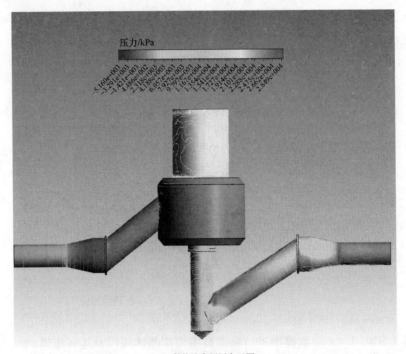

a) 整体迷宫阀压力云图

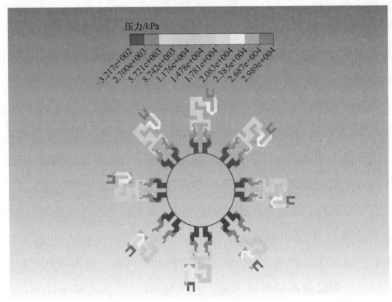

b) 单层盘片压力场所分析

图 5-7　迷宫阀压力云图

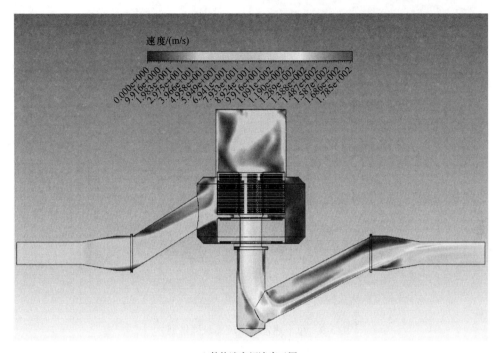

a) 整体迷宫阀速度云图

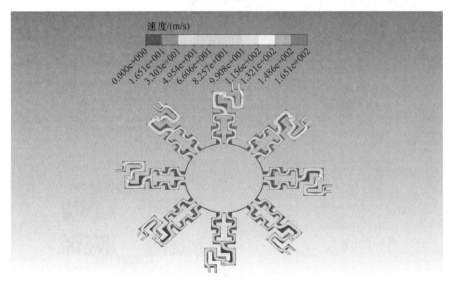

b) 单层盘片速度云图

图 5-8 迷宫阀速度云图

最后，从网格检查 MeshMetric 选项中可以对计算网格的单元质量、纵横比、偏斜率等各项参数进行检查，质量均满足数值模拟计算的要求。于是，在完成对进、出口面的命名设置后退出并保存，完成计算网格的划分。

图 5-9　单个迷宫流道流体域网格划分

3. 单片迷宫流道降压情况与流动特性分析

（1）压强场分析

迷宫流道中截面压力云图如图 5-10 所示。

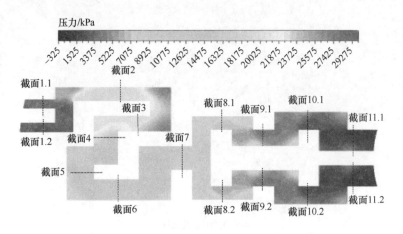

图 5-10　迷宫流道中截面压力云图

图中压力值为减去大气压后的值，从图 5-11 中可以看出，入口压力接近 30MPa，出口压力接近 0MPa，在此过程中压力呈逐级下降的趋势，最大压力在入口处，最小压力在出口处。每经过一级拐弯压力就下降一个等级，多级拐弯将整体上一次大压降分解为多次的小压降，达到了预期多级降压和压力平稳下降的目的，减小了压力脉动，可有效防止噪声、振动现象的发生。

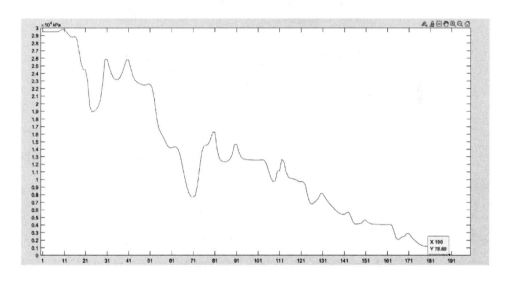

图 5-11　压强的逐级变化曲线

经查阅资料，45℃时水的饱和蒸汽压为 −90kPa（减去标准大气压），因此在流动中压强始终在饱和蒸汽压之上，不会产生汽蚀等现象。

（2）速度场分析

迷宫流道中截面速度云图如图 5-12 所示。

流道内的速度分布是计算结果中的重要参数，从速度云图中可以看出，流道内流速呈现由壁面向中心增加的现象，而整体的流速大致没有大的波动，这也符合降压级数公式推导中的假设。出口平均流速为 32.21m/s。

截面 1.1 速度相对截面 1.2 的速度较高，是由于截面 1.1 距离主流道更近，从截面 1.1 进入的流体最先到达主流道且阻塞了截面 1.2 后到达的流体，从而产生了汇流耗散，也降低了截面 1.2 的流速。

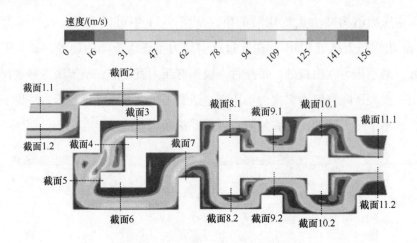

图 5-12 迷宫流道中截面速度云图

　　流体在两个进口汇流后到截面 2 之间的速度达到最快。速度在截面 5 之后逐渐降低，其原因是在总流量不变的情况下，截面面积逐渐增加会导致速度逐渐降低。

　　图 5-13 所示的速度矢量图可以清楚地看到迷宫流道能够产生较多的涡流，这些涡流的形成发展扩散会极大地损耗流体动能。由图 5-10、图 5-12、图 5-13 对比发现，前 5 级流道处几乎没有产生回流，没有内能的消耗，因此只存在压力势能和动能的相互转换。在截面 2 由于汇流导致流速上升，出现高速区域，因此有明显的压降。之后因为拐角强制减速，动能转换为压力势能，又有部分升压。而在 6 级流道之后拐角处存在回流，又由于扩张系数的限制，流速几乎没有变化，所以会产生较为稳定的压降。

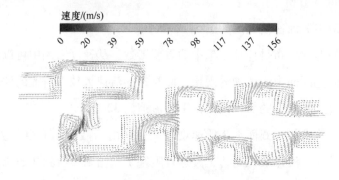

图 5-13 迷宫流道中截面速度矢量图

（3）出口能量

从对盘片内部流场的数值模拟分析结果中可看出，在高压差工况下，高温蒸汽流经曲折的迷宫流道时基本上达到了预期的多级降压、控制流速的效果。尤其是压力下降过程中流道中多级拐弯能够将一次较大压差分解为多个较小的压差，从而使压力逐级平稳下降，流速平缓上升。但同时可以发现在接近出口的流速上升很快，出口流速也较高。根据节流件流速与出口能量限制标准，通过对流道模型出口面上的数据进行测算，可得出口平均速度 $v = 32.21 \mathrm{m/s}$，出口平均密度 $\rho = 1000 \mathrm{kg/m^3}$。代入速度头计算公式中，可得盘片流体的出口能量 KE 为 518kPa。该值略高于 480kPa 的出口能量限制标准。根据相关的研究结果，过高的出口能量会导致冲蚀、噪声及振动等危害现象，对迷宫式调节阀的正常工作产生诸多不利影响。所以，目前的盘片结构无法满足仿真试验工况下的要求，应该降低工况运行或通过改进结构参数，以适应更高的要求。

4. 检验模型

（1）增大入口

压力云图和速度云图如图 5-14 所示。

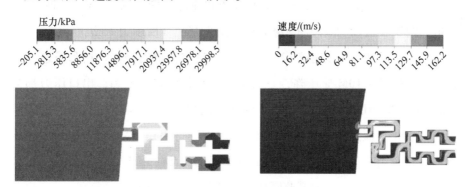

压力/kPa
-205.1　2815.3　5835.6　8856.0　11876.3　14896.7　17917.1　20937.4　23957.8　26978.1　29998.5

速度/(m/s)
0　16.2　32.4　48.6　64.9　81.1　97.3　113.5　129.7　145.9　162.2

图 5-14　压力云图和速度云图

由于出口能量大于 480kPa，考虑检验模型可行性。通过加大入口使其更贴近真实流动情况。

经计算，出口速度为 29.8m/s。

则出口能量 $\mathrm{KE} = \dfrac{10^{-3} \rho u^2}{2} = 440 \mathrm{kPa} < 480 \mathrm{kPa}$，证明目前模型是满足需求的。

（2）验证公式

为了验证目前存在的迷宫流道的降压级数计算公式的正确性，为不同级数的流道设置相同的边界条件，观察其可行性，如图 5-15 所示。

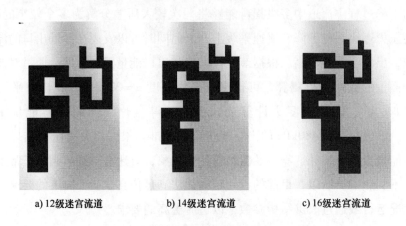

a) 12 级迷宫流道   b) 14 级迷宫流道   c) 16 级迷宫流道

图 5-15 相同边界条件的不同级数流道

（3）各个模型的分析结果

图 5-16 为不同降压级数下的压力云图和速度云图。图 5-16a、b 所示为 12 级流道，图 5-16c、d 所示为 14 级流道，图 5-16e、f 所示为 16 级流道。

如表 5-2 所列，通过比较 12、14、16 级迷宫流道的降压特性和流速特性后发现，对于相同的 10MPa 压降，三者都具有良好的降压能力，出口压力都接近 0。而对比三者的出口流速，发现 12 级流道的出口流速不满足需求，而 14 级和 16 级流道的出口流速满足需求，16 级流道的流速特性虽然更好，但出于经济性考虑，14 级流道更为合适。通过此试验发现通过此降压级数计算公式可以满足压降和出口流速的要求，说明此降压级数的公式合理。

表 5-2 不同的降压级数在相同压降下出口流速和出口能量

降压级数	入口压强/kPa	出口压强/kPa	压降/MPa	出口流速/(m/s)	出口能量/kPa
12	10000	-19.4	10	31.6	499.3
14	10000	-10.3	10	25.0	312.5
16	10000	-10.6	10	21.1	222.6

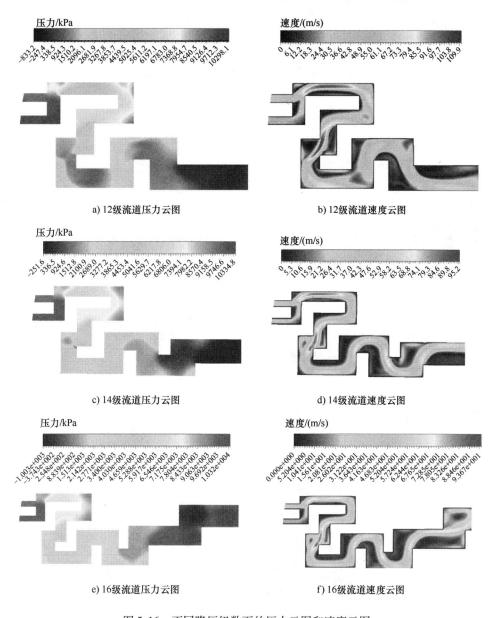

a) 12级流道压力云图　　　　　　　　b) 12级流道速度云图

c) 14级流道压力云图　　　　　　　　d) 14级流道速度云图

e) 16级流道压力云图　　　　　　　　f) 16级流道速度云图

图5-16　不同降压级数下的压力云图和速度云图

（4）扩张系数的影响分析

针对流道扩张系数对流场特性影响进行分析，改变14级流道的扩张系数，分别设置 $r=1$（不扩张）、1.07、1.15，进行压力场和流速场的模拟，如图5-17所示。

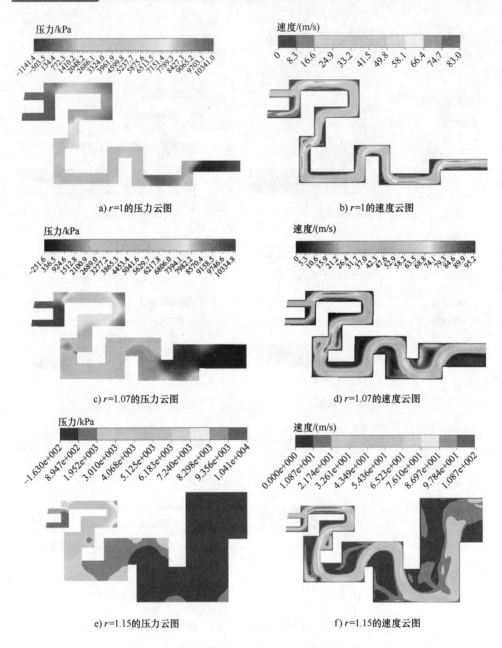

图 5-17　不同扩张系数下的压力云图和速度云图

　　由图 5-17 和表 5-3 的数据可知，扩张系数为 1 或者扩张系数过大时（$r=$
1.15 时），会造成管道内流体流速过大或者过小，均不是良好的流动特性。另外，从图 5-17b 中可以发现，由于涡旋的挤压，在流道的拐弯处和漩涡处，造成了管道内的节流，使得流体速度有明显升高，这对流道会造成冲蚀。而三个试验中的降压特性都很好，达到了 10MPa 的压降。因此得出结论：扩张系数不是决定压降的主要因素，但是可以有效降低流速，因此要合理设置扩张系数，获得合理的出口流速。一般认为设置扩张系数 $r = 1.07$ 可以满足特性要求。

表 5-3　不同的扩张系数的流道在相同压降下出口流速和出口能量

扩张系数	压降/MPa	出口流速/(m/s)	出口能量/kPa
1	10	34.5	595.1
1.07	10	25.0	312.5
1.15	10	10.2	52.0

5. 流场分析小结

通过上述应用 SolidWorks 三维软件对所要研究的迷宫式调节阀进行三维造型，并取出各个开度下的内部流场通道，然后用 CFD 软件的 CFX 对其内部流场进行了数值模拟计算，接着对内部流场进行了可视化分析，最后得到以下结论：

1）扩张系数为 1 或者过大时，会造成管道内流体流速过大或者过小，均不是良好的流动特性。

2）流道长度在合理范围内变动不会对流道内流体的流场特性有太大影响，但是会影响局部的流动特性，因此要避免局部的流道过短，也要避免过长的流道设计，以免经济性等方面的不合理。

3）采用并联输出流道可以减小流道的径向尺寸，可以使低速漩涡破裂，改善流动特性。

5.1.3　对流对冲流道流场设计方法

1. 对流对冲流道流场的工作原理

ATL 串式多级减压调节阀的阀芯凹口和阀芯套组合构成高流阻的笼式流道结构，这是一种可以提供动能和流速控制的多级减压结构，见表 5-4。该产品的特点之一是每一个减压结构都具有较高的流阻，设计有 3～6 个凹口，降压级数可以达到 12 ~ 16 级，因此这种笼式流道结构提供了非常高的阻抗，这是 ATL 可以用于高压差介质调节且能达到良好减压效果的基本原理。

表 5-4　高流阻的笼式流道结构

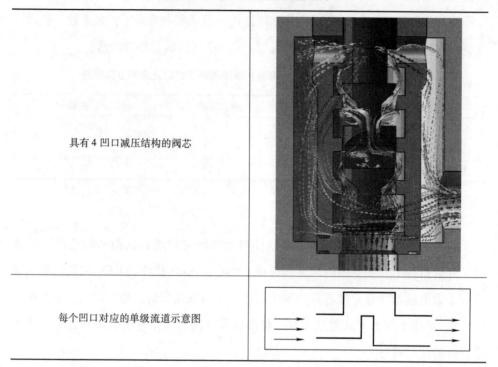

具有 4 凹口减压结构的阀芯	
每个凹口对应的单级流道示意图	

具有高流阻的笼式流道结构由面积相同的直段面和改变流通面积的斜面构成，而阀门的整个减压结构又是由面积相同的笼式流道和最后的扩展段组合实现，这一设计可以减少介质在初始阶段发生汽蚀的可能性，并有助于控制最后扩展段的空化。

串式多级减压调节阀的阀芯采用高阻抗轴向防空化的多级降压结构，介质是按照平行于阀芯和阀芯套的轴向方向流动，阀芯上设计有凹口，与阀芯套配合使用可构成多个减压结构，减压结构可以不断改变介质流向并达到减压效果，但所有减压结构均不会暴露于全压差工况下，而是由每一级减压结构分担总压降。在介质流动的过程中，会设计一些具有相同减压能力的结构控制汽蚀的产生，然后在最后一级进行空间扩展，以降低介质空化的可能性。这种结构的设计是为了限制每一级的压力降，控制介质的流速，大大降低了高压差介质对阀芯和套筒的损坏程度，所以阀门在严酷工况下具有较长的使用寿命，可满足各类装置的长周期运行要求。

2. 空化、汽蚀的影响

空化和汽蚀是高压差调节阀中最容易产生的引起阀内件破坏，导致阀门失去正常工作能力的现象。对于气体介质，当气体流经节流孔时，压力突降会导致流速急剧上升，强烈的压力波动与高流速气体的冲蚀对阀体和阀芯等部件将会产生破坏，同时引发噪声、振动等。压力、流速变化如图 5-18 所示。在液体工况下，某一压力下的流体流经节流孔时，流速急剧增加，压力骤然下降，当孔后压力未达到所在情况下的饱和蒸气压前，部分液体汽化成气体，即发生闪蒸现象。而当液体压力恢复至饱和蒸气压以上时，过高的压力压缩气泡使之破裂，产生汽蚀，过程如图 5-19 所示。汽蚀是在液体的压力和温度达到临界值时产生的一种破坏形式，气泡破裂将产生巨大的冲击力和局部温度过高，这种现象会引起调节阀内部结构的破坏，同时还能引起整个系统的振动和噪声，严重影响调节阀的寿命和使用性能，给装置带来极大的隐患。

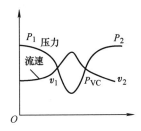

图 5-18　节流时压力、流速变化

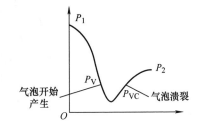

图 5-19　气泡产生及破裂过程示意图

3. 结构特点

考虑到汽蚀现象会对阀门造成极大的损坏，高压差调节阀在设计时不仅应满足对压降的要求，同时应尽量避免汽蚀的产生和破坏。针对上述危害，设计阀门时可以在材料性能、阀门结构等方面进行预防。材料性能上一般通过采用更高硬度或表面强度硬化的方法来抵抗汽蚀的破坏，但是此种方法成本较高而且只能起到延缓破坏的作用，并不能从根本上解决问题。而设计出合理的阀门结构不仅解决了成本的问题，还可以有效地避免汽蚀产生的损伤，是一种行之有效的方案。

串式减压调节阀利用逐级降压的方法使流体介质经过每一级降压结构都会产生压力损失，消耗部分能量，使得阀门既能承受较大压差，满足高压差调节的要求，同时还能避免压差过大导致节流后的压力低于液体的饱和蒸气压而产生的汽蚀现象。这种串式减压调节阀能够精确、平稳地调节具有高压降的流体和气体介质，消除了传统单座阀在高压差工况时所带来的空化、汽蚀、振动以及高噪声等一系列缺点。

串式减压调节阀的结构示意图如图 5-20 所示，主要由阀体法兰、阀体主部、阀芯套、阀芯、阀座、导向套、上阀盖、阀杆、填料压盖等零部件组成。

图 5-20   串式减压调节阀结构示意图

1—阀体主部 2—阀体法兰 3—阀芯套 4—阀芯 5—阀座 6—导向套 7—上阀盖

8—阀杆 9 填料压盖

为了实现对高压差介质的调节，保证阀门的性能及整个输送系统的工作安全，该调节阀在结构上采用了一些特殊的设计。作为核心的减压部件——阀芯采用的是高阻抗轴向防空化的多级降压结构，阀芯上设计有特殊的凹口，与阀芯套相互配合使用构成了多个降压结构。更为重要的是，在阀门使用过程中所有的减压结构均不会暴露在全压差的工况下，而是由每一级减压结构来分担所要承受的总压降。在阀芯的最后一级通过缩小该段阀芯直径来实现空间的扩展，从而避免了压差过大，降低了介质空化的可能。除此之外，阀芯采用的是压力补偿式，阀芯内部开有通流孔使阀芯前后压差抵消掉一部分，降低了不平衡力的同时也减小了执行机构所需要的输出力，适用于高压差的工况。阀芯结构的设计限制了每一级的压力降，控制了介质的流动速度，从而在很大程度上降低了高压差介质在流动过程中对阀芯和阀芯套的损坏程度。阀门的内部流道是由左右两个阀体法兰中的斜向通道及阀体主部中间轴线方向上的通道所组成。左右两个斜向通道的设计不仅增大了流体的沿程损失，而且进一步降低了压力，同时也避免了流体对阀体的直接冲击，减轻了对阀体的损害。阀体中腔的空间大小设计得比阀芯套要大一些，这样会让流体在流出调节阀之前在中腔内形成介质的对冲使压力再次降低。这些结构的设计保证了阀门在高压差工况下的综合性能和使用寿命，可以满足各类装置的长周期运行要求。

串式减压调节阀的流道主要是由左右阀体法兰、阀体主部、阀座、阀芯和阀芯套的内部通道所构成。当流体介质从左边阀体法兰流进阀体主部后，介质按照平行于阀芯和阀芯套的轴向方向流动，介质流经阀芯和阀芯套构成的多级降压结构的每个节流部位时速度会变大而压力会降低。减压结构可以不断改变介质的流向并在阀体中腔内形成介质流动时的对冲，造成能量损失，因此能够达到良好的减压效果。而且逐级降压结构以及最后空间扩展级的存在降低了介质产生空化的可能，避免了汽蚀现象对阀体造成的严重损害。

在 0～15% 的阀门行程内：阀门处于关闭或小开度运行，此时阀芯与阀芯套的重叠部分会促使高压差介质通过阀芯的凹口进行减压，而不是在阀座的密封区域，如图 5-21 所示。

在 15%～100% 的阀门行程内：阀芯在此区域运行时，通过阀座密封区域的流通面积要比阀芯凹口区域大得多，因此流过阀座密封区域的介质压力和流速均会降低，高压差区域的形成是在凹口区域而非阀座密封区域，也就消除了高压差介质对阀芯、阀座密封面的损伤，如图 5-22 所示。

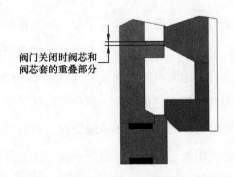

图 5-21　在 0 ~ 15% 行程内阀芯位置示意图

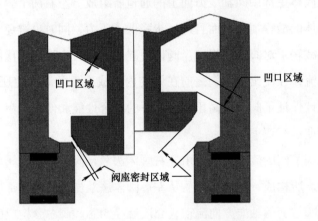

图 5-22　在 15% ~ 100% 行程内阀芯位置示意图

串式减压调节阀内部流体流动示意图如图 5-23 所示。

4. 理论设计和仿真结果

在串式减压调节阀流道模型的仿真分析中，内部流道的压力场、速度场是研究的主要内容。在模型计算完成以后即可进入后处理器 CFD－Post 进行相关参数的可视化分析。不同开度压力云图如图 5-24 和图 5-25 所示。

从 50% 开度及 100% 开度下阀门内部流场的压力云图中可以看出，流体在流经减压阀内部流道时，在进、出口管道段的部分压力变化比较平缓，基本没太大变化。当流体流经阀芯与阀芯套形成的多级降压结构时，压力的变化就比较明显。流经每一级减压结构时压力均会降低，在凹口处由于通流截面积突然缩小导致压力也降低，而当流过凹口区域以后压力则会有所恢复。正是这些多级降压结

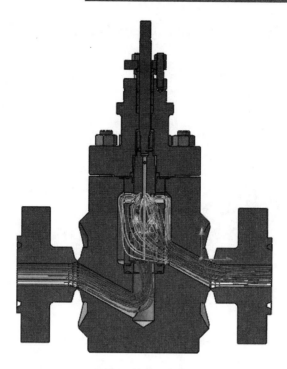

图 5-23　调节阀内部流体流动示意图

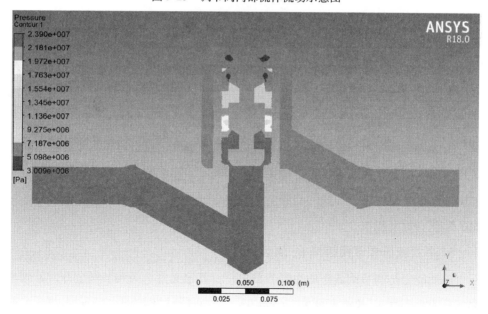

图 5-24　50% 开度下的压力云图

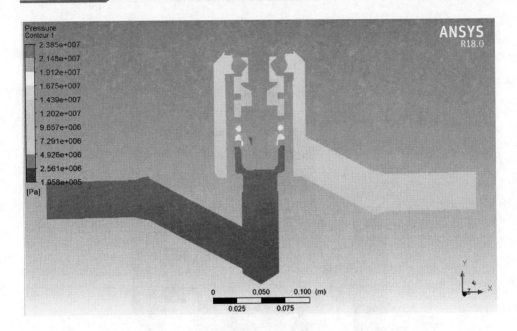

图 5-25   100% 开度下的压力云图

构的存在使得阀前高压力的流体介质流经阀门内部流道以后，压力能够逐级降低，最终达到预期的目标，压差满足给定的要求。不同开度速度云图如图 5-26 和图 5-27 所示。

从 50% 开度及 100% 开度下阀门内部流场的速度云图中可以看出，流体流经减压阀内部流道时，在进出口管道段的部分速度变化比较平缓，在流经阀芯和阀芯套形成的多级减压结构时，流速变化则比较明显。流体在流经每一级降压结构时，由于通流截面积的突然缩小，导致流体速度变快，而当流体流过这些凹口区域以后速度则会有所恢复。正是由于阀芯和阀芯套构成的多个凹口区域的存在使得流体速度会呈现逐渐加快的趋势。从图中可以看出流体在流经每一个凹口区域时，速度会逐渐加快。

5. 串式减压调节阀模拟 C_v 值计算

流通能力是调节阀选型的主要参数之一，其定义为：当调节阀全开时，阀两端压差为 0.1MPa，流体密度为 $1g/cm^3$ 时，每小时流过调节阀的立方米数，也称流量系数，在国际上用 C_v 表示。阀门设计 C_v 值验证需在上述要求的工况下进

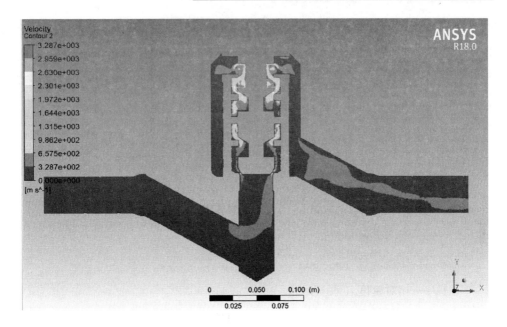

图 5-26　50% 开度下的速度云图

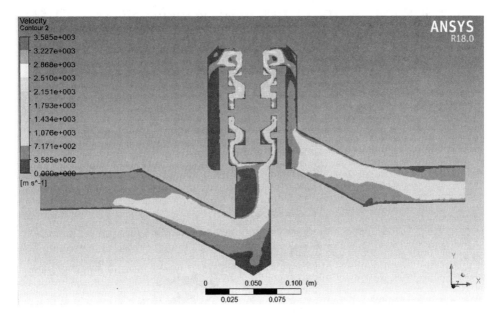

图 5-27　100% 开度下的速度云图

行，利用 ANSYS Workbench 后处理软件中的函数功能计算出质量流量（mass flow）之后，将其转化为体积流量 Q，再利用式(5-34) 计算出仿真模拟的 C_v 值，看其是否与理论 C_v 值一致，是否在规定的偏差范围里。由于串式减压调节阀可在不同的开度下工作，因此需计算出阀门在不同开度下的 C_v 值。

质量流量的单位为 kg/s，而体积流量 Q 的单位为 m^3/h，通过单位换算即可得出质量流量与体积流量之间的关系为：体积流量 Q = 质量流量 ×3.6。

$$C_v = 1.17Q\sqrt{\frac{G}{\Delta P}} \tag{5-34}$$

式中　　C_v——阀门流量系数；

　　　　Q——体积流量（m^3/h）；

　　　　G——相对密度（水 =1）；

　　　　ΔP——压差（kgf/cm^2，$1kgf/cm^2 = 0.1MPa$）。

（1）15% 开度下阀门模拟 C_v 值

由图 5-28 可知，在 15% 开度下阀门质量流量为 0.0732576kg/s，则其体积流量 $Q = 0.0732576 \times 3.6 m^3/h = 0.263727\ m^3/h$，根据式(5-34) 计算出 C_v 值为

$$C_v = 1.17Q\sqrt{\frac{G}{\Delta P}} = 0.3086$$

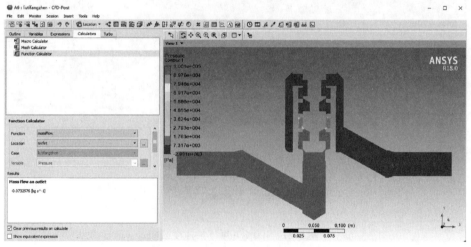

图 5-28　15% 开度下阀门仿真结果

（2）20%开度下阀门模拟 C_v 值

由图 5-29 可知，在 20% 开度下阀门质量流量为 0.191764kg/s，则其体积流量 $Q=0.191764\times3.6 \mathrm{m^3/h}=0.690350 \mathrm{m^3/h}$，根据式(5-34) 计算出 C_v 值为

$$C_v=1.17Q\sqrt{\frac{G}{\Delta P}}=0.8077$$

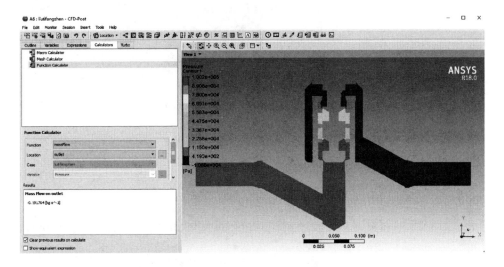

图 5-29　20% 开度下阀门仿真结果

（3）30%开度下阀门模拟 C_v 值

由图 5-30 可知，在 30% 开度下阀门质量流量为 0.417487kg/s，则其体积流量 $Q=0.417487\times3.6 \mathrm{m^3/h}=1.502953 \mathrm{m^3/h}$，根据式(5-34) 计算出 C_v 值为

$$C_v=1.17Q\sqrt{\frac{G}{\Delta P}}=1.7585$$

（4）40%开度下阀门模拟 C_v 值

由图 5-31 可知，在 40% 开度下阀门质量流量为 0.676672kg/s，则其体积流量 $Q=0.676672\times3.6 \mathrm{m^3/h}=2.436019 \mathrm{m^3/h}$，根据式(5-34) 计算出 C_v 值为

$$C_v=1.17Q\sqrt{\frac{G}{\Delta P}}=2.8501$$

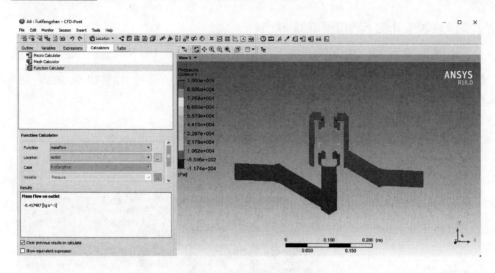

图 5-30　30%开度下阀门仿真结果

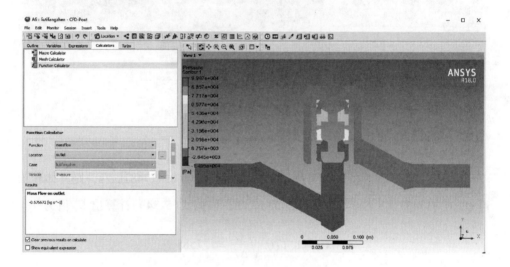

图 5-31　40%开度下阀门仿真结果

（5）50%开度下阀门模拟 C_v 值

由图 5-32 可知，在 50%开度下阀门质量流量为 0.910875kg/s，则其体积流量 $Q = 0.910875 \times 3.6\text{m}^3/\text{h} = 3.27915\text{m}^3/\text{h}$，根据式（5-34）计算出 C_v 值为

$$C_v = 1.17Q\sqrt{\frac{G}{\Delta P}} = 3.8366$$

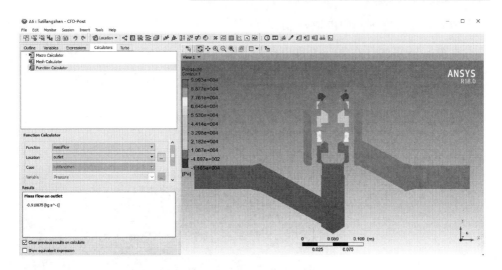

图 5-32　50%开度下阀门仿真结果

（6）60%开度下阀门模拟 C_v 值

由图 5-33 可知，在 60%开度下阀门质量流量为 1.16343kg/s，则其体积流量

$Q = 1.16343 \times 3.6 \text{m}^3/\text{h} = 4.188348 \text{ m}^3/\text{h}$，根据式（5-34）计算出 C_v 值为

$$C_v = 1.17Q \sqrt{\frac{G}{\Delta P}} = 4.9004$$

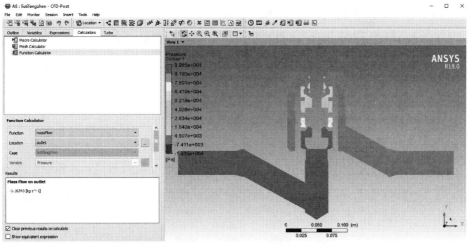

图 5-33　60%开度下阀门仿真结果

（7）70%开度下阀门模拟 C_v 值

由图 5-34 可知，在 70% 开度下阀门质量流量为 1.38629kg/s，则其体积流量 $Q = 1.38629 \times 3.6 \text{m}^3/\text{h} = 4.990644 \text{m}^3/\text{h}$，根据式（5-34）计算出 C_v 值为

$$C_v = 1.17Q\sqrt{\frac{G}{\Delta P}} = 5.8391$$

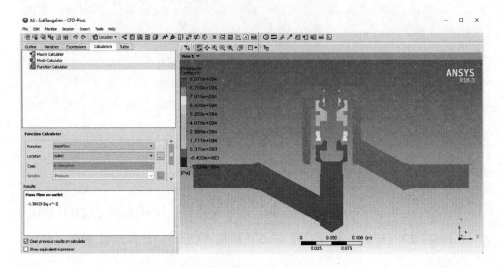

图 5-34　70% 开度下阀门仿真结果

（8）80%开度下阀门模拟 C_v 值

由图 5-35 可知，在 80% 开度下阀门质量流量为 1.59799kg/s，则其体积流量 $Q = 1.59799 \times 3.6 \text{m}^3/\text{h} = 5.752764 \text{m}^3/\text{h}$，根据式（5-34）计算出模拟 C_v 值为

$$C_v = 1.17Q\sqrt{\frac{G}{\Delta P}} = 6.7307$$

（9）90%开度下阀门模拟 C_v 值

由图 5-36 可知，在 90% 开度下阀门质量流量为 1.75131kg/s，则其体积流量 $Q = 1.75131 \times 3.6 \text{m}^3/\text{h} = 6.304716 \text{m}^3/\text{h}$，根据式（5-34）计算出模拟 C_v 值为

$$C_v = 1.17Q\sqrt{\frac{G}{\Delta P}} = 7.3765$$

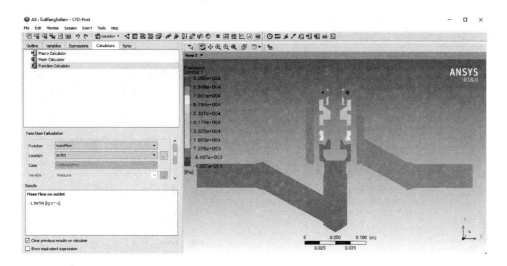

图 5-35　80%开度下阀门仿真结果

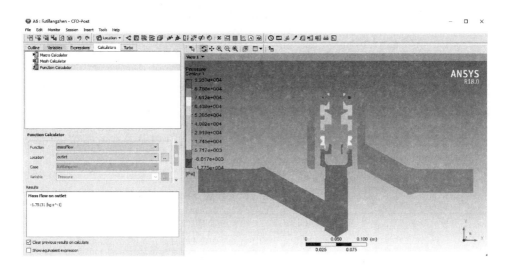

图 5-36　90%开度下阀门仿真结果

（10）100%开度下阀门模拟 C_v 值

由图 5-37 可知，在 100%开度下阀门质量流量为 1.81505kg/s，则其体积流量 $Q = 1.81505 \times 3.6\text{m}^3/\text{h} = 6.53418\text{m}^3/\text{h}$，根据式（5-34）计算出模拟 C_v 值为

$$C_v = 1.17Q \sqrt{\frac{G}{\Delta P}} = 7.6450$$

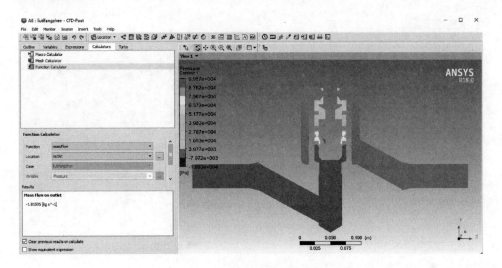

图 5-37　100% 开度下阀门仿真结果

根据给定的阀门设计最大 C_v 值 7.5 可知，其相对误差为

$$\delta = \left| \frac{C_{v模拟} - C_{v理论}}{C_{v理论}} \times 100\% \right| = \left| \frac{7.6450 - 7.5}{7.5} \times 100\% \right| = 1.933\%$$

计算出的相对误差在 10% 以内，故符合阀门最大开度下的设计 C_v 值要求。

6. 串式减压调节阀模拟 C_v 值结果分析

将按照上述仿真结果及计算得到的不同开度下阀门相关参数及模拟 C_v 值整合成表 5-5。

表 5-5　不同开度下阀门相关参数及模拟 C_v 值

开度（%）	质量流量/(kg/s)	体积流量/(m³/h)	模拟 C_v 值
15	0.0732576	0.263727	0.3086
20	0.191764	0.690350	0.8077
30	0.417487	1.502953	1.7585
40	0.676672	2.436019	2.8501
50	0.910875	3.27915	3.8366
60	1.16343	4.188348	4.9004
70	1.38629	4.990644	5.8391
80	1.59799	5.752764	6.7307
90	1.75131	6.304716	7.3765
100	1.81505	6.53418	7.6450

根据不同开度下阀门模拟 C_v 值的数据绘制其流量特性曲线，如图 5-38 所示。

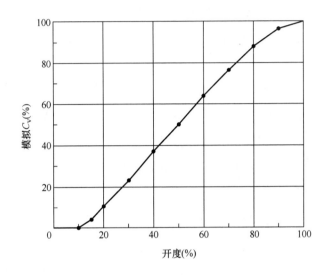

图 5-38 阀门流量特性曲线

由图 5-38 所示阀门的流量特性曲线可知，所设计的串式减压调节阀具有基本的线性控制特性，在全行程的调节范围内，前 15% 的阀门开度是没有流量调节作用的（即没有介质通过），而在 15%～100% 开度内阀门具有平稳、连续及准确的流量调节特性。这是因为阀门在小开度情况下，阀座的密封处形成高压降区域，对阀芯和阀座的损坏程度较大，但会使阀内件具有更长的使用寿命，而且在小开度时阀门流量较小，相对变化量大，灵敏度很高。

7. 结论

具有多级降压结构的串式减压调节阀，特殊设计的阀芯与阀芯套相互配合构成了减压结构的核心，使该减压调节阀可以应用在阀前、阀后压差较大的工况下。通过理论计算完成了阀门主要零部件的设计及校核，最后通过仿真软件对不同开度下工作的阀门进行仿真模拟，研究其内部压力、速度变化，同时计算出不同开度下的 C_v 值，研究其流量特性。

通过研究、分析等得出了以下结论：

1）经过对所设计的串式减压调节阀的主要零部件进行相关设计计算与强度校核，该阀门的结构、尺寸等参数均能够满足设计的要求。

2）利用 ANSYS Workbench 软件对阀门内部流道进行仿真，分析其内部压力场、速度场的变化，得到所设计的减压结构符合预期的要求，可以应用于高压差的工况下。

3）分级设计的减压结构使得流体介质在经过每一级降压结构时会逐级降压，流经凹口区域时压力降低，速度加快，经过凹口区域之后压力、速度会有所恢复。到达下一级减压结构时，压力会再次降低，速度再次加快。由此流经阀门的流体压力、速度得到了控制，使其避免了空化、汽蚀的产生，可以在严酷工况下实现长周期运行。

4）通过仿真分析结果得到了阀门在不同开度下的 C_v 值，分析其流量特性曲线发现，其流量特性为线性。在小开度下，流量小，相对变化量却很大，具有较高的调节精度。而在大开度时，流量大，相对变化量小，灵敏度较低。

5.2 高性能特种调节阀整机系列化与优化

据统计，特种控制阀产品成本的 60% 由产品开发阶段决定，产品研发过程中企业要承担经济风险、技术风险和市场风险。经济风险是指企业要承担高额研发费用，一般中小企业承担经济风险的压力会更大一点，新产品开发一旦失败会对企业造成巨大的经济损失。技术风险是指企业技术储备不具有技术开发条件，研发的产品无法满足功能要求，无法保障产品质量，导致后续制造、维修、维护费用高昂。市场风险主要是指技术寿命无法保证，为了防止企业新技术在没上市之前就被别的新技术所取代，必须缩短新产品的开发周期。因此，为减少企业所承担的风险、缩短产品开发周期，应当充分利用现有经过生产和时间考验的产品设计方案。

目前，进行特种控制阀产品系列化设计主要采用两种方法。一种是完全基于特种控制阀参数进行设计的产品系列化设计方法。实现该方法主要有两种途径，第一种途径是建立专用特种控制阀产品参数化设计模型，第二种途径是基于已有通用阀门设计方法进行进一步优化，形成专用特种控制阀参数化设计模块。其中，第一种途径工作量较大，另外，使用该方法需要对系列化产品中相同结构进行重复的设计计算，不但使得设计过程复杂、易于出错，而且要求设计人员具有很高的设计水平。第二种途径是目前进行产品系列化设计最常用的方法，该方法具有工作量少、开发难度相对小的特点。但进行产品参数化设计也存在一些不足。首先，采用参数化方法进行系列化设计的过程，实际上是一个设计方案再设计的过程，该方法会对以前的设计方案进行重复设计。其次，对结构组成较为复杂的特种控制阀产品进行完全参数化设计，必然会导致设计参数过多，设计过程中求解工作量较大，容易出错。另外有些特征在进行参数化描述时会比较复杂，难以通过参数简单定义。另一种是基于相似理论的产品系列化设计方法。该方法通过对现有控制阀设计参数进行分析，确定特种控制阀系列化相似准则，然后以原型产品为对象，应用相似准则对原型产品进行结构尺寸和特征的缩放，来实现产品的系列化设计。该方法与全参数系列化设计方法相比，具有开发工作量少、参数少、速度快的特点，采用以相似理论为理论指导，以相似准则为桥梁的产品系列化设计方法不会出现产品再设计的现象。但由于该方法在产品系列化设计方面提出较晚，尚未形成完整的理论体系和具体实施方法，对系列化装配体中非标准件的处理，以及由于实际情况而使得零件形状发生改变时如何处理等问题并没有形成具体的解决方案，也使得相似系列化设计具体实施起来有较大的难度。同时，相似设计与完全参数化设计相比，准确度及优化程度还存在一定差距，阻碍了产品相似系列化设计方法的应用推广。

可以说两种系列化设计方法各有优缺点，若将参数化设计与相似系列化设计相结合，运用相似准则建立参数化设计模型，既可以使相似系列模型建立过程简单、快捷，又可以提高相似系列模型的质量，同时，缩短产品开发周期，降低综合成本，满足客户多样化的需求，给企业带来更多机遇与效益。

基于此背景，本书将以参数化设计为指导思想，应用相似理论和相似准则进行特种控制阀产品的系列化研究。通过分析特种阀产品系列化设计的基本条件和约束条件，结合具体工况要求和控制阀几何特征的继承关系，将控制阀关键控压件或整机的相似准则转化为产品系列化的设计准则，建立基于流通能力、结构型式、密封要求、通径等关键参数驱动的产品参数化设计模型，系统研究不同参数配置对控制阀整机功能参数的影响，提出满足工程应用要求的特种控制阀智能选型方法。

5.2.1 相似理论分析方法与相似系列化设计

1. 相似理论分析方法

相似理论是说明自然界和工程中相似现象相似原理的学说。其主要应用于指导模型试验，确定"模型"与"原型"的相似程度、等级等。

相似理论从 1686 年 Newton（牛顿）提出牛顿准则（即确定两个力学系统相似的准则）开始作为科学领域的一个新学说被科研工作者广泛研发和应用。1848—1930 年，法国学者 JBertrand、美国学者 JBuckingham、苏联学者 MBКирпинев 接踵提出、定义、证实了相似三定理，从而奠定了相似理论的理论基础。

相似第一定理：彼此相似的现象其相似准数的数值相同。相似第一定理也称作相似正定理。

相似第二定理：一个包含 n 个物理量 G_1，G_2，$\cdots$，G_n（其中 k 个物理量具有独立量纲）的物理方程可转换为 $m = (n - k)$ 个由这些物理量组成的无量纲数群（指数幂乘积）π_1，π_2，$\cdots$，π_m 之间的函数关系，即 $f(G_i) = 0$，$f(\pi_j) = 0$。

相似第三定理：凡同一类现象，当单位条件相似，且由单值条件中物理量所组成的相似准数在数值上相等时，则现象必定相似。

相似三定理是两个现象相似的前提，其关系如图 5-39 所示。

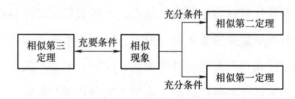

图 5-39　相似三定理与相似现象之间的关系

只有对所研究对象的特征进行全面的、正确的认识后才能运用相似理论指导其设计模型的建立和模型分析。通常利用相似理论对研究对象进行分析的方法有三种：定律分析法、方程分析法和量纲分析法。

2. 相似系列化设计

对产品进行一定规律的功能、参数和规格分类从而形成一个系列称作产品的系列化。而产品的系列化设计技术，简单来说，是指在原有产品的基础上进行改进而得到新产品的一种设计技术。该技术需要选取原有产品的有效设计，并在该有效设计的基础上进行再设计，因此，使用该技术完成的产品设计周期短、成本低、质量高。

相似系列化设计是以相似理论为基础指导理论，以相似准则为桥梁采用系列化设计技术进行设计的一种设计方法。也就是说，在原有产品的基础上对其采用符合相似准则的再设计方法而产生一系列产品的一种设计方法。

5.2.2　特种调节阀产品系列化设计

特种调节阀可根据各个功能结构和特点，将整个调节阀划分为阀体组件、上阀盖组件、阀内件组件、填料组件和填料压盖组件五大部分，加上与之配套的智能控制附件、执行机构和手轮机构，只要把各个组件组装在一起，就能配置与工况相适应的阀门部件，满足所使用的工况条件的需要。模块化划分后，可根据具体参数对特种调节阀产品进行系列化设计。

1. 阀体组件系列化设计

阀体组件是保证与现场工艺管道连接、承受介质压力的容器，是阀体壁厚核算、连接螺栓螺母布局的重要元件模块。阀体根据工艺管道设计、法兰标准要求，会有不同压力等级、密封面；根据介质流向和管道布局，会有直通、角通、三通等阀体型式。对于不同的阀体结构，其连接尺寸除阀体法兰和介质流向不同外，其余可保持一致。但需要注意的是，在阀门选型计算过程中阀体组件模块的选型应有常压和高压之分，原因是随着压力和阀门口径的增加，所需阀体壁厚、杆件强度要求、螺栓螺母规格等会有很大不同，压力区分可使阀体整机设计和模具准备在很大程度上趋于合理，可降低阀体组件的成本，而其余功能模块可以视情况匹配阀体组件模块。根据阀体组件模块功能的特点，总结出表5-6所列的系列化设计选型体系比较。

表5-6　阀体组件系列化设计选型体系比较

标准体系		欧洲体系	美洲体系
压力等级	常压	PN6，PN10，PN16，PN25，PN40	Class150，Class300
	高压	PN63，PN100，PN160，PN250	Class600，Class900，Class1500
	超高压	PN320	Class2500
密封面		突面（RF），凹面/凸面（MFM），榫面/槽面（TG），全平面（FF），环连接面（RJ）。焊接式：承插焊（SW），对焊（BW）	
阀体型式		直通型，角通型，三通型	

2. 上阀盖组件系列化设计

上阀盖作为壳体承压部件之一，一般与阀体通过螺栓连接，底部可设计阀杆导向结构，上部承载填料函实现动密封。上阀盖组件应适应阀体组件，有常压、高压和超高压之分。根据使用工况的要求和不同功能差异，上阀盖组件模块具体又可以分为常温型上阀盖、高温型上阀盖和低温型上阀盖，如图5-40所示。每种类型的上阀盖主要根据操作介质的温度来确定其具体类型，再匹配适用的阀门

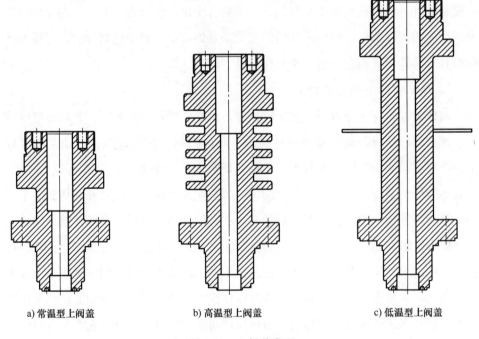

a) 常温型上阀盖　　　　　b) 高温型上阀盖　　　　　c) 低温型上阀盖

图5-40　上阀盖类型

公称通径和压力等级就可将上阀盖组件模块确定下来。只需将上阀盖和相应的阀杆更换就可以实现通用互换，实现上阀盖组件的系列化。

3. 阀内件组件系列化设计

调节阀阀内件按结构型式分为非平衡式结构和平衡式结构两种。对于非平衡式结构的阀门，阀内件组件包括阀芯、阀座、套筒和阀杆等，而平衡式结构可将平衡套筒、密封件及阀内用标准件等归类为阀内件组件模块。阀内件组件的主要作用是调节流量，其差异在阀芯和阀座类型上，一般根据不同的结构型式主要分为曲面单座阀内件、套筒单座阀内件、笼式套筒阀内件、平衡式阀内件、多级减压阀内件等。阀内件组件的分类建议用阀门的具体型号进行区分，这也是绝大多数阀门生产商所遵循的规则，不同类型的阀内件组件对应唯一的阀门型号，有助于小批量、定制类零件的管理和生产。阀内件结构的选取主要与工作介质的差压工况有关，应根据实际工况的计算结果选择合适的阀内件组件。但对于同口径、同压力阀内件组件应设计其互换性，也就是说，除了阀内件组件外，其余几大模块可不用更换，如图 5-41 所示。

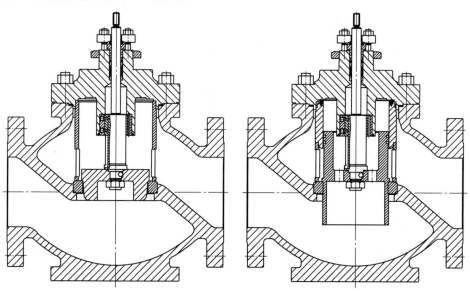

图 5-41　不同结构阀内件互换对比

4. 填料组件系列化设计

填料组件是保证阀杆处动密封的关键零部件，具有极其重要的作用。密封性能差导致介质外漏，会引发重大安全事故；而填料数量太多或填料压得太紧，会导致阀杆处摩擦力过大，引起爬行和死区过大现象，严重影响阀门的调节性能。填料根据工艺参数的要求有石墨组合填料、V 形四氟填料、高温高压填料、高温导热油填料、特殊工况填料等，不同类型填料结构如图 5-42 所示。可根据不同口径、不同压力的阀体，将上阀盖填料函（装填料内腔）处分为四类：常压小口径填料（DN10 ~ DN65）、中高压常规口径填料（DN80 ~ DN200）、中高压大口径填料（DN250 ~ DN400）和超大口径填料（DN450 ~ DN600）。在以上每种口径范围内，根据介质属性选择合适的填料，即可保证阀门填料的通用性，实现填料组件系列化设计。

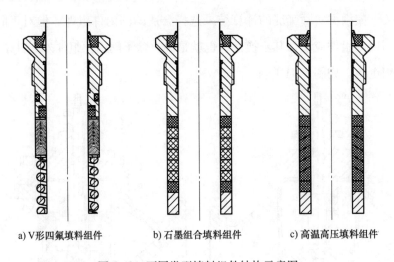

a) V形四氟填料组件　　　　b) 石墨组合填料组件　　　　c) 高温高压填料组件

图 5-42　不同类型填料组件结构示意图

5. 填料压盖组件系列化设计

填料压盖组件是保证填料压紧力的结构，常规阀门的压盖组件结构较为简单，由压盖、压板、螺栓螺母及一些辅助密封元件组成，结构如图 5-43 所示。而一些特殊位置阀门或动作频繁的阀门可设计较为复杂的预载结构，具有预载结构的填料压盖组件不仅能保证填料压紧力的均匀性，而且可在一定限度内补偿填料磨损带来的风险。其实，填料压盖组件不必作为一大模块单独设计，一般如果压盖没有特别复杂的结构，在阀门填料组件确定后压盖组件也就随之确定了。

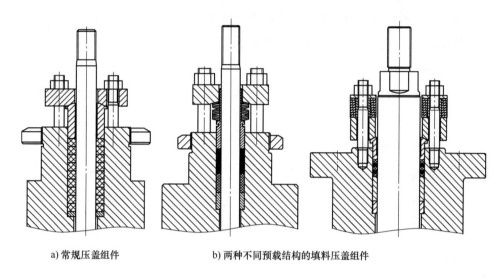

a)常规压盖组件　　　　　　　　b)两种不同预载结构的填料压盖组件

图 5-43　填料压盖组件结构示意图

5.3　高性能特种调节阀整机性能评价与试验

5.3.1　试验策划

（1）压力试验

1）壳体强度试验。

试验介质：水。

试验压力：1.5 倍公称压力；保压时间：≥3min；室温。

试验方法：将阀门壳体组装完毕，水从阀门入口输入阀体，另一端封闭，使所有在工作中受压的阀腔同时承受试验压力。若为完整组装的阀门，试验期间，阀门应处于半开启状态。

验收准则：在整个保压时间内，承压壳体各个部位，目测无肉眼可见的渗漏。

2）填料及其他连接处密封性试验。

试验介质：水。

试验压力：1.1 倍公称压力；保压时间：≥3min；室温。

试验方法：完整组装好阀门，且阀门应处于半开启状态，试验介质从阀门入口输入阀体，另一端封闭。试验期间，使阀杆每分钟做 1～3 次往复动作。

验收准则：在整个保压时间内，填料及各密封连接处，目测无肉眼可见的渗漏。

注：填料函处如果存在轻微泄漏，允许适当调节重新建立密封，然后继续试验。

3）阀座密封性试验。

试验介质：氮气或洁净空气或水。

试验压力：0.35MPa（Ⅳ、Ⅴ、Ⅵ级）或设计压差（取较低者）。

执行标准：GB/T 4213 或 ANSIFCI 70-2。

试验方法：试验前应检查阀座和阀芯密封面，不允许有任何油渍及污渍存在。阀门关闭，将试验介质从阀门入口输入阀体，阀门出口通大气，当泄漏量稳定后，检测阀座泄漏量。

验收准则：泄漏率符合 GB/T 4213 或 ANSI/FCI 70-2 的要求。

（2）性能试验

1）基本误差、回差、死区、始终点偏差。

按 GB/T 4213 规定的试验方法执行，按图样及相关设计文件规定的验收标准执行。

2）额定流量系数。

试验介质：水。

试验方法：将阀门安装在满足 GB/T 30832 要求的试验系统上。在 5%、10%、20%、30%、…、90% 及 100% 额定行程时测量流量、入口压力、温度、压差等数据，再根据口径等数据计算出额定流量系数，每次流量试验得到的三个值，最大值与最小值的差不应超过最小值的 4%，每一行程的流量系数应该是三个值的算术平均值，并圆整到三位有效数字。

验收准则：调节阀额定行程对应的流量系数即为阀门额定流量系数，其实测值与规定值的偏差应不超过规定值 ±10%。

注：额定流量系数数值应满足具体工程需要。

3）固有流量特性。

试验介质：水。

试验方法：按前述流量系数的试验方法，计算相对行程下的流量系数与额定流量系数之比为相对流量系数 Φ。由此绘出调节阀的"相对行程-相对流量系数"的流量特性曲线。

验收准则：按实测数据绘制流量特性曲线。曲线上每个试验流量系数与试制方在流量特性中规定的值的偏差应不超过 $±10(1/\Phi)^{0.2}\%$。绘出的流量特性曲线与规定的固有流量特性曲线斜率的偏差应满足 GB/T 17213 的要求。

4）耐振性能。

质量超过 50kg 的调节阀可免于试验。调节阀按工作位置安装于振动试验台上，并输入 50% 信号压力，按振动频率幅值（10~55Hz，0.15mm）和振动频率加速度（55~150Hz，20m/s²）的正弦扫频振动试验，扫频应是连续和对数的，扫频速度约为 0.5 倍频程/min。并在谐振频率上进行 30min±1min 的耐振试验，若无谐振点，应在 150Hz 下振动 30min±1min。试验后按前述试验方法进行"填料及其他连接处密封""基本误差""回差"各项性能试验。

5）动作及寿命循环试验。

试验介质：水或其他合适介质。

试验方法：按 GB/T 4213 或其他相关技术文件，选定阀门的寿命（动作次数）。在室温下，阀门空载，按每分钟不低于一次的频率做往复动作，往复动作行程为全行程或 10%~90% 行程。往复动作一定次数后按前述试验方法进行"填料及其他连接处密封""基本误差""回差"各项性能试验。

验收准则：阀门动作迅速、无卡阻，达到规定试验动作次数后，试验检测各项性能符合要求。

（3）试验/检验报告

按照相关标准或技术规范要求对每个阀门进行试验的结果应编制试验报告。

试验报告的内容应足够详细，足以证明按标准或技术规范进行的任何试验的目的均已达到。

试验报告的内容要分项编写，其内容包括（不限于此）：试验目的、试验项目、试验程序、验收标准、试验人员名单、测量仪表的检查和标定、试验表格、全部测量结果汇总、试验结果分析、试验结论。

5.3.2 模拟计算及验证

1. 阀门内流场的数值模拟

阀门的流场数值模拟能够得到其内部流场的一些物理信息，包括压力、速度、湍流黏度等参数。一般流体流动状态存在两种：层流状态和湍流状态。1883年雷诺在做实验中发现：层流现象为流体流线之间层次比较分明，而且互相不混合，这种现象一般出现在流速比较小的情况下；湍流现象为圆管内流体做一种非定常运动，这种运动表现为复杂、没有规律而且比较随机。流体流动状态能够使用雷诺数来说明是层流还是湍流。雷诺数 Re 方程为

$$\mathrm{Re} = \frac{ud}{v} \tag{5-35}$$

式中　d——管道内径；

　　　u——截面平均流速（流量/截面面积）；

　　　v——流体的运动黏度。

在传统意义上来说，湍流数值模拟的研究方法一般有直接数值模拟和非直接数值模拟两类。其中直接计算瞬时湍流控制方程的解的方法称为直接数值模拟；不直接计算湍流的控制方程，而是想办法将湍流做近似和简化处理的方法称为非直接数值模拟。雷诺平均法使用的湍流模型主要包括雷诺应力模型和涡黏模型两种。由于调节阀内流场数值模拟关于定常计算时主要采用的是 $k - \varepsilon$ 模型，所以关于雷诺平均法主要介绍标准 $k - \varepsilon$ 模型、RNG $k - \varepsilon$ 模型和 Realizable $k - \varepsilon$ 模型。

FLUENT 软件自 1983 年开发出来，就成为计算流体力学软件中的先驱，在航天、航海、汽车等流体工程领域得到大范围使用。FLUENT 软件作为一般的计算流体力学软件，能够模拟可压缩和不可压缩的复杂流体问题，而且它有非常多

的方法和多格提速收敛功能，从而能够有较好的计算收敛速率和计算求解的精度。它具有以下重要特点：

1）FLUENT软件能够较容易地建立较多的坐标系（包括惯性坐标系、非惯性坐标系、复数基准坐标系）和滑动的网格以及运动翼和静止翼互相作用的连接界面。

2）FLUENT软件内置具有非常多的物理性质的数据库。数据库中有非常多的材料可供选择，而且用户还可以通过自定义的方式来设置自己所需要的材料。

3）FLUENT软件能够提供高效率的多核并行计算的操作，而且其内置MPI功能可以使这种机制得到更好的发挥。除此之外，FLUENT软件还具有使并行计算可以高效率地进行的非静态平衡机制。

4）FLUENT软件中具有使用户能够自主开发的接口：用户自定义函数（UDF）。

5）FLUENT软件具有自带的后处理功能，可以对分析结果做云图、矢量图以及曲线图的操作。

利用FLUENT软件计算和分析流场时，首先用三维建模软件进行阀体部分的建模，然后直接导入ICEM划分网格。选择适合FLUENT软件计算的网格类型导入后，做模型、边界条件、计算方法等一些设置，然后对分析完成的数据做后处理。

（1）阀门流场几何模型的建立

由于分析的是阀门内部的流道，关于阀门流场的几何模型只需要保留流体所流过的区域，所以在阀门三维模型处理时，需要着重考虑阀体及阀内件（包括套筒和阀芯）。套筒又称阀笼，属于阀内件的一部分。对于阀门流量来说，套筒具有截流和使流量满足一定特性的作用。对于阀门结构来说，套筒具有使阀门能够结构稳定平衡以及导向对中的作用。由于阀芯在阀内件中比较特殊，所以在阀门的结构设计时可以对其类型做专门设计，从而达到阀门设计在流量和结构两方面的要求。鉴于阀门中套筒和阀芯对于阀门的流场特性影响较大，所以在阀门网格划分和流场分析时主要关注它们所在的区域。

（2）阀门流场网格的划分

在阀门的几何模型建立之后，就要将阀门模型导入网格绘制软件进行网格生成步骤。在网格生成过程中需要对阀门模型进行各部分命名和选择，其中包括需要设置所关心流动参数变化规律的部位的名称。网格生成是数值模拟计算的前提条件，因为网格质量对于计算结果的精确度有非常大的影响。

关于流场计算中用到的网格，主要分为结构型网格和非结构型网格两种。两种网格都有其优缺点。一般来说，结构型网格中网格区域内全部的内部相邻的单元都是一样的。结构型网格能够非常简单地将计算区域进行拟合处理，适于流体与表面应力集中等方面的计算。主要优点是：网格生成的速度快、质量好，数据结构简单。在 ICEM 中绘制阀门的结构型网格，首先要对阀门模型设置较多的"块"，然后根据每个"块"分别对阀门进行网格节点的设置。在 ICEM 绘制阀门网格的过程中，由于阀门内部流道和外形结构存在较多的圆管或圆柱形结构，所以要对其做 O 型网格处理，这样做出来的网格对于计算才有较好的精确性。鉴于阀门结构较复杂，而且内部流道和阀内件曲面较多，所以使用结构型网格对于阀门流场分析无疑存在非常大的工作量，所需要的时间和成本也较高。

非结构型网格从其名字上可以看出，其网格区域内全部的内部相邻的单元都是不一样的。非结构型网格具有可以适应各种复杂结构和网格节点密度控制简单等优点。在 ICEM 绘制非结构型网格中，只需将阀门结构做点、线、面、体的分类，然后设置各个部分的网格尺寸就能自动生成阀门的非结构型网格，故在 ICEM 中生成非结构型网格是比较容易的。

在实际工程应用中，由于几何模型结构较复杂，如果用结构型网格则耗时耗力，所以近年来非结构型网格得到了巨大的发展。阀门流场分析中阀门的网格一般为非结构型网格，如图 5-44 所示。

（3）边界条件

求解域的边界需要计算的变量或者其一阶导数随地点和时间变动的规律即为边界条件。对于计算流体力学分析来说，边界条件是十分重要的。

在计算流体力学中，基本边界条件有：进口边界条件、出口边界条件、固壁

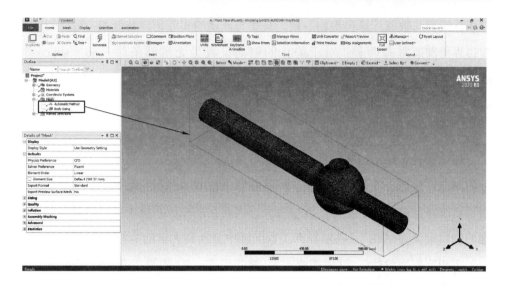

图 5-44 阀门内部流道网格图

边界条件、恒压边界条件、对称边界条件、周期性边界条件。对于本次的数值模拟计算，主要涉及边界条件如下：

1）进口边界条件定义为：流体运动的变量在进口边界处设置的数值。常用的进口边界条件有：进口速度边界、进口压力边界以及进口质量边界。使用进口边界条件时必须注意的是：压力在流场数值模拟中一般是用相对值的形式给出的，而不是绝对值；当流场数值模拟计算选用的模型为 $k - \varepsilon$ 模型时，则需要给定此条件下的 k 和 ε 的值。

2）出口边界条件定义和进口边界条件类似，是指流体运动的变量在出口边界处设置的数值。在距离流场扰动区域比较大的位置一般是出口边界所设置的方位。常用的出口边界条件包括压力出口边界、压力远场边界、质量出口边界等。

3）固壁边界条件通常用于约束流动域的固体壁面。应保证设置于壁面的边

329

界条件既要与数值计算模型相一致，又要与流动的实际物理特性相一致。对于固壁边界条件通常有两种：对于静止的壁面设置为无滑动条件（no‐slipcondition），即流体在固体壁面处是静止的；另外一种是自由滑动边界条件（free‐slipcondition），即假设壁面处的流体流动平行于壁面。

2. 阀门空化的数值模拟

相是指具有相同边界条件和动力学特性的同类物质，在自然界中，相一般被分为固态、液态、气态三种形式。但是在数值研究的多相流系统中，相的概念发生了更改并且被赋予了更为广泛的意义，因此在多相流系统中可以将具有相同类别的物质定义为"相"。自然界和工程问题中会遇到大量的多相流动。

多相流模型包括气-液两相流或液-液两相流、气-固两相流、液-固两相流以及三相流，具有泥浆流、气泡、液滴、负载流、分层自由面流动、气动运输、水力运输或沉降以及流化床等流动模式。在 FLUENT 软件中提供了三种主要模型：VOF 模型（volume of fluid model）、混合模型（mixture model）、欧拉模型（eulerian model）。

设定温度下液体的压力可以逐渐减小，此压力可以降低到设定温度下液体的饱和蒸气压以下。在设定的温度下通过减小压力使液体中产生气泡，并使气泡溃灭的过程称为空化。如果液体中含有非冷凝（溶解或摄入）气体或具有核子的微型气泡，其在压力逐渐降低的过程中可能会生长增大并逐渐形成气穴。在这个过程中，低压区或者空化区域将会发生非常大且剧烈的密度变化。

在 FLUENT 软件中，提供了 Singhal 模型、Zwart‐Gerber‐Belamri 模型和 Schnerr‐Sauer 模型供选择使用。但它们只能应用于单个空化过程，不能用于同时模拟多个空化过程。在使用混合模型时，可以用 Singhal 模型来考虑两相流中的空化效应，同时 Singhal 模型也被称为完全空化模型。但是 Singhal 模型要求初生相是液体，次生相是蒸汽，且 Singhal 模型只能与多相流混合模型兼容，不能用于欧拉多相流模型和 LES 湍流模型。Schnerr‐Sauer 模型是默认模型，Schnerr‐Sauer 模型和 Zwart‐Gerber‐Belamri 模型可以在混合模型和欧拉多相流模型中使用，但 Schnerr‐Sauer 模型和 Zwart‐Gerber‐Belamri 模型默认不考虑非冷凝气体的影响。

（1）空化模型假设

在 FLUENT 软件中，多相流空化模型都是基于以下几点假设而成立的：

1）整个流动计算系统必须由液相和气相组成。

2）系统中假定液相和气相之间发生质量传递。气泡的生成与溃灭必须被考虑到空化数值计算过程当中。

3）在 FLUENT 软件中进行空化数值模拟计算时，空化模型中需设置液体向气体进行传质。

4）进行空化数值模拟计算时，单个气泡的运动都是以 Rayleigh‑Plesset 方程为基础。

5）在 Singhal 空化模型中，系统引入了不凝结气体，并假定不可冷凝气体的质量分数是已知的常数。

6）模拟空化现象时，所采用流体介质的参数可以是数据库中已知的，也可以是用户根据已知参数自行定义的。

（2）空化模型影响因素

在空化模型的实际应用中，有几大因素影响数值计算的稳定性，例如，入口与出口之间的高压差、液体与蒸汽密度的大比例以及液体与蒸汽之间的较大相变率都对数值计算收敛性有不利的影响。另外，恶劣的初始条件通常会导致不理想的压力场和意想不到的空化区，而这些空化区一旦出现，通常很难纠正。在选择空化模型和解决潜在的数值问题时，可以考虑如下因素：

1）空化模型的选择。在 FLUENT 软件中，有三种空化模型可供选择使用，Schnerr‑Sauer 模型和 Zwart‑Gerber‑Belamri 模型是在 Singhal 模型基础上开发出的空化模型。建议使用 Schnerr‑Sauer 模型和 Zwart‑Gerber‑Belamri 模型。Singhal 模型虽然在物理上与其他两个模型类似，但是在数值计算上不太稳定，并且很难使用。

2）求解器的选择。在 FLUENT 软件中，分离求解器（SIMPLE、SIMPLEC 和 PISO）和压力耦合求解器都可以用于空化过程的求解。压力耦合求解器通常具有更好的稳定性并且收敛更快，特别是对于旋转机械（液体泵、诱导器、叶轮等）中的空化流动现象。然而，对于燃油喷射器设备，分离求解器在 Schnerr – Sauer 模型及 Zwart – Gerber – Belamri 模型中表现更好。至于 Singhal 模型，由于压力耦合求解器没有显示出明显的优点，建议使用分离求解器。

3）初始条件。蒸汽所占质量分数设置为入口值。压力接近进口和出口间的最高压力，以避免意外的低压和空穴。一般来说，Schnerr – Sauer 模型及 Zwart – Gerber – Belamri 模型具有足够的稳定性，因此不需要特定的初始条件，但是在一些非常复杂的情况下，在形成大量空腔之前获得真实的压力场是有益的。可通过为单相液体流动获得一个收敛或者近似收敛的算法来实现，然后运用空化模型进行数值计算。串式多级减压调节阀几何模型及内部流道模型如图 5-45 所示。阀芯降压结构几何模型如图 5-46 所示。

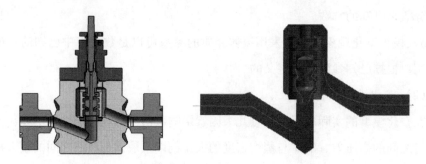

图 5-45　串式多级减压调节阀几何模型及内部流道模型

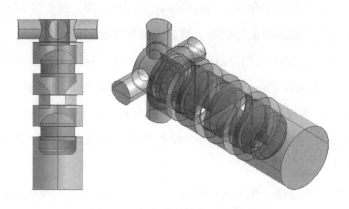

图 5-46　阀芯降压结构几何模型

通过 CFD 数值模拟的方法对调节阀内部的流动特性和空化现象进行可视化研究，进而可以得出调节阀内部流场特性和空化现象的具体信息，并且对空化现象进行详细的分析。通过对不同工况下调节阀内部流场进行数值模拟研究，分析调节阀内空化现象的影响因素和基本规律，其中网格划分流程如图 5-47 所示。

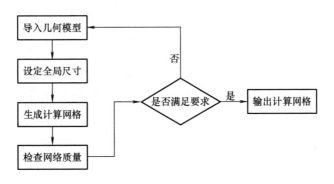

图 5-47　网格划分流程

在调节阀内部流道流场数值模拟计算的过程中，流道中流体的压力、速度、气含率及其他一些重要的参数，是验证调节阀是否满足设计要求或者使用工况的依据。在数值模拟计算的过程中，将入口的边界条件类型设置为压力入口，出口的边界条件类型设置为压力出口，同时在多相流模型中设置混合（Mixture）模型，在空化模型中勾选并设置 S－S 模型。调节阀气相云图如图 5-48 所示。

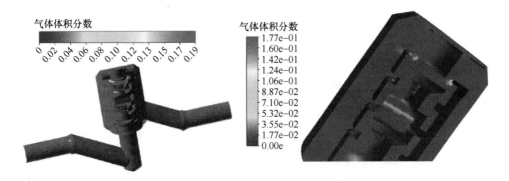

图 5-48　调节阀气相云图

3. 阀门气液两相流的数值模拟

含有两种或者两种以上的流体的流动称作多相流，主要包含气固两相流、气液两相流、液体和液体两相流（如将墨水滴入水中的流体流动）以及三相流。多相流和单相流的控制方程一样，也包含流体的连续性方程、动量方程和能量方程。

欧拉-欧拉计算模型将多相流各相都当作连续介质进行计算。该模型包含三种计算方法，分别为 VOF 模型计算法、Mixture 模型计算法和 Eulerian 模型计算法。其中，VOF 模型又分为各相之间有无相互作用力两种情况，流场中的各相流体互不相溶。Mixture 模型在计算中允许各相流体之间相互渗透，计算中采用各流体的混合密度和混合速度进行求解，而且考虑了单相流体与混合流体之间的漂移速度和滑移速度。Eulerian 模型在进行计算时，流场中的每一相都有独立的动量方程，允许各相流体之间相互渗透。当不考虑各相流体间的相对速度时，一般采用 Eulerian 模型进行计算。当考虑各相流体间的相对速度时，一般采用 Mixture 模型进行计算。在计算中可以将 Mixture 模型看作是一种简化了的 Eulerian 模型，所以在采用后者进行模拟计算时，对所用计算设备的要求较高，计算时间也较长。

欧拉-拉格朗日计算模型又称为 DPM 离散相模型，当固体相中的固体颗粒分布较为分散时，则可以采用该模型进行模拟计算。拉格朗日计算法将流体的固体颗粒当作不连续的介质进行处理（如烟道里烟气中的固体颗粒），该算法应用牛顿第二定律。在模拟中，该模型的计算将对每一个固体颗粒进行追踪，如水和空气的速度分布云图，如图 5-49 所示。

4. 阀门的流固耦合数值模拟

多物理场耦合分析是研究两个及两个以上工程学科间的相互作用与影响的分析方式，常见的多物理场耦合分析有流体与结构位移的耦合分析（流固耦合分析）、流体与结构温度的耦合分析（热流耦合分析）、流体与声学及结构振动的耦合分析（流声振耦合分析）等。

以流固耦合分析为例，流体在机械结构内流动的过程中，流体的压力是随着机械结构可流通区域大小的变化而变化，这些不断变化的压力载荷作用在机械结

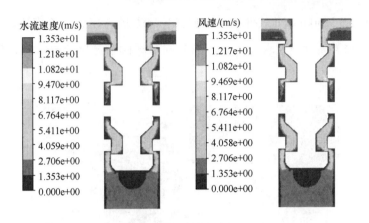

图 5-49　水和空气的速度分布云图（XY 平面）

构上，加上机械结构自身（如尖角、倒角等）特征的变化，将导致机械结构产生应力集中现象，使机械结构变形，最终会使机械结构内可流通区域的大小发生变化。流固耦合分析是一个相互作用、相互影响的过程，而单一的物理场分析忽略了流体或固体的变化对另一物理场的影响。所以，采用多物理场耦合分析方法分析阀门空化流场及声场特性是有必要的。

多物理场耦合分析总体上来说可分为两类：单向耦合分析和双向耦合分析。以流固耦合分析为例，单向流固耦合分析是指在交界面处数据的传输是单向的，不存在数据返回的过程，即将流体的流动特征计算结果通过耦合交界面传递给固体域，不存在将固体域的计算结果返回给流体分析的过程。这类耦合分析主要适用于固体结构的变形量很小，其对流体介质的流道改变量可以忽略的情况。常见的单向耦合分析问题有换热器结构的热应力分析、阀门在不同行程下的应力应变分析及塔吊在强风中的载荷分析等。双向流固耦合分析是指分析计算数据的传递是双向的，即既有流体介质分析计算结果经耦合交界面传递给固体域，又存在固体域结构分析的结果（如加速度、位移等）经耦合交界面反向传递给流体分析的过程。这类耦合分析多用于流体介质和固体材料密度相差不大或固体变形很明显，对流体流道的影响显著且不能忽略的情况。常见的双向耦合分析有水流冲击平板时对平板的振动问题的分析、血管壁和血液流动之间相互影响的耦合分析及汽车在行驶过程中燃油在油箱中的晃动和振动问题的分析等。

在 ANSYS Workbench 软件中联用流场、静力场与模态分析模块，设置模型边界条件、材料属性以及求解方式，完成调节阀模态分析模拟计算，如图 5-50 所示。

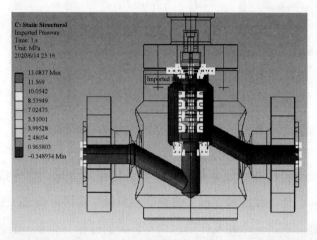

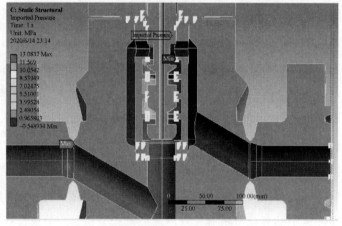

图 5-50　加载流场信息

多物理场可以进行模态求解，如图 5-51 所示。

调节阀前 20 阶流固耦合模态频率见表 5-7。随模态阶数的增加，其模态频率均呈现增大趋势。

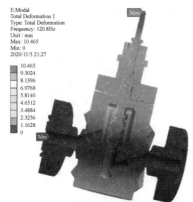

a) 第1阶模态振型

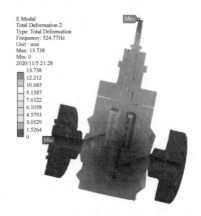

b) 第2阶模态振型

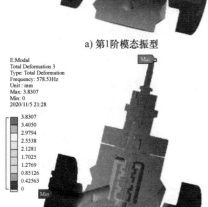

c) 第3阶模态振型

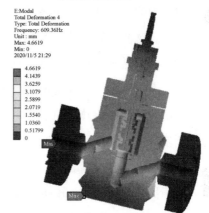

d) 第4阶模态振型

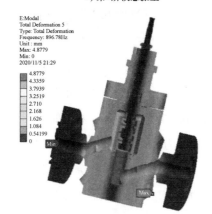

e) 第5阶模态振型

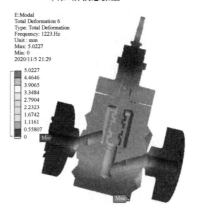

f) 第6阶模态振型

图 5-51　多级降压调节阀流固耦合模态振型

表 5-7　调节阀前 20 阶流固耦合模态频率

阶数	1	2	3	4	5	6	7	8	9	10
频率/Hz	120.8	524.77	578.53	609.36	896.78	1223	1537.2	1556.8	2212.4	2249.8
阶数	11	12	13	14	15	16	17	18	19	20
频率/Hz	2617.6	4288.3	4331.4	4543.9	4671.4	5039	5119.3	5520.5	5934.4	6276.4

5. 控制系统特性评价

当前电气比例阀被广泛地应用在煤化工、石化、核电等生产作业中，其执行机构的规格很多，而且电气比例阀的动态和静态特性差异较大。在使用过程中，电气比例阀的气室气压、活塞摩擦力等是变化的，使得被控参数具有时变和不确定的特点。这便导致精确的数学建模是不现实的，而仅根据人工经验整定出的 PI 参数不具有普遍适应性及准最优性值，因此常规 PI 控制器不能满足高品质的控制要求。现将粒子群优化算法应用于电气比例阀定位器 PI 控制器的参数自整定，利用粒子群优化算法强大的搜索寻优能力，直接整定出 PI 控制器的参数，简化了参数整定工作，极大地提高了电气比例阀定位器的控制性能。

（1）粒子群优化算法

粒子群优化算法（particle swarm optimization，PSO）是 1995 年由 Kennedy 博士和 Eberhart 博士提出的一种新颖的生物进化算法。它源于对鸟群、鱼群和人类社会某些行为的观察研究。粒子群优化算法作为一种新兴的基于群体智能的启发式全局搜索算法，通过粒子间的竞争和协作在复杂搜索空间中寻找全局最优点。

在一个 D 维搜索空间中，有 m 个粒子组成一粒子群，其中第 i 个粒子的空间位置为 $X_i = (x_{i1}, x_{i2}, x_{i3}, \cdots, x_{iD})$，$i = 1, 2, \cdots, m$。它是优化问题的一个潜在解，将它带入优化目标函数可以计算出其相应的适应度值，根据适应度值可衡量 X_i 的优劣。第 i 个粒子所经历的最好位置称为其个体历史最优位置，记为 $P_i = (p_{i1}, p_{i2}, p_{i3}, \cdots, p_{iD})$，$i = 1, 2, \cdots, m$，相应的适应度值为个体最优适应度值 $P_{best}(i)$；同时，每个粒子还具有各自的飞行速度 $V_i = (v_{i1}, v_{i2}, v_{i3}, \cdots, v_{iD})$，$i = 1, 2, \cdots, m$。所有粒子经历过的位置中的最好位置称为全局历史最好位置，记为 $P_g = (p_{g1}, p_{g2}, p_{g3}, \cdots, p_{gD})$，相应的适应度值为全局历史最优适应度值。

PSO 算法中，对第 n 代粒子，其第 d 维（$1 \leqslant d \leqslant D$）元素速度、位置更新迭代如下式：

$$v_{id}^{n+1} = \omega \times v_{id}^n + c_1 \times r_1 \times (p_{id}^n - x_{id}^n) + c_2 \times r_2 \times (p_{gd}^n - x_{gd}^n) \qquad (5\text{-}36)$$

$$x_{id}^{n+1} = x_{id}^n + v_{id}^n \qquad (5\text{-}37)$$

其中，ω 为惯性权值；c_1 和 c_2 都为正常数，称为加速系数；r_1 和 r_2 是两个在 [0，1] 范围内变化的随机数。第 d 维粒子元素的位置变化范围和速度变化范围分别限制为 [$X_{d,\min}$，$X_{d,\max}$] 和 [$V_{d,\min}$，$V_{d,\max}$]。迭代过程中，若某一维粒子元素的 X_{id} 或 V_{id} 超出边界值则令其等于边界值。

PSO 算法存在易于陷入局部最优的缺点。为了克服局部优化点的束缚，增强全局搜索能力，现将无希望/重希望准则引入离散 PSO 算法中。首先定义一个种群直径的概念为

$$\theta(k) = \max_{(i,j)\epsilon(1,n)^D} |X_i - X_j| \qquad (5\text{-}38)$$

对于一个 D 维的搜索空间，每一维的搜索直径为

$$\theta_d(k) = \max_{(i,j)\epsilon(1,n)^D} |X_{i,d} - X_{j,d}|, d = 1,2,\cdots,D \qquad (5\text{-}39)$$

式中　$\theta(k)$ ——种群在第 k 次迭代的直径；

　　　　X_i ——种群中第 i 个个体的位置；

　　　　n ——种群规模。

无希望/重希望准则为：通过计算种群的直径检验目前的种群是否有希望到达目标函数的最优解，在优化进程中，如果种群直径不为零，则表示此种群有希望，继续优化；如果直径已经等于或接近零，并且尚未求得最优解或准最优解，则表示此种群无希望，按照重新优化的比例 rre_init 在最优解的邻域重新初始化，得到一个新的种群，再继续优化。

（2）基于 PSO 算法的自整定 PI 参数控制器设计

为了寻找最优的 PI 参数 K_p、K_i，使调节阀能够快速、稳定地运行，即利用最优的 PI 参数改善调节阀的动态和静态性能。所以获取最优的 PI 参数是 PSO 寻优的目的，换句话说，PSO 的输出层是最优的 PI 参数 K_p、K_i。

1）性能评价指标选取。控制器性能的优劣程度通常借助一些性能指标来进行评价，现采用 ITAE 性能指标作为 PSO 粒子的适应度函数。第 i 个粒子的适应度函数为

$$F_i t(i) = \int_0^\infty \mid e(t) \mid t \mathrm{d}t \qquad (5\text{-}40)$$

其中 $e(t)$ 为系统 t 时刻的误差，误差绝对值乘以时间积分是一种具有很好工程实用性和选择性的控制系统性能评价指标。

2）PI 自整定参数控制器设计。基于强大的全局搜索寻优能力来整定比例阀定位器 PI 控制器的参数，即利用搜索能力来优化控制的 K_p、K_i 两个参数。基于算法自整定控制器参数的原理框图如图 5-52 所示。

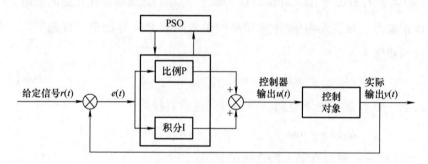

图 5-52　基于 PSO 的 PI 参数自整定原理框图

基于 PSO 算法的比例阀位置环控制器的设计步骤如下：

① PI 控制器两个参数 K_p、K_i，对控制器的参数进行整定，则 PSO 算法在二维空间内搜索即可。根据之前对 PSO 算法参数的分析，考虑到电气比例阀定位器的复杂性，选取种群规模 $N = 60$。考虑到算法的计算量及计算时间，设定最大迭代次数 $N_{\max} = 80$，学习因子 c_1、c_2 设定为 2，惯性权重采用在 $0.3 \sim 0.9$ 范围内时变的权重。

② PSO 中的粒子 $X_i (i = 1, 2, \cdots, N)$ 的位置代表需要优化的参数。PI 控制器的参数 K_p、K_i 组成算法的粒子编码组 $[K_p K_i]$。粒子的速度 $V_i = [v_{i1} v_{i2}]$ 中，v_{i1}、v_{i2} 分别代表控制器的 K_p、K_i 两个参数的移动速度。粒子位置 $X_i = [x_{i1} x_{i2}]$ 中，x_{i1} 代表 K_p，x_{i2} 代表 K_i。经过初步调试后获得 K_p、K_i 的大致数值范围，

从而确定粒子的最大速度 $v_{max} = [0.3\ 0.6]$。在 $v_{max} = [v_{max1}\ v_{max2}]$ 中，v_{max1} 为 K_p 的最大速度限制，v_{max2} 为 K_i 的最大速度限制。

③ 随机初始化粒子的位置 X_i 和速度 V_i。用随机初始化后的 X_i 初始化每个粒子的个体最好值 P_i，并计算响应的适应度值 $P_{best}(i)$。

④ 对于粒子 X_i，根据式(5-40)计算相应的适应度函数值。如果 $\text{Fit}(i) < P_{best}(i)$，则 $P_i = X_i$；如果 $\text{Fit}(i) < G_{best}$，则 $P_g = X_i$。$P_{best}(i)$ 为粒子 X_i 经过的最好位置 P_i 的适应度值。G_{best} 为种群中所有粒子经过的最好位置 P_g 的适应度值。适应度值越小，代表粒子与全局最好点越近。

⑤ 更新种群中每个粒子的位置 X_i 和速度 V_i。当粒子更新后的速度 V_i 超出 V_{max} 时，则进行限制处理；同时在每次迭代中，更新惯性权值 ω，根据式(5-37)更新粒子的位置 X_i。将更新后粒子位置对应的控制器参数设置为比例阀系统位置环控制器的相应参数，然后运行系统计算相应的适应度函数。

⑥ 经过 PSO 的反复迭代，判别种群是否有希望。无希望则按照 rre_init = 0.1 的比例重新初始化，生成新的种群。此处终止搜索的条件为寻优迭代次数达到最大迭代数 N_{max}。

当算法结束搜索寻优后，输出最终优化的结果。若该 PSO 寻优值优于算法优化前的 PI 参数，则取代控制器原来的 K_p、K_i 两个参数，从而实现 PI 控制器参数自整定，以适应比例阀定位器参数及工况的变化。

3）仿真及收敛性分析。在 MATLAB 仿真环境下建立的比例阀定位器系统仿真实验平台，并基于该仿真实验平台设计了基于算法的电气比例阀位置环参数自整定控制器。Simulink 中的仿真模型框图如图 5-53 所示。

PSO 寻优 PI 控制器参数的 MATLAB 程序，设置的精度为 10～4。每个粒子的适应度值保存到工作区的变量 Fit 中。PSO 程序可直接调用工作区 Fit 中存储的值对粒子进行评价。

在 PSO 算法迭代寻优过程中，单个粒子 X_i 向着自己的历史最好点 P_i 移动，对应的适应度值为 $P_{best}(i)$。所有粒子都向着全局最优位置 P_g 移动，对应的适应度值为 G_{best}。单个粒子 X_1 对应的个体最优适应度值 $P_{best}(1)$ 的收敛曲线如

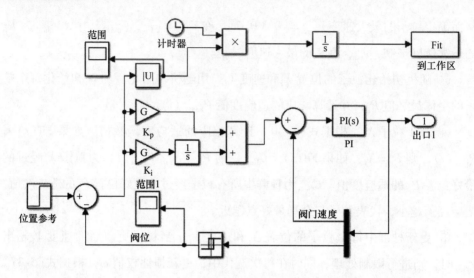

图 5-53　基于 PSO 的电气比例阀位置环 PI 控制器参数自整定仿真框图

图 5-54所示。整个种群的全局最优适应度值 G_{best} 的收敛曲线如图 5-55 所示。

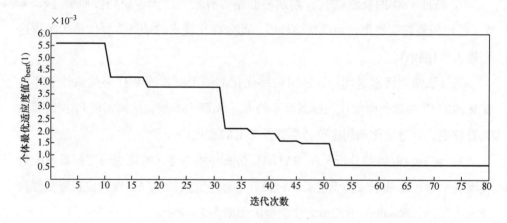

图 5-54　粒子 X_1 对应的个体最优适应度值 $P_{\text{best}}(1)$ 收敛曲线图

　　从图 5-55 中可以看出，PSO 算法在优化初期收敛较快，但到了 10 代左右陷入一个局部最小值，但它在搜索的过程中能够跳出局部最优解，不断地向全局最优解逼近，从而收敛到符合要求的准最优解。

6. 空载试验分析

　　为了验证前面提出的控制方法的闭环控制性能，针对吴忠仪表集团公司为国

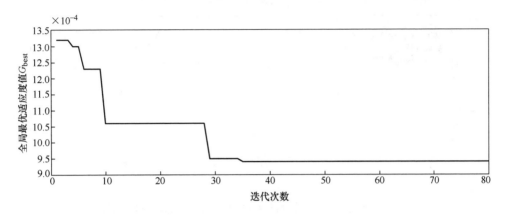

图 5-55　全局最优适应度值 G_{best} 收敛曲线图

家能源集团宁夏煤业有限责任公司生产的一台电气比例阀做闭环试验，在试验过程中比例阀在空载的情况下运行。其实物图如图 5-56 所示。

对电气比例阀做开环阶跃试验获取开环特征参数：T_1 为 $1.3\,\text{s}$，T_2 为 $5.8\,\text{s}$；电气比例阀经典 PI 控制器经过人工反复调试后的最优参数为 $K_{\text{p}} = 6$，$K_{\text{i}} = 10$。经过 PSO 算法的控制器自整定后的最优参数为 $K_{\text{p}} = 4.635$，$K_{\text{i}} = 10$，并用此两组不同最优参数进行调节阀闭环试验，其阀芯移动响应速度试验结果如图 5-57 所示。

图 5-56　电气比例阀试验

本次试验的采样频率为 1Hz，以下各个试验的采样频率都是同样频率。稳态误差为阀位响应曲线稳态值与设定信号之间的差值的百分数；最大偏差为响应曲线超出最终稳态值的最大瞬态偏差值的百分数；调节时间为响应到达并保持在终值 5% 内所需的最短时间。

从图 5-57 中可以看出，仅依靠人工经验寻优的 PI 控制器很难调试出满意的参数，而经过 PSO 优化算法对 PI 控制器的参数自整定后可以使速度响应更快，且响应速度显著快于人工寻优的参数。

343

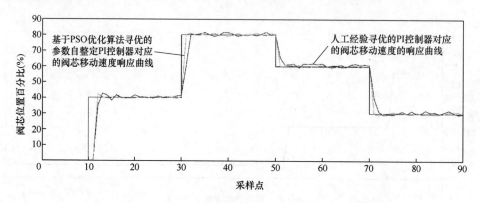

图 5-57　PI 与 PSO–PI 控制器对应的电气比例阀阀芯移动曲线图

图 5-57 中，基于 PSO 优化算法寻优的参数自整定 PI 控制器使电气比例阀准确地达到了设定信号指定的位置，且在各个工作点处都不存在最大偏差，即闭环响应曲线没有超调。最大稳态误差在 30% 这一阀位处，数值为 1.0%，在可接受的范围之内。在电气比例阀刚启动工作时，即阶跃信号从 0~40%，PI 控制器的调节时间为 2.6s，快速性较好。

7. 工程应用分析

该电气比例阀于 2020 年 5 月安装到国家能源集团宁夏煤业有限责任公司煤制油分公司的外蒸汽管网系统中（4.0~12.5MPa、540℃）。于 2020 年 6 月 9 日正式投入运行，电气比例阀经历了系统从开车到正常生产不同工况的考验（10%~90% 开度变化），样机噪声振荡小、流量调节稳定，性能表现良好。装置进入正常运行状态后，阀位基本维持在 50% 左右，蒸汽系统运行采取自动控制方式，阀位跟踪准确灵敏（基本误差≤1.2%），工艺参数（温度、压力）与设计值相符，运行稳定。现场运行如图 5-58 所示。

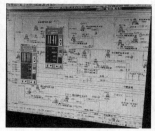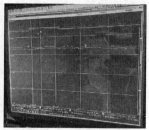

图 5-58　电气比例阀现场运行图

第6章　关键核心零部件制造技术

6.1　制造技术

6.1.1　调节阀阀体的加工

1. 结构特点和技术要求

（1）调节阀阀体的结构特点

调节阀阀体一般大部分都采用整体式随形流道结构，由弯曲流道组成阀体的阀腔，如图6-1所示。

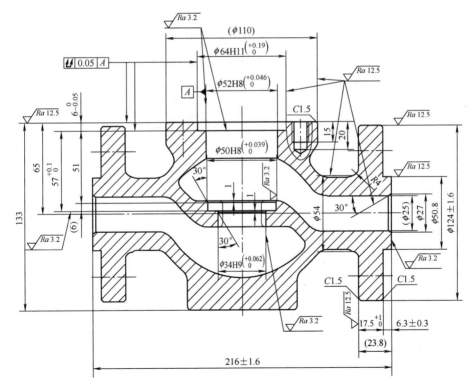

图6-1　调节阀阀体

（2）调节阀阀体的技术要求

1）调节阀阀体中法兰中间处有精度较高的镶嵌阀座的孔，上面有与阀盖连接的定位结构及密封垫安装孔或台肩。

阀体内腔的阀座孔及阀座底平面的表面粗糙度一般为 $Ra3.2\mu m$，上面与阀盖连接的定位孔的表面粗糙度一般为 $Ra3.2\mu m$，其他加工表面的表面粗糙度为 $Ra12.5\mu m$。

2）几何形状和位置精度。阀体中法兰台阶端面密封垫安装孔与阀体内腔阀座孔的同轴度公差等级为 9 级，中法兰端面与阀座孔底平面的平行度公差等级为 9 级。

2. 工艺分析及典型工艺过程

阀体的形状结构比较复杂，其外表面大部分不需要加工，因此零件毛坯一般都选用铸件。阀体的主要加工表面大多是旋转表面，一般用车削方法加工，由于镶嵌阀座部位的孔及上盖定位台阶部位的孔的尺寸精度及表面粗糙度要求很高，而铸件毛坯的加工余量又较大，所以阀体可以分粗、精加工两个阶段，见表6-1。

表6-1　阀体的典型工艺过程

序号	工序内容	定位基准	夹具
1	粗车中法兰端面、内孔和止口	下端法兰外圆	自定心卡盘
2	粗车左右法兰端面、外圆	左右法兰外圆及止口	自定心卡盘
3	精车中法兰端面、内孔、止口及阀座孔	下端法兰端面及外圆	自定心卡盘
4	精车左端法兰端面、台阶及水纹线	右法兰端面及止口	专用工装
5	精车右端法兰端面、台阶及水纹线	左法兰端面及止口	专用工装
6	钻中法兰孔、攻螺纹孔		钻夹具
7	钻左端法兰孔		钻夹具
8	钻右端法兰孔		钻夹具

6.1.2　调节阀上阀盖的加工

1. 结构特点和技术要求

（1）调节阀上阀盖的结构特点

调节阀上阀盖大部分采用整体铸造或锻造结构，由不同尺寸的台阶组成，中间为穿阀杆的孔，上阀盖上部分有填料密封孔，如图6-2所示。

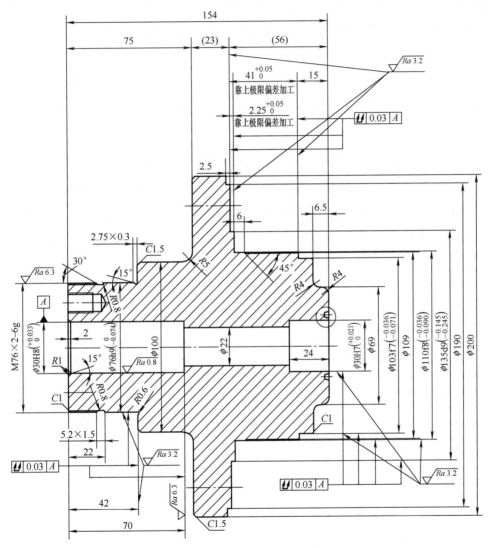

图6-2　调节阀上阀盖

（2）调节阀上阀盖的技术要求

1）调节阀上阀盖与阀体连接处有精度较高的定位台阶外圆，上面有与阀体连接的定位结构及密封垫安装外圆和密封平面。

上阀盖与阀体连接处密封面的表面粗糙度一般为 $Ra3.2\mu m$，上面与阀体连接的定位孔的表面粗糙度一般为 $Ra3.2\mu m$，其他加工表面的表面粗糙度为 $Ra12.5\mu m$，上阀盖填料函孔的表面粗糙度一般为 $Ra0.8\mu m$ 以下，通过滚压能够达到 $Ra0.2\mu m$。

2）几何形状和位置精度。上阀盖台阶端面密封垫安装外圆与填料函孔的同轴度公差等级为 9 级，密封端面与定位台阶外圆的跳动公差等级为 9 级。

2. 工艺分析及典型工艺过程

上阀盖为典型的回转体结构，其外表面大部分不需要加工，因此零件毛坯一般选用铸件。上阀盖的主要加工表面大多是旋转表面，一般用车削方法加工，由于填料函部位的孔及上盖定位台阶部位的外圆的尺寸精度及表面粗糙度要求很高，而铸件毛坯的加工余量又较大，所以上阀盖可以分粗、精加工两个阶段，见表6-2。

表 6-2　上阀盖的典型工艺过程

序号	工序内容	定位基准	夹具
1	粗车左端面、内孔和止口	右端法兰外圆	自定心卡盘
2	粗车右端面、内孔和止口	左端外圆	自定心卡盘
3	精车右端面、内孔、止口及台阶外圆	左端外圆	自定心卡盘
4	精车左端面、内孔、填料函孔及台阶外圆	右端大外圆	专用工装
5	钻左端面孔、攻螺纹孔		钻夹具
6	钻右端法兰孔		钻夹具
7	填料函孔滚压		滚压头

6.1.3　调节阀阀芯的加工

1. 结构特点和技术要求

（1）调节阀阀芯的结构特点

调节阀阀芯大部分采用棒料或锻件，由不同尺寸的台阶组成，中间为穿阀杆的孔，下端为控制介质 C_v 值的型面，型面上端有与阀座孔配合密封的凡尔线，平衡式阀芯靠近上端处具有装配密封圈的外圆，如图 6-3 所示。

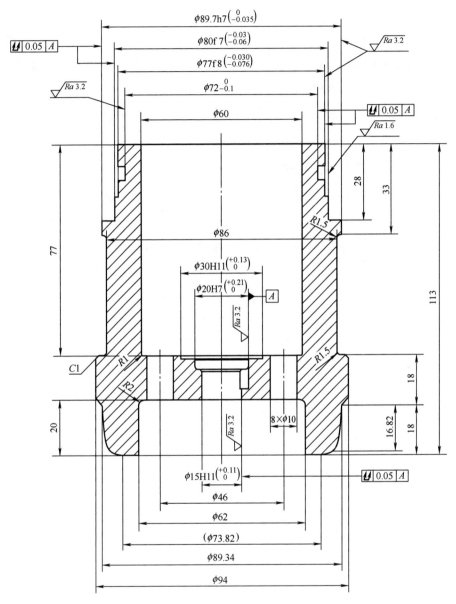

图 6-3 调节阀阀芯

（2）调节阀阀芯的技术要求

1）调节阀阀芯与阀杆连接处有精度较高的定位台阶孔，上面有与阀杆连接的定位结构及密封垫安装外圆和密封平面。平衡式阀芯外圆处有安装密封圈的台

349

阶外圆。

阀芯与阀杆连接处密封面的表面粗糙度一般为 $Ra3.2\mu m$，上面与阀杆连接的定位孔的表面粗糙度一般为 $Ra3.2\mu m$，其他加工表面的表面粗糙度为 $Ra12.5\mu m$。阀芯安装密封圈的表面粗糙度一般为 $Ra1.6\mu m$。

2）几何形状和位置精度。阀芯密封圈安装外圆与中间阀杆定位孔的同轴度公差等级为 9 级，与阀座密封的凡尔线同轴度公差等级为 9 级。

2. 工艺分析及典型工艺过程

阀芯为典型的回转体结构，其表面大部分需要加工，因此零件毛坯一般选用棒料。阀芯的主要加工表面大多是旋转表面，一般用车削方法加工，由于阀芯最终形状为环类结构，而棒料毛坯的加工余量又较大，所以阀芯可以分粗、精加工两个阶段，见表6-3。

表6-3 阀芯的典型工艺过程

序号	工序内容	定位基准	夹具
1	粗车下端面、内孔和止口	上端棒料外圆	自定心卡盘
2	粗车上端面、内孔和止口	下端已车外圆	自定心卡盘
3	精车上端面、内孔、止口及密封圈外圆	下端已车外圆	自定心卡盘
4	精车下端型面、内孔、凡尔线及台阶外圆	上端已车外圆	专用工装
5	钻中间端面平衡孔、防转销孔		钻夹具

6.1.4 调节阀阀座的加工

1. 结构特点和技术要求

（1）调节阀阀座的结构特点

调节阀阀座大部分采用碾环类结构，由不同尺寸的台阶组成，中间为过流孔，孔口有与阀芯配合密封的凡尔线，外台阶平面上有与阀体配合密封的密封平面，如图6-4所示。

（2）调节阀阀座的技术要求

1）调节阀阀座与阀体上阀座孔进行间隙配合，阀座平面有与阀体上阀座孔配合密封的台阶密封面。内孔孔口处有与阀芯配合密封的凡尔线。

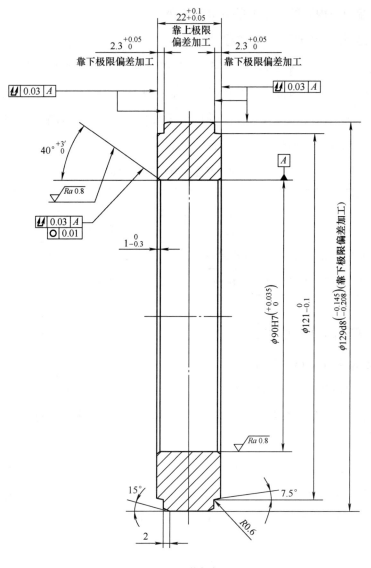

图 6-4　调节阀阀座

阀座与阀体阀座孔平面密封面的表面粗糙度一般为 $Ra3.2\mu m$，与阀芯配合凡尔线处的表面粗糙度一般为 $Ra0.8\mu m$，其他加工表面的表面粗糙度为 $Ra6.3\mu m$。

2）几何形状和位置精度。阀座外圆与阀芯凡尔线的同轴度公差等级为 9

级，密封端面与内孔的跳动公差等级为 9 级。

2. 工艺分析及典型工艺过程

阀座为典型的回转体结构，其外表面都要加工，因此零件毛坯一般选用碾环。阀座的主要加工表面大多是旋转表面，一般用车削方法加工，由于阀座内孔及端面、外圆的尺寸精度及表面粗糙度要求很高，形状较为简单，碾环加工余量较少，所以阀座粗、精加工一起进行，见表 6-4。

表 6-4　阀座的典型工艺过程

序号	工序内容	定位基准	夹具
1	粗车左端面、内孔和止口	右端面及内孔	自定心卡盘
2	粗、精车右端面、内孔、凡尔线及台阶外圆	左端已加工外圆	自定心卡盘
3	精车左端面、内孔、凡尔线及台阶外圆	右端已加工外圆	专用工装

6.1.5　调节阀阀杆的加工

1. 结构特点和技术要求

（1）调节阀阀杆的结构特点

调节阀阀杆为杆类零件，大部分采用棒料，由不同尺寸的台阶组成，如图 6-5 所示。

（2）调节阀阀杆的技术要求

1）调节阀阀杆与阀芯连接处有精度较高的定位台阶外圆，上面有与阀芯内孔连接的定位结构及密封垫安装外圆和密封平面。

阀杆与阀芯连接处密封面的表面粗糙度一般为 $Ra3.2\mu m$，上面与阀芯连接的定位外圆的表面粗糙度一般为 $Ra3.2\mu m$，其他加工表面的表面粗糙度为 $Ra6.3\mu m$，阀芯填料密封的表面粗糙度一般为 $Ra0.2\mu m$，能够通过滚压达到。

2）几何形状和位置精度。阀杆填料密封处与阀芯中间孔配合外圆的同轴度公差等级为 9 级，与密封台阶端面的公差等级为 9 级。

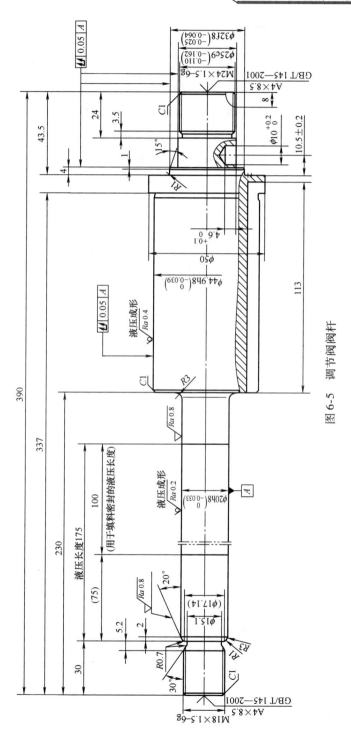

图 6-5 调节阀阀杆

353

2. 工艺分析及典型工艺过程

阀杆为典型的杆类零件，其表面需要加工，因此零件毛坯一般选用棒料。阀杆的主要加工表面大多是旋转表面，一般用车削方法加工，由于阀杆最终形状为细长台阶轴结构，而棒料毛坯的加工余量又较大，所以阀杆可以分粗、精加工两个阶段，见表6-5。

表6-5　阀杆的典型工艺过程

序号	工序内容	定位基准	夹具
1	钻中心孔，粗车右端外圆、台阶和止口	左端外圆和右端中心孔	自定心卡盘
2	粗车左端面、外圆和止口，钻左端中心孔	右端已车外圆	自定心卡盘
3	精车右端外圆、台阶端面、止口及锁紧螺纹	左端已车外圆及中心孔	自定心卡盘
4	精车左端外圆、台阶端面、止口及填料密封处，留磨量	右端已车外圆及中心孔	自定心卡盘
5	铣中间防转槽、防转销孔		钻夹具
6	双顶尖装夹，磨填料密封处外圆至 $Ra0.8\mu m$	两端顶尖	
7	滚压填料密封处至 $Ra0.2\mu m$		

6.2 质量控制

随着工业的不断发展，用户对于阀门的质量日益重视，特别是对在高压、高温、强腐蚀、强冲刷等高参数运行环境的设备质量尤为关注。所以阀门的质量控制，是企业得以发展的重中之重。影响高参数调节阀阀门质量的环节和工序繁多，其主要控制环节有采购零件及原材料质量控制、机械加工质量控制、焊接质量控制、热处理质量控制、无损检验质量控制、阀门压力试验及密封试验质量控制、不合格品质量控制、附件安装及性能调试质量控制、整机清洁防腐及表面质量控制等。

6.2.1 采购零件及原材料质量控制

1）采购员按照采购流程签订采购合同，应严格按采购计划中规定的物资名称、规格、型号、数量，依据图样、技术要求或企业标准的内容进行采购。

2）关键物资采购，应进行合同评审，按计划要求及时采购，确保采购物资的按时交货。

3）质保部检验员依据采购合同、技术协议、图样、标准、检验规程等内容按照规定的抽检方案对采购物资进行检验，并在制造执行系统（MES）中填写复检记录；收集核对采购物资的质量证明文件的正确性和标识的准确性（包括质量证明书、热处理状态、力学性能、化学分析报告及无损检测报告等）。核对无误后将供应商提供的随机资料扫描到 MES 中进行存档。

4）对于检验不合格或不符合相关要求的物资，检验员开具"不合格品通知单"，具体控制办法依据不合格品控制程序进行。

5）检验方案要求。对于单一高参数调节阀的外购零件未特殊说明时，按照 GB/T 2828 中规定的一般检验水平Ⅱ级的一次抽检方案，接收质量限（ALQ）为 1.0。对抽取的样本进行检验，如果样本中发现的不合格数小于或等于接收数，则判定该批接收；如果样本中发现的不合格数大于或等于拒收数，则判定该批不接收。

6.2.2 机械加工质量控制

对关键机械加工零件执行自检、互检、检验员专检制度，以下简称"三检制"制度，对非关键零件执行自检、互检、检验员抽检制度。为确保零件质量符合要求，规定以下检验要求：

（1）"三检制"制度要求

1）操作者在领用零部件毛坯时应先根据路线单上图号确认零部件毛坯的材质、型号、规格，确认无误后方可领用。

2）对加工零件，操作者必须进行首件检验，并在 MES 中录入首件检验记录，录入的检验数据齐全、准确、真实有效。未经首件检验合格的零件，不得转入连续加工。

3）经首件检验合格的零件在批量加工过程中，操作者须对加工的零件进行检验和确认，确保连续加工的零件符合图纸及标准要求。

4）各工序加工完并检验合格后方可转入下道工序，否则，操作者有权拒绝下道工序的加工。

5）所有零件的标识应正确，符合图样及"零件标识工艺规程"的要求。

6）完工零件入库前，须由专职检验员对关键零件进行专检，对于非关键零件进行抽检，抽检方案按照 GB/T 2828 中规定的一般检验水平Ⅱ级的一次抽检方案，接收质量限（ALQ）为 1.0，并填写检验记录。专职检验员对于检验合格的零件加盖完工检验章，并办理入库手续；当发现完工零件不符合图纸要求时，应组织操作者进行全检，对发现的不合格零件执行不合格品控制程序的规定。

7）专职检验员对完工零件检验内容包括零件外观、尺寸、铸字、标识，操作者自检记录的填写应准确、齐全。

（2）质量控制内容

1）外观检验：检查员应对机加工完的零件进行外观检验，确保零件表面无气孔、裂纹、磕碰、毛刺、划伤、油污、残渣等，表面粗糙度符合图样要求。

2）尺寸检验：自检合格的零件应由检验员对零件尺寸进行复检，复检结果符合图样、工艺过程卡的要求。

3）标识：零件表面的铸字标识应齐全、美观；对于完工的零件，应在零件合适的位置用激光刻字机刻上生产批次号，作为零件可追溯性的依据。

（3）整机清洁防腐及表面质量控制

调节阀的整机应采用目测法进行表面质量检验，阀腔内部无异物，如毛刺、焊渣、油垢、砂粒等；表面喷漆颜色及质量符合相应标准要求，如光滑、平整、均匀、无剥落现象；阀体密封面无油漆，各类附件不得喷漆；铭牌、指示牌等不能用腐蚀性清洗剂擦拭，以免腐蚀，使字迹模糊不清。

6.2.3 焊接质量控制

针对不同品种的母材和施焊工况、条件，选择与之相适应的焊接设备和焊接材料是保证焊接质量、提高焊接效率、降低焊接成本的关键。

1. 焊接材料的选用原则

（1）焊条的选用原则

1）考虑焊缝金属的力学性能和化学成分。对于普通碳素结构钢，通常要求焊缝金属与母材等强度，应选用熔敷金属抗拉强度等于或稍高于母材的焊条。对于合金结构钢有时还要求合金成分与母材相同或接近。在焊接结构刚性大、接头应力高、焊缝易产生裂纹的不利情况下，应考虑选用比母材强度低的焊条。当母材中碳、硫、磷等元素的含量偏高时，焊缝中易产生裂纹，应选用抗裂性能好的低氢型焊条。

2）考虑焊接构件的使用性能和工作条件。对承受动载荷和冲击载荷的焊件，除满足强度要求外，主要应保证焊缝金属具有较高的塑性和韧性，可选用塑性、韧性指标较高的低氢型焊条。接触腐蚀介质的焊件，应根据介质的性质及腐蚀特征选用不锈钢类焊条或其他耐腐蚀焊条。在高温、低温、耐磨或其他特殊条件下工作的焊件，应选用相应的耐热钢、低温钢、堆焊或其他特殊用途焊条。

3）考虑焊接结构特点及受力条件。对结构形状复杂、刚性大的厚大焊件，在焊接过程中，冷却速度快，收缩应力大，易产生裂纹，应选用抗裂性好、韧性好、塑性高、氢裂纹倾向低的焊条，如低氢型焊条、超低氢型焊条和高韧性焊条等。

4）考虑施焊条件。当焊件的焊接部位不能翻转时，应选用适用于全位置焊接的焊条。对受力不大、焊接部位难以清理的焊件，应选用对铁锈、氧化皮、油污不敏感的酸性焊条。

5）考虑生产率和经济性。在酸性焊条和碱性焊条都可满足要求时，应尽量选用酸性焊条。对焊接工作量大的结构，有条件时应尽量选用高效率焊条，如铁粉高效焊条、重力焊条、底层焊条、立向下焊条和高效不锈钢焊条等。这不仅有利于生产率的提高，而且也有利于焊接质量的稳定和提高。

（2）焊丝

焊丝分实心焊丝和药芯焊丝。

1）实心焊丝：适用于钨极惰性气体保护焊和熔化极惰性气体保护焊。

选择实心焊丝的成分主要考虑焊缝金属应与母材力学性能或物理性能的良好匹配，如耐磨性、耐蚀性。焊缝应是致密的和无缺陷的。

2）药芯焊丝：药芯焊丝又分为有缝和无缝药芯焊丝。无缝药芯焊丝的成品丝可进行镀铜处理，焊丝保管过程中的防潮性能以及焊接过程中的导电性均优于有缝药芯焊丝。药芯焊丝按不同的情况有不同的分类方法。

① 按保护情况可分为气体保护（CO_2、富 Ar 混合气体）、自保护及埋弧堆焊三种。

② 按焊丝直径可分为细直径（2.0mm 以下）和粗直径（2.0mm 以上）。

③ 按焊丝断面可分为简单断面和复杂断面。

④ 按使用电源可分为交流陡降特性电源和直流平特性电源。

⑤ 按填充材料可分为造渣型药芯焊丝（氧化钛型、钛钙型、氟钙型）和金属粉芯药芯焊丝。

（3）保护气体

空气中有些组分会对特定的焊接熔池产生有害影响，保护气体的主要作用就是隔离空气中这些组分，使其对焊缝的影响减小或杜绝，实现对焊缝和近缝区的保护。

1）惰性气体：主要有氩气和氦气及其混合气体，用以焊接有色金属、不锈钢和质量要求高的低碳钢和低合金钢。

2）惰性气体与氧化性气体的混合气体，如 $Ar + CO_2$ 等。

3）CO_2 气体：是唯一适合于焊接的单一活性气体。CO_2 气体保护焊具有焊速高、熔深大、成本低和全空间位置焊接的优点，广泛应用于碳素钢和低合金钢的焊接。

4）保护气体还可来自其他方面，如焊条药皮就可以产生保护气体，产生气体的成分主要有纤维素、碳酸盐等。埋弧焊焊剂也能产生少量的保护气体。

（4）焊剂

1）焊剂的作用。焊剂在焊接电弧的高温区内熔化反应生成熔渣和气体，对熔化金属起保护和冶金作用。

2）焊剂使用的注意事项。

① 焊剂应放在干燥的库房内。库房内应装有去湿机，控制室内湿度，防止焊剂受潮，影响焊接质量。

② 焊剂使用前应按说明书所规定的参数进行烘焙，通常在 250～300℃下烘焙 2h。

③ 为防止产生气孔，焊前接缝处及其附近 20mm 的焊件表面应清除铁锈、油污、水分等杂质。

④ 回收的焊剂，应过筛清除渣壳、碎粉及其他杂物，与新焊剂按比例（如 1:3）混合均匀后使用。

⑤ 埋弧焊的焊剂必须与所焊钢种和焊丝相匹配，保证焊接质量和焊缝性能。电渣焊的焊剂应具有适当的导电率，适当的黏度，较高的蒸发温度，良好的脱渣性、抗裂性和抗气孔的能力。

2. 降低焊接应力的措施

（1）设计措施

1）零件或构件设计时尽量减少焊缝的数量和减小尺寸，可减小变形量，同时降低焊接应力。

2）零件或构件设计时应避免焊缝过于集中，从而避免焊接应力峰值叠加。

3）优化设计结构，如将零件的接管口设计成翻边式，少用承插式。

（2）工艺措施

1）采用较小的焊接热输入。较小的焊接热输入能有效地减小焊缝热塑变的范围和温度梯度的幅度，从而降低焊接应力。

2）合理安排焊接顺序。合理的焊接顺序使焊缝有自由收缩的余地，可降低焊接中的残余应力。

3）层间进行锤击。焊后用小锤轻敲焊缝及其邻近区域，使金属晶粒间的应力得以释放，能有效地减少焊接残余应力，从而降低焊接应力。

4）预热拉伸补偿焊缝收缩（机械拉伸或加热拉伸）。对于那些阻碍焊接区自由伸缩的部位，采用预热或机械方式，使之与焊接区同时拉伸（膨胀）和同时压缩（收缩），就能减小焊接应力，这种方法称为预热拉伸补偿法。

5）焊接高强钢时，选用塑性较好的焊条。选用塑性较好的焊条施焊，由于焊缝的金属填充物具有良好的塑性，通过塑性变形，可有效地减小内应力。

6）采用整体预热。构件本体上温差越大，焊接残余应力也越大。焊前对构件进行预热，能减小温差和降低冷却速度，两者均能减小焊接残余应力。

7）消氢处理。采用低氢焊条以降低焊缝中的氢含量。焊后及时进行消氢处理，都能有效降低焊缝中的氢含量，减小氢致集中应力。消氢处理的温度一般为300~350℃，保温2~6h后冷却。消氢处理的主要目的是使焊缝金属中的扩散氢迅速逸出，降低焊缝及热影响区的氢含量，防止氢致应力集中而产生冷裂。

8）采用热处理的方法整体高温回火、局部高温回火或温差拉伸法（低温消除应力法，伴随焊缝两侧的加热同时加水冷却）。由于构件残余应力的最大值通常可达到该种材料的屈服极限，而金属在高温下屈服强度将降低。所以将构件的温度升高至某一定数值时，内应力得以部分释放，残余应力的最大值也减少到该温度对应的屈服极限以下。如果要完全消除结构中的残余应力，则必须将构件加热到其屈服强度等于零的温度，所以一般所取的回火温度接近这个温度。

9）利用振动法来消除焊接残余应力。构件承受变载荷应力达到一定数值，经过多次振动后，结构中的残余应力逐渐降低，即利用振动的方法可以消除部分焊接残余应力。一般大型焊件使用振动器消除应力。振动法的优点是设备简单、成本低，时间较短，没有高温回火时的氧化问题，已在生产上得到一定应用。

3. 焊接变形的危害性及预防焊接变形的措施

（1）焊接变形的危害

焊接变形会降低装配质量，影响外观质量，降低承载力，增加矫正工序，提高制造成本。

（2）预防焊接变形的措施

1）进行合理的焊接结构设计。

① 合理安排焊缝位置。焊缝尽量以构件截面的中轴对称，焊缝不宜过于集中。

② 合理选择焊缝尺寸和形状。在保证结构有足够承载力的前提下，应尽量选择较小的焊缝尺寸，同时选用对称的坡口。

③ 尽可能减少焊缝数量，减小焊缝长度。

2）采取合理的装配工艺措施。

① 预留收缩余量法。为了防止焊件焊接以后发生尺寸缩短，可以通过计算，

将预计会缩短的尺寸在焊前预留出来。为了保证预留的准确，应将估算、经验和实测三者相结合起来。

② 反变形法。为了抵消焊接变形，在焊前装配时，先将焊件向焊接变形相反的方向进行人为的变形，这种方法称为反变形法。只要预计准确，反变形控制得当，就能取得良好的效果。反变形法常用来控制角变形和防止壳体局部下塌。

③ 刚性固定法。刚性固定法适用于较小的焊件，在焊接中应用较多，对防止角变形和波浪变形有显著的效果。为了防止薄板焊接时的变形，常在焊缝两侧加型钢、压铁或楔子压紧固定。

3) 采取合理的焊接工艺措施。

① 合理的焊接方法。尽量用气体保护焊等热源集中的焊接方法，不宜用焊条电弧焊，特别不宜选用气焊。

② 合理的焊接热输入。尽量减小焊接热输入能有效地减小变形。

③ 合理的焊接顺序和方向。可采用分段退焊或跳焊的焊接方法。

④ 进行层间锤击（打底层不适于锤击）。

焊接质量的优劣直接关系到阀门零件运行安全和人民生命财产的安全，因此焊接的检验必须通过焊前各项准备、焊接过程中的检验和焊后对焊缝的检验等各个环节严格地进行。

4. 焊接质量检验方法

（1）焊接检验方法的分类

焊接检验是焊接全面质量管理的重要手段之一，检验方法包括破坏性检验和非破坏性检验两种。

1) 破坏性检验。常用的破坏性检验包括力学性能试验（弯曲试验、拉伸试验、冲击试验、硬度试验、断裂性试验、疲劳试验）、化学分析试验、金相试验（宏观组织、微观组织）等。

2) 非破坏性检验。常用的非破坏性检验包括外观检验、无损检测、耐压试验和泄漏试验等。

（2）焊接过程质量检验

1）焊前检验。从人、机、料、法、环五个方面进行检查。

① 焊工资格检查。检查焊工资格是否在有效期限内，考试项目是否与实际焊接工作相适应。例如，焊工操作证（合格项目）有效期为3年。若在焊工操作证有效期内中断焊接工作达6个月，也需要重新进行焊工的资格考试。

② 焊接设备检查。焊接设备质量检查内容包括焊接设备型号、电源极性是否符合工艺要求，焊枪、电缆、气管和焊接辅助工具、安全防护等是否齐全。

③ 原材料检查。原材料检查包括对母材、焊条（焊丝）、焊剂、保护气体、电极等进行检查，确认是否与合格证及国家标准相符合，以及检查包装是否破损、过期等。必要时，焊条要在保温桶中进行烘干。

④ 技术文件的检查。对焊接结构设计及施焊技术文件的检查要审查焊件结构是否设计合理、便于施焊、易保证焊接质量；对于工艺文件，要检查工艺要求是否齐全、表达清楚；采用新材料、新产品、新工艺，施焊前应检查是否进行了焊接工艺试验。

⑤ 焊接环境检查。若焊接场所可能受环境温度、湿度、风、雨等不利因素影响，应检查是否采取可靠防护措施。

例如，出现下列情况之一时，如果没有采取适当的防护措施，应立即停止焊接工作。

a. 焊接时，风速等于或大于1m/s。

b. 相对湿度大于60%。

c. 管子焊接时未垫牢，管子悬空或处于外力作用下。

d. 打底焊时，施焊环境处于强振动或敲击工况中。

2）焊接中检验。

① 焊接工艺。检查焊接中是否满足了焊接工艺要求，包括焊接方法、焊接材料、焊接规范（电流、电压、热输入）、焊接顺序、焊接变形及温度控制。

② 焊接缺陷。检查多层焊层间是否存在裂纹、气孔、夹渣等缺陷，缺陷是否已清除。

③ 焊接设备。检查焊接设备运行是否正常，包括焊接电源、送丝机构、滚轮架、焊剂托架、冷却装置、行走机构等。

3）焊后检验。

① 外观检验。

a. 利用低倍放大镜或肉眼观察焊缝表面是否有裂纹、未熔合、咬边、夹渣、气孔等表面缺陷。允许存在的其他缺陷情况应符合设计要求，设计无要求时应符合现行有关标准的要求。

b. 用焊接检验尺测量焊缝余高、焊瘤、凹陷、错口等。

c. 检验焊件是否变形。

d. 焊接后的焊缝尺寸和几何形状应符合设计要求。

② 无损检测。常用的阀门无损探伤方法有超声检测、射线检测、渗透检测、磁粉检测、目视检测等。根据零件及焊缝要求选用合适的无损检测方法，可有效检测出焊缝表面及焊缝内部缺陷。

a. 无损检测的验收准则应按照设计文件的规定进行，当设计无规定时，应按照 NB/T 47013 中的要求进行验收。

b. 对有延迟裂纹倾向的材料，应在焊接完成至少 24h 后进行无损加测。

c. 对有再热裂倾向的材料，应在热处理后增加一次无损检测。

③ 硬度检验。设计文件规定零件焊接有硬度要求的，应按照要求在热处理后进行硬度测量，硬度值应符合设计要求或者相关标准要求。焊接接头的硬度测量区域应包括焊缝和热影响区。

④ 耐压试验。对于承压零件有焊接要求的，应进行耐压试验，试验介质一般采用水，试验合格后应立即排水吹干，无法完全排净吹干时，对于奥氏体不锈钢零件，应控制水中氯离子含量不超过 25×10^{-6}。试验压力及其他要求应符合设计文件的规定。

6.2.4 热处理质量控制

1. 热处理质量控制影响因素

热处理质量控制最关键就是控制热处理的过程，对于热处理过程中有关的因素都应做到有效控制，主要包括人、机、料、法、环五个方面。

（1）人员

① 热处理生产、技术和检验人员应具备一定专业理论水平，熟悉本职业务，并有一定的实践经验。

② 热处理操作人员和检验员都必须按规定经过培训、考核、取得合格证，持证上岗。

③ 对人员的质量意识、职业道德、错误行为等进行过程监督评价。

（2）设备与仪表控制

热处理零件加工是通过热处理设备来实现的，热处理工艺参数是通过热电偶、温控仪、温度记录仪等进行控制，因此热处理设备和仪表很大程度上决定了热处理零件的质量。

1）加热设备。

① 加热炉有效加热区保温精度、控温精度等符合工艺文件的规定；炉温均匀性检定周期为 12 个月。

② 使用的仪器仪表均有合格证，温控仪检定周期为 3 个月；温度、压力等仪表类检定周期为 6 个月。

2）淬火槽。

① 淬火槽的设置应满足技术文件对工件淬火转移时间的规定。

② 淬火槽的容积要适应连续淬火和工件在槽中移动的需要。

③ 淬火槽一般应具有槽盖，停用时加盖防护；油槽要定期清理，应有防火措施。

④ 淬火槽应装有分辨率不大于1℃的测温仪表，并具有连续监控温度的装置。

（3）热处理零件材料和工艺材料控制

① 待热处理工件的材料应符合有关材料标准，热处理前应核准工件材料。

② 对零件热处理质量影响很大的工艺材料,包括热处理用盐、淬火介质、保护气体等,其使用应保证热处理过程中不对工件产生有害的影响。

(4)工艺方法控制

① 热处理作为特殊工艺,对每种零件的热处理过程必须按照标准要求进行热处理过程确认,并根据过程确认编制热处理工艺规程,热处理过程中的升温速率、保温时间、冷却时间、热处理温度等参数必须符合热处理工艺规程的要求。

② 严格按照热处理工艺卡的要求进行冷装炉或热装炉;不管冷装炉还是热装炉,距炉门100mm内不得装件。

③ 当被加热件少时应将其悬挂或支撑起来,使各零件相互之间存在间隙,确保所有零件的全部表面都被加热;当被加热件为大批量时应尽可能整齐摆放。

④ 对于已经粗车过的零件,装炉、出炉过程中小心拿取,避免碰摔。当需要使用辅助工具装挂零件时,固定装置、夹具、托盘等材料不能对零件产生污染,也不能降低加热、冷却和淬火速率。

⑤ 在热处理的中间任意时刻不允许向炉中添加或拿取被加热件,除非特殊情况;不容许超过热处理设备的最大装炉量。

⑥ 当油淬火时,淬火介质的温度应该在16~70℃范围内,并且在淬火操作过程中的任何时候都不能超过93℃;水淬时,开始淬火前的水温不得超过38℃,整个冷却过程中的水温不得超过49℃。

⑦ 淬火液必须能使零件完全浸入且在淬火过程中能满足液体流动要求,淬火过程中须上下左右晃动工件箱保证淬火介质流动,但在淬火过程中的任意时刻都不允许淬火介质液面处于工件以下。当盐浴淬火时,水要一周检测一次,确保盐含量不超过总质量的2%。

(5)作业环境

① 与热处理相关的环境因素主要有生产现场的温度、湿度、噪声、振动、照明和现场污染程度等,以上环境因素均应符合文件及相关标准的规定。

② 作业场所应具备良好的通风除尘条件。

2. 质量检验

对于热处理完工的零件应进行质量检验,检验的项目如下:

1)外观检验:热处理后工件不能有裂纹及伤痕等缺陷;工件不应发生较大变形,变形量应不影响后续的机械加工且满足产品质量要求。

2)硬度检验:对于热处理后有硬度要求的零件,应检测零件的硬度确保其符合设计文件及相关标准要求。

3)金相检验:对于渗氮零件应进行金相检验,检验其渗氮层的厚度及硬度确保其符合设计及工艺文件的要求。

4)无损检验:对于热处理或焊接消除应力后的零件应进行渗透探伤,确保热处理后的零件无裂纹等缺陷。

6.2.5 无损检验质量控制

产品在加工和成形过程中,如何保证产品质量及其可靠性是提高生产率的关键。无损检验技术能在铸造、锻造、冲压、焊接、切削加工的每道工序中检查该工件是否符合要求,可避免徒劳无益的加工,从而降低了产品成本,提高了产品质量和可靠性,实现了对产品质量的监控。高参数的调节阀有可能处在高压高温、强腐蚀等环境下运行,为保证阀门安全和避免或减少产品维修和更换,无损检验的应用价值显而易见。

无损检验利用材料物理性质因有缺陷而发生变化的现象,来判断构件内部和表面是否存在缺陷,其工作原理决定了其不会对材料、工件和产品造成任何损伤,这是区别于其他检测技术的最大特征。现代无损检验技术已经从普通无损探伤发展到无损评价,具有快速化、标准化、数字化和规范化的特点,其中包括高灵敏度、高可靠性、高效率的无损检验仪器和无损检验方法。

一般来说,不管采用哪种检测方法,都存在一定的适用范围。不能期望只通过一种检测方法完全检测出零件的异常部分,需要综合运用多种检测方法来达到检测的目的。根据阀门的零件特点和结构,常用的无损检验方法有目视检验、渗透检验、磁粉检验、射线检验和超声检验等。其中磁粉检验、渗透检验、目视检验等方法用于检测表面或近表面的缺陷或不连续;射线检验和超声检验主要用于检测零件内部的缺陷或不连续。

（1）目视检验

目视检验用于提供有关被检零件、部件或表面状况的一般资料，包括表面划痕、磨损、裂纹、侵蚀或泄漏等。可以使用光学辅助设备，如手电筒、反光镜、放大镜、内窥镜等。

这种检验的优点是：

1）原理简单，易于理解和掌握，不受或很少受被检工件的材质、结构、形状、位置、尺寸等因素的影响。

2）一般情况下，不需要复杂的检验设备器材。

3）检验结果直观、真实、可靠、重复性好。

这种检验的局限性是：

1）由于受到人眼分辨能力和仪器设备的限制，目视检验不能发现表面上非常细微的缺陷。

2）在观察过程中由于受到表面照度、颜色的影响容易发生漏检现象。

（2）渗透检验

利用液体的毛细管作用，将渗透液渗入固体材料表面开口缺陷处，再通过显像剂将渗入的渗透液吸出表面显示缺陷的存在。渗透检验只能检测材料或构件上的表面开口缺陷，适合于金属和非金属材料，但对于多孔性材料不适用，应注意防止被检零件的腐蚀。

这种检验的优点是：

1）可以用于检验除了疏松多孔性材料以外任何材料的表面开口裂纹、折叠、疏松、气孔、夹渣、冷隔和氧化斑疤等。

2）不受缺陷形状、尺寸和方向的限制。只需一次渗透检验可同时检查所有的表面开口缺陷。

3）不需要大型的设备，可以不用水电。在现场使用便携式喷灌着色渗透剂十分方便。

这种检验的局限性是：

1）工件表面粗糙度影响大，检验结果往往容易受操作人员水平影响。

2）可以检验出表面的开口缺陷，但无法检测出埋藏缺陷或闭合性的表面缺陷。

3）操作工序多，速度慢。

4）检验灵敏度比磁粉检验低。

5）渗透检验材料较贵、成本较高。

6）难以确定开口缺陷的深度。

7）有些渗透材料易燃、有毒。

（3）磁粉检验

当铁磁性工件被磁化以后，由于不连续性缺陷的存在，使工件表面和近表面的磁感应线发生局部畸变而产生漏磁场，吸附施加在受检工件表面的磁粉，在合适的光照下形成目视可见的磁痕，从而显现出不连续性缺陷的位置、大小、形状和严重程度。

磁粉检验只适合于磁性材料表面和表面下的缺陷检测，尤其是对裂纹性的缺陷十分敏感。

这种检验的优点是：

1）可检测出铁磁性材料表面（开口和不开口）的缺陷。

2）能直观地显示出缺陷的位置、形状、大小和严重程度。

3）具有很高的灵敏度，可检测出微米量级宽度的缺陷。

4）单个工件检验速度快、工艺简单、成本低、污染少。

5）如果采用合适的磁化方法，几乎可以检验工件表面的各个部位，基本上不受工件大小和几何形状的限制。

6）缺陷检测重复性好，可检测被腐蚀的表面。

这种检验的局限性是：

1）只适用于磁性材料，不能检验奥氏体不锈钢材料和焊缝，以及其他非铁磁性材料。

2）只能检测表面和近表面缺陷。

3）检测灵敏度与磁化方向有很大关系。若缺陷方向与磁化方向近似平行或缺陷与工件表面夹角小于20°，缺陷就难以发现。另外，表面浅而宽的划伤、锻造皱折也不宜发现。

4）若工件表面有覆盖层，将对磁粉检验有不良影响，尤其是点接触部位的非导电覆盖层必须打磨掉。

5）部分磁化后具有较大剩磁的工件需要进行退磁处理。

（4）射线检验

射线检验是利用射线（X射线、γ射线、中子射线等）穿过材料或工件时的强度衰减，检测其内部结构不连续的一种检测技术。射线检验法适用于检测内部缺陷，对于体积型缺陷比较敏感，更适合检测沿射线方向的平面型缺陷。

这种检验的优点是：

1）检验结果有直接记录——底片。

2）可以获得缺陷的投影图像，缺陷定量定性准确。

3）体积型缺陷检出率很高，但面积型缺陷的检出率受多种因素的影响。

4）适宜检验较薄的工件而不适宜检验较厚的工件。

5）适宜检验对接焊缝。

这种检验的局限性是：

1）有些工件结构和现场条件不适合射线检验。

2）缺陷在工件中厚度方向的位置、尺寸的确定比较困难。

3）检验角焊缝效果差，不适宜检验板材、棒材、锻件。

4）射线检验成本高，检验速度慢。

5）射线对人体有害。

（5）超声检验

超声波在被检验材料中传播时，材料的声学特性和内部组织的变化对超声波的传播会产生一定的影响。超声波检验是通过对超声波受影响程度和状况的探测了解材料性能和结构变化的一种检验技术，是应用十分广泛的无损检验方法，可以检测表面、内部缺陷，特别是对于垂直于声传播方向的平面型缺陷尤为灵敏。

这种检验的优点是：

1）适用于金属、非金属和复合材料等多种制件的无损检验。

2）穿透力强，适合检验厚度较大工件的内部缺陷。

3）检验灵敏度高，可检验工件内部尺寸较小的缺陷。

4）对面积型缺陷的检出率较高。

5）缺陷定位，尤其是工件厚度方向上的定位较准确。

6）检验成本低、速度快，超声检验设备轻便，现场使用较方便，对人体及环境无害。

这种检验的局限性是：

1）常用的手动型脉冲反射法检验时，结果显示不直观，无直接结果显示。

2）对工件的缺陷进行精准的定性、定量仍需做深入研究。

3）对具有复杂形状或不规则外形的工件进行超声检验会有一定的困难。

4）工件的材质、晶粒度等对检验有较大影响。

5）缺陷的位置、取向和形状对检验结果有一定影响。

6）探头扫查面的平整度和表面粗糙度对超声检验有一定影响。

结合以上无损检验方法的优缺点，以及调节阀各个零件的结构特点，在产品生产过程中须选择合理的检测方法、检测部位、比例、验收级别等。对于单一高参数调节阀零件的表面缺陷应进行 100% 渗透或磁粉探伤，对内部缺陷应进行 100% 射线探伤或超声波探伤。

6.2.6　压力试验及密封试验质量控制

（1）壳体耐压试验

阀体组件装配完成的阀门（不包括焊接在管线上的阀门），连接或不连接执行机构，都应使用指定的试验方法进行壳体耐压试验。

1）液体壳体耐压试验压力应不低于额定压力的 1.5 倍。

阀门状态：部分或全部打开，填料压盖的紧固程度应能满足试验压力条件。

接收标准：不允许有任何可视渗漏或潮湿。

2）高压气体壳体试验应在壳体（水压）试验之后进行，并要有相应的安全措施，壳体耐压试验压力应不低于额定压力的 1.1 倍。

阀门状态：部分或全部打开，填料压盖的紧固程度应能满足试验压力条件。

接收标准：以水浸方式或刷涂肥皂水进行检查，不允许有任何气泡。

（2）填料函密封试验

调节阀的填料函及其他连接处应保证 1.1 倍公称压力下无渗漏现象。

试验时阀门状态：部分或全部打开，填料压盖的紧固程度应能满足试验压力条件。

接收标准：液体试验介质——不允许有任何可视渗漏或潮湿；气体试验介质——以水浸方式或刷涂肥皂水进行检查，不允许有任何气泡。

（3）泄漏量测试

调节阀规定了 Class Ⅰ、Class Ⅱ、Class Ⅲ、Class Ⅳ、Class Ⅳ-S1、Class Ⅴ、Class Ⅵ共七个泄漏等级，工业阀门常用的有 Class Ⅳ、Class Ⅳ-S1、Class Ⅴ、Class Ⅵ四个等级。试验压力及泄漏量应符合 ANSI/FCI 70-2、IEC 60534-4、GB/T 4213 及其他标准的要求。

6.2.7 附件安装及性能调试质量控制

（1）附件类安装要求

根据产品合同要求和产品配套表附件类型要求，正确选择定位器、减压阀、电磁阀、保卫阀等的型号，合理配置安装板，要求在连接安装过程中牢固可靠、平直规范。

（2）性能调试质量控制

依照产品标准 GB/T 4213《气动调节阀》要求，产品出厂试验主要检测项目有：基本误差、回差、死区、始终点偏差、额定行程偏差。其参数应符合表 6-6 中的规定。

表6-6 产品出厂试验主要检测项目参数标准

项目			不带定位器（%）					带定位器（%）				
			A	B	C	D	E	A	B	C	D	E
基本误差			±15	±10	±8	±8	±8	±4	±2.5	±2	±1.5	±1.5
回差			—	—	—	—	—	3.0	2.5	2.0	1.5	1.5
死区			8	6	6	6	6	1.0	1.0	0.8	0.6	0.6
始终点偏差	气开	始点	±6	±4	±4	±4	±4	±2.5	±2.5	±2.5	±2.5	±2.5
		终点	—	—	—	—	—					
	气关	始点	—	—	—	—	—					
		终点	±6	±4	±4	±4	±4					
额定行程偏差	调节阀（金属密封）		+6	+4	+4	+4	+4	+2.5	+2.5	+2.5	+2.5	+2.5
	调节阀（弹性密封）、切断阀		实测行程大于额定行程									

注：1. A类适用于特殊密封填料和特殊密封型式的调节阀；E类适用于带纯聚四氟乙烯填料的一般
单、双座调节阀；B、C、D类适用于各种特殊结构型式和特殊用途的调节阀。

2. 表中数值是相对于额定行程的百分数。

6.3 调节阀控压件先进成形制造

6.3.1 复合降压式降压元件精密制造技术

高压差蒸汽放空阀的主要工作原理是将阀前几百摄氏度、几十兆帕压力的蒸汽流经复合降压式流道逐级泄压至阀后几兆帕的压力。大口径放空阀的复合降压式流道阀芯是采用一系列单层复合降压式碟片叠加钎焊，然后整体精加工形成。复合降压式流道的加工精度对于多级降压流量特性的精确控制至关重要。

复合降压式碟片大多采用电火花技术按图样设计要求制作而成，电火花操作过程中只能从板材表面沿厚度方向蚀除多余材料形成复合降压式流道，单片碟片涂抹钎料后按要求数量叠加钎焊形成整体复合降压式降压块，如图6-6和图6-7所示。

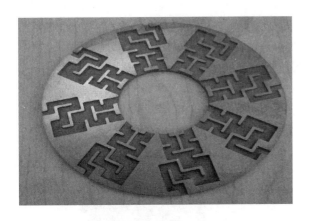

图 6-6　电火花工艺制成的单片碟片

图 6-7　整体复合降压式降压块

1. 多复合降压式碟片结构成形工艺研究

多复合降压式碟片需要根据图样流量特性设计要求进行现加工，图样对于碟片厚度，复合降压式流道槽的深度、宽度、角度要求严格，电火花加工的精度保证难度较大，且加工速度较慢，导致整体加工效率低下。

另外，碟片涂抹钎料容易造成薄厚不均，太薄造成钎焊碟片间结合强度不够，太厚又导致钎料熔化后受重力挤压和自身流动性因素使部分钎料流入流道，造成流道流通面积减小，甚至堵塞流道，严重影响流量特性。

原有工艺流程为：按流量特性、口径定制化设计—单片电火花加工—钎料涂抹—单片叠加—钎焊—加工—成品。

针对以上问题，按口径、流量特性对单独的转角复合降压式流道进行图样的系列化设计，确定流量槽的规格尺寸。将降压块中复合降压式流道槽部分通过3D打印成形为最小单元，进行批量化打印。

将每一单元进行位置编号的唯一性标识，按照不同的降压等级要求，进行位号识别和确定数量，然后进行数字化组合。3D打印的最小单元两侧面设计有半圆槽，将确定的单元上下表面和两侧面涂抹钎料按顺序组合，以合适的金属杆插入槽中，既对各单元进行定位又对整体结构进行加固，在保证流量特性稳定的同时提高生产率。

改进工艺流程为：最小模块的数字化（位号）组合—钎料涂抹—钎焊

成形—加工—成品。

如图 6-8 所示,将整体迷宫块分割成若干小块,通过 3D 打印方式打印出小块组件,改变以往电火花加工的单片碟片端面涂抹钎料轴向叠加钎焊方式为模块化小块数字化组合侧面涂抹钎料组合钎焊方式,以此来解决多转角空间拓扑流道钎焊过程中的流道易堵问题。数字化组合成形工艺如图 6-9 所示。

图 6-8　3D 打印的最小单元

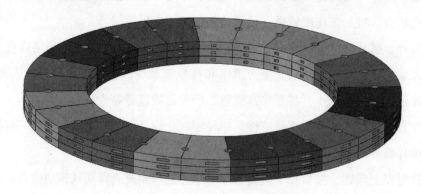

图 6-9　数字化组合成形工艺

2. 微小流道迷宫降压元件加工成形工艺研究

调节阀面临高温、高压、高流速等极限工况,传统多级流阻式降压技术依靠流体介质在狭长流道内的流阻损耗来减压,而在狭长流道内高压差的驱动下,高速流动的介质与流道壁面产生激波,引起阀门剧烈的振动与噪声。阀进出口大压差的工作特点,在狭长流道内的强紊流,造成流场区域压力场分布的严重失衡,从而产生严重的空化流，不仅加剧了阀门的振动与噪声，同时也难以达到高速高压流体的平稳快速降压和控制流速的目的。

对于 100∶1 高可调比、0.5mm 以下微小流道的空间复合降压式降压元件，因其流道太窄，常规电火花加工工艺已无法满足其精度要求。而且，在如此窄小的流道端面上涂抹钎料钎焊极易造成流道堵塞，常规的叠片轴向叠加钎焊方式已无法满足此类设计要求。

3D 打印技术可实现降压元件的一次成形，通过合理的工艺设计、合理地增加支撑以保障打印精度，通过设计不同的工艺打印样件，对打印出的样件进行尺寸测量和性能测试，综合评价工艺方案和样件性能。已打印的样件如图 6-10 和图 6-11 所示。

图 6-10　平面打印　　　　　　　　图 6-11　斜角度支撑打印

6.3.2　3D 打印技术

1. 3D 打印技术简介

3D 打印（3DP）是一种快速成形技术，又称为增材制造（Additive Manufacturing，AM），采用高能激光束、电子束等为热源，通过材料逐层堆积，实现构件无模成形的数字化制造技术。金属零件3D打印技术原理是将金属粉末或丝材，在激光或电子束等加热条件下，按软件设定的路径同步熔化、堆积，最终成形出设计的零件实体。不同种类的金属3D打印技术主要是通过热源种类、原材料状态以及成形方式加以区分。金属3D打印的热源主要有激光、电子束和电弧，原材料状态主要为粉末和丝材，成形方式主要包括铺料、送料条件下的烧结成形及熔化成形。

根据3D打印所用材料的状态及成形方法，3D打印技术可以分为熔融沉积成形（Fused Deposition Modeling，FDM）、光固化立体成形（Stereo Lithography Apparatus，SLA）、分层实体制造（Laminated Object Manufacturing，LOM）、电子束选区熔化（Electron Beam Melting，EBM）、激光选区熔化（Selective Laser Melting，SLM）、金属激光熔融沉积（Laser Direct Melting Deposition，LDMD）、电子束熔丝沉积成形（Electron Beam Freeform Fabrication，EBF）。其中，金属材料3D打印技术类型主要有：EBM、SLM和LDMD。

（1）激光选区熔化

激光选区熔化（SLM）技术是近年出现的一种快速成形技术，其工作原理如图6-12所示，即在高能量密度激光作用下，使金属粉末完全熔化，经冷却凝固层层累积成形出三维实体。由于其会使金属粉末完全熔化，成形件的致密度可达100％，力学性能与锻造相当并且成形材料范围广泛。单一金属粉末，复合粉末，高熔点、难熔合金粉末等制造过程不受金属零件复杂结构的限制，也不需要任何工装模具，工艺简单，可实现金属零件和模具的快速制造，降低成本、节约资金，尤其是还能实现组分连续变化的梯度功能材料的制造，其应用领域涉及航空、航天、生物及军工等。因此该技术日益受到国内外专家广泛重视，且已成为目前所有快速成形技术中最具发展前景的技术。

早在1995年，德国Fraunhofer激光技术研究所提出了利用SLM技术打印金属材料的方法，并在2002年实现其应用。之后多家公司推出了SLM设备，如德国MCP公司开发的MCPRealizer系统、EOS公司开发的EOSINTM系列及英国

376

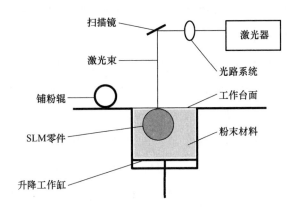

图 6-12　SLM 成形原理示意图

RENISHAW 公司开发的 AM250 系统等。德国的 EOS 公司是目前全球最大，也是技术最为领先的激光选择性增材制造诚信系统的供应商。此外，国外多家高校及研究所，如德国亚琛工业大学、英国利兹大学和利物浦大学、比利时鲁文大学、日本大阪大学以及英国焊接研究所、德国 Fraunhofer 激光技术研究所等对 SLM 材料特性、缺陷控制、应力控制等基础问题开展了大量研究工作。从 2000 年开始，国内初步实现的产业化设备已接近国外产品水平。2014 年，武汉华科三维科技有限公司推出了 HK 系列设备，其材料利用率超过 90%，其中 HKM250 采用 Fiberlaser400W 激光器，可成形尺寸为 250mm×250mm×250mm。2015 年，湖南华曙高科技有限公司研发了全球首款开源可定制化的金属 3D 打印机 FS271M，可实现多种金属材料的打印。在 SLM 技术的应用方面，通用电气航空集团曾采用激光选区熔化 3D 打印技术为 LEAP 喷气式发动机制造燃油喷嘴。另外，SLM 技术在医疗领域也得到了应用，如通过 SLM 技术成形 Co－Cr 合金的可摘除式局部义齿等。SLM 技术零件成形精度高、致密性好，但是加工制造工艺相对复杂，需要使用高功率密度的激光，工艺成本高。

（2）电子束选区熔化

电子束选区熔化（EBM）成形技术是由瑞典的 Arcam 公司最先研发的一种增材制造技术。与 SLM 类似，它在真空环境下以电子束为热源，以金属粉末为成形材料，通过不断在粉末床上铺展金属粉末然后用电子束扫描熔化，由 CAD

模型直接制造金属零件。在铺粉平面上铺上金属粉末，将高温丝极释放的电子束通过阳极加速到光速的一半，通过聚焦线圈使电子束聚焦，在偏转线圈控制下，电子束按照截面轮廓信息扫描，将金属粉末熔化并冷却成形。这种技术可以成形出结构复杂、性能优良的金属零件，但是成形尺寸受到粉末床和真空室的限制。Arcam 公司随后在 2003 年推出了首台商用的 EBM 设备，并相继推出了一系列的 EBM 产品，客户包括国内外许多工厂、高校及研究机构。EBM 工艺目前主要在航空航天及生物医疗方面有所应用。通过 EBM 打印的颅骨、股骨柄、髋臼杯等骨科植入物已经得到了临床应用，EBM 技术在此方向的研究应用已经较为成熟。近年来，EBM 技术在航空航天领域的发展十分迅速，多家航空公司都开展了利用 EBM 技术制造航空发动机复杂零件的研究，其中意大利 AVIO 公司利用该技术成功制备出了 Ti‑Al 基合金发动机叶片，引起了航空制造界广泛关注。EBM 技术的优点是：污染少、防氧化、较高的延展性、可制备复杂零部件，但是其表面质量较低。

（3）金属激光熔融沉积

金属激光熔融沉积（LDMD）成形技术以激光束为热源，通过自动送粉装置将金属粉末同步、精确地送入激光在成形表面上所形成的熔池中。随着激光斑点的移动，粉末不断地送入熔池中熔化然后凝固，最终得到所需要的形状。这种成形工艺可以成形大尺寸的金属零件，但是无法成形结构非常复杂的零件。在 20 世纪 90 年代，LDMD 首先在美国发展起来。约翰·霍普金斯大学、宾州大学和 MTS 公司通过对钛合金 3D 打印技术的研究，开发出一项以大功率 CO_2 激光熔覆沉积成形技术为基础的钛合金的柔性制造技术，并于 1997 年成立了 AeroMet 公司。该公司在 2002—2005 年就通过 3D 打印技术制备了接头、内龙骨腹板、外挂架翼肋、推力拉梁、翼根吊环、带筋壁板等飞机零部件。美国 Sandia 国家实验室采用该技术开展了不锈钢、钛合金、高温合金等多种金属材料的 3D 打印研究，并成功实现了某卫星 TC4 钛合金零件毛坯的成形。与其他增材制造技术相比，LDMD 技术的污染小，材料可回收利用，成形材料广泛，成形效率高，可成形任意复杂程度的零件。但也需要设计制作支撑结构，工件表面粗糙度值大，且加工时间长。

2. 3D 打印球阀控压件

调节阀是大多数生产过程中使用的最复杂的流量元件之一，常用于精确控制以下过程：流体的流入或流出流量调节，流体温度的升降及流体压力的高低。阀门通过不断改变阀塞相对于阀座的位置来实现控制，阀塞离阀座面越远，通过阀门的流量就越大。调节阀有多种形状和尺寸，阀门的类型取决于操作时所要求的工艺条件。调节阀与标准的开关隔离阀有很大的不同，因为它们的内在功能是提供对工艺变量的控制，而不是隔离。阀内件由阀座、阀塞/阀杆和阀笼/阀组成。有许多制造方法用于制造阀内件组件，目前的市场状况和日益激烈的竞争要求制造商降低这些部件的成本，一些新兴的制造技术正在涌现，如使用添加层制造（ALM）工艺生产这些组件。采用传统锻造、铸造、焊接等方法制备复杂结构件，存在工序长、工艺复杂，对制造装备的要求高以及成形技术难度大等诸多不足。采用锻造方法制备复杂构件，不仅需要相应的复杂锻造模具，而且其制备零件的加工去除量大、机械加工时间长、材料利用率低、生产周期长、制造成本高。铸造方法制备复杂构件，不仅需要结构复杂的铸造模具，而且采用铸造加工的金属结构件的性能往往不能满足要求。焊接方法制备复杂构件，会导致焊接区成为整体构件的薄弱环节，从而降低构件的整体性能。3D 打印技术的开发为结构复杂构件的精确成形提供了更大可能。它的优势在于不需要原坯料和模具，直接运用计算机图形数据，通过增加材料的方法，生成任意形状复杂的物体。3D 打印在阀门制造领域发挥着关键作用。

采用 3D 打印技术制备金属零件，与传统制造技术相比，具有以下突出优点：

1）不需要大尺寸毛坯制备和模具加工，不需要大型或超大型工业装备。

2）零件具有快速凝固组织的晶粒细小、组织致密、成分均匀的特征，综合力学性能优异。

3）实现无模具近终成形，极大地节省材料，制造成本低、周期短。

4）适用材料广泛，可以制备采用传统方法难以加工的金属材料。

5）能够在制造过程中根据零件的实际使用需要设计不同部位的成分和组织，提高零件的综合性能，扩大应用范围。

6）具有对构件设计的高度柔性与快速反应能力，降低新产品开发风险。

如图 6-13 所示，阀体中腔内部形状较为复杂，不易加工成形。索江龙通过3D 打印技术打印了钛合金球阀阀体，其化学成分与力学性能均满足实际使用要求。

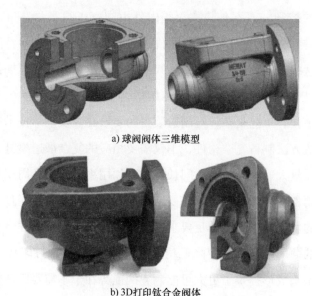

a) 球阀阀体三维模型

b) 3D打印钛合金阀体

图 6-13　3D 打印球阀

3. 3D 打印工艺技术

SLM 快速成形技术的关键之一在于工艺参数的选择与优化，最佳的工艺参数组合能够使所制造的金属零件达到最佳的结合强度与尺寸精度。因此，SLM工艺研究在激光快速成形技术研究中占有重要的地位。

激光加工的工艺参数主要有扫描速度、激光功率、激光烧结间距、激光光斑直径和单层厚度等。

（1）影响成形件尺寸形状精度的主要因素分析

1）激光光斑直径。在其他参数一定的情况下，激光光斑直径对尺寸精度会产生较大的影响，假定其激光能量足够熔化金属粉末，不产生球化现象，激光光斑越大，则尺寸误差越大，反之则误差减小。快速成型系统中采用的是把加工面看成是线的集合，如果光斑是一个点，则加工实际轮廓和理论轮廓重合，但由于激光光斑具有一定的大小，因此，如果加工如图6-14所示的零件，则它的外环轮廓和内环轮廓会比理论轮廓大或者小一个光斑半径，实际加工轮廓如图6-14中虚线所示。光斑的实际大小还受激光功率和扫描速度的影响。当速度恒定时，功率越大，光斑越大，尺寸加工误差越大；相反，当功率恒定，扫描速度增大时，尺寸误差减小。因为扫描速度增大，则单位面积激光能量密度减小。激光熔池尺寸减小，相当于减小了激光功率。

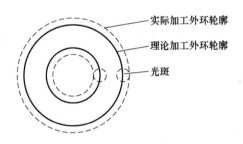

图6-14　光斑影响加工精度示意图

2）铺粉层厚和搭接率。随着单层层厚的增加，烧结制件的强度减小，需要熔化的粉末增加，要能达到成形要求，则必然要增加激光功率，所以成形件尺寸精度下降。如图6-15所示，在加工倾斜面时，当倾斜角度 α 一定时，如果层厚

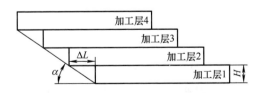

图6-15　层厚对斜面成形精度的影响

增加，则相邻两层的错切量 ΔL 增大，从而影响斜面的形状精度。但是单层层厚对成形效率有较大影响，单层层厚越大，成形效率越高。

搭接率的大小直接影响成形件的轮廓精度，如图 6-16 所示。当采用光栅扫描填充，光斑直径一定时，搭接率越小，则轮廓精度越低。

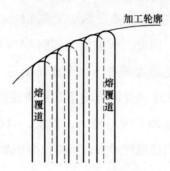

图 6-16　搭接率对轮廓精度的影响

3）金属粉末的粒度，直接影响铺粉层厚，粒度增大则铺粉的最小层厚增加，成形件的尺寸误差增大。另外，当激光扫描线落在金属粒子边缘时，金属粒子受光部分被熔化，使金属粒子被焊接在零件上，形成凸凹不平的毛刺。

4）铺粉设备的精度。根据成形原理，SLM 铺粉设备的精度直接影响加工制造精度。在铺粉设备的误差中，特别重要的是铺粉过程中刮板与基板之间的间隙误差，因为这个误差最终影响铺粉厚度的均匀性。间隙误差是一种累积误差，影响的因素较多，也较复杂，主要包括：①刮板刃口的直线度；②刮板直线往复运动的跳动；③成形缸活塞上下运动时的摆动与转动；④基板平面与推动丝杠轴线的垂直度。其中成形缸的转动误差对刮板与基板之间的间隙不产生影响，只对成形件的形状精度有影响；而刮板刃口的直线度误差则直接影响刮板与基板之间的间隙大小。

（2）提高 SLM 快速成型件尺寸形状精度的途径

针对以上影响因素，可以通过以下途径提高成形件的精度：

1）在满足加工要求的前提下，尽量减小光斑直径和层厚。

2）在考虑加工效率的前提下，搭接率取 30% ~50% 时，成形件精度一般可以满足实际要求。

3）在满足加工要求和加工效率的前提下，选择合适的激光功率和扫描速度。

4）对于图6-14所示的问题，可以通过软件控制，采取轮廓偏置的方法来解决。即将外环轮廓向内偏置一个光斑半径，将内环轮廓向外偏置一个光斑半径，而光栅填充要以偏置后的轮廓为基础来进行。

5）严格控制铺粉设备的精度，利用加长导向套筒（为导杆直径的 3 ~ 5 倍）和提高配合精度等级等措施可以较好地消除成形缸活塞上下运动全程的摆动误差。采用高精度的线性模组可以消除刮板直线往复运动的跳动误差，利用基板水平调节装置可以清除基板与丝杠轴线的垂直度误差。

4. 存在问题和研究方向

（1）存在问题

金属基复合材料具有更高的比强度、比模量，以及更好的耐磨性与更低的热膨胀系数，因此激光3D打印金属材料已经取得了较大发展。但目前加工制造过程中仍存在较多的问题，如零件中常会出现裂纹、孔隙等缺陷，严重制约了3D打印高质量金属零件的工程应用。

1）裂纹。裂纹是3D打印金属材料最易出现的缺陷，一旦加工的零件中出现裂纹，将会影响其工程应用寿命。目前看来，产生裂纹的原因主要有：冷却速率快，温度梯度大。由于高能束的长期周期性剧烈加热和冷却以及工艺参数、外部环境、扫描路径的变换等不连续和不稳定因素，导致复杂零件出现变形开裂等问题。此外，3D打印金属零件的疲劳强度、长期使用可靠性和质量的一致性难以得到保证，制造效率、质量和成本之间的关系难以协调。金属零件3D打印技术还缺乏对材料问题以及材料与工艺的关系等基础问题的研究，尚未找到材料、工艺和设备之间协调控制的方法。

2）球化效应。球化是SLM技术成形过程中较为常见也是较难控制的问题。由于成形熔池的尺寸一般小于200μm，微小的熔体在表面张力的作用下体现出凝固球化的趋势。一旦制造过程中产生球化现象，将严重影响成形件的表面质量，还会导致孔隙形成，造成加工失败。激光对熔池的冲击是产生球化的重要原因。熔池受到冲击后，造成熔池液滴飞溅，且熔池吸收的部分激光能量会转化为表面能，使金属凝固后发生球化。另外，复合材料中增强相含量越高，熔化后其黏度也越高，会阻碍熔池的充分流动，降低流变性能。高能量激光使熔池内部形成马兰戈尼对流，导致球化现象的发生。若输入激光能量不足，熔池温度随之降低，使金属液黏度增加，引起熔池局部不稳定性，为保持平衡状态，可能会形成球形的团聚体。

3）孔隙。孔隙类缺陷是限制 3D 打印金属材料应用的另一重要因素。孔隙的存在增加了零件的裂纹化趋势。孔隙的形成不仅与球化效应有关，还受粉体特性、激光能量密度等影响。因此，通过工艺参数控制、基板预热等条件进行改进，突破 3D 打印金属件性能不稳定的限制尤为紧迫。

此外，3D 打印的成形装备与控制软件等依然是制约其发展的重要问题。目前的激光、电子束技术自身并不是十分成熟，且存在设备昂贵、复杂等缺点，增加了打印成本，限制了金属零件 3D 打印的普及。此外，大型复杂金属零件 3D 打印需要解决更多的技术问题，对成形装备及其稳定性提出更高的要求。大型复杂金属零件 3D 打印成形过程中，分层处理、扫描路径和策略显得尤为重要，科学的路径规划能够在很大程度上减缓沉积材料的热应力累积。具有尖端和大曲率等复杂结构的金属零件，在尖端和大曲率位置处存在沉积层形貌偏差，可通过制定合理的扫描策略进行控制。此外，3D 打印过程质量参数的特征辨识与智能处理技术还不够成熟，不能实现成形过程工艺参数的自适应控制。

（2）研究方向

1）成形质量及变形开裂控制。成形件的内部缺陷及组织特征决定其性能，如何获得性能优异，实现内部缺陷、组织性能和工艺条件的一体化控制是复杂金属零件 3D 打印的一个重要研究方向。另外，变形开裂是复杂金属零件 3D 打印成形的常见和致命问题，亟待深入分析不同外形结构、热力环境条件下，金属粉末非平衡凝固过程的内应力演化规律，并制定相应的预防控制方案。

2）过程监测系统及智能控制软件开发。复杂金属零件 3D 打印过程的时间长、路径复杂多变、不可预见情况较多，导致成形质量及稳定性较低。开发 3D 打印过程的温度场、外貌尺寸以及变形开裂等问题的实时监测系统，并研制融合分层处理、路径规划及工艺技术的自适应功能的成形控制软件，对于提高成形质量、稳定性和安全性至关重要。

3）后处理工艺技术开发。对于复杂金属零件 3D 打印，由于金属粉末的快速加热-冷却以及成形机理、工艺参数复杂，成形零件在尺寸精度、内部缺陷、组织性能等方面难以同时达到应用指标。因此，应加强对成形零件的后处理工艺技术制定和开发研究，可提高性能、节约资源、降低成本。

6.3.3 激光成形技术

激光成形技术一般是指激光快速成型（Laser Rapid Prototyping，LRP），是将 CAD、CAM、CNC、激光、精密伺服驱动和新材料等先进技术集成的一种全新制造技术。与传统制造方法相比具有如下优点：原型的复制性、互换性高；制造工艺与制造原型的几何形状无关；加工周期短、成本低，一般制造费用降低 50%，加工周期缩短 70% 以上；高度技术集成，实现设计制造一体化。激光直接制造（Direct Laser Fabrication，DLF）技术与 SLM 技术是目前较为成熟和先进的激光成形技术，它们涉及机械、材料、计算机和自动控制等多学科领域，充分体现了现代科学发展多学科交叉的特点，具有广泛的研究与发展前景。

激光直接制造技术是 20 世纪 90 年代在快速成形技术的基础上，结合激光熔覆技术发展起来的一种无模快速制造技术。与立体光刻成形（SL）等只能进行有机材料成形的传统工艺不同，激光直接制造技术在对 3D－CAD 模型切片分层和截面填充以后，能够借助激光熔覆方法快速制造出致密的近净形金属零件。正是这种无可比拟的优势，使得激光直接制造技术在航空、航天、造船、模具等关乎国家竞争力的重要工业领域内具有极大的应用价值。

SLM 技术是金属材料增材制造中的一种主要技术途径。该技术选用激光作为能量源，按照三维 CAD 切片模型中规划好的路径在金属粉末床层进行逐层扫描，扫描过的金属粉末通过熔化、凝固从而达到冶金结合的效果，最终获得所设计的金属零件。可见，3D 打印与激光成形技术是密不可分的。

6.4 关键阀内件表面强化防护技术

6.4.1 轴向凹口结构阀芯新型感应渗硼处理技术

渗硼是对工件表面的热化学过程，通过硼原子的渗透形成（如 FeB/FeB_2）。渗硼区与基板没有清晰界面。经过渗硼处理的工件表面坚硬、光滑，可在高温下应用。渗硼可应用于含铁材料，镍、钴、钼合金，烧结碳化物等。渗硼的技术参数及特性如下：

1）渗硼是扩散过程，固体扩散过程优于气体扩散过程，主要原因是气态的技术不成熟，通常使用固态渗透剂。

2）渗透厚度为 $12 \sim 150\mu m$。

3）硬度可达 $1500 \sim 2300HV$。

4）当温度达到 650℃，硬度基本不受影响。

5）可有效防止酸性介质的腐蚀。

6）可以减少表面磨损。

7）延长工件疲劳周期。

8）可以结合其他方法共同提高工件的性能，如渗碳。

以上技术特点在实验对比中可以体现出来。通过对比试验发现：美国标准 1045 钢在 20% 的盐酸、30% 的磷酸或 10% 的硫酸中浸泡后，未渗硼工件的质量损失率远远大于渗硼工件；动态损失状况表明：未渗硼工件在酸液中随时间增长单位时间损失率呈增长趋势，而渗硼工件保持基本稳定。

渗硼时，（粉包渗硼）工件被放置在一个合适的容器盒中并埋上渗硼剂。为了尽量减少渗硼剂消耗，容器和工件应该是相同的形状。为了避免意外，渗硼应该在保护气体环境中进行。一种方式是将容器直接放入有保护气的加热炉中，另一种方式是直接炉内渗硼，并通入保护气。如果使用箱式炉，工件必须放置于退火箱，并充满保护气体。渗硼在 $800 \sim 1050$℃ 的高温下，需要一到几个小时。所需的温度和时间取决于材料和所需渗硼的厚度。

保护气体可能是纯氩气、高纯氮气、氢气的混合物或纯氢气。要注意氧对渗硼化合物的不利影响。基于这个原因，保护气体中不应含有一氧化碳，工件受保护气体冲刷，可以驱逐氧气。保护气体的流量必须保持到渗硼后，直到冷却至大约 $300℃$。

涂层渗硼注意事项：渗硼与其他表面涂层方法相同，在渗硼剂埋上之前，工件必须洗净且无任何防腐油，通过刷扫或玻璃珠打砂清除表面锈，用包含加强分散的有机黏结剂对工件进行一次性或反复浸渍、喷涂或涂刷。工件热处理前必须完全干燥，通过烘干炉可以加快干燥。对于尺寸精度较高的地方，必须在工件制造过程中减小尺寸，因为硼化物层将增加渗层厚度的 20% ~ 30%。涂层渗硼同样需要保护气体。渗透后，通过喷砂清理，涂刷或洗涤。

金属基体材料特性：硼化物层结构受基础材料的影响很大，随着合金元素比例的增加，位于非合金和低合金钢上方的高低不平的齿状结构变得不明显。高速钢（HSS）不适合渗硼，其硬化温度一般高于 $1150℃$，在该温度硼化物层开始形成共晶而被破坏，这意味着，高速钢不能正常硬化除非破坏硼化物层。

工艺镍基材料渗硼特性：镍基材料由于具有耐蚀和抗氧化特性，而被用于腐蚀性介质或高温环境，因此，镍基合金主要用于化工行业、石油工业和涡轮。如果镍基材料是用于机械磨损件（黏合或研磨），这些材料将需要适当的磨损保护，渗硼可以防止镍基合金磨损。一般而言，所有镍基材料，如哈氏合金、铬镍铁合金等都可以渗硼，根据所使用的材料，甚至可以超过 $100\mu m$ 渗透层厚度。

6.4.2　渗氮技术

1. 盐浴渗氮的原理

盐浴渗氮复合处理主要工序为盐浴渗氮和盐浴氧化两道工序，其中以盐浴渗氮最为关键。盐浴渗氮是靠氮化盐中氰酸根的分解而产生的活性氮原子渗入工件表面形成化合物层、中间层和扩散层，在氮渗入工件表面的过程中也有碳和氧等元素溶入渗层。氧化工序有两个作用：一是可以彻底分解工件从渗氮炉带出来的氮化盐中的氰根，使工件清洗水可以直接排放；二是氧化盐极强的氧化性可以在工件表面形成黑色氧化膜，大大提高工件的防锈能力，还可以美化工件外观。

2. 影响渗层的因素

影响渗层的主要因素是渗氮温度、渗氮时间、渗氮盐浴中的氰酸根含量和基体材料四个因素。

3. 渗层工艺设备

现阶段采用盐浴渗氮技术处理的均为阀内件，材质为 304（06Cr18Ni9）、316（06Cr17Ni12Mo2）等不锈钢件。根据盐浴渗氮技术的原理和影响因素并结合渗氮件的材质、外形尺寸以及所要求的渗层厚度和深度，选定以下设备组合进行盐浴渗氮：预热炉、渗氮炉、氧化炉、控温系统（三台控温柜、四台数显表、一台无纸记录仪、热电偶）、热水槽三个、LTQX－300Ⅲ型连续式清洗机一台、通风系统、夹具、辅助设备、滤渣器。盐浴渗氮设备参数见表6-7。

表6-7　盐浴渗氮设备参数

设备型号	工序内容	工作室尺寸/mm（宽×长）	额定温度/℃	额定功率/kW	资产编号
SHRJ－600－7	预热	800×1200	600	70	821－022
SHRN－700－10	渗氮	800×1200	700	100	821－022
SHRY－600－10	氧化	800×1200	600	100	821－022

4. 操作工序

盐浴渗氮工艺包括：清洗（除油、除垢）—装夹—预热—渗氮—氧化—热水清洗（去盐）—热水淘洗（连续式清洗）—干燥—浸油（尺寸＞300mm工件）。

1）清洗：1号超声波清洗池。要求所有待处理工件以及夹具在放入预热炉前必须进行表面清洁，以去除工件表面的油渍和附着物以及配套工装在之前渗氮过程中表面留下的残盐、油等污物。若工件表面有锈，轻者用砂纸除掉，重者必须酸洗。清洗池中按25kg/池比例添加 JN－871 超分子清洗剂，清洗时间至少

30min，每清洗 2 炉换水 1 次。

2）装夹。除特小件用钢丝网堆装外，一般工件不允许用堆装。工件的总体积不得超过盐浴总量的 1/3；工件与工件、工件与夹具之间不允许平面与平面接触，接触面越小越好。杆状物、板状物以垂直装夹为宜。带盲孔或凹槽的工件，盲孔或凹槽应该向下，以免积盐。

3）预热。预热目的：一是烤干工件表面水分，防止工件进入渗氮炉时发生溅射；二是防止工件进入渗氮炉时使炉温降低太多。预热采用冷装和热装均可；热装以炉温到 (400 ± 10)℃ 后入炉保温 1h，冷装为随炉升温至 (400 ± 10)℃ 后保温 1h。实际生产中以热装为宜。

4）渗氮。渗氮的目的是使工件表面形成渗氮层，渗氮工序是盐浴渗氮中关键的一步，渗氮过程中必须严格控制盐浴中的氰酸根含量并定期化验。在工件渗氮的过程中会使盐浴中的氰酸根含量下降，所以每批次渗氮结束后需向渗氮炉中添加调整盐，以此来升高氰酸根含量，渗氮炉中的氰酸根含量要求不得低于34%。每次渗氮结束后需在渗氮炉中放入沉渣器，以便清除炉渣。

5）氧化。氧化工序的作用是分解渗氮处理后附着在工件表面氮化盐中的氰根，并在工件表面形成氧化膜。管状物、带孔轴杆类工件放入氧化炉前需充分空冷并缓慢进入。氧化处理的温度为 (400 ± 10)℃，保温时间为 0.5 ~ 1h。

6）热水清洗：2 号清洗池。工件从氧化炉出来后应先充分空冷，待工件表面盐液开始冷凝时再浸入超声波热水池中清洗以避免严重变形。水池按 25kg/池比例添加 JN - 871 超分子清洗剂，清洗时间至少 30min，每清洗 2 炉换水 1 次。

7）热水淘洗：3 号淘洗池。工件热水淘洗后即可自然干燥或吹风干燥。热水淘洗过程中水温不宜过高，以 70 ~ 80℃ 为宜，避免工件表面黏附杂物，热水应每天更换 1 次。大型工件（外形尺寸 > 300mm）热水淘洗后待表面干燥随即浸入长效（6 个月以上）快干防锈油。

8）连续式清洗：LTQX - 300Ⅲ型清洗机。外形尺寸小于 300mm、单件总质量小于 20kg 的工件前序清洗后必须进行连续式清洗机清洗。薄壁类、轻小型工件（单件质量 < 1kg）的清洗必须平铺放置在料框中，相互间留有至少 10mm 间

隙，严禁相互叠加堆放。清洗前先对设备进行常规检查，分别开启清洗、漂洗、冲洗水箱加热开关，待温度升至60℃设定值方可清洗。链带运行速度设定不得大于0.5m/min。清洗机的其他操作和保养按使用说明书执行，清洗机清洗水箱和漂洗水箱按1:10比例添加JN-871超分子清洗剂，冲洗水箱使用自来水。

9）浸油。工件干燥后浸入或刷涂长效（6个月以上）快干防锈油。

5. 工艺参数

渗氮件材质为304、316两种，其中渗氮层厚度≥50μm，渗层硬度≥1000HV视为合格。经试验验证，预热、渗氮、氧化采取表6-8的参数可符合要求。

表6-8 预热、渗氮、氧化参数

工序内容	加热温度/℃	保温时间/h	氰酸根浓度（质量分数）
预热	400±10	1	≥33%
渗氮	580±5	5.5	
氧化	400±10	0.5~1	

注：1. 在长期渗氮处理过程中，由于坩埚壁会附着盐、每一批基盐和调整盐的成分不完全一致以及处理过程中盐的流失都会导致渗氮温度、保温时间和氰酸根浓度有所调整。

2. 同一批次工件做盐浴渗氮时，要求该批工件材质必须相同。

3. 每一批工件渗氮过程中必须随炉带样块，且所带样块材质必须与该批材质相同。待渗氮处理后须对样块进行编号，格式为（年-月-日-H-RA-顺序号），由质保部检测试样的硬度和渗层厚度，存样并出具报告。

6. 盐浴的使用和调整

在生产过程中，氮化盐浴中的氰酸根离子浓度（质量分数）维持在33%~35%，每批次必须进行浓度检测。由于在生产过程中工件大量带出，与工件表面反应发生的分解和挥发等因素会使液面下降，所以必须添加基盐升高液面。工件带氮化盐进入氧化炉，会与氧化盐浴反应形成碳酸盐沉淀，在工件氧化的过程中也会形成三氧化二铁，导致氧化盐的老化，所以氧化盐液面下降时需要及时添加氧化盐，在添加氧化盐前需先用沉渣器捞出沉渣。

盐浴渗氮操作过程中的注意事项：渗氮处理所用工装、夹具在渗氮处理开始之前必须进行拆卸清洗；将拆卸后的工装、夹具置于清洗池中，用去污毛刷等必要工具对其表面进行清洁，彻底清除工装表面的锈迹、残盐、油等污物。清洗后的工件、工装须置于干净环境中避免再污染，待清洗液沥干后方可将已经清洗过的工件进行装夹。

1）盐浴渗氮用盐须储放在干燥处。已开袋使用的盐，剩余部分应保持清洁，不得混入杂物。

2）加盐前一定要看清盐袋上的标记，不能错加。避免盐浴报废、盐浴外溢，损坏设备，造成损失。

3）常用的夹具、工具、工装应保持清洁，不准将杂物带入炉内，每次停炉须盖炉盖。

4）工件太长需要采用调头处理时，两次处理必须有一段重合。

5）工件处理后质量不好需要再次处理时，必须去除工件外表面的黑色氧化膜。

6）若工件出渗氮炉不经过氧化炉处理就清洗，工件数量较多时，清洗水必须经过去毒处理再排放。

7）渗氮清洗后的工件表面要求均匀黑亮，不得有析出残盐、污垢，不得黏附杂质颗粒。

8）在使用沉渣器除渣时需关闭渗氮炉电源，搅动坩埚底部，待渣子悬浮起来再放入沉渣器。沉渣器提起时要缓慢、匀速，避免渣子再悬浮，流出沉渣器。

9）氮化盐熔化过程中需开启抽风设备，在粉末状基盐未完全熔化前不可用铁钎等物向坩埚底部通插，避免下部盐液上溅伤人。

10）氧化盐的熔化过程中待加入的盐完全熔化后保温，使水分完全挥发，直到液面不再有气泡产生，完全平静为止，再继续加盐，仍然保持水分挥发。如此循环，直到达到液面为止。

6.4.3　热喷涂技术

关键阀内件表面容易在冲击、腐蚀、磨损及高温高压等多因素作用下发生破坏而影响其寿命。通过表面强化处理技术提高其使用性能和质量，将为该行业带来显著的经济效益和社会效益。作为一种高效、可靠的表面强化技术，热喷涂技术具有广阔的发展前景，在表面处理与再制造领域发挥着不可替代的作用。

热喷涂是利用热源将喷涂材料加热熔化或熔融，在热源自身动力或外加压缩气流作用下将其雾化成极细的熔滴，并以一定的速度喷射到工件表面形成涂层的工艺方法。采用热喷涂技术可制备具有不同硬度、耐磨、耐蚀、抗氧化、隔热及其他特殊物理化学性能的功能化涂层。热喷涂技术具有热输入量小、不会引起工件变形、不会改变基体的材质、不受基体材质的限制等特点。根据热源的种类，热喷涂技术可分为火焰喷涂、火焰丝材喷涂、氧乙炔火焰喷焊、超声速火焰喷涂（HVOF）、电弧喷涂、大气等离子喷涂、低压等离子喷涂及超声速等离子喷涂等。

随着阀门的使用工况越来越复杂，热喷涂技术在阀门上的应用越来越多。特别是目前的电弧喷涂、火焰喷涂及等离子喷涂技术的应用可提高关键阀的内表面或者外表面的抗磨损或耐蚀性能。

热喷涂技术能够在不降低基体结构强度的同时在工件表面喷涂耐高温、耐磨的高性能涂层，大大提高工件表面性能。由于机械零件的磨损会带来巨大的经济损失，利用热喷涂技术不仅可以修复磨损失效的机械零件，也可以在基体材料表面制备一定厚度的耐磨涂层，从而有效提高机械零件的耐磨性，延长零件的使用寿命，降低生产成本。耐磨性涂层的研究和应用已经在理论和实践中取得了一定的成果。金属材料具有优越的力学性能，然而由于一些阀内件工作环境的特殊性，长期与海水等接触必然会导致其表面的腐蚀，降低其使用寿命。热喷涂防腐技术是在金属构件表面用喷涂的方法制备耐蚀性涂层，依靠涂层牺牲阳极用以保护基体材料。该技术已广泛应用于桥梁、发射塔、高压输电铁塔和油田等工业设施。该防腐技术是金属构件有效的防腐方法之一。

研究人员采用火焰喷涂技术在阀门表面制备了 Ni45Mo 涂层，并对涂层结构与耐蚀性进行了研究。Ni45Mo 自熔性合金喷熔层的主要组织结构为由 Ni、Cr 组成的 γ 固溶体，弥散分布着 $Cr_{23}C_6$、Cr_7C_3、Cr_5B_3、Ni_2Si 及 CrB_2 等硬质相，硬度在 45HRC 左右，分散度较小，因此具有较好的切削加工性能。Ni45Mo 自熔性合金喷熔层耐海水腐蚀性能明显优于 2Cr13、QA19-2、QA110-3-1.5 合金，通过在海水阀阀座密封面喷熔 Ni45Mo 合金，可显著地提高阀座的耐蚀性，同时改善海水阀不同零件的耐蚀性，提高海水阀工作的可靠性。

刘麟等采用等离子喷涂技术为 40Cr13 马氏体不锈钢阀芯制备了 $Al_2O_3-13\%$ TiO_2 和 WC-12%Co 涂层（喷涂工艺参数见表 6-9）。这两种涂层具有较高的显微硬度和较小的孔隙率，呈典型的层状结构，涂层耐磨性显著提高，且 $Al_2O_3-13\%TiO_2$ 涂层的耐磨、抗热震等性能优于 WC-12%Co。

表6-9　等离子喷涂工艺参数

涂层	电压/V	电流/A	Ar 速率/（L/min）	N_2 速率/（L/min）	粉末速率/（g/min）	喷涂距离/mm
$Al_2O_3-13\%TiO_2$	78	650	36.7	13.3	28	120
WC-12%Co	78	650	36.7	13.3	20	120

刘海波等利用超声速火焰喷涂、等离子喷涂及熔覆技术在煤化工用阀内件表面制备了如表 6-10 所列不同成分的耐磨涂层。喷涂层的密度、金属氧化性，WC 颗粒的大小、分布及间距都是影响涂层耐磨性的关键因素。等离子喷涂后再熔覆，形成共晶组织，对喷涂层起到固溶强化和弥散强化的作用，加强了 WC 硬质合金相的结合力，耐磨性提高。HVOF 的喷射速度大，加工温度低，金相组织保留完整，WC 含量高、致密，孔隙率低，涂层较薄。

表6-10　喷涂层粉末选择

粉末成分	粒径/μm	应用及特性
75%WC-12Co 自熔合金	-75~45	等离子喷涂时会发生熔覆，耐磨耐蚀
WC-12Co	-45~15	耐滑动磨损，耐蚀等
35%WC 镍基自熔合金	-150~45	抗粒子侵蚀，耐磨性高
40WC-Ni-17Cr 自熔合金	-106~45	用于极端的磨损环境
WC-10Co4Cr	-45~11	应用于耐磨耐蚀场合时温度小于 500℃
Ni-17Cr-3.7B-4Si	-125~53	涂层厚度 >1.5mm，应用于调节阀、球阀等
60%WC-Ni-Cr-B 合金	-80~270	应用于煤化工等领域极端耐磨耐蚀场合

综上所述，热喷涂技术在国内已有较大发展和广泛应用，对国民经济的发展做出了重要贡献。但热喷涂在实际应用过程中，仍然存在一些问题，如在高温、高速、非均匀等参数的影响下，喷涂质量还难以控制。此外，纳米热喷涂涂层突破了材料的尺寸限制，为涂层带来了纳米材料具有的独特性能，涂层的孔隙率、强度、硬度和韧性都较常规微米级涂层有很大的进步。同时，纳米涂层的耐磨损、耐蚀和耐高温性能与微米级涂层相比也有了质的飞跃，使用寿命可延长 3 ~ 5 倍。同时，采用热喷涂的方式来沉积纳米涂层，对于环境污染小，粉体材料和基材的可调节范围大，操作简单方便。但在纳米结构涂层中，纳米粉团聚和纳米颗粒灼烧等问题还有待进一步解决。因此，对于热喷涂技术，在注重研发新的喷涂材料、喷涂装备，以及改进喷涂工艺的同时，还应注重热喷涂技术理论的研究。相信随着理论的不断成熟，热喷涂技术会进一步发展，且能在更多领域得到较好应用。

6.5　CL2500 承压铸件工艺技术

6.5.1　铸造工艺技术

CL2500 承压高温大口径调节阀阀体铸件因国内外尚无设计标准，无可参考设计结构，所有承压件尺寸都要经过计算得到。同时，该类阀门压力高、温度高、口径大、壁较厚且厚度差异大，生产难度很大，铸造时补缩困难又会引起应力集中，铸造工艺、冶炼工艺及热处理工艺尤为困难，生产出无缺陷的毛坯成为该类阀门研制成功的关键。所以在本书中专门研究 CL2500 承压大口径耐高温阀体铸件毛坯的制造技术。

1. 主要研究目的

根据承压 2500 磅、尺寸 DN300 - 500 系列大型控制阀阀体结构尺寸与性能设计参数，开展铬钼低合金耐热钢铸件精确成形技术优化研究，采用新型发热保温冒口实现铸件局部的定向、定时补缩，保证铸件整体的顺序凝固；针对铬钼钢液流动性差，阀体型腔结构复杂，开展铸件充型凝固过程，温度场、应力场分布特性模拟仿真研究；控制钢液进入砂型的速度、流量、充型时间、充型位置等参数，实现钢液平稳流动，达到在砂型中平稳上升的工艺目的，优化入流口分布比例，实现对钢液底部充型流动的定向控制。

2. 铸造技术方案实例

本书以 DN300、CL2500 规格的高压阀体铸件作为铸造工艺研究对象，该阀体铸件口径为 DN300mm，压力为 CL2500 磅（42MPa），铸件材质选取为 AST-MA217 WC9 铬钼低合金高温钢，该材质是电站阀门用铸件材质，介质允许最高运行温度为 570℃ 左右，具有良好的高温持久性能和高温蠕变性能。研究该种口径、压力规格及材质的高压阀体铸件的设计参数、工艺性能及后续的优化处理，对我国高承压大口径耐高温阀体铸件毛坯的制造技术来说，具有典型性，可大大加快高质量、大口径、高承压调节阀产品的国产化进度。

研究 DN300、CL2500 大型控制阀铬钼低合金耐热钢阀体铸件铸造工艺方案的设计，包括：分型面的选取；加工余量、尺寸公差、铸造收缩率等工艺参数的确定；完成阀体铸件冒口补缩系统的优化设计，结合铸造 CAE 模拟分析软件，分析铸件凝固冷却过程及顺序，设定多种方案，经过比对，采用新型发热保温冒口工艺实现铸件局部的定向、定时补缩，保证铸件整体的顺序凝固，最终确定最优的冒口型号规格、补贴尺寸等具体参数；完成阀体铸件浇注系统的优化设计，结合铸造 CAE 模拟分析软件，分析该阀体铸件的钢液充型过程，设定多种方案，并确定最佳的浇注入液方式，计算出各浇注单元截面积的具体参数。进行熔炼工艺技术方案的研究确定，针对该铬钼低合金耐热钢的材料特性，研究确定熔炼工艺及精炼方法，确保钢液质量，最大限度地去气去杂，满足甚至超出铸件极限工况下的力学性能的要求。进行该材质厚壁铸件的热处理工艺及后处理技术的研究，保证铸件的综合力学性能。

3. DN300、CL2500 高压阀体铸件结构分析优化

（1）铸造工艺性分析

铸件的生产需要合理的工艺，铸件的结构设计应与铸造生产的要求相适应，铸件结构的合理性也被称为铸造工艺性。对铸件结构工艺性进行分析并优化可使得铸件结构与铸造凝固原理及铸造生产相适应，从而避免"先天不足"的不合理情况发生。

DN300、CL2500 高压阀体，零件图如图 6-17 所示。经过图样审核，其工艺特点如下：铸件整体为球类大壁厚结构、外形尺寸大，法兰距为1422mm，左右法兰厚度为201.7mm，法兰外圆尺寸达到762mm，总高度为950mm；铸件整体壁厚尺寸很大，达到103mm，内腔流量筋板及阀座部位厚度为105mm，内腔尺寸与外形尺寸差异较大，内腔散热条件很差；铸件整体圆角设计较小仅为$R20 \sim R30$mm；铸件单体净重为4.8t。

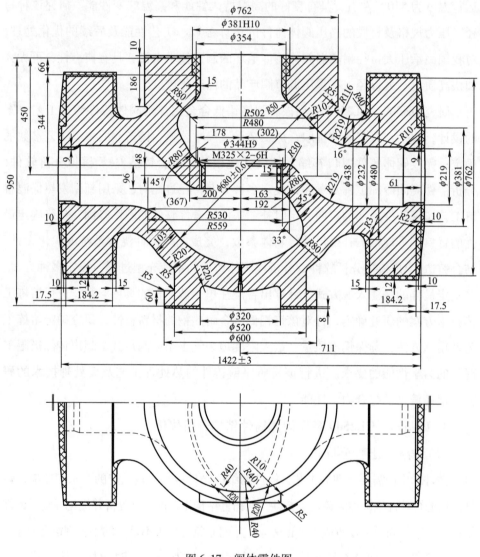

图6-17　阀体零件图

这类高压阀体铸件壁厚尺寸大，整体壁厚差大，外形尺寸与内腔尺寸相对差异大。在生产过程中容易产生以下铸造缺陷：

1）厚大热节处的缩孔、缩松铸造缺陷，大壁厚中间的轴线缩松问题。

2）钢水不纯净，以及钢水充型过程中的由于紊流产生的渣眼、夹杂类缺陷。

3）铸件内腔圆角处由于应力集中形成的裂纹缺陷。

4）铸件内腔由于散热条件差，形成粘砂缺陷。

5）铸件整体壁厚大，局部壁厚差过大，热处理时由于受热不均，形成内部组织不致密及局部开裂缺陷。

上述铸件缺陷会严重影响阀体的承压性能，造成介质渗漏，在高温高压工况下，该问题是极其致命的，会造成严重的经济损失。

（2）阀体铸件结构改进

对 DN300、CL2500 阀体铸件毛坯图样进行铸造工艺性分析及结构优化设计，主要包括：

1）当铸件的壁厚差较大时，铸件的结构应便于实现顺序凝固，以利补缩。法兰厚大部位与阀肚均匀壁厚部位的连接应做逐步过渡处理，可防止应力集中造成裂纹缺陷，同时利于铸件冷却时形成凝固梯度及顺序凝固，减少缩孔类缺陷。

2）该阀体铸件整体设计壁厚为 103mm，原图样阀体型腔内部流量筋板厚度为 105mm。由于铸件内腔散热条件差，内壁散热慢，故应该薄一些，这样才能使得铸件的各部分冷却速度趋于一致，以防缩孔以及裂纹的产生。建议将阀体型腔内部的流量筋板厚度设计为整体壁厚的 2/3 ~ 4/5，最终确定为 80mm，并且从交接处逐步过渡处理。

3）当铸件圆角过小时，直角连接处会形成铸造合金的聚积，易产生缩孔和缩松缺陷。同时，在铸造合金的凝固过程中，由于柱状晶的方向性，转角处对角线上将形成晶界，容易集中许多低熔点的夹杂物，也将成为铸件的薄弱环节。铸件在使用过程中，圆角内侧易产生应力集中，会降低其有效承载力，同时圆角过小容易造成高温粘砂及由于应力集中造成裂纹缺陷，所以，将该高压阀体铸件内腔圆角根据壁厚放大，并做均匀过渡处理。原图样内腔圆角为 $R20 ~ R30$mm，建议将内腔圆角修改为 $R80 \sim R100\text{mm}$。

4）由于铸件壁厚整体不均匀，即铸件各部分冷却速度不同，会使铸件产生较大的铸造应力，造成铸件的变形和开裂，同时会造成铸造合金的局部积聚，在积聚处易产生缩孔和缩松。所以该阀体铸件外皮与内腔应整体尽量随形设计，保持整体壁厚尺寸的一致。

高压阀体铸件原结构如图 6-18 所示。改进后的铸件毛坯结构如图 6-19 所示。

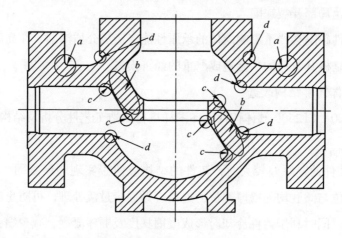

图 6-18　高压阀体铸件原结构

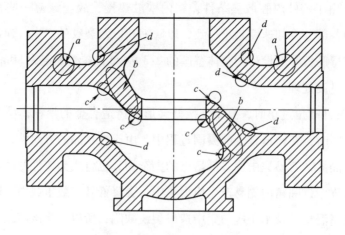

图 6-19　高压阀体铸件改进结构

4. 高压阀体铸件铸造 CAE 模拟分析

经过铸造工艺性分析，阀体铸件结构优化后的三维模型如图 6-20 所示。

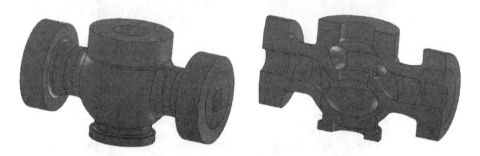

图 6-20　阀体铸件结构优化后的三维模型

为了明确铸件的凝固顺序、精确确定铸件最后凝固的部位及缩孔、缩松的大小，加快后续铸件冒口补缩系统工艺参数的设计进度，对单个铸件的凝固温度场使用铸造 CAE 模拟分析软件进行模拟分析。

高压阀体铸件的液相分布图如图 6-21 所示，可以直观地看到单个高压阀体铸件凝固过程中的液相分布图，确定该铸件的凝固顺序，铸件最后凝固的部位在左右法兰底部及流量筋板与壁厚 T 形交接处的底部位置。

高压阀体铸件的缩孔分布图如图 6-22 所示。从模拟结果可以看出铸件缩孔、缩松位置基本与上述液相分布图一致，最终缩孔总体积为 $19360cm^3$，缩松总体积为 $3362.08cm^3$，凝固时间为 9339s。

通过利用铸造 CAE 模拟分析软件，针对铬钼低合金耐热钢高压阀体铸件的温度场做力的分析，确定铸件的凝固顺序及缺陷位置、大小，可以为后续的精确工艺设计计算提供依据。

5. 铸造工艺方法的选择

（1）铸造方法

该高压阀体铸件外形尺寸大、壁厚尺寸大、单体重量大，结合设备性能及生产工艺，采用砂型铸造是较为理想的铸造生产方法。

铸造用硅砂的控制参数指标可参考表 6-11。

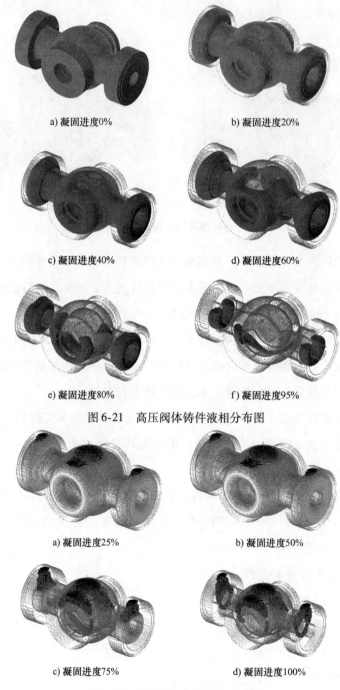

a) 凝固进度0%　　　　　　　　b) 凝固进度20%

c) 凝固进度40%　　　　　　　　d) 凝固进度60%

e) 凝固进度80%　　　　　　　　f) 凝固进度95%

图 6-21　高压阀体铸件液相分布图

a) 凝固进度25%　　　　　　　　b) 凝固进度50%

c) 凝固进度75%　　　　　　　　d) 凝固进度100%

图 6-22　高压阀体铸件缩孔分布图

表 6-11 铸造用硅砂的控制参数指标

序号	质量控制指标名称		参数指标值
1	SiO_2 含量		≥98%
2	Al_2O_3 含量		≤1.5%
3	Fe_2O_3 含量		≤0.15%
4	CaO + MgO 含量		≤0.25%
5	角形系数		≤1.3
6	酸耗值 pH = 4		≤5mL
7	灼烧减量		≤0.4%
8	水含量		≤0.2%
9	泥含量		≤0.2%
10	粒度分布	≤20 目	≤7%
		30 目	≤30%
		30~70 目	≥90%
		≥100 目	≤3%

注：表中的百分数均为质量分数。

黏结剂选取类型：采用碱酚醛树脂自硬砂的造型、制芯工艺。该树脂碱性较强，pH 值一般为 11~13.5，其主要优点有：铸件尺寸精度高，表面质量好；起模性能好，型砂不易黏附在模具上，砂型表面比较光洁，模样上的起模斜度也可较小；砂型的高温退让性好，铸件裂纹少；高温尺寸稳定性好；高温溃散性好，浇注后，在高温的作用下，易溃散，有利于防止形状复杂的铸钢件产生裂纹；树脂中完全不含 N，固化剂中不含 S，用于铸钢、合金钢铸件不会产生气孔、针孔缺陷。

（2）造型、制芯方法及配方的选择

造型方法：鉴于该铸件单体尺寸及吨位均已远远超过一般造型生产线的生产能力，而且工艺操作复杂程度较高，所以采用手工砂箱造型。

制芯方法：采用手工制芯。

造型工艺采用面砂与背砂工艺，面砂为混合砂，新旧砂比例为3:7，面砂树脂加入量占砂重的（1.7±1)%，背砂树脂加入量为（1.6±1)%，酯固化剂加入量占树脂的25%~30%。

制芯工艺采用单一混合砂工艺，新旧砂比例为4∶1，面砂树脂加入量占砂重的（1.5±1）%，酯固化剂加入量占树脂的25%~30%。

铸造用再生砂的性能参数指标见表6-12。

表6-12 铸造用再生砂性能参数指标

序号	控制指标名称		参数指标值
1	水含量		≤0.2%
2	泥含量		≤1.0%
3	灼烧减量		≤2.0%
4	粒度分布	100~140目	≤6.0%
		>140目	<1.0%

注：表中的百分数均为质量分数。

6. 分型面的选择

DN300、CL2500高压阀体选中间最大截面为分型面，以便于起模、下芯和检验，分模面与分型面一致。确定分型面在铸件中间面，如图6-23所示。

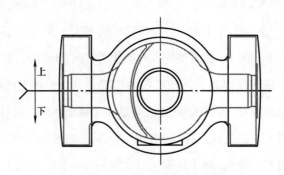

图6-23 高压阀体铸件分型面选取

7. 工艺参数的选择

根据铸造工艺设计手册及生产过程经验，逐步确定高压阀体铸件的主要工艺参数。

（1）铸造尺寸公差的选择

铸件的质量初步预计为4800kg，由于尺寸及吨位较大，属于单件小批量生产。材料为低合金碳素钢。根据GB/T 6414—2017《铸件 尺寸公差、几何公差与机械加工余量》，铸件尺寸公差等级可选 DCTG11～DCTG14，由于铸件尺寸精度要求较高，选取为 DCTG12。

（2）关键部位加工余量的选择

机械加工余量按 GB/T 6414—2017《铸件 尺寸公差、几何公差与机械加工余量》选定为 J 级。左右法兰外圆尺寸 $\phi762mm$ 加工余量为单边 12mm，左右法兰距尺寸为 1422mm，法兰端面余量选取为 10mm，中法兰端面中心距为 450mm，端面余量选取为 10mm，阀座孔直径为 $\phi325mm$，单边余量标准选为 7mm，由于该部位属于关键密封面，加工余量放大至 15mm。

（3）铸件起模斜度的确定

由于该铸件外形尺寸较大，模样制作时选择木制模样，使用树脂砂造型时，起模斜度整体按角度 $a = 0°20'$。

（4）其余未注铸造圆角

铸件的其余未注铸造圆角，根据所选铸造方法"砂型铸造"、材料"铸钢"，得未注铸造圆角 $R = (1/5～1/10)(A + B)$（A、B 为圆角交接处筋板的壁厚值）。

（5）铸造线收缩率

选择铸造材质种类"硅砂铸钢件"，查询设计手册，可得线收缩率为 1.5%。

8. 冒口补缩系统的设计及校核

根据铸钢件工艺设计中重力补缩、顺序定向凝固的原则，来设计冒口参数。由于铸件为承压类铸件，对铸件内部组织的致密度要求较高，为了提高冒口钢液的补缩效率，延长冒口凝固时间，经过工艺比对，同时根据铸件的结构形状，选用高质量发热保温冒口，大大延迟了钢液凝固时间，补缩效率高达 30%～60%。

按照图 6-22 高压阀体铸件缩孔分布图所示，将铸件需要冒口补缩的部位划分为四个区域，即左右法兰补缩区、中法兰补缩区、底法兰补缩区及阀座流量筋补缩区。按四大补缩区域分别设计冒口补缩系统的工艺参数。冒口补缩系统的计算方法有模数法、比例法（热节圆法）、补缩液量法。本书用模数法＋比例法进行冒口参数计算及相互验证，再对补缩液量进行校核，保证冒口补缩参数计算的正确性，最后整体进行三维建模，用铸造 CAE 分析软件进行温度场模拟计算，对参数进行优化。

（1）左右法兰冒口设计计算

高压阀体铸件左右法兰铸件尺寸如图6-24所示，法兰厚度 $t = 230\text{mm}$，法兰外圆直径 $H_c = \phi800\text{mm}$，阀体壁厚为 103mm，左右法兰质量为950kg。

1）用比例法（热节圆法）进行冒口尺寸计算。左右法兰热节圆最大直径 $T = \phi245\text{mm}$，冒口布置在上箱法兰外圆顶部，处于整个法兰的最高处，垂直向下补缩，根据法兰外形尺寸及质量，冒口形式采用明冒口，用作圆法得出冒口补缩需要的最小内切圆尺寸为 $T_{冒口} = \phi300\text{mm}$。

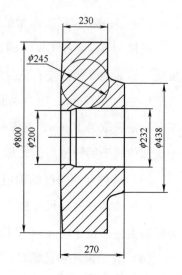

图6-24　左右法兰铸件尺寸

冒口补贴尺寸的确定：冒口补贴宽度 $a = 0.15H_c = 0.15 \times 800\text{mm} = 120\text{mm}$，补贴长度 $h = (3 \sim 5)a = 360 \sim 700\text{mm}$；冒口宽度 $B = t + a = 230\text{mm} + 120\text{mm} = 350\text{mm} > T_{冒口} = \phi300\text{mm}$，冒口长度 $L = (1.8 \sim 2.0)T = 441 \sim 490\text{mm}$，初选为450mm，冒口高度 $H = (1.15 \sim 1.8)B = 402.5 \sim 630\text{mm}$，选定为600mm。故左右法兰明冒口尺寸 $L(长) \times B(宽) \times H(高) = 450\text{mm} \times 350\text{mm} \times 600\text{mm}$，圆角为 $R100\text{mm}$。

冒口数量的确定：左右法兰直径为 $\phi800$，厚度为230mm，按照补缩距离为厚度的4.5倍计算，补缩距离为 $230 \times 4.5\text{mm} = 1035\text{mm}$，大于法兰直径 $\phi800\text{mm}$，故冒口数量设计为一个，如图6-25所示。

2）用模数法进行冒口尺寸验证计算。根据工艺设计原理，铸件要保证冒口晚于铸件凝固，需冒口的模数大于铸件被补缩部位的模数。

铸件模数 $M_c = $ 铸件体积 V/铸件传热表面积 $A = (121972/17173)\text{cm} = 7.10\text{cm}$。

由于按铸造工艺设计手册中L形法兰体的计算公式求得的模数值与实际相差过大，所以铸件体积与铸件传热表面积直接通过三维模型测量计算得出。

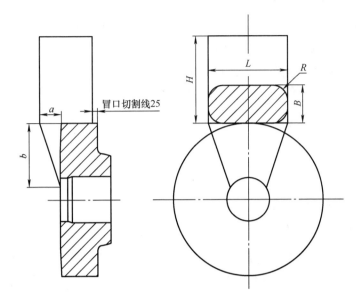

图 6-25 左、右法兰冒口尺寸

根据铸件工艺设计原理，冒口计算模数 $M_r \geq 1.2M_c = 1.2 \times 7.10\text{cm} = 8.52\text{cm}$。

以上用比例法计算出的冒口实际模数 $M_r =$ 冒口体积 V/冒口传热表面积 $A =$ $(89350/10059)\text{cm} = 8.88\text{cm} >$ 冒口计算模数 $= 8.52\text{cm}$，验算合格。

3）对补缩液量进行校核。为了保证冒口有足够的金属液补充铸件的补缩，应满足以下条件：

$$\varepsilon(G_{件} + G_{冒}) \leqslant G_{冒}\eta \tag{6-1}$$

式中　$G_{件}$——铸件质量；

　　　$G_{冒}$——冒口质量；

　　　ε——合金的体收缩率；

　　　η——冒口补缩效率。

高压阀体铸件左、右法兰需补缩铸件的总质量（含补贴）$G_{铸件} = 950\text{kg} + 80\text{kg} = 1030\text{kg}$，冒口质量 $G_{冒} = 690\text{kg}$。

铸件的体收缩率 ε 确定：按铸造工艺设计手册取碳钢件碳的质量分数为 $0.08\% \sim 0.12\%$，铸钢件体收缩率 $\varepsilon = 6.8\%$，并结合其余主要合金成分 Ni、Mn、Cr、Si 的影响，综合计算得出，体收缩率 $\varepsilon = 8\%$。

405

冒口补缩效率 η 确定：根据厂家提供的资料，发热保温板型明冒口的补缩效率为20%～30%，初步选取25%进行计算。

故铸件左右法兰部位整体需要的补缩钢液量为

$$\varepsilon(G_{件} + G_{冒}) = 0.08 \times (1030 + 690)\,\mathrm{kg} = 137.6\,\mathrm{kg}$$

冒口可提供的补缩液量为

$$G_{冒}\eta = 690 \times 0.25\,\mathrm{kg} = 172.5\,\mathrm{kg}$$

$$G_{冒}\eta > \varepsilon(G_{件} + G_{冒})$$

冒口补缩液量校核合格。

（2）中法兰冒口设计计算

高压阀体铸件中法兰铸件尺寸如图6-26所示，法兰厚度 $t = 216\,\mathrm{mm}$，法兰外圆直径 $H_c = \phi 762\,\mathrm{mm}$，中法兰质量为640kg。

1）用比例法（热节圆法）进行冒口尺寸计算。中法兰热节圆最大直径 $T = \phi 220\,\mathrm{mm}$，冒口布置在上箱法兰外圆顶部，处于整个法兰的最高处，垂直向下补缩，根据法兰外形尺寸及质量，冒口形式采用明冒口，用作圆法得出冒口补缩需要的最小内切圆尺寸为 $T_{冒口} = \phi 300\,\mathrm{mm}$。

冒口补贴尺寸的确定：冒口补贴宽度 $a = 0.15 H_c = 0.15 \times 762\,\mathrm{mm} = 115\,\mathrm{mm}$，补贴长度 $h = (3\sim5)a = 345\sim575\,\mathrm{mm}$，选取380mm；冒口宽度 $B = t + a = 220\,\mathrm{mm} + 115\,\mathrm{cm} = 335\,\mathrm{mm}$，冒口长度 $L = (1.8\sim2.0)T = 396\sim440\,\mathrm{mm}$，初选为440mm，

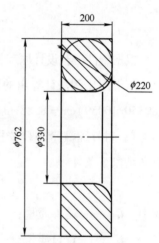

图6-26　中法兰铸件尺寸

冒口高度 $H = (1.15\sim1.8)B = 385\sim603\,\mathrm{mm}$，由于明冒口高度必须与中法兰明冒口高度顶面平齐，所以选定为620mm。故中法兰明冒口尺寸 $L(长) \times B(宽) \times H(高) = 440\,\mathrm{mm} \times 335\,\mathrm{mm} \times 620\,\mathrm{mm}$，圆角为 $R120\,\mathrm{mm}$。经过图样尺寸核对，由于中法兰深度尺寸200mm + 冒口补贴宽度 $a = 315\,\mathrm{mm}$，小于明冒口宽度 B，明冒口布置受限，为了预留切割线，将冒口补贴宽度 a 增大至200mm，其余尺寸不变。

冒口数量的确定：中法兰直径为 $\phi762\text{mm}$，厚度为220mm，按照补缩距离为厚度的4.5倍计算，补缩距离为 $220 \times 4.5\text{mm} = 990\text{mm}$，大于法兰直径 $\phi762\text{mm}$，故冒口数量设计为一个，如图6-27所示。

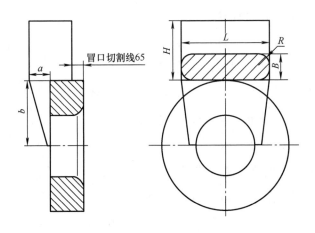

图6-27　中法兰冒口尺寸

2）用模数法进行冒口尺寸验证计算。

铸件模数 M_c = 铸件体积 V/铸件传热表面积 A = $(81788/12030)\text{cm} = 6.8\text{cm}$。

由于按铸造工艺设计手册中计算公式求得的模数值与实际相差过大，所以铸件体积与铸件传热表面积直接通过三维模型测量计算得出。

根据铸件工艺设计原理，冒口计算模数 $M_r \geqslant 1.2M_c = 1.2 \times 6.8\text{cm} = 8.16\text{cm}$。

以上用比例法计算出的冒口实际模数 Mr = 冒口体积 V/冒口传热表面积 A = $(83724/9683)\text{cm} = 8.64\text{cm}$ > 冒口计算模数 = 8.16cm，验算合格。

3）对补缩液量进行校核。与上述左右法兰计算方法相同，高压阀体铸件中法兰需补缩铸件的总质量（含补贴）$G_{铸件}$ = 640kg + 130kg = 770kg，冒口质量 $G_{冒}$ = 640kg。

铸件的体收缩率 ε = 8%。冒口补缩效率 η 选取25%进行计算。

故铸件中法兰部位整体需要的补缩钢液量为

$$\varepsilon(G_{件} + G_{冒}) = 0.08 \times (770 + 640)\text{kg} = 113\text{kg}$$

冒口可提供的补缩液量为

$$G_{冒}\eta = 640 \times 0.25\text{kg} = 160\text{kg}$$

$$G_{冒}\eta > \varepsilon(G_{件} + G_{冒})$$

冒口补缩液量校核合格。

（3）底法兰冒口设计计算

高压阀体铸件底法兰铸件尺寸如图 6-28 所示。底法兰实际为阀体支座，只起承重作用，没有加工配合要求，所以设计的尺寸较小，厚度小，阀体壁厚为 103mm，底法兰厚度 $t = 60\text{mm}$，法兰颈部厚度为 80mm，底法兰质量为 355kg。

1）用比例法（热节圆法）进行冒口尺寸计算。底法兰热节圆最大直径 $T = \phi 132\text{mm}$，底法兰结构与左右法兰及中法兰结构均不同。底法兰厚度 60mm 及颈部厚度 80mm 均小于阀体整体壁厚 103mm，所以底法兰外侧不需要设置冒口补贴，只需对热节圆

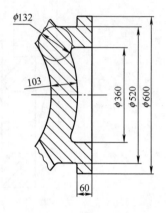

图 6-28　底法兰铸件尺寸

处提供充足的补缩液量，保证补缩距离即可。故在底法兰外圆顶部的热节圆处设置冒口。冒口处于整个法兰的最高处，垂直向下补缩，根据底法兰外形尺寸及质量，冒口形式采用暗冒口，暗冒口宽度 $B = (1.3 \sim 1.5)T = (1.3 \sim 1.5) \times 132\text{mm} = 172 \sim 198\text{mm}$，选取 198mm，暗冒口长度 $L = (1.5 \sim 1.8)B = 300 \sim 360\text{mm}$，初选为 300mm，暗冒口高度 $H = B = 300\text{mm}$。故底法兰暗冒口尺寸 $L(长) \times B(宽) \times H(高) = 300\text{mm} \times 198\text{mm} \times 300\text{mm}$，圆角为 $R100\text{mm}$。

冒口数量的确定：底法兰颈部直径为 $\phi 520\text{mm}$，热节圆最大直径 $T = \phi 132\text{mm}$，按照补缩距离为热节圆直径的 4.5 倍计算，补缩距离为 $132 \times 4.5\text{mm} = 594\text{mm}$，大于法兰颈部直径 $\phi 520\text{mm}$，故冒口数量设计为一个，如图 6-29 所示。

2）用模数法进行冒口尺寸验证计算。

铸件模数 $M_c =$ 铸件体积 V/铸件传热表面积 $A = (45425/9900)\text{cm} = 4.6\text{cm}$。

由于按铸造工艺设计手册中 T 形法兰体的计算公式求得的模数值与实际相差过大，所以铸件体积与铸件传热表面积直接通过三维模型测量计算得出。

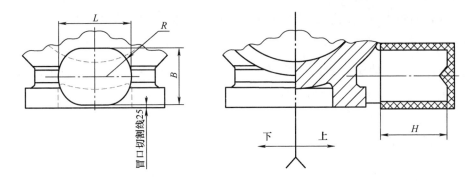

图 6-29　底法兰冒口尺寸

根据铸件工艺设计原理，冒口计算模数 $M_\mathrm{r} \geqslant 1.2 M_\mathrm{c} = 1.2 \times 4.6\,\mathrm{cm} = 5.52\,\mathrm{cm}$。

以上按比例法计算出的冒口实际模数 $M_\mathrm{r} =$ 冒口体积 V/冒口传热表面积 $A = (15425/2999)\,\mathrm{cm} = 5.14\,\mathrm{cm}$。但采用标准发热保温腰形冒口，根据厂家提供的冒口模数数据 $M_\mathrm{r} = 5.59\,\mathrm{cm} >$ 冒口计算模数 $= 5.52\,\mathrm{cm}$，验算合格。

3）对补缩液量进行校核。与上述左右法兰计算方法相同，高压阀体铸件底法兰需补缩铸件的总质量（含冒口座）$G_{铸件} = 355\,\mathrm{kg} + 40\,\mathrm{kg} = 395\,\mathrm{kg}$，冒口质量 $G_{冒} = 120\,\mathrm{kg}$。

铸件的体收缩率 $\varepsilon = 8\%$。冒口补缩效率 η，按发热保温暗冒口的 25% ~ 35%，选取 30% 进行计算。

故铸件底法兰部位整体需要的补缩钢液量为

$$\varepsilon(G_{件} + G_{冒}) = 0.08 \times (355 + 40)\,\mathrm{kg} = 31.6\,\mathrm{kg}$$

冒口可提供的补缩液量为

$$G_{冒}\eta = 120 \times 0.3\,\mathrm{kg} = 36\,\mathrm{kg}$$

$$G_{冒}\eta > \varepsilon(G_{件} + G_{冒})$$

冒口补缩液量校核合格。

（4）阀座流量筋冒口设计计算

高压阀体铸件阀座流量筋铸件尺寸如图 6-30 所示。该部位是阀座安装部位，承受高压时不得有任何渗漏，对铸件内部组织的致密度要求很高，同时该部位是流量筋与阀肚外壁的交接处，外形结构较为复杂，热节较大，缩孔缩松类风险很

409

大。如图 6-30 所示，该流量筋厚度为 80mm，与阀体外壁交接处最大热节圆 $T = \phi195mm$，到分型面处该热节圆逐步过渡减小至 $\phi160mm$，外形结构较为合理，有利于实现顺序凝固，经过三维建模，该阀座流量筋净重为 345kg，但包含阀体壁厚部分后，质量增加至 890kg。

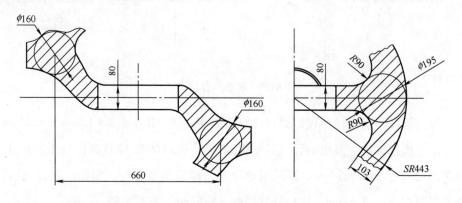

图 6-30　阀座流量筋铸件尺寸

1）用比例法（热节圆法）进行冒口尺寸计算。阀座流量筋热节圆最大直径 $T = \phi195mm$，该部位由于铸件结构整体受限，冒口只能设计于上箱阀肚最高顶面处，但需要对热节圆处提供充足的补缩液量，并保证补缩距离。根据阀座流量筋热节圆尺寸，冒口形式采用明冒口，按冒口宽度 $B = (1.3 \sim 1.5)T = (1.3 \sim 1.5) \times 195mm = 253.5 \sim 292.5mm$，选取 260mm，明冒口长度 L 受铸件结构限制，初选为 320mm，圆角为 $R120mm$，明冒口高度 $H = 600mm$。

冒口数量的确定：分型面水平热节圆 $\phi160mm$ 间距为 660mm，如图 6-30 所示，由于该部位整体高度达到 860mm，重量集中，冒口主要用于垂直补缩，水平补缩距离按热节圆直径的 2.5 倍计算，补缩距离为 $160 \times 2.5mm = 400mm$，小于水平热节圆间距 660mm，故冒口数量设计为 2 个，冒口间距为 250mm，如图 6-31 所示。

2）用模数法进行冒口尺寸验证计算。由于该部位结构复杂，铸件模数准确计算较为困难，所以用铸件体积与铸件传热表面积直接通过三维模型测量计算得出整体模数值 M_c。

铸件模数 M_c = 铸件体积 V/铸件传热表面积 $A = (114622/21750)cm = 5.27cm$。

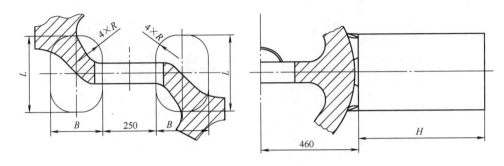

图 6-31　阀座流量筋冒口尺寸

根据铸件工艺设计原理，冒口计算模数 $M_r \geq 1.2 M_c = 1.2 \times 5.27cm = 6.32cm$。

以上用比例法计算出的冒口实际模数 $M_r =$ 冒口体积 V/冒口传热表面积 $A =$ $(41216/6308)$ cm $= 6.53cm$，由于冒口实际模数 $M_r = 6.53cm >$ 冒口计算模数 $=$ 6.32cm，验算合格。

3）对补缩液量进行校核。与上述计算方法相同，高压阀体铸件阀座流量筋需补缩铸件的总质量（含冒口座）$G_{铸} = 890kg + 30kg = 920kg$，单个冒口质量 $G_{冒} = 320kg$。

铸件的体收缩率 $\varepsilon = 8\%$。冒口补缩效率 η，按发热保温板冒口的 20% ~ 30%，选取 25% 进行计算。

故铸件阀座流量筋部位整体需要的补缩钢液量为

$$\varepsilon(G_{件} + G_{冒}) = 0.08 \times (920 + 320 \times 2)kg = 124.8kg$$

冒口可提供的补缩液量为

$$G_{冒}\eta = 320 \times 2 \times 0.25kg = 160kg$$

$$G_{冒}\eta > \varepsilon(G_{件} + G_{冒})$$

冒口补缩液量校核合格。

经过上述计算，高压阀体铸件冒口补缩系统的三维模型如图 6-32 所示。

9. 冷铁的设计计算

（1）冷铁的作用

为了增加铸件局部冷却速度，在型腔内部及工作表面安放的激冷块称为冷铁，其作用如下：在冒口处难于补缩的部位防止缩孔、缩松；防止壁厚交叉部位

图 6-32 冒口补缩系统三维模型
1—铸件 2—冒口 3—发热保温板

及急剧变化部位产生裂纹；与冒口配合使用，能加强铸件的顺序凝固条件，扩大冒口的补缩距离，减少冒口数量或体积；用冷铁加速个别热节的冷却，使得整个铸件接近同时凝固，可防止或减轻铸件变形，又可以提高工艺出品率；改善铸件局部的金相组织和力学性能，如细化基体组织，提高铸件表面硬度和耐磨性，防止厚壁铸件的偏析。

（2）冷铁尺寸的确定

根据铸造工艺设计手册，通常取冷铁厚度：

$$\delta_{冷铁} = (0.5 \sim 1.0)\delta = (1 \sim 2)M_0 \tag{6-2}$$

式中 δ ——铸件壁厚；

M_0 ——铸件激冷部位模数。

当冷铁的厚度等于被激冷部位的厚度时，对于消除浇注高温影响是有利的。CL2500 高压阀体铸件缩孔分布图如图 6-22 所示，左右法兰、中法兰、阀座流量筋及阀座流量筋处的下箱部位都存在集中性缩松缺陷。为了消除这些区域的缺陷，细化内部组织，增加铸件致密度，保证铸件的承压能力，需对这些部位设计冷铁。

（3）左右法兰部位的下箱冷铁设计计算

根据上述法兰厚度 $t = 230\text{mm}$，法兰外圆 $H_C = \phi 800\text{mm}$，热节圆最大直径 $T = \phi 245\text{mm}$，为了实现顺序凝固及延迟重力补缩距离，在左右法兰下箱外圆处设置外冷铁。冷铁厚度 $\delta_{冷铁} = (0.5 \sim 1.0)t = 115 \sim 230\text{mm}$，结合热节圆直径 T，选取

冷铁厚度为 200mm，根据法兰外圆尺寸 H_C，选取冷铁的长 × 宽 = 250mm × 200mm，冷铁数量为三块，如图 6-33 所示。

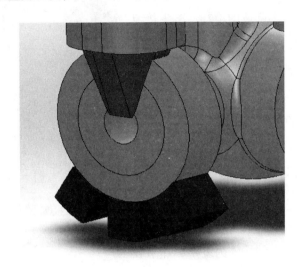

图 6-33　左右法兰外冷铁三维模型

（4）中法兰部位的下箱冷铁设计计算

同理，根据上述中法兰厚度 $t = 216mm$，法兰外圆 $H_C = \phi762mm$，热节圆最大直径 $T = \phi220mm$，为了实现顺序凝固及延迟重力补缩距离，在中法兰下箱外圆处设置外冷铁。冷铁厚度 $\delta_{冷铁} = (0.5 \sim 1.0)t = 108 \sim 216mm$，结合热节圆直径 T，同时为了冷铁规格的标准化，选取冷铁规格与左右法兰一致，冷铁厚度为 200mm，冷铁的长 × 宽 = 250mm × 200mm，根据法兰外圆尺寸 H_C，冷铁数量为三块，如图 6-34 所示。

图 6-34　中法兰外冷铁三维模型

（5）底法兰部位的下箱冷铁设计计算

底法兰与中法兰及左右法兰结构均不同，铸件尺寸如图 6-28 所示。底法兰

厚度 $t = 60mm$，法兰颈部厚度为 80mm，热节圆最大直径 $T = \phi132mm$，为了加速法兰及法兰颈部厚度较小部位的冷却，减少热节圆处的补缩液量，延长补缩距离，对法兰的外端面设置外冷铁。冷铁的厚度与法兰颈部厚度一致，为 80mm，冷铁形式为圆弧冷铁，按阀座流量筋外圆端面圆周均布，冷铁间距为 50mm，如图 6-35 所示。

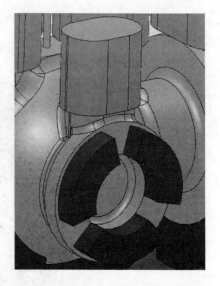

图 6-35　阀座流量筋外冷铁三维模型

（6）阀座流量筋部位的下箱冷铁设计计算

高压阀体铸件阀座流量筋与阀肚外壁壁厚的相交接处，外形结构较为复杂，热节较大，缩孔、缩松类风险很大。流量筋与阀体外壁壁厚交接处最大热节圆 $T = \phi195mm$，到分型面处该热节圆逐步过渡减小至 $\phi160mm$。该部位内腔尺寸小，热节厚大，铸件凝固时散热极为困难，从前期 CAE 模拟分析结果来看，属于整个铸件最后凝固的部位，产生缩孔、缩松及裂纹缺陷的风险极大。为了加快该部位的冷却速度，保证铸件整体的同时凝固，减少热节圆处的补缩液量，延长补缩距离，对阀体下箱阀肚外壁处设置外冷铁。冷铁厚度 $\delta_{冷铁} = (0.5 \sim 1.0)t = 97.5 \sim 195mm$，选取冷铁厚度为 180mm，根据铸件结构，选取冷铁的长 × 宽 = 200mm × 200mm，沿流量筋方向布局，冷铁数量为三块，如图 6-36 所示。

同时，为了改善铸件内腔的整体散热条件，防止内腔圆角处由于过热、热应力过大产生的裂纹性缺陷，对阀座流量筋下箱内腔圆角处设计专用随形冷铁。由于热节圆过大，加强激冷效果，设计为双面冷铁，选取冷铁厚度为 120mm，根据铸件内腔结构，选取冷铁的长 × 宽 = 250mm × 130mm，如图 6-37 所示。

10. 浇注系统的设计

浇注系统的主要设计内容有：浇口杯、内浇道、横浇道和直浇道。浇注系统的设计主要是根据铸件的钢液总重量及铸件高度确定各浇注单元的浇注截面积。

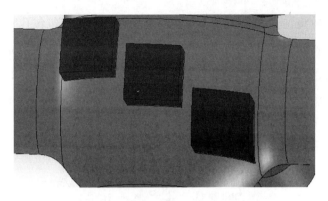

图 6-36　阀座流量筋外冷铁三维模型

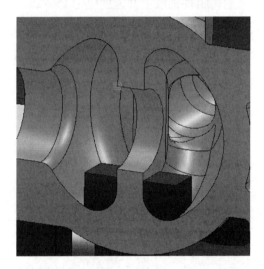

图 6-37　阀座流量筋内腔双面冷铁三维模型

浇注系统截面积的大小对铸件质量有很大影响，截面积太小，浇注时间长，可能产生浇不足、冷隔、砂眼等缺陷；截面积过大，浇注速度快，又可能引起冲砂，带入熔渣和气体，使铸件产生渣孔、气孔等缺陷。为了使金属液以适宜的速度充填铸型，就必须合理确定浇注系统的截面积。

高压阀体毛坯件净重为 4800kg，金属液浇注总质量 $G = 8200$kg。为了保证良好的除渣除气效果，实现钢液液面平稳层流态上升，用漏包浇注应采用开放式浇注系统。由于钢液重量大，浇注时间长，对砂型型壁冲刷大，为了防止出现由于钢液冲砂而造成砂眼类缺陷，砂型型腔内的浇道都采用高强度陶瓷浇注管。

根据铸件的浇注重量及高度，浇注系统设计如下：钢包包孔直径选 $\phi 70\text{mm}$；直浇道直径选 $\phi 100\text{mm}$；横浇道直径选 $\phi 70\text{mm} \times 2$；内浇道直径选 $\phi 70\text{mm} \times 4$。经过截面积计算，$F_{包孔} : F_{直} : F_{横} : F_{内}$（各浇道的截面积之比）满足 $1:2:4:4$ 的要求。

$$浇注时间 \; t = \frac{G_{金属总质量}}{n_{包孔数量} \times q_{钢液流量}} = \frac{8200}{1 \times 120}\text{s} = 68.3\text{s}$$

钢液在型腔内的上升速度验算：

$$v = \frac{H_{浇注位置高度}}{t_{浇注时间}} = \frac{1500}{68.3}\text{mm/s} = 22\text{mm/s}$$

根据设计手册，大型铸钢件钢液上升速度应为 $15 \sim 25\text{mm/s}$，故校核合格。

浇注的入液位置，根据多年阀门承压铸件的生产经验结合铸造 CAE 流动场分析，确定为左右法兰下箱处两处及中法兰外端面两处，共计四处入液，如图 6-38 所示。

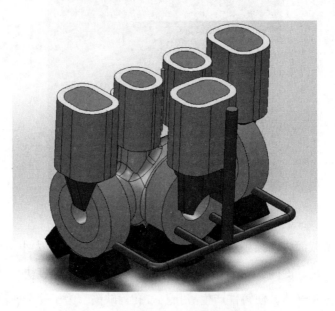

图 6-38 高压阀体浇注系统的三维模型

11. 高压阀体铸件工艺设计的 CAE 模拟分析及优化

为了确定上述高压阀体铸件铸造工艺设计的有效性，并继续对工艺进行优化，经过 SolidWorks 三维软件对铸件毛坯及各系统工艺参数准确建立数字模型，并利用铸造 CAE 计算机辅助模拟，对铸件的温度场及流动场进行分析，对铸件可能产生的缺陷进行预判，确定铸造工艺设计的合理性，可大大节约研发时间及试制费用。利用较为先进的华铸 CAE 10.0 模拟分析软件进行分析并优化。

（1）前处理及工艺参数的设置

对按上述工艺参数建立的三维实体模型进行有限差分网格剖分，在存储为不同部件 STL 文件的基础上，调用 STL 文件重新进行三维显示，并对各系统（铸件毛坯、冒口、冒口套、冷铁、浇道、浇注入口、砂型、砂芯等）的部件通过不同颜色，定义不同的材料属性。然后依据网格大小进行剖分，将实体建成一个离散的三维场空间，为主体计算分析做好准备工作，并显示网格单元数。可以从各个角度进行三维结构的观察，并根据吃砂量创建砂箱。该高压阀体的铸造工艺三维实体模型如图 6-39 所示。

（2）高压阀体铸件的温度场模拟分析

通过温度场模拟分析，可以计算铸件、铸型凝固冷却过程中随时间的温度变化，了解铸件的温度梯度、凝固时间、冷却速度，进行缩孔、缩松缺陷预测，从而判断补缩系统的合理性。

主要工艺参数选取：

1）铸件材质：WC9，化学成分见表 6-13。

表 6-13　WC9 的化学成分

化学成分	C	Si	Mn	P	S	Cr
质量分数（％）	0.05~0.18	≤0.060	0.40~0.70	≤0.035	≤0.035	2.0~2.75
化学成分	Mo	Nb	V	N	Ni	Al
质量分数（％）	0.90~1.20	—	—	—	—	—

2）钢液出钢温度：（1625±5）℃；浇注温度：（1550±5）℃；铸型：铸钢用树脂硅砂；冷铁材质：低碳钢制冷铁；冒口套材质：发热保温板。

高压阀体铸件按该工艺设计进行 CAE 模拟分析的铸造凝固过程的液相分布图如图 6-40 所示。

从模拟结果来看，在凝固过程中未发现孤立液相区，基本实现自下而上，从铸件到冒口的顺序凝固，凝固总时间为 21552.7s，约 6h。

417

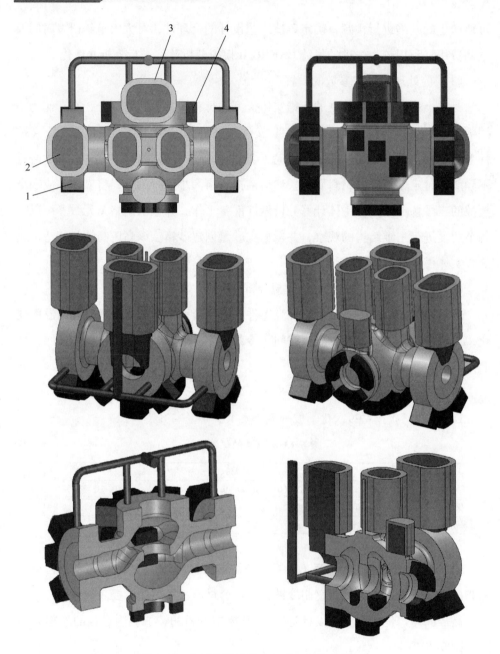

图 6-39　高压阀体的铸造工艺三维实体模型

1—铸件　2—冒口、浇道　3—发热保温板　4—冷铁

a) 凝固进度0%，液相率100%

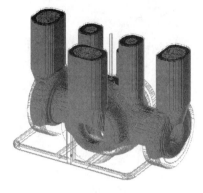

b) 凝固进度20%，液相率80%

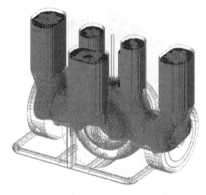

c) 凝固进度40%，液相率60%

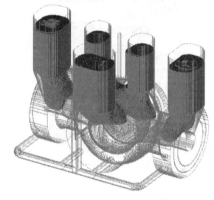

d) 凝固进度60%，液相率40%

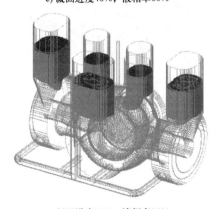

e) 凝固进度80%，液相率20%

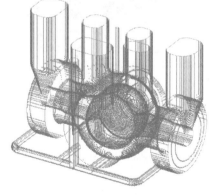

f) 凝固进度100%，液相率0%

图6-40　铸造凝固过程的液相分布图

高压阀体铸件按该工艺设计进行 CAE 模拟分析的缩孔缩松分布图如图6-41
所示。

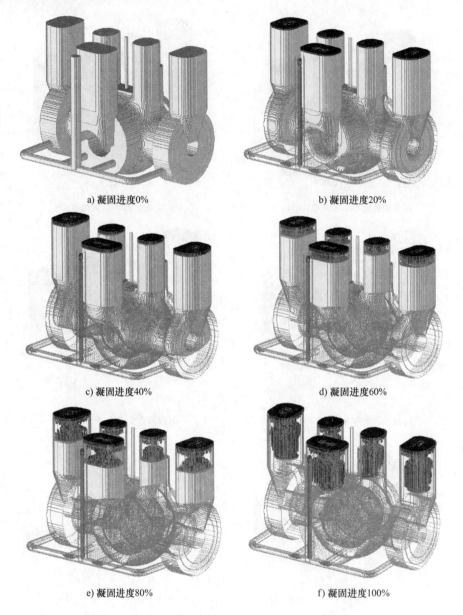

a) 凝固进度0%　　　　　　　　　　　　b) 凝固进度20%

c) 凝固进度40%　　　　　　　　　　　　d) 凝固进度60%

e) 凝固进度80%　　　　　　　　　　　　f) 凝固进度100%

图 6-41　铸造凝固过程的缩孔缩松分布图

从 CAE 模拟结果来看，在铸件凝固后，各部位冒口凝固顺序合理，收缩良好，铸件区域内部未发现异常缩孔缩松缺陷。

铸件凝固后的缩孔缩松切片分布图如图 6-42 所示。从切片分布图中可以看出，

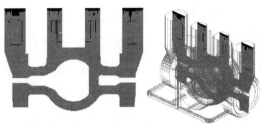

a) 铸件垂直截面1/4处

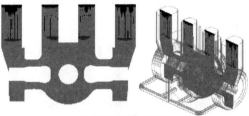

b) 铸件垂直截面1/2处

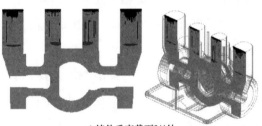

c) 铸件垂直截面3/4处

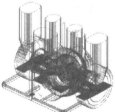

d) 铸件水平截面1/4处

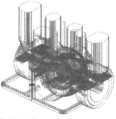

e) 铸件水平截面1/2处

图 6-42　铸件凝固后缩孔缩松切片分布图

只有在铸件的均匀壁厚的中心位置处有少许的缩松存在，这些缩松是均匀壁厚铸件正常收缩形成的轴线缩松，符合铸件凝固原理，并且不会对铸件性能造成影响。

以上 CAE 模拟结果显示，该高压阀体的铸造工艺补缩系统设计基本合理。

（3）高压阀体铸件的流动场模拟分析

通过对流动场的模拟分析，可以直观地看出钢液随时间的流动位置，预测浇不足、紊流、卷气、喷溅等浇注过程发生的问题。按照浇注系统设计参数，CAE 流动场模拟结果如图 6-43 所示。

从流动场可以发现，铸件的浇注过程比较平稳，无喷溅、钢液翻滚等问题，未发现浇不足现象。

（4）高压阀体铸件铸造工艺参数的优化

为了提升铸件出品率，充分发挥发热保温冒口的效率，根据 CAE 模拟分析软件的温度场结果对铸件冒口补缩系统进行了多次优化改进，确定了最佳的冒口参数如下：

左右法兰处：由原明冒口尺寸 $L(长) \times B(宽) \times H(高) = 450mm \times 350mm \times 600mm$，圆角 $R100mm$，经过优化最终确定修改为 $L(长) \times B(宽) \times H(高) = 420mm \times 320mm \times 600mm$，圆角 $R100mm$。

中法兰处：由原明冒口尺寸 $L(长) \times B(宽) \times H(高) = 440mm \times 335mm \times 620mm$，圆角 $R120mm$，经过优化最终确定修改为 $L(长) \times B(宽) \times H(高) = 450mm \times 320mm \times 620mm$，圆角 $R120mm$。

底法兰处冒口不做改动。

阀座流量筋处：由原明冒口尺寸 $L(长) \times B(宽) \times H(高) = 320mm \times 260mm \times 600mm$，圆角 $R120mm$，两只，间距 $250mm$，经过优化最终确定修改为 $L(长) \times B(宽) \times H(高) = 300mm \times 250mm \times 600mm$，圆角 $R110mm$。

经过上述优化改进后，冒口补缩系统的质量整体减小，钢液浇注质量由原 $8200kg$，降低为 $7800kg$，钢液总量减少 $400kg$。

12. 铸件出品率计算

工艺设计完成后对铸件出品率进行计算校核。一般铸钢件出品率为 $50\% \sim 70\%$，

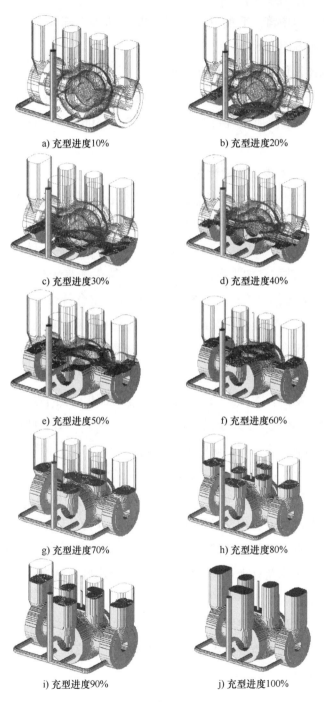

a) 充型进度10%　　　　　　　b) 充型进度20%

c) 充型进度30%　　　　　　　d) 充型进度40%

e) 充型进度50%　　　　　　　f) 充型进度60%

g) 充型进度70%　　　　　　　h) 充型进度80%

i) 充型进度90%　　　　　　　j) 充型进度100%

图6-43　铸件浇注充型过程图

铸造工艺设计手册中铸件毛重为 500 ~ 5000kg，铸件大部分壁厚 > 100mm，工艺出品率推荐值为 60% ~ 65%。

该高压阀体铸件的工艺出品率计算：

工艺出品率(%) = [铸件质量/(铸件质量 + 冒口补缩系统质量 + 浇注系统质量)] × 100% = (铸件质量/浇注钢液总质量) × 100% = 4800/7800 × 100% = 61.5%，满足设计手册要求。

13. 高压阀体铸造工艺设计总结

通过上述对 DN300、CL2500 大型控制阀铬钼低合金耐热钢高压阀体铸件的铸造工艺设计技术研究，完成 DN300、CL2500 高压阀体最优铸造工艺方案的设计，包括：

1）分型面的选取；加工余量、尺寸公差、铸造收缩率等工艺参数的确定。

2）完成阀体铸件冒口补缩系统的优化设计，结合铸造 CAE 模拟分析软件，分析铸件凝固冷却过程及顺序，经过多次参数优化，采用新型发热保温冒口工艺实现铸件局部的定向、定时补缩，保证铸件整体的顺序凝固，最终确定最优的冒口型号规格、补贴尺寸等具体参数。解决了高压阀体大壁厚铸件的厚大热节处的缩孔、缩松铸造缺陷，大幅度减少大壁厚中间的轴线缩松问题。

3）完成阀体铸件浇注系统的优化设计，结合铸造 CAE 模拟分析软件，分析该阀体铸件的钢液充型过程，确定最佳的浇注入液方式，计算出各浇注单元截面积的具体参数。解决了钢液充型过程中由于紊流产生的渣眼、夹杂类缺陷问题。

4）通过优化铸件结构，将法兰厚大部位与阀肚均匀壁厚部位的连接做逐步过渡处理，更改阀体型腔内部的流量筋板厚度设计为整体壁厚的 2/3 ~ 4/5，将铸件内腔圆角根据壁厚放大并做均匀过渡处理，铸件整体壁厚均匀减少热节点等措施避免铸件内腔圆角处由于应力集中形成的裂纹缺陷及铸件内腔由于散热条件差形成粘砂缺陷。

以上铸造技术研究为我国大口径 CL2500 磅高压控制阀阀体的设计研发提供了基础，可大大加快大口径高压高温控制阀国产化进度。

6.5.2　缺陷分析

铸造缺陷是铸造生产过程中，由于种种原因，在铸件表面和内部产生的各种缺陷的总称。铸件缺陷是导致铸件性能低下、使用寿命短、报废和失效的重要原因。分析铸件缺陷的形貌、特点、产生原因及其形成过程，目的是防止、减少和消除铸件缺陷。消除或减少铸件缺陷是铸件质量控制的重要组成部分。下面介绍阀门类铸件常见缺陷的产生原因与防治方法。

国际上常用的阀体铸件表面验收标准 MSS SP－55《阀门、法兰、管件和其他管道部件用铸钢件质量标准——表面缺陷评定的目视检验方法》中的 SCRATA 的对照块的验收等级见表6-14。

表6-14 SCRATA 的对照块的验收等级

MSS SP－55 类别	相当于 SCRATA 的对照块
Ⅰ 型热裂和裂纹	不允许
Ⅱ 型缩孔	无例子，采用 MSS SP－55
Ⅲ 型夹砂	对照块 B2 或更好
Ⅳ 型气孔	对照块 C2 或更好
Ⅴ 型脊状突起	无例子，采用 MSS SP－55
Ⅵ 型鼠尾	无例子，采用 MSS SP－55
Ⅶ 型皱纹、折痕、纹络和冷隔	对照块 D2 或更好
Ⅷ 型割疤	对照块 G2 或更好 对照块 H4 或更好
Ⅸ 型结疤	对照块 E1 或更好
Ⅹ 型撑疤	对照块 F2 或更好
Ⅺ 型焊补区	对照块 J3 或更好
Ⅻ 型表面粗糙	对照块 A3 或更好

1. 裂纹

铸件裂痕主要分为两类，即热裂和冷裂。根据阀体铸件表面验收标准 MSS SP－55 的规定，阀门类铸件上是不允许出现裂纹缺陷的。

（1）热裂

热裂是铸件在凝固末期或凝固后不久尚处于强度和塑性很低的状态下，因铸件固态收缩受阻而引起的裂纹。热裂纹是铸钢件、可锻铸铁件和某些轻合金铸件生产中常见的铸造缺陷之一。热裂在晶界萌生并沿晶界扩展，其形状粗细不均，曲折而不规则。裂纹的表面呈氧化色，无金属光泽。铸钢件裂纹表面近似黑色，而铝合金则呈暗灰色。外裂纹肉眼可见，可根据外形和断口特征与冷裂区分。

热裂又可分为外裂纹和内裂纹。在铸件表面可以看到的热裂称为外裂纹。外裂纹常产生在铸件的拐角处、截面厚度急剧变化处或局部凝固缓慢处，以及容易产生应力集中的地方。其特征是表面宽内部窄，呈撕裂状，有时断口会贯穿整个铸件断面。热裂的另一特征是裂纹沿晶粒边界分布。内裂纹一般发生在铸件内部最后凝固的部位，裂纹形状很不规则，断面常伴有树枝晶。通常情况下，内裂纹不会延伸到铸件表面。

形成热裂的理论原因和实际原因很多，但根本原因是铸件的凝固方式和凝固时期铸件的热应力和收缩应力。液体金属浇入铸型后，热量散失主要是通过型壁，所以凝固总是从铸件表面开始。当凝固后期出现大量的枝晶并搭接成完整的骨架时，固态收缩开始产生。但此时枝晶之间还存在一层尚未凝固的液体金属薄膜（液膜），如果铸件收缩不受任何阻碍，那么枝晶骨架可以自由收缩，不受力的作用。当枝晶骨架的收缩受到砂型或砂芯等的阻碍时，不能自由收缩就会产生拉应力。当拉应力超过其材料强度极限时，枝晶之间就会产生开裂。如果枝晶骨架被拉开的速度很慢，而且被拉开部分周围有足够的金属液及时流入拉裂处并补充，那么铸件不会产生热裂。相反，如果开裂处得不到金属液的补充，铸件就会出现热裂。

由此可知，宽凝固温度范围、糊状或海绵网络状凝固方式的合金最容易产生热裂。随着凝固温度范围的变窄，合金的热裂倾向变小，恒温凝固的共晶成分的合金最不容易形成热裂。热裂形成于铸件凝固时期，但并不意味着铸件凝固时必然产生热裂，主要取决于铸件凝固时期的热应力和收缩应力。铸件凝固区域固相晶粒骨架中的热应力，易使铸件产生热裂或皮下热裂；外部阻碍因素造成的收缩应力，则是铸件产生热裂的主要条件。处于凝固状态的铸件外壳，其线收缩受到砂芯、型砂、铸件表面同砂型表面摩擦力等外部因素阻碍，外壳中就会有收缩应力（拉应力），铸件热节，特别是热节处尖角所形成的外壳较薄，就成为收缩应力集中的地方，铸件最容易在这些地方产生热裂。

热裂产生的原因体现在工艺和铸件结构方面，其中有：铸件壁厚不均匀，内角太小；搭接部位分叉太多，铸件外框、肋板等阻碍铸件正常收缩；浇冒口系统阻碍铸件正常收缩，如浇冒口靠近箱带或浇冒口之间型砂强度很高，限制了铸件的自由收缩；冒口太小或太大；合金线收缩率太大；合金中低熔点相形成元素超标，铸钢铸铁中硫、磷含量高；铸件开箱落砂过早，冷却过快。

防止热裂发生的措施如下：

1）改善铸件结构，壁厚力求均匀，转角处应做出过渡圆角，减少应力集中现象。轮类铸件的轮辐必要时可做成弯曲状。

2）提高合金材料的熔炼质量，采用精炼和除气工艺去除金属液中的氧化夹杂和气体等。控制有害杂质的含量，采用合理的熔炼工艺。

3）采用正确的铸造工艺措施，使铸件实现同时凝固。合理设置浇冒口的位置和尺寸，使铸件各部分的冷却速度尽量均匀一致。

4）正确确定铸件在砂型中的停留时间。砂型是一种良好的保温容器，能使铸件较厚和较薄处的温度进一步均匀化，减小它们之间的温度差，降低热应力。延长铸件在铸型内的停留时间，以免开箱过早在铸件内造成较大的内应力。

5）增加砂型、砂芯的退让性。铸件凝固后及早卸去压箱铁，松开砂箱紧固装置等。大型铸件在浇注后可提前挖去部分型砂和芯砂，以减少它们对铸件的收缩阻力，促使铸件各部分均匀冷却。铸件在落砂、清理和搬运过程中，应避免碰撞、挤压。

6）时效热处理。铸造应力大的铸件应及时进行时效热处理，必要时，铸件在切割浇冒口或焊补后，还要进行一次时效热处理。

（2）冷裂

冷裂是铸件凝固后冷却到弹性状态时，因局部铸造应力大于合金强度极限而引起的开裂。冷裂总是发生在冷却过程中承受拉应力的部位，特别是拉应力集中的部位。冷裂往往穿晶扩展到整个截面，外形呈宽度均匀细长的直线或折线状，冷裂纹的断口表面有金属光泽或呈轻度氧化色，裂纹走向平滑，而非沿晶界发生。这与热裂有显著的不同。冷裂检验用肉眼可见，可根据其宏观形貌及穿晶扩展的微观特征，与热裂区别。当铸件内的铸造应力大于金属的强度极限时，铸件将产生冷裂。因此凡是增加铸件应力和降低金属强度的因素都可能促使铸件产生冷裂。

冷裂产生的主要原因有以下几方面：

1）铸件结构。铸件壁厚不均匀，促使铸件产生铸造应力，有时会产生冷裂类缺陷。刚性结构的铸件，由于其结构的阻碍，容易产生热应力，从而使铸件产生冷裂。例如"薄壁大芯"壁厚均匀的箱形铸件，由于砂芯的阻碍而产生了临时收缩应力，当超过合金材料的抗拉强度时，就会使铸件产生冷裂。

2）浇冒口系统设计不合理。对于壁厚不均匀的铸件，如果内浇口设置在铸件的壁厚部分时，将使铸件厚壁部分的冷却速度更加缓慢，导致或加大铸件各部分冷却速度的差别，增大铸造的热应力，促使铸件产生冷裂。浇冒口设置不当，直接阻碍铸件收缩，也促使铸件产生冷裂。由于浇口比铸件薄，浇口首先凝固，当铸件向内收缩受到浇口的阻碍时，产生拉应力，通常容易在两个浇口之间的壁上产生冷裂。其次，型砂或芯砂的高温强度或干强度太高，高温退让性差，使铸件收缩受到阻碍，产生很大的拉应力，导致铸件产生冷裂。

3）合金材料的化学成分不合格。钢中碳含量和其他合金元素含量偏高使铸件容易发生冷裂。韧性合金材料不易产生冷裂，脆性合金材料易产生冷裂。磷是钢中的有害元素，当 $w(P) > 0.05\%$ 时，使钢冷脆性增加，容易产生冷裂。

4）控制开箱时间。铸件开箱过早，落砂温度过高，在清砂时受到碰撞、挤压都会引起铸件开裂。

2. 气孔（气泡、呛孔、气窝）

1）气孔缺陷特征：气孔是存在于铸件表面或内部的孔洞，呈圆形、椭圆形或不规则形，有时多个气孔组成一个气团，皮下一般呈梨形。呛孔形状不规则，且表面粗糙，气窝是铸件表面凹进去一块，表面较平滑。明孔经外观检查就能发现，皮下气孔经机械加工后才能发现。

2）形成原因：①型壳预热温度太低，液体金属经过浇注系统时冷却太快；②型壳排气设计不良，气体不能通畅排出；③涂料不好，本身排气性不佳，甚至本身挥发或分解出气体；④型腔表面有孔洞、凹坑，液体金属注入后孔洞、凹坑处气体迅速膨胀压缩液体金属，形成呛孔；⑤型腔表面锈蚀，且未清理干净；⑥原材料（砂芯）存放不当，使用前未经预热；⑦熔炼时，脱氧剂不佳，或用量不够或操作不当等。

3）防治方法：①模具要充分预热，涂料（石墨）的粒度不宜太细，透气性要好；②使用倾斜浇注方式浇注；③原材料应存放在通风干燥处，使用时要预热；④选择脱氧效果较好的脱氧剂；⑤浇注温度不宜过高。

3. 缩孔（缩松）

1）缩孔（缩松）特征：缩孔是铸件表面或内部存在的一种表面粗糙的孔，轻微缩孔是许多分散的小缩孔，即缩松，缩孔或缩松处晶粒粗大，常发生在铸件内浇道附近、冒口根部、厚大部位，壁的厚薄转接处及具有大平面的厚薄交替处。

2）形成原因：①型壳的温度控制未达到定向凝固要求；②涂料选择不当，不同部位涂料层厚度控制不好；③铸件在型壳中的位置设计不当；④浇冒口设计未能起到充分补缩的作用；⑤浇注温度过低或过高。

3）防治方法：①提高型壳的温度；②调整涂料层厚度，涂料喷洒要均匀，涂料脱落而补涂时不可形成局部涂料堆积现象；③对型壳进行局部加热或用绝热材料局部保温；④热节处放置激冷块，对局部进行激冷；⑤浇注系统设计要准确，选择适宜的浇注温度。

4. 渣孔（熔剂夹渣或金属氧化物夹渣）

1）渣孔特征：渣孔是铸件上的明孔或暗孔，孔中全部或局部被熔渣所填塞，外形不规则，小点状熔剂夹渣不易发现，将渣去除后，呈现光滑的孔，一般分布在浇注位置下部、内浇道附近或铸件死角处，氧化物夹渣多以网状分布在内浇道附近的铸件表面，有时呈薄片状，或带有皱纹的不规则云彩状，或形成片状夹层，或以团絮状存在铸件内部，折断时往往从夹层处断裂，氧化物在其中是铸件形成裂纹的根源之一。

2）形成原因：渣孔主要是由合金熔炼工艺及浇注工艺造成的（包括浇注系统的设计不正确），型壳本身不会引起渣孔。

3）防治方法：①浇注系统设置正确或使用铸造纤维过滤网；②采用倾斜浇注方式；③选择熔剂，严格控制品质。

5. 冷隔（融合不良）

1）冷隔特征：冷隔是一种透缝或有圆边缘的表面夹缝，中间被氧化皮隔开，不完全融为一体，冷隔严重时就成了"欠铸"。冷隔常出现在铸件顶部壁上、薄的水平面或垂直面、厚薄壁连接处或在薄的肋板上。

2）形成原因：①型腔内排气设计不合理；②浇注温度太低；③涂料品质不好（人为、材料）；④浇道开设的位置不当；⑤浇注速度太慢等。

3）防治方法：①正确设计浇道和排气系统；②大面积薄壁铸件，涂料不要太薄，适当加厚涂料层有利于成型；③适当提高型壳表面的温度；④采用倾斜浇注方法；⑤采用机械震动浇注。

6. 砂眼（砂孔）

1）砂眼特征：在铸件表面或内部形成相对规则的孔洞，其形状与砂粒的外形一致，刚出模时可见铸件表面镶嵌的砂粒，可从中掏出砂粒，多个砂眼同时存在时，铸件表面呈橘子皮状。

2）形成原因：由于砂芯表面掉下的砂粒被铁液包裹存在于铸件表面而形成孔洞；①砂芯表面强度不高，烧焦或没有完全固化；②砂芯的尺寸与砂型不符，合模时压碎砂芯；③浇包与浇道处砂芯摩擦，掉下的砂随铁液冲进型腔。

3）防治方法：①砂芯制作时严格按工艺生产，检查品质；②砂芯与砂型的尺寸相符；③避免浇包与砂型摩擦；④下砂芯时要吹干净型腔里的砂子。

6.5.3 耐压测试

本节主要介绍阀门壳体的压力试验方法。

1. 阀门壳体的水压检测基本术语

壳体试验：对阀体和阀盖等连接而成的整个阀门外壳进行的压力试验。目的是检验阀体和阀盖的致密性及包括阀体与阀盖连接处在内的整个壳体的耐压能力。

试验压力：试验时阀门内腔应承受的计示压力。

试验持续时间：在试验压力下试验所持续的时间。

试验要求：

1）每台阀门出厂前均应进行压力试验。

2）在壳体试验完成之前，不允许对阀门涂漆或使用其他防止渗漏的涂层，但允许进行无密封作用的化学防锈处理及给衬里阀衬里。对于已涂过漆的库存阀门，如果用户代表要求重做压力试验时，则不需要除去涂层。

3）试验之前，应除去密封面上的油渍，但允许涂一薄层黏度不大于煤油的防护剂，靠油脂密封的阀门，允许涂敷按设计规定选用的油脂。

4）试验过程中不应使阀门受到可能影响试验结果的外力。

5）如无特殊规定，试验介质的温度应为 5～40℃。

6）下列试验介质由制造厂自行选择，但一般应符合表 6-15 和表 6-16 的规定。

液体：洁净水（可以加入防锈剂）、煤油或黏度不大于水的其他适宜液体。不锈钢阀门的试验用水中氯离子含量不大于 100mg/L（周期性检查水质的清洁情况，必要时更换）。

气体：空气或其他适宜的气体。

表 6-15　壳体试验的试验压力 1

公称压力 PN/MPa	试验介质	试验压力
<0.25	液体	0.1MPa＋20℃下最大允许工作压力
≥0.25	液体	20℃下最大允许工作压力的1.5倍

表 6-16　壳体试验的试验压力 2

公称通径 DN/mm	公称压力 PN/MPa	试验介质	试验压力
≤80	所有压力	液体或气体	20℃下最大允许工作压力的1.1倍（液体）
100～200	≤5		0.6MPa（气体）
	>5	液体	20℃下最大允许工作压力的1.1倍
≥250	所有压力		

7）用液体做试验时，应排除阀门腔体内的气体。用气体做试验时，应采用安全防护措施。

8）试验用的压力表，必须经过校验，精度应不低于 1.6 级，表盘的满刻度值为最大被测压力的 1.5～2 倍。试验系统的压力表应不少于两块，分别安装在试验设备及被试验阀门的进口处。

9）试验压力应符合规定。壳体试验的试验压力一般按表 6-15、表 6-16 的规定。注：20℃下最大允许工作压力值，按有关产品标准的规定，高参数调节阀的壳体耐压试验压力建议参考表 6-17～表 6-19 确定。试验压力在试验持续时间内应维持不变。

表 6-17　试验压力中国国家标准（GB）　　　　（单位：MPa）

材质	压力等级			
	0.6	1.6	4	6.4
铸铁	—	2.4	—	—
碳素钢（WCB）	0.9	2.4	6	9.6
低合金钢（WC6、WC9）				
不锈钢（CF8、CF8M）				

表 6-18　试验压力美国标准（ANSI）　　　　（单位：MPa）

材质	压力等级					
	Class150	Class300	Class600	Class900	Class1500	Class2500
碳素钢（WCB）	3.2	8	15.9	23.8	39.6	48
低合金钢（WC6、WC9）						
不锈钢（CF8、CF8M）				22.9	38	

表 6-19　试验压力美国标准（API）　　　　（单位：MPa）

公称压力	Class150	Class300	Class400	Class600	Class900	Class1500	Class2500
静压强度	3	7.5	9.6	15	22.5	37.5	63
静压密封	2.2	5.5	7.04	11	16.5	27.5	46.2

10）试验的持续时间应符合规定。国内一般阀门的壳体压力试验时间应符

合表 6-20 的规定。

表 6-20　壳体压力试验时间

公称通径 DN/mm	≤50	65～200	≥250
最短试验持续时间/s	15	60	180

按不同的产品标准，高参数调节阀壳体试验的持续时间建议不少于表 6-21、表 6-22 的规定，还应满足具体的检漏方法对试验持续时间的要求。

表 6-21　保压时间　　　　　　（单位：min）

美国标准（ANSI）公称压力		Class600 以下	Class900	Class1500	Class2500
中国国家标准（GB）公称压力		4MPa 以下	6.4MPa	—	—
公称通径 DN/mm	100 及以下	5	10	10	10
	125～150	5	10	10	10
	200～300	10	15	15	15

表 6-22　保压时间（美国标准（API））

公称通径 DN/mm	NPS/in	试验持续时间/min
100 及以下	1/2～4	2
150～250	6～10	5
300～450	12～18	15
500 以上	≥20	30

2. 试验方法和步骤

应先进行壳体试验，然后进行其他密封试验。

壳体试验：封闭阀门进口和出口，压紧填料压盖以便保持试验压力，启闭件处于部分开启状态。给腔体充满试验介质，并逐渐加压到试验压力（止回阀应从进口端加压），然后对壳体（包括填料函及阀体与阀盖连接处）进行检查。

具体操作步骤如下：

1）用耐压试压法兰将试件装在油压机上，试件内部应密封。

2）为便于检查零件表面是否有渗漏，应在试压前用纱布擦拭零件表面。

3）试验介质为水，试验时，应排除阀门腔体内的气体。

4）按表6-15、表6-16中试验压力按材质和压力等级划分。

5）达到试验压力后，按表6-21、表6-22规定时间进行保压，表6-21、表6-22保压时间按压力等级划分。

6）经过保压时间后看试件表面是否有渗漏，光线不足时可用灯照明。

7）如无渗漏，试件为合格；如有渗漏，试件为不合格，用红漆在渗漏处做记号。

8）判断是否合格后降下压力，卸下试件。

9）倒净并用压缩风吹干试件内部残余试验流体。

10）试验完毕后，应做好成品防护，两端应有防护盖。凡是通径为50mm以上的必须在各端口两侧嵌戴防护帽；通径为50mm以下的应用塑料胶膜粘封。调节阀的关闭件应处于全关闭状态。外露的阀杆部位应涂油脂进行保护，阀门内腔、法兰、密封面和螺栓螺纹部位应涂防锈剂进行保护。

3. 评定指标

壳体试验时，承压壁及阀体与阀盖连接处不得有可见渗漏，壳体（包括填料函及阀体与阀盖连接处）不应有结构损伤。如无特殊规定，在壳体试验压力下允许填料处泄漏，但当试验压力降到密封试验压力时，应无可见泄漏。

6.6　高温高压金属波纹管先进制造技术

6.6.1　波纹管高压力精确成形技术

金属波纹管成形是波纹管制造的核心，它决定着波纹管的整个制造工艺流程，波纹管的形状和尺寸决定着波纹管的性能和质量。金属波纹管成形工艺主要有液压成形、机械胀形、滚压成形、橡胶成形、焊接成形等，各种成形工艺都有其固有的优点。

（1）金属波纹管液压成形技术

金属波纹管液压成形属于极薄壁管的液压复合胀形，也属于软模成形技术的一种，它以液压流体为软模，以成形凹模为硬模。液压成形主要有两个阶段：成形的第一阶段，管材两端和成形模具都固定不动，极薄壁管在模具的限制和管内的液体压力作用下进行径向胀形，胀形的程度比较小，其目的是让成形模具在管材上轴向定位；成形的第二阶段，管材在内压力和轴向压力的复合作用下，进一步进行胀形，在此阶段，在轴向力的作用下，成形凹模进行轴向移动，直

图 6-44　波纹管高压力精确成形

到各个成形凹模相互贴合在一起，成形完毕，如图 6-44 所示。

在成形过程中，管材轴向缩短，在波纹处径向扩胀。根据金属成形原理，金属在塑性成形过程中体积不变，波纹管径向扩胀需要的材料通过管材轴向缩短来补充，而轴向加压的胀形就是促进这种材料转移的顺利进行。轴向加压的胀形可以提高材料的胀形程度，可以成形波纹深度较深的波纹管，可以提高波纹管的成形率，同时液压成形的变形也比较均匀，并能获得良好的表面质量。

正因为具有上述优点，液压成形成为金属波纹管成形的主流技术。波纹管液压成形工艺的关键是第一阶段的成形压力和胀形程度，通过成形压力来控制胀形程度，如果胀形程度较大，管材容易破裂，如果胀形程度太小，胀形没有起到轴向定位作用，成形之后的波纹管波纹不齐，成品率较低。波纹管成形压力可以通过理论公式计算得到，但是由于管材的状态不同，其力学性能有差异，在实践中需要用修正系数进行修正。多层金属波纹管成形的关键是极薄壁管材的性能和质量，准确而稳定的成形压力，合适的成形介质，严格可靠的端部密封，合理的成形模具等。成形方式有两种，即多波一次成形和单波连续成形。高压成形后的金属波纹管如图 6-45 所示。

图 6-45　高压成形后的金属波纹管

（2）金属波纹管机械胀形技术

机械胀形工艺是制造金属波纹膨胀节用金属波纹管的主要方法之一，美国金属波纹膨胀节公司多应用机械胀形工艺成形金属波纹管。机械胀形工艺过程如下：将极薄壁管材套进胀形模，在液压机或其他装置的轴向压力作用下，楔状芯轴沿型芯向下或向上运动，进而将刚体分瓣凹模向外扩张，使极薄壁管材产生胀形变形。当胀形结束后，分瓣凸模和楔状芯轴在退模力的作用下回复到原始位置，胀形后的工件轴向移动一段距离，以便胀形下一个波，如图6-46所示。

机械胀形每次成形一个波，属于单波逐次成形，成形第二个波纹时，以第一次成形的波纹定位，依此逐次成形。胀形时圆筒部分随着胀形的变形力自由地拉入，以减少胀形部分的减薄量。按圆筒胀形分类，它属于自然胀形，在胀形过程没有加轴向力。机械胀形属于单模具成形，一般情况下它只有凸模，应用机械胀形实现波纹管的成形。凸模的分瓣越多，则胀形精度就越高。如果在结构上加以改进，可以进一步消除胀形时出现的各分瓣凸模之间的分瓣痕迹。

图6-46　波纹管机械胀形

（3）金属波纹管滚压成形技术

滚压成形主要用来成形金属波纹膨胀节用的金属波纹管，适合大直径波纹管的成形。滚压成形的原材料形式为极薄壁管材或机械胀形之后的波纹管，后者主要用于精密校形。滚压成形过程中，将薄壁管材置于滚压成形机中，滚压时随着波形的加深，动辊要做径向进给，同时各辊上的滚轮要做相应的轴向移动。滚压成形需要进行多次滚压。

（4）金属波纹管橡胶成形技术

橡胶成形工艺的成形方式为单波连续成形，属于软模成形方法的一种，以橡胶为软模，以成形凹模为硬模。橡胶胀形时，轴向压缩橡胶，管材随着橡胶的压缩进行胀形，卸去压缩橡胶的轴向力，橡胶在自身弹力的作用下回复到原始状态，然后由专用装置推动可轴向移动的成形凹模进行轴向运动，压缩已经进行胀形的波纹管，直到两个凹模轴向贴合。

（5）金属波纹管焊接成形工艺

焊接成形工艺是焊接与板料冷压成形结合成形焊接波纹管和波纹膨胀节用的金属波纹管。焊接成形金属波纹管的主要工艺过程是冲压成形圆环状波纹模片、精密焊接内外圆、检查焊缝密封性。波纹模片的波形有许多种，其波形是根据波纹管的技术要求设计的。焊接波纹管的特点是能用多种材料制造，不受波深系数限制，可选择塑性不高、焊接性能好、强度高、耐高温、耐蚀性能好的高弹性材料。

焊接成形金属波纹膨胀节波纹管的方式有三种：在冲压成形的半波环状波纹板的波谷和波峰处依次用环焊缝焊接成波纹管；薄板冷弯成波纹端面一致的型材，然后将型材按图样拼接成波纹管，这种成形方式主要用于焊接矩形、方形或椭圆形的大型波纹管；薄板滚压成波纹板，然后将波形板滚压成为圆筒，再纵向焊波纹薄板的两端部，即制成金属波纹管。焊接成形金属波纹管的焊接方法主要是氢弧焊、等离子弧焊等。

（6）旋压成形工艺

旋压成形是用于成形螺旋形、环形波纹管的一种加工方法。该成形工艺的特点是模具数量少，结构简单，生产周期短，生产率高。旋压过程中将薄壁管材置于成形机上，成形凹模旋转，薄壁管轴向移动。

6.6.2　波纹管组件精密焊接技术

焊接是波纹管制造的关键工艺之一，它包括管材的纵缝焊接、波纹管与法兰等连接件的焊接等。焊接规程规定加工焊缝的具体步骤及焊缝的合格标准，焊接规程规定应符合有关标准的规定，焊接时应按照焊接规程要求进行。应用钨极氩弧焊或微束等离子弧焊进行管材的纵缝焊接，单面焊双面成形。对重要焊缝需要进行射线、渗透等无损检测。新的焊接工艺应进行焊接工艺评定。

（1）极薄壁管坯制造工艺

金属波纹管用极薄壁管材分为有缝和无缝两种。一般情况下，直径大于

40mm 的极薄壁管材多数采用有缝管材，直径小于 40mm 的无缝和有缝两种均有。随着焊接技术和装备的发展，极薄壁有缝管材应用得越来越多，国外多数企业都应用有缝管材，国内也正在向这个方向发展。极薄壁纵缝精密焊接如图 6-47 所示。

图 6-47　极薄壁纵缝精密焊接

制造极薄壁有缝管材的工艺方法有带材轮廓成形、纵缝连续焊接；带材或板材卷圆成形、周期性焊接。制造极薄壁无缝管材的工艺方法有：轧制工艺；变径、变薄拉深工艺；变径、钢球旋压变薄拉深工艺；轧制、钢球旋压变薄拉深工艺。焊接后的极薄壁管如图 6-48 所示。

图 6-48　焊接后的极薄壁管

对于调节阀用波纹管管坯，应用 TIG 焊接方法，管坯 X 射线一次探伤合格率达到 90% 以上，焊缝抗拉强度和伸长率达到母材性能的 90% 以上，满足波纹管的长度要求和成形要求。为了提高产品的性能和可靠性，依据阀门关键零部件产品检验工艺的选择原则，焊缝表面不允许有裂纹、发纹、穿透气孔、烧穿、未焊透、未熔合、表面气孔、夹渣、咬边、凹坑、焊瘤等缺陷。

（2）波纹管组件精密焊接

波纹管需要与法兰等连接件进行焊接，由于波纹管应用的场合一般较为特殊，焊接后的波纹管组件必须具有高强度和高密封性能，不允许有任何泄漏，一定要保证焊缝质量。波纹管管坯及组件的焊接要求高，管坯为极薄壁，层数多，要求焊缝表面成形良好，与母材圆滑过渡，焊缝熔深不低于管坯总壁厚，焊缝组织不允许有裂纹、未熔合、未焊透、气孔、夹渣等缺陷。精密多层薄壁焊接技术是保证产品稳定可靠使用的关键工艺，如图 6-49 所示。

图 6-49　波纹管组件精密焊接技术

高性能调节阀用波纹管的精密焊接技术涉及多种材料以及不同结构的焊接。沈阳仪表科学研究院有限公司研究并掌握了 Inconel625 高温合金薄板（0.2mm、0.3mm）焊接技术，焊缝力学性能指标达到母材力学性能指标的 95% 以上，成形率达到 80% 以上，满足金属波纹管大塑性变形的成形要求，间接保证了高性能调节阀波纹管的成形质量。

沈阳仪表科学研究院有限公司研究高温合金 Inconel625 材料、不锈钢 316L 材料以及沉淀硬化性不锈钢材料组合多层波纹管组件焊接技术，设计了波纹管最佳焊接结构，并通过焊接工艺评定试验确定了最佳焊接工艺参数以及在该参数下的最佳焊缝熔深；研究并掌握了数种合金材料组合自熔焊接工艺以及填料焊接工艺，焊丝为专用高温合金焊丝；同时通过对焊接结构的优化设计以及焊接工装的设计，解决了由于焊接而导致组件变形以及长度变短的问题，有效防止了焊接过程中焊接裂纹、气孔等缺陷的产生。

6.6.3 波纹管组件密封性检测技术

（1）氦质谱检漏

波纹管组件应具有密封性，除非合同另有规定，波纹管组件应进行氦质谱检漏（见图 6-50），漏率不大于 $6.5 \times 10^{-9} Pa \cdot m^3/s$。

为了提高金属波纹管的密封可靠性，高性能调节阀要求波纹管组件 100% 进行氦质谱检漏试验。针对该结构的波纹管研制专用氦质谱检漏试验工装以实现其密封要求，完成氦质谱检漏试验，除解决因重复拆卸工装而浪费时间的问题外，还可大大提高试验效率及检验精度。通过氦质谱检漏试验，高性能调节阀波纹管产品的漏率不大于 $6.5 \times 10^{-9} Pa \cdot m^3/s$，符合技术指标要求。

（2）耐压试验

调节阀用波纹管一般应在循环寿命前进行静水压试验，试验介质为油或水，可以在阀门组件中或模拟阀门组件的试验夹具中进行，如图 6-51 所示。

图 6-50　氦质谱检漏试验

图 6-51　波纹管组件耐压试验

波纹管组件在室温或 38℃ 条件下，以 1.5 倍工作压力或 1.25 倍设计压力进行水压试验，DN≤100mm 时试验时间不少于 5min，DN＞100mm 时试验时间不少于 15min。

波纹管组件长度应固定，为常规阀门开启时的长度。在试验过程中应防止波纹管被拉伸和压缩，压力施加应与波纹管工作时受压方式一致。波纹管组件应能承受阀门 38℃ 时工作压力的 1.5 倍或设计压力 1.25 倍，目视波纹管应无可见的变形。

调节阀用波纹管在 22.5MPa 下的耐压试验，保压时间不少于 10min。耐压试验完成后波纹管无明显的平面失稳和柱失稳，无肉眼可见的渗漏现象。

附　录

附录 A　可压缩性流体调节阀计算公式

项目		平均重度法 亚临界流 $\Delta P<0.5P_1$	平均重度法 临界流 $\Delta P\geq0.5P_1$	平均重度修正法 低压降流 $\Delta P<0.2P_1$	平均重度修正法 亚临界流 $P<0.5F_L^2P_1$	平均重度修正法 临界流 $P\geq0.5F_L^2P_1$	膨胀系数修正法 亚临界流 $X<F_KX_T$	膨胀系数修正法 临界流 $X\geq F_KX_T$
一般气体	差别式	$\Delta P<0.5P_1$	$\Delta P\geq0.5P_1$	$\Delta P<0.2P_1$	$P<0.5F_L^2P_1$	$P\geq0.5F_L^2P_1$	$X<F_KX_T$	$X\geq F_KX_T$
一般气体	计算式	$K_v=\dfrac{Q_N}{337}\sqrt{\dfrac{G(273+t_1)}{\Delta P(P_1+P_2)}}$	$K_v=\dfrac{Q_N}{292}\sqrt{\dfrac{G(273+t_1)}{P_1}}$	$K_v=\dfrac{Q_N}{292F_LP_1(y-0.148y^3)}\sqrt{G(273+t_1)}$	$K_v=\dfrac{Q_N}{337}\sqrt{\dfrac{G(273+t_1)}{P(P_1+P_2)}}$	$K_v=\dfrac{Q_N}{292F_LP_1}\sqrt{G(273+t_1)}$	$K_v=\dfrac{Q_N}{2600P_1Y}\sqrt{\dfrac{M(273+t_1)}{X}}$	$K_v=\dfrac{Q_N}{1733P_1}\sqrt{\dfrac{M(273+t_1)}{F_KX_T}}$
高压气体 P_1大于1MPa	差别式	$\Delta P<0.5P_1$	$\Delta P\geq0.5P_1$	$\Delta P<0.2P_1$	$P<0.5F_L^2P_1$	$P\geq0.5F_L^2P_1$	$X<F_KX_T$	$X\geq F_KX_T$
高压气体 P_1大于1MPa	计算式	$K_v=\dfrac{Q_N}{337}\sqrt{\dfrac{G(273+t_1)}{\Delta P(P_1+P_2)}}\sqrt{Z}$	$K_v=\dfrac{Q_N}{292}\sqrt{\dfrac{G(273+t_1)}{P_1}}\sqrt{Z}$	$K_v=\dfrac{Q_N}{292F_LP_1(y-0.148y^3)}\sqrt{G(273+t_1)}\sqrt{Z}$	$K_v=\dfrac{Q_N}{337}\sqrt{\dfrac{G(273+t_1)}{P(P_1+P_2)}}\sqrt{Z}$	$K_v=\dfrac{Q_N}{292F_LP_1}\sqrt{G(273+t_1)}\sqrt{Z}$	$K_v=\dfrac{Q_N}{2600P_1Y}\sqrt{\dfrac{M(273+t_1)}{X}}\sqrt{Z}$	$K_v=\dfrac{Q_N}{1733P_1}\sqrt{\dfrac{M(273+t_1)}{F_KX_T}}\sqrt{Z}$
水蒸气 饱和蒸汽	差别式	$\Delta P<0.5P_1$	$\Delta P\geq0.5P_1$	$\Delta P<0.2P_1$	$P<0.5F_L^2P_1$	$P\geq0.5F_L^2P_1$	$X<F_KX_T$	$X\geq F_KX_T$
水蒸气 饱和蒸汽	计算式	$K_v=\dfrac{W}{16\sqrt{\Delta P(P_1+P_2)}}$	$K_v=\dfrac{W}{14P_1}$	$K_v=\dfrac{W}{14F_LP_1(y-0.148y^3)}$	$K_v=\dfrac{W}{16\sqrt{P(P_1+P_2)}}$	$K_v=\dfrac{W}{14F_LP_1}$	$K_v=\dfrac{W}{3.16\sqrt{XP_1P_2}}$	$K_v=\dfrac{W}{2.21\sqrt{F_KX_TP_1P_2}}$

（续）

项目		平均重度法		平均重度修正法			膨胀系数修正法	
		亚临界流	临界流	低压降流	亚临界流	临界流	亚临界流	临界流
过热蒸汽	差别式	$\Delta P<0.5P_1$	$\Delta P\geq0.5P_1$	$\Delta P<0.2P_1$	$\Delta P<0.5F_L^2P_1$	$\Delta P\geq0.5F_L^2P_1$		
水蒸气	计算式	$K_v=\dfrac{W(1+0.0013t)}{16\sqrt{\Delta P(P_1+P_2)}}$	$K_v=\dfrac{W(1+0.0013\Delta t)}{14P_1}$	$K_v=\dfrac{W(1+0.0013\Delta t)}{14F_LP_1(y-0.148y^3)}$	$K_v=\dfrac{W(1+0.0013t)}{16\sqrt{\Delta P(P_1+P_2)}}$	$K_v=\dfrac{W(1+0.0013t)}{14F_LP_1}$	$K_v=\dfrac{W}{3.16\sqrt{XP_1P_2}}$	$K_v=\dfrac{W}{2.21\sqrt{F_KX_TP_1P_2}}$

说明

Q_N——气体标准状态下的体积流量（m³/h）
（绝对压力为1.0133（100kPa），温度为15.6℃）
W——质量流量（kg/h）
G——气体相对密度（空气=1.0）
t_1——进口温度
Δt——过热温度（t_1-进口饱和温度）（℃）
Z——气体压缩系数（查附录C）

P_1——进口绝对压力（100kPa）（绝对）
P_2——出口绝对压力（100kPa）（绝对）
ΔP——进出口压差（100kPa）
ρ_1——进口密度（kg/m³）
M——流体分子量
F_L——液体压力恢复系数（查附录D）
X——压差比（$X=\Delta P/P_1$）

X_T——临界压差比（查附录D）
Y——膨胀系数$\left(Y=1-\dfrac{X}{3F_KX_T}\right)$
F_K——比热容比系数（$F_K=K/1.4$）
K——介质比热容比（查附录B）
y——修正系数$\left(y=\dfrac{1.63}{F_L}\sqrt{\dfrac{\Delta P}{P_1}}\right)$
$y\leq1.5$时 $y-0.148y^3=1$

附录 B　介质比热容比（绝热指数 K）（压力为 760mmHg 时）

名称	化学式	温度/℃										
		0	100	200	300	400	500	600	700	800	900	1000
甲烷	CH_4	1.314	1.268	1.225	1.193	1.171	1.155	1.141				
氮气	N_2	1.402	1.400	1.394	1.385	1.375	1.364	1.355	1.345	1.337	1.331	1.323
氢气	H_2	1.410	1.398	1.396	1.395	1.394	1.390	1.387	1.381	1.374	1.369	1.361
空气		1.400	1.397	1.390	1.378	1.366	1.357	1.345	1.337	1.330	1.325	1.320
氧气	O_2	1.397	1.385	1.370	1.353	1.340	1.334	1.321	1.314	1.307	1.304	1.300
一氧化碳	CO	1.400	1.397	1.389	1.379	1.367	1.354	1.344	1.335	1.329	1.321	1.317
水蒸气			1.28	1.30	1.29	1.28	1.27	1.26	1.25	1.25	1.24	1.23
二氧化硫	SO_2	1.272	1.243	1.223	1.207	1.198	1.191	1.187	1.184	1.179	1.177	1.175
二氧化碳	CO_2	1.301	1.260	1.235	1.217	1.205	1.195	1.188	1.180	1.177	1.174	1.171

附录 C　常用气体的压缩系数 Z

气体类型	绝对压力/(kgf/cm^2)	温度/℃							
		−50	0	20	50	100	150	200	250
空气	0.1	0.9998	0.99994	0.99996	0.99999	1.00001	1.00002	1.00003	1.00003
	0.4	0.938	0.977	0.985	0.995	1.0004	1.010	1.0013	1.0014
	1	0.845	0.941	0.963	0.987	1.0011	1.024	1.0031	1.0035
	4	0.379	0.763	0.852	0.948	1.0045	1.099	1.0127	1.0142
	10	0.98465	0.430	0.651	0.888	1.0025	1.0253	1.0324	1.0362
	40	0.9419	0.98037	0.98888	0.780	1.0059	1.01125	1.01374	1.01502
	70	0.9077	0.9721	0.9859	1.0003	1.0143	1.0215	1.0254	1.0272
	100	0.8875	0.9705	0.9882	1.0065	1.0242	1.0333	1.0379	1.0400

（续）

气体类型	绝对压力/（kgf/cm²）	温度/℃							
		−50	0	20	50	100	150	200	250
氢气	0.1	1.0001	1.0001	1.0001	1.0001	1.0001	1.0001	1.0001	1.0001
	0.4	1.004	1.004	1.004	1.004	1.003	1.003	1.002	1.002
	1	1.007	1.006	1.006	1.006	1.005	1.005	1.004	1.004
	4	1.028	1.024	1.024	1.024	1.020	1.019	1.016	1.016
	10	1.067	1.063	1.060	1.057	1.051	1.046	1.042	1.039
	40	1.0276	1.0253	1.0241	1.0228	1.0204	1.0185	1.0167	1.0154
	70	1.0495	1.0447	1.0426	1.0400	1.0359	1.0324	1.0293	1.0269
	100	1.0726	1.0646	1.0617	1.0575	1.0515	1.0463	1.0421	1.0300
氧气	0.1	0.99979	0.99990	0.99993	0.99996	0.99999	1.00001	1.00002	1.00002
	0.4	0.9917	0.962	0.973	0.984	0.96	1.003	1.0007	1.0010
	1	0.9792	0.905	0.931	0.960	0.91	1.008	1.0018	1.0024
	4	0.9161	0.620	0.727	0.843	0.964	1.033	1.0073	1.0097
	10	0.97898	0.651	0.322	0.613	0.915	1.086	1.0186	1.0245
	40	0.9153	0.96327	0.97412	0.98571	0.753	1.0418	1.0895	1.01029
	70	0.8562	0.9399	0.9582	0.9776	0.9974	1.0085	1.0150	1.0188
	100	0.8087	0.9232	0.9471	0.9725	0.87	1.0137	1.0225	1.0275
二氧化碳	0.1	0.99865	0.99931	0.99946	0.99961	0.99976	0.99984	0.99990	0.99994
	0.4	0.99472	0.99727	0.99783	0.844	0.906	0.941	0.961	0.976
	1	0.9865	0.99313	0.99459	0.610	0.764	0.852	0.906	0.942
	4		0.9723	0.9781	0.9843	0.52	0.408	0.627	0.769
	10		0.9288	0.9441	0.9601	0.9760	0.9878	0.070	0.427
	40				0.8269	0.9013	0.9403	0.963	0.978
	70				0.6578	0.8247	0.8973	0.9382	0.9636
	100				0.4097	0.7441	0.8570	0.9164	0.9513

注：1kgf/cm² = 0.0980665MPa。

附录 D　液体压力恢复系数 F_L 和临界压差比 X_T

调节阀类型	阀芯型式	介质流动方向	F_L	X_T
单座调节阀	柱塞型	流开	0.90	0.72
	柱塞型	流闭	0.80	0.55
	窗口型	任意	0.90	0.75
	套筒型	流开	0.90	0.75
	套筒型	流闭	0.80	0.70
双座调节阀	柱塞型	任意	0.85	0.70
	窗口型	任意	0.90	0.75
角式调节阀	柱塞型	流开	0.90	0.72
	柱塞型	流闭	0.80	0.65
	套筒型	流开	0.85	0.65
	套筒型	流闭	0.80	0.60

参 考 文 献

［1］GUY B. Control Valves ［M］. ［S. l.］: Instrument Society of America, 1998.

［2］BERMAN B. 3D printing: the new industrial revolution ［J］. Business Horizons, 2012, 55 (2): 155-162.

［3］BIRGER E M, MOSKVITIN G V, POLYAKOV A N, et al. Industrial laser cladding: current state and future ［J］. Welding International, 2011, 25 (3): 234-243.

［4］ABE F, OSAKADA K, SHIOMI M. The manufacturing of hard tools from metallic powders by selective laser melting ［J］. Journal of Materials Processing Technology, 2001, 111 (1): 210-213.

［5］CHLEBUS E, KUZNICKA B, KURZYNOWSKI T, et al. Microstructure and mechanical behaviour of Ti-6Al-7Nb alloy produced by selective laser melting ［J］. Materials Characterization, 2011, 62 (5): 488-495.

［6］BUCHBINDER D, SCHLEIFENBAUM H, HEIDRICH S, et al. High power Selective Laser Melting (HP SLM) of aluminum parts ［J］. Physics Procedia, 2011, 12 (1): 271-278.

［7］BRANDL E, HECKENBERGER U, HOLZINGER V, et al. Additive manufactured AlSi10Mg samples using Selective Laser melting (SLM): microstructure, high cycle fatigue, and fracture behavior ［J］. Materials & Design, 2012, 34: 159-169.

［8］哈奇森. 调节阀手册: 第2版 ［M］. 林秋鸿, 等译. 北京: 化学工业出版社, 1984.

［9］姜万军. 加氢装置高压阀门现状及发展趋势 ［J］. 阀门, 2018 (6): 25-28.

［10］许健. 多相流阀门及相连管道空化/空蚀特性及预测方法研究 ［D］. 杭州: 浙江理工大学, 2017.

［11］干瑞彬. 高压差高固调节阀内部流场分析及优化 ［D］. 兰州: 兰州理工大学, 2016.

［12］陈光霞, 曾晓雁, 王泽敏, 等. 选择性激光熔化快速成型工艺研究 ［J］. 机床与液压, 2010, 38 (1): 1-3, 10.

［13］陈光霞, 覃群. 选择性激光熔化快速成型复杂零件精度控制及评价方法 ［J］. 组合机床与自动化加工技术, 2010 (2): 102-105.

［14］徐维普, 邱艳丽, 罗晓明. 阀门热喷涂技术研究 ［J］. 流体机械, 2010 (9): 51-55.